Doina Logofătu

Algorithmen und Problemlösungen mit C++

Stimmen zur ersten Auflage:

„Viele Beispiele aus den verschiedensten Bereichen der Mathematik, die gut aufbereitet, verständlich erklärt und gelöst werden. Es ist nicht nur zum Selbststudium, sondern auch als Nachschlagewerk gut geeignet."
Dipl.-Ing. Frank Dziembowski, Universität Lüneburg

„Gute mathematische Aufbereitung der Problematik und C-Umsetzung"
Prof. Dr. Siegfried Pohl, FH Landshut

„Schöne Beispiele aus der Mathematik, Algorithmenklassiker gut erklärt."
Dipl. Ing. Franz Maier, HTL Ried

„Anschaulich und sehr spannend umgesetzt. Eine sehr gute Referenz."
Prof. Dr. Ing. Carsten Köhn, FH Bochum

„Besonders gut sind die vielen sehr schönen und anschaulichen Beispiele."
Prof. Dr. Peer Ueberholz, Hochschule Niederrhein

„Ausgezeichnete Didaktik + Verständlichkeit!"
Prof. Dr. Ing. Uwe Hoyer, BA Eisenach

„Viele interessante Algorithmen, Begeisterung an der Mathematik!"
Prof. Dr. Thomas Wieland, Hochschule Coburg

„Das Buch bietet eine sehr gute Einführung in Programmier-Methoden in Zusammenhang mit C++-spezifischen Elementen."
Prof. Dr. Klaus Dohmen, Hochschule Mitweida

„Besonders gut ist das breite Problemspektrum. Das Buch kann als Ergänzung zu den Standardvorlesungen ‚Mathematik', ‚Algorithmen' und ‚Programmieren' dienen."
Prof. Dr. Iwan Gawriljuk, Berufsakademie Eisenach

„Sehr verständliche Einführung für Anfänger."
Prof. Dr. Hans Benker, Martin-Luther-Universität Halle-Wittenberg

„Besonders gut gefällt mir die Themenauswahl und Präsentation, die vorzügliche Ausgestaltung sowie die zugehörige Webseite."
Prof. Dr. Lutz Voelkel, Institut für Mathematik und Informatik Greifswald

„Tolles Buch! Interessante Inhalte werden dem Leser didaktisch präsentiert. Hübsche Illustrationen lockern das Buch auf."
Dr. Friedhelm Schwenker, Universität Ulm

„Anders als manche andere Bücher geht dieses Exemplar sehr spielerisch mit der Einführung in die computerunterstützte Problembehandlung um. Am Anfang jedes Kapitels nimmt die Autorin sich ausführlich ‚Zeit', um alle Grundlagen für den im Kapitel folgenden Stoff einzuführen. Bereits dabei wird beim Leser vermehrt das Interesse an der Materie geweckt. Nach den Grundlagen folgen unterschiedliche Problemstellungen, denen ausführliche Erläuterungen und Musterlösungen folgen.[...]"
www.matheplanet.com

www.viewegteubner.de

Doina Logofătu

Algorithmen und Problemlösungen mit C++

Von der Diskreten Mathematik zum fertigen Programm –
Lern- und Arbeitsbuch für Informatiker und Mathematiker

2., überarbeitete und erweiterte Auflage

Mit 160 Abbildungen

STUDIUM

VIEWEG+
TEUBNER

Bibliografische Information der Deutschen Nationalbibliothek
Die Deutsche Nationalbibliothek verzeichnet diese Publikation in der
Deutschen Nationalbibliografie; detaillierte bibliografische Daten sind im Internet über
<http://dnb.d-nb.de> abrufbar.

Das in diesem Werk enthaltene Programm-Material ist mit keiner Verpflichtung oder Garantie irgendeiner Art verbunden. Der Autor übernimmt infolgedessen keine Verantwortung und wird keine daraus folgende oder sonstige Haftung übernehmen, die auf irgendeine Art aus der Benutzung dieses Programm-Materials oder Teilen davon entsteht.

Höchste inhaltliche und technische Qualität unserer Produkte ist unser Ziel. Bei der Produktion und Auslieferung unserer Bücher wollen wir die Umwelt schonen: Dieses Buch ist auf säurefreiem und chlorfrei gebleichtem Papier gedruckt. Die Einschweißfolie besteht aus Polyäthylen und damit aus organischen Grundstoffen, die weder bei der Herstellung noch bei der Verbrennung Schadstoffe freisetzen.

1. Auflage 2006
2., überarbeitete und erweiterte Auflage 2010

Alle Rechte vorbehalten
© Vieweg+Teubner | GWV Fachverlage GmbH, Wiesbaden 2010

Lektorat: Christel Roß | Andrea Broßler

Vieweg+Teubner ist Teil der Fachverlagsgruppe Springer Science+Business Media.
www.viewegteubner.de

Das Werk einschließlich aller seiner Teile ist urheberrechtlich geschützt. Jede Verwertung außerhalb der engen Grenzen des Urheberrechtsgesetzes ist ohne Zustimmung des Verlags unzulässig und strafbar. Das gilt insbesondere für Vervielfältigungen, Übersetzungen, Mikroverfilmungen und die Einspeicherung und Verarbeitung in elektronischen Systemen.

Die Wiedergabe von Gebrauchsnamen, Handelsnamen, Warenbezeichnungen usw. in diesem Werk berechtigt auch ohne besondere Kennzeichnung nicht zu der Annahme, dass solche Namen im Sinne der Warenzeichen- und Markenschutz-Gesetzgebung als frei zu betrachten wären und daher von jedermann benutzt werden dürften.

Umschlaggestaltung: KünkelLopka Medienentwicklung, Heidelberg
Druck und buchbinderische Verarbeitung: MercedesDruck, Berlin
Gedruckt auf säurefreiem und chlorfrei gebleichtem Papier.
Printed in Germany

ISBN 978-3-8348-0763-2

And the trouble is, if you don't risk anything, you risk even more.
Erica Jong

Geleitwort

Das vorliegende Buch "Algorithmen und Problemlösungen mit C++" führt einerseits in viele Problemstellungen (z. B. das Problem der komplexen Kodierung, verschachtelte Schachteln) und mathematische Gebiete (z. B. Catalanzahlen, Potenzsummen, Geometrie) ein (Kapitel 1-11) und behandelt andererseits allgemeine Lösungsprinzipien (z. B. "Teile und Herrsche", "Dynamische Programmierung") (Kapitel 12-16) . Es verbindet auf diese Weise Algorithmen und Mathematik.

Jedes Kapitel vermittelt grundlegende Bezeichnungen, Vorgehensweisen und mathematische Sätze mit vielen historischen Bemerkungen. Danach wird zu Aufgaben (größtenteils aus Programmierwettbewerben) dieses Themenkomplexes jeweils eine Lösung erarbeitet, gefolgt von einem vollständigen Programm in der Programmiersprache C++ (manchmal auch als Gegenüberstellung ein entsprechendes C-Programm) mit Erläuterungen. Am Ende kann man dieses Gebiet an Hand weiterer Aufgaben, oft ebenso aus Wettbewerben, noch weiter vertiefen.

Das Buch setzt einfache Kenntnisse in der Programmiersprache C++ (sowie C) voraus; Konzepte wie Operatorenüberladung, *OOP*, *STL* werden in den ersten drei Kapiteln am Beispiel der vorkommenden Programme kurz wiederholt. Die Kapitel sind ansonsten voneinander unabhängig.

Die Programme erhalten ihre Eingaben aus einer Datei und schreiben die Ergebnisse in eine andere Datei und sind somit recht unabhängig von der Plattform; als Ausnahme hiervon kommen im Kapitel "Rekursion" auch graphische Ausgaben fraktaler Strukturen speziell unter Microsoft® Windows® vor.

Das Buch ist, wie anfangs schon angedeutet, kein reines Algorithmenbuch, sondern behandelt auch viele interessante mathematische Themen. Diese werden jeweils von Grund auf eingeführt – besondere Vorkenntnisse sind also nicht erforderlich. Dazu gibt es Aufgaben unterschiedlichster Niveaus - von einfachen Rechenaufgaben bis hin zu Aufgaben aus mathematischen Wettbewerben.

Neben vielen Abbildungen lockern auch einige kleine Bilder, jeweils passend zum Thema, den Text auf. Am Ende des Buches finden sich ein Literaturverzeichnis und ein Stichwortverzeichnis.

Dr. Eric Müller

Vorwort

Die zweite Auflage des Buches wurde unter Berücksichtigung zahlreicher Leserstimmen überarbeitet und erweitert. Ergänzt wurden u. a. klassische Themen und Probleme wie Huffman-Kodierung, Kruskal- und LCS-Algorithmus sowie Sudoku aus der Spieltheorie.

Dieses Buch basiert auf meinem Buch *C++. Probleme rezolvate și algoritmi.* (C++. Gelöste Probleme und Algorithmen), das 2001 in Rumänien erschienen ist. Das deutsche Buch habe ich um viele neue Themen und Problemstellungen erweitert. Durch die Anwendung der *STL* und eines verbesserten Designkonzepts ist es moderner geworden. Es beinhaltet Erfahrungen, Anmerkungen und Kenntnisse, die ich seit über 10 Jahren gesammelt habe. Als Studentin habe ich mir Bücher gewünscht, die mir den Zugang zur Theorie erleichtern, viele praktische Anwendungen aufzeigen und verständlich geschrieben sind. Als Lehrerin habe ich mir für meine Schüler Bücher gewünscht, die spannende Aufgaben enthalten und damit die Neugierde und Leidenschaft der Schüler für die Informatik wecken. Als Softwareentwicklerin habe ich mir Bücher gewünscht, in denen ich schnell Lösungen zu bestimmten Problemen finde. Manchmal hätte ich gern ein Buch mit auf eine Reise genommen, um darin kleine, nette Geschichten zu lesen und gleichzeitig theoretische Konzepte zu wiederholen, ohne auf strenge Formalien zu stoßen. Jetzt, wenn ich nach Gründen suche, warum ich dieses Buch geschrieben habe, kommen mir all diese Dinge in den Sinn, und ich glaube, dass ich bewusst und unbewusst versucht habe, alles unter einen Hut zu bringen.

Algorithmen und Problemlösungen mit C++ beinhaltet 105 Probleme bzw. Aufgaben, die vollständig analysiert und in C++ gelöst werden, über 400 Übungsaufgaben und gut 160 Abbildungen und Bilder in 16 Kapiteln. Die nötigen Grundlagen am Anfang jedes Kapitels ermöglichen einen theoretischen Überblick über die Thematik. Zu jedem Problem wird beschrieben, wie die Eingabe- und Ausgabedateien aufgebaut sind, und ein Beispiel dafür angegeben. Damit können Sie selbstgeschriebene Programme überprüfen. Dann folgt der Abschnitt *Problemanalyse und Entwurf der Lösung*, der einen detaillierten algorithmischen/mathematischen Lösungsansatz und ein C++-Programm präsentiert. Die Programme sind kompakt und die Schlüsselwörter fett, um eine gute Lesbarkeit zu gewährleisten. Darum befinden sich auch die Kommentare nicht direkt im Code, sondern daneben in grauen Kästchen. Die Programme sind mit der Microsoft® Visual C++ 2005 Express Edition kompiliert worden, die Microsoft® kostenlos zur Verfügung stellt. Sie halten sich an den ANSI-C++-Standard und sollten mit jedem C++-Compiler funktionieren. Eine Ausnahme davon bilden die letzten vier Programme aus Kapitel 13, Rekursion, die fraktale Strukturen zeichnen. Sie verwenden die *Active Template Library* (*ATL*) und sind speziell für Microsoft® Windows® konzipiert. Zu jedem Problem gehören Übungen, die Sie meist auffordern, Programme zu ändern oder neue Programme zu schreiben, damit Sie das gerade Erlernte wiederholen können und ihre Programmierfähigkeiten verbessern.

Alle Aufgaben bzw. Probleme wenden die am jeweiligen Kapitelanfang vorgestellten mathematischen Konzepte bzw. algorithmischen Verfahren an und vertiefen sie. Die Absicht, die dahinter steht, ist die, dass Sie die Theorie dadurch erlernen, indem Sie sehen und üben, wie sie in der Praxis, also in den Problemen, eingesetzt wird. Viele Probleme sind klassisch, wie z. B. Primzahltest, Binomialkoeffizienten, Koch'sche Schneeflockenkurve, Türme von Hanoi, Breiten- und Tiefensuche, *N*-Damen, Haus des Nikolaus, Kartenfärbung, Konvexe Hülle , Multiplikation einer Matrizenfolge und Edit-Distanz. Aufgaben aus den Programmierwettbewerben *Association for Computing Machinery* (*ACM*), *International Olympiad in Informatics* (*IOI*) und *Central-European Olympiad in Informatics* (*CEOI*) inspirierten mich dazu, zahlreiche Probleme für das Buch zu formulieren.

Ab und zu finden Sie als Belohnung für Ihren Fleiß, zwischen zwei Kapiteln Überraschungsbilder wie: Bären aus Oxford, Bäume in Ottawa, Sphinx in den Karpaten, Don Quijotes Windmühlen.

Vergessen Sie nicht, gelegentlich den Online-Service zum Buch zu besuchen: *http://www.algorithmen-und-problemloesungen.de*. Dort finden Sie Erweiterungen, Ergänzungen, Lösungen usw. Bitte schicken Sie Ihre Vorschläge an *dlogofatu@acm.org*. Vielen Dank im Voraus!

Viel Vergnügen beim Lesen und spannendes Lernen!

München,
im November 2009, Juni 2006

Doina Logofătu

Danksagung

Ganz besonders herzlich bedanke ich mich bei Herrn *Dr. Eric Müller*, der mir beim Schreiben des Buches treu zur Seite stand. Unermüdlich hat er sehr viele schöne Ideen, wunderbare Vorschläge und Korrekturen beigesteuert. Seine Freude an der Zusammenarbeit und seine Ermutigungen gaben mir viel Kraft. Dr. Eric Müller gewann zwischen 1986 und 1988 dreimal einen zweiten Preis (Silbermedaille) bei den Internationalen Mathematik-Olympiaden (*IMO*) und wirkt seit einigen Jahren bei der Vorbereitung der deutschen Teilnehmer auf diesen Schülerwettbewerb mit.

Ich bedanke mich auch bei *Ştefan Logofătu*, *Dragoş Carp* und *Adrian Achihăei* für die lebhaften Gespräche über diverse Themen des Buches und für die technische und moralische Hilfestellung.

Mein besonderer Dank gebührt Herrn *Prof. Dr. Rolf Drechsler*, dem Leiter der Arbeitsgruppe Rechnerarchitektur der Universität Bremen. Von ihm habe ich gelernt, mich besser in die Position des Lesers zu versetzen und meine Aufgaben „eine nach der anderen" zu erledigen. Außerdem hat er mir die Vorlage für die Testmusterkompaktierung (Problem 12, Kapitel 15, *Backtracking*) gegeben. Über dieses Problem und andere Themen habe ich mit *Görschwin Fey*, *Daniel Große*, *Dr. Rüdiger Ebendt*, *Sebastian Kinder* und *Junhao Shi* interessante Gespräche geführt. Dafür danke ich ihnen.

Mein herzlicher Dank gebührt außerdem allen, die meine ersten Bücher positiv aufgenommen haben. Professoren, Studenten und Programmierer, die mir geschrieben haben, haben mich darin bestärkt, neue Buchprojekte anzugehen und zu verwirklichen.

Für Informationen zu *ACM* Problemen danke ich den Herren *Prof. Dr. Miquel Revilla Samos* (Universität Valladolid, Spanien), *Prof. Dr. Cristian Giumale* und *Prof. Dr. Nicolae Ţăpuş* (beide Universität Bukarest, Rumänien).

Für die Erlaubnis, Fotos im Buch verwenden zu dürfen, bedanke ich mich bei den Herren *Michael W. Davidson* (Fotos von Euklid, Euler und Fermat), *Robert D. Colburn* (Foto von Richard Bellman) und *Wolfgang Weege* (das Spiegelfoto im Rekursions-Kapitel).

Mein besonderer Dank gebührt dem Vieweg-Teubner Verlag (insbesondere meiner Lektorin Dr. Christel Roß). Ich bin sehr dankbar für die Unterstützung, die ich erfahren habe und für die Geduld, mit der auf mein Manuskript gewartet wurde. Es hat mich sehr gefreut, dass ich eines meiner Fotos für die Gestaltung des Umschlags verwenden durfte.

Oft denke ich an meine beiden Mathematiklehrer *Rodica Ungureanu* (Gymnasium „Gr. Ghica") und *Victor Barnea* (Volksschule 7) in meiner kleinen Heimatstadt Dorohoi im Nordosten Rumäniens. Ohne sie hätte ich vielleicht einen anderen Lebensweg gewählt. Ich hatte das Glück, die besten Mathematiklehrer erleben zu dürfen. Sie gestalteten ihren Unterricht außerordentlich spannend und lehrreich und boten freiwillig viele zusätzliche faszinierende Übungsstunden an. Ich erinnere mich, wie elegant und schön ich einen direkten Beweis für die Cauchy-Schwarz-Ungleichung (der sich auch in diesem Buch befindet) in der 9. Klasse fand, und wieviel Spaß mir die Schnittprobleme mit Würfeln in der 8. Klasse machten. Tiefen Dank empfinde ich für meine damaligen Lehrer.

Und schließlich danke ich allen, die die Fertigstellung des Buches ermöglicht haben.

München,   *Doina Logofătu*
im November 2009, Juni 2006

Inhaltsverzeichnis

GELEITWORT von *Dr. Eric Müller*	VII
VORWORT	IX
DANKSAGUNG	XI
1 KOMPLEXE KODIERUNG	**1**
Komplexe Zahlen – Kurze Einführung	1
Kodierungsproblem komplexer Zahlen	2
Problemanalyse und Entwurf der Lösung	3
Algorithmus Komplexe_Kodierung	6
Programm Komplexe_Kodierung	6
Programmanalyse	9
Aufgaben	13
Anmerkungen	14
2 VERSCHACHTELTE SCHACHTELN	**15**
Problembeschreibung	15
Problemanalyse und Entwurf der Lösung	16
Der Algorithmus	17
Das Programm	19
Die Programmanalyse	22
Drei kleine Programmierungstricks	23
Aufgaben, Problemstellungen	24
Anmerkungen	24
3 ZEICHENKETTEN	**25**
Grundlagen	25
1. Zeichen	25
2. C-Strings	26
3. C++ Strings	27
Aufgaben	32
Problem 1. Sich Wiederholende Zeichenketten	33
Problem 2. Das Perlencollier	35
Problem 3. Parkinson	37
Problem 4. Rapunzel im Internet	40
Problem 5. Bridge-Blatt	44
Problem 6. Wo sind die Königinnen?	49
Problem 7. Vogelsprache	55

4 MENGEN UND RELATIONEN 59

    Grundlagen 59
        1. Element und Menge 59
        2. Leere Menge, Teilmenge, Gleichheit 60
        3. Schreibweisen 60
        4. Mengenoperationen 61
        5. Multimengen 63
        6. Relationen 63
        7. Ordnungen 64
        8. Funktionen 64
        Aufgaben 65
    Problem 1. Cantor-Diagonalisierung 67
    Problem 2. Menge und Multimenge 72
    Problem 3. Relation und ihre Eigenschaften 74

5 ARITHMETIK UND ALGEBRA 79

    Grundlagen 79
        1. Teilbarkeit 79
        2. Primzahlen 79
        3. Fundamentalsatz der Arithmetik 81
        4. Division mit Rest, ggT und kgV 81
        5. Kongruenzen. Elementare Eigenschaften 82
        6. Chinesischer Restsatz 83
        7. Fermatsche Sätze 84
        8. Die Pell'sche Gleichung 86
        9. Satz von Vieta 87
        Aufgaben 89
    Problem 1. Primzahltest 91
    Problem 2. Sieb des Eratosthenes 93
    Problem 3. Druck einer Broschüre 97
    Problem 4. Primzahlen und Teiler 99
    Problem 5. Der alte Gärtner 102
    Problem 6. Kätzchen in Hüten 106
    Problem 7. Hausnummer 112
    Problem 8. Korrekte Nachrichten 114
    Problem 9. Anzahl der Teiler 117
    Problem 10. Datumsverpackung 119
    Problem 11. Die schöne Marie und der schöne Hans 121
    Problem 12. Kubische Gleichung 123
    Problem 13. Quadrat einer speziellen Zahl 125
    Problem 14. Umwandlung einer römischen Zahl in eine Dezimalzahl 126
    Problem 15. Umwandlung einer Dezimalzahl in eine römische Zahl 129
    Problem 16. Hässliche Zahlen 130
    Problem 17. Vögel auf den Bäumen 132
    Problem 18. Wieviele sind es mindestens? (chinesischer Restsatz) 134

6 EBENE GEOMETRIE, TRIGONOMETRIE   137

    Grundlagen   137
        1. Dreiecksgeometrie.   137
        2. Berechnung eines beliebigen Dreiecks.   138
        3. Wichtige trigonometrische Formeln   139
        Aufgaben   140
    Problem 1. Berechnung des Dreiecks (SSW)   140
    Problem 2. Der Kreisumfang   144
    Problem 3. Kreise im gleichschenkligen Dreieck   148

7 KOMBINATORIK   151

    Grundlagen   151
        1. Prinzip von Inklusion und Exklusion.   151
        2. Das Schubfachprinzip   153
        3. Permutationen
        (Anordnungen mit Berücksichtigung der Reihenfolge)   156
        4. Variationen (Auswahlen mit Beachtung der Reihenfolge) 158
        5. Kombinationen (Auswahlen ohne Beachtung der Reihenfolge) 159
        6. Binomialkoeffizienten und ihre Anwendungen   160
        Aufgaben   162
    Problem 1. Alle Teilmengen einer Menge
            in lexikographischer Reihenfolge   164
    Problem 2. Der Gray-Code (minimale Änderungsreihenfolge)   168
    Problem 3. Permutationen in lexikographischer Reihenfolge   171
    Problem 4. *Ranking* einer Permutation in lexikographischer Reihenfolge   173
    Problem 5. *Unranking* einer Permutation in lexikographischer Reihenfolge 176
    Problem 6. Binomialkoeffizienten   178
    Problem 7. Das kleinste Vielfache   184

8 KOMBINATORIK: CATALAN-ZAHLEN   187

    Einführung   187
    Sechs Probleme aus der Catalan-Familie   188
    Theorem. P1-P6 und die Catalan-Zahlen   191
    Die rekursive Formel   194
    Die erzeugende Funktion   195
    Noch 4 äquivalente Probleme   197
    Algorithmen zur Berechnung der Catalan-Zahlen   198
    Zweiter Algorithmus, eine weitere Rekursion   199
    Dritter Algorithmus, der ohne Rekursion auskommt   200
    Aufgaben   203

9 POTENZSUMMEN — 205

    Problembeschreibung — 205
    Problemanalyse. Algebraische Modellierung — 205
    Von der Rekursionsgleichung zum Algorithmus — 207
    Der Algorithmus — 210
    Programm — 212
    Aufgaben — 215

10 ALGORITHMISCHE GEOMETRIE — 217

    Grundlagen — 217
        1. Darstellung der Punkte, Quadranten — 217
        2. Abstand zwischen zwei Punkten — 218
        3. Gerade in der Ebene — 219
        4. Abstand eines Punktes zu einer Geraden,
           Fläche eines Dreiecks — 221
        5. Die Ellipse — 222
        6. Das Außenprodukt — 223
        7. Die Fläche eines Polygons, Punkt im Inneren eines Polygons — 223
        8. Nächstes Paar — 226
        9. Die konvexe Hülle — 228
        Aufgaben — 230
    Problem 1. Nächstes Paar — 231
    Problem 2. Quadrätchen im Kreis — 234
    Problem 3. Wie sicher sind die Bürger? — 238

11 GRAPHEN — 249

    Grundlagen — 249
        1. Einführende Begriffe — 249
        2. Weg, Pfad, Zyklus und Kreis — 250
        3. Vollständige und bipartite Graphen — 251
        4. Darstellung der Graphen — 252
        5. Traversieren von Graphen (BFS und DFS) — 254
        6. Zusammenhang — 256
        7. Hamiltonsche und eulersche Graphen — 257
        8. Bäume und Wälder — 258
        9. Minimaler Spannbaum — 259
        Aufgaben — 261
    Problem 1. Breiten- und Tiefensuche (BFS und DFS) — 262
    Problem 2. Die kürzesten Pfade — 268
    Problem 3. Das Alphabet der fremden Sprache — 270
    Problem 4. Markus besucht seine Freunde — 276
    Problem 5. Das Haus des Nikolaus — 281
    Problem 6. Minimaler Spannbaum (Kruskal-Algorithmus) — 283

12 GREEDY — 287

- Grundlagen — 287
- Problem 1. Rucksackproblem — 288
- Problem 2. Kartenfärbung — 293
- Problem 3. Springer auf dem Schachbrett — 295
- Problem 4. Huffman-Kodierung — 298

13 REKURSION — 305

- Vollständige Induktion — 305
- Rekursion: Grundlagen — 311
- Problem 1. Quersumme und Spiegelung einer natürlichen Zahl — 312
- Problem 2. Die Zahl 4 — 314
- Problem 3. Rest großer Potenzen — 316
- Problem 4. Die Torte (lineare Rekursion) — 318
- Problem 5. Die Ackermannfunktion (verschachtelte Rekursion, "compound recursion") — 320
- Problem 6. Rekursive Zahlenumwandlung (Dezimalsystem in System mit Basis P) — 322
- Problem 7. Summe zweier Wurzeln (verzweigte Rekursion) — 324
- Problem 8. Collatz-Funktion (nicht-monotone Rekursion) — 325
- Problem 9. Quadrate und Quadrätchen — 327
- Problem 10. Quadrate (direkte Rekursion) — 330
- Problem 11. Quadrate und Kreise (indirekte Rekursion) — 339
- Problem 12. Die Koch'sche Schneeflockenkurve — 343

14 TEILE UND HERRSCHE — 351

- Grundlagen — 351
- Problem 1. Größter gemeinsamer Teiler mehrerer Zahlen — 352
- Problem 2. Die Türme von Hanoi — 354
- Problem 3. Integral mit Trapezregel — 356
- Problem 4. Quicksort — 357
- Problem 5. Mergesort (Sortieren durch Verschmelzen) — 360
- Problem 6. Quad-Bäume — 361
- Problem 7. Diskrete Fourier-Transformation (DFT) — 366

15 BACKTRACKING — 371

- Problem 1. Das Problem der n Damen — 371
- Allgemeine Bemerkungen zum Backtracking-Verfahren — 377
- Problem 2. Das Problem der n Türme — 380
- Problem 3. Das Problem der Türme auf den ersten m Reihen — 381

Problem 4. Das Problem der aufsteigenden Türme
auf den ersten *m* Reihen ... 382
Problem 5. Die Freundschafts-Jugendherberge ... 383
Problem 6. Partitionen einer natürlichen Zahl ... 384
Problem 7. Erdkunde-Referate ... 387
Problem 8. Alle Wege des Springers ... 389
Problem 9. Das Fotoproblem ... 392
Problem 10. Der ausbrechende Ball ... 393
Problem 11. Olivensport ... 396
Problem 12. Testmusterkompaktierung ... 402
Problem 13. Sudoku ... 411
Noch 10 Probleme ... 417

16 DYNAMISCHE PROGRAMMIERUNG ... 425

Grundlagen, Eigenschaften des Verfahrens ... 425
   1. Ursprung des Konzeptes ... 425
   2. Optimalitätsprinzip ... 425
   3. Überlappung des Problems, Speicherung der optimalen
      Teilproblemlösungen (Memoization) ... 426
   4. Einführendes Beispiel – die Fibonacci-Folge ... 426
   5. Bottom-up versus top-down ... 428
   6. Vergleich mit anderen Verfahren ... 428
   Aufgaben ... 429
Problem 1. Das Zählen der Kaninchen ... 430
Problem 2. Längste aufsteigende Teilfolge ... 433
Problem 3. Zahlen-Dreieck ... 437
Problem 4. Domino ... 440
Problem 5. Verteilung der Geschenke ... 444
Problem 6. Ähnliche Summe ... 447
Problem 7. Schotten auf dem Oktoberfest ... 452
Problem 8. Springer auf dem Schachbrett ... 459
Problem 9. Summen von Produkten ... 464
Problem 10. Minimale Triangulierung eines konvexen Vielecks ... 467
Problem 11. Multiplikation einer Matrizenfolge ... 473
Problem 12. Edit-Distanz ... 478
Problem 13. Arbitrage ... 484
Problem 14. Längste gemeinsame Teilfolge (LCS) ... 488

LITERATURVERZEICHNIS ... 493

STICHWORTVERZEICHNIS ... 497

Komplexe Kodierung

Dieses Kapitel stellt ein Problem der Kodierung von komplexen Zahlen vor. Nach einer kurzen Einführung, die den grundlegenden Umgang mit komplexen Zahlen zeigt, folgt die vollständige Beschreibung des Problems. Wie immer geht es weiter mit der Problemanalyse, dem Entwurf der Lösung und einem Algorithmus in Pseudocode. An dieser Stelle werden Sie herzlich eingeladen, das Programm selbst zu implementieren, und wenn Sie keine Lust dazu haben sollten, dann sehen Sie sich die vorgestellte Variante an, welche OOP-Techniken und die *Standard Template Library (STL)* nutzt. Ob Sie nun selbst ein Programm erzeugt haben oder nicht, es ist empfehlenswert, sich mit dem *Listing* und den folgenden Beschreibungen auf C++-Ebene zu beschäftigen. Im Abschnitt „Programmanalyse" werden die Geheimnisse gelüftet, die hinter wichtigen Begriffen wie Operatorüberladung, Datenabstraktion, Polymorphie, *const-* und *inline-* Funktionen stehen. Auch die artverwandten Aufgaben fehlen nicht. Sie tragen dazu bei, das Thema zu vertiefen.

Komplexe Zahlen – Kurze Einführung

Leonhard Euler (1707-1783)

<u>Imaginäre Einheit *i*.</u> Die Zahl *i* wurde zuerst von dem berühmten Mathematiker *Leonhard Euler* (1707-1783) eingeführt. Sie diente dem Versuch, die quadratischen Gleichungen $ax^2 + bx + c = 0$ (mit $a,b \in \mathbb{R}$ und $a \neq 0$), die nicht in $\mathbb{R}$ lösbar sind, zu lösen. Die imaginäre Einheit *i* (oft *j* genannt) ist definiert als eine fest gewählte Lösung der Gleichung $x^2 = -1$, es gilt also $i^2 = -1$.

<u>Die algebraische (kartesische) Form.</u> Eine komplexe Zahl hat die Form $z = x + i \cdot y$, wobei x und y reelle Zahlen sind. Es gelten folgende Notationen:

$$x = \text{Re}(z) \quad \text{(Realteil von } z\text{)}$$
$$y = \text{Im}(z) \quad \text{(Imaginärteil von } z\text{)}$$
$$\overline{z} = x - iy \quad \text{(Konjugierte von } z\text{)}$$
$$|z| = \sqrt{x^2 + y^2} \quad \text{(Betrag von } z\text{)}$$

Gegeben seien zwei komplexe Zahlen $z_1 = x_1 + iy_1$, $z_2 = x_2 + iy_2$ mit $x_1, x_2, y_1, y_2 \in \mathbb{R}$. Mit Hilfe der oben dargestellten Notationen können Rechenregeln für komplexe Zahlen in dieser Form gebildet werden:

$$z_1 + z_2 = (x_1 + x_2) + i(y_1 + y_2)$$
$$z_1 - z_2 = (x_1 - x_2) + i(y_1 - y_2)$$
$$z_1 \cdot z_2 = (x_1 x_2 - y_1 y_2) + i(x_1 y_2 + x_2 y_1)$$
$$\frac{z_1}{z_2} = \frac{(x_1 x_2 + y_1 y_2) + i(x_2 y_1 - x_1 y_2)}{x_2^2 + y_2^2}$$

$$\overline{\overline{z}} = z \;,\; z \cdot \overline{z} = |z|^2 \;,\; \overline{z_1 \pm z_2} = \overline{z_1} \pm \overline{z_2} \;,\; \overline{z_1 \cdot z_2} = \overline{z_1} \cdot \overline{z_2} \;,\; \overline{\left(\frac{z_1}{z_2}\right)} = \frac{\overline{z_1}}{\overline{z_2}}$$

$$\bigl||z_1| - |z_2|\bigr| \leq |z_1 \pm z_2| \leq |z_1| + |z_2| \;,\; |z_1 \cdot z_2| = |z_1| \cdot |z_2| \;,\; \left|\frac{z_1}{z_2}\right| = \frac{|z_1|}{|z_2|}$$

Während sich die Menge $\mathbb{R}$ der reellen Zahlen an einer Zahlengeraden darstellen lässt, kann man die Menge $\mathbb{C}$ der komplexen Zahlen als Ebene (komplexe Ebene, gaußsche Zahlenebene) veranschaulichen. Dies entspricht der "doppelten Natur" von $\mathbb{C}$ als zweidimensionalem reellem Vektorraum.

Kodierungsproblem komplexer Zahlen

<u>Definition.</u> Wenn X und B komplexe Zahlen mit ganzzahligem Real- und Imaginärteil sind und es natürliche Zahlen $a_n, a_{n-1}, ..., a_1, a_0$ kleiner als $|B|$ mit der Eigenschaft

$$X = a_n B^n + a_{n-1} B^{n-1} ... + a_2 B^2 + a_1 B + a_0$$

gibt, dann stellt die Folge $a_n, a_{n-1}, ..., a_1, a_0$ eine Kodierung für das Paar (X, B) dar.

1 Komplexe Kodierung

Analog dazu kann man a_n, a_{n-1}, ..., a_1, a_0 als Ziffern der X-Darstellung in einem Zahlensystem der Basis B betrachten. Unser Ziel ist nun das Dekodieren der Zahlenpaare (X, B), d.h. das Finden der „Ziffern" a_n, a_{n-1}, ..., a_1, a_0 im Zahlensystem der Basis B für die komplexe Zahl X.

Die *Eingabe* wird in der Datei *code.in* dargestellt. Jede Instanz ist auf einer Zeile beschrieben, die vier ganze Zahlen Re(X), Im(X), Re(B), Im(B) mit Re(X), Im(X) ≤ 1000000 und Re(B), Im(B) ≤ 16 enthält. Diese Zahlen entsprechen dem Real- und Imaginärteil von X und B, B ist dabei die Basis des Zahlensystems mit |B| > 1, X ist die komplexe Zahl für die Darstellung des Codes.

Aufgabe: Das Programm muss die Datei *code.out* liefern, in der es für jede Instanz eine entsprechende Zeile gibt. Diese Zeile muss durch Kommata getrennte Ziffern a_n, a_{n-1}, ..., a_1, a_0, enthalten. Die folgenden Bedingungen müssen dabei erfüllt sein:

- für $i \in \{0, 1, 2, ..., n\}$: $0 \le a_i < |B|$
- $X = a_0 + a_1 B + a_2 B^2 + ... + a_n B^n$
- wenn $n > 0$, dann $a_n \ne 0$
- $n \le 100$

Wenn es für einen Fall keine solchen Ziffern gibt, dann soll auf der entsprechenden Zeile der Satz "nicht kodierbar" ausgegeben werden.

Beispiel:

code.in	code.out
0 1 1 1	nicht kodierbar
191 -192 11 -12	16,15
0 0 1 1	0
46185 -80102 15 5	nicht kodierbar
-262144 0 0 2	1,0,0,0,0,0,0,0,0,0,0,0,0,0,0,0,0,0,0
6222 -16809 -2 13	8,11,7,3
7973 -1108 2 2	2,0,2,1,1,2,1,2,1
3560 -1908 -16 4	15,3,8
28443 44463 -6 14	nicht kodierbar
-11425 5080 4 -10	10,1,4,3
-8 -210 5 -6	3,5,0

Problemanalyse und Entwurf der Lösung

<u>Definition.</u> Wir bezeichnen die Menge der komplexen Zahlen mit ganzzahligem Real- und Imaginärteil mit $\mathbb{C}(\mathbb{Z})$:

$$\mathbb{C}(\mathbb{Z}) = \{a + i \cdot b \mid a, b \in \mathbb{Z}\}$$

Aus der Definition des Problems folgt:

$$\begin{aligned} X &= a_0 + a_1 B + a_2 B^2 + \ldots + a_n B^n & \Leftrightarrow \\ X &= a_0 + B(a_1 + a_2 B + \ldots + a_n B^{n-1}) & \Leftrightarrow \\ X - a_0 &= B(a_1 + a_2 B + \ldots + a_n B^{n-1}) & \end{aligned} \qquad (1)$$

Weil die Zahlen $a_n, a_{n-1}, \ldots, a_1, a_0$ natürliche Zahlen sind und $B \in \mathbb{C}(\mathbb{Z})$ gilt, folgt, dass es ganze Zahlen P und Q gibt, die die Bedingung

$$a_1 + a_2 B + \ldots + a_n B^{n-1} = P + i \cdot Q$$

erfüllen.

<u>Satz 1.</u> Wenn es eine Zahl a_0 mit der Bedingung (1) und der Bedingung

$$0 \leq a_0 < |B| \qquad (2)$$

gibt, dann ist sie eindeutig festgelegt. Beweis. Wir benutzen die Widerspruchsmethode. Wir stellen uns vor, dass $a_0, \tilde{a}_0$ unterschiedlich in den Bedingungen (1) und (2) sind. Dann folgt, dass es unterschiedliche $Q_0, \tilde{Q}_0 \in \mathbb{C}(\mathbb{Z})$ gibt, so dass

$$\begin{aligned} X &= a_0 + B \cdot Q_0 \\ X &= \tilde{a}_0 + B \cdot \tilde{Q}_0 \end{aligned} \qquad (3)$$

Dann erhält man durch Subtraktion: $a_0 - \tilde{a}_0 = B \cdot (\tilde{Q}_0 - Q_0)$, und

$$\left| a_0 - \tilde{a}_0 \right| = |B| \cdot \left| \tilde{Q}_0 - Q_0 \right| \qquad (4)$$

$a_0, \tilde{a}_0 \in \{0, 1, \ldots, |B| - 1\}$ führt zu $\left| a_0 - \tilde{a}_0 \right| < |B|$.

Unterschiedliche $Q_0, \tilde{Q}_0 \in \mathbb{C}(\mathbb{Z})$ führen zu $\left| \tilde{Q}_0 - Q_0 \right| \geq 1$, also $|B| \cdot \left| \tilde{Q}_0 - Q_0 \right| \geq |B|$.

Aus den letzten beiden Bemerkungen folgt:

1 Komplexe Kodierung

$$\left| a_0 - \tilde{a}_0 \right| < |B| \cdot \left| (\tilde{Q}_0 - Q_0) \right| \tag{5}$$

Das stellt eindeutig einen Widerspruch zwischen (4) und (5) dar. Das heißt, dass unsere Voraussetzung falsch und a_0 mit den Bedingungen (1) und (2) eindeutig ist. ❑

Algorithmenentwurf. Aus dieser Feststellung folgt, dass ein Code für das Paar (X, B) eindeutig ist, wenn er existiert. Der folgende Algorithmus für dieses Problem ist iterativ. Die „Ziffern" $a_0, a_1, \ldots, a_n$ werden dabei nacheinander bestimmt. Die Bestimmung von a_0 für das Paar (X, B) erfolgt durch die iterative Verifikation der Eigenschaft: $X - a_0$ ist ein Vielfaches von B für alle möglichen Werte von $a_0 \in \{0, 1, 2, \ldots, |B| - 1\}$. Das heißt, $X - a_0$ kann in der Form $B \cdot Q$ mit $Q \in \mathbb{C}(\mathbb{Z})$ geschrieben werden. Wenn die Eigenschaft nachgewiesen ist, dann ist a_0 gemäß dem obigen Satz eindeutig und wird im Vektor mit der möglichen Teillösung eingeführt. Q wird das neue X, und man fährt in dieser Weise fort, bis eine der folgenden Abbruchbedingungen erfüllt ist:

- X wird Null (wir haben eine Kodierung bestimmt);
- beim Versuch, a_i zu bestimmen, gibt es keinen möglichen Wert $0, 1, 2, \ldots, |B| - 1$ mit der Bedingung, dass $X - a_i$ ein Vielfaches von B ist, d.h. es gibt keine Kodierung;
- $a_0, a_1, \ldots, a_{100}$ sind bestimmt und X ist nicht Null (es gibt keine Kodierung mit $n \leq 100$).

Vielfaches einer komplexen Zahl. Wir untersuchen weiter, wie man bestimmen kann, ob eine komplexe Zahl $z \in \mathbb{C}(\mathbb{Z})$ ein Vielfaches der komplexen Zahl B aus $\mathbb{C}(\mathbb{Z})$ ist. Wir nehmen an, dass $z, B \in \mathbb{C}(\mathbb{Z})$ und $B \neq 0$ gilt. Für die vereinfachte Darstellung der folgenden Formeln bezeichnen wir mit z_r, z_i, B_r und B_i die Real- bzw. Imaginärteile von z und B. z ist ein Vielfaches von B in $\mathbb{C}(\mathbb{Z})$ dann und nur dann, wenn es $Q \in \mathbb{C}(\mathbb{Z})$ gibt mit:

$$z = B \cdot Q \Leftrightarrow \frac{z}{B} = Q \Leftrightarrow \frac{z_r + i z_i}{B_r + i B_i} = Q \Leftrightarrow \frac{(z_r + i z_i) \cdot (B_r - i B_i)}{B_r^2 + B_i^2} = Q \Leftrightarrow$$

$$\frac{z_r \cdot B_r + z_i \cdot B_i}{B_r^2 + B_i^2} + i \frac{z_i \cdot B_r - z_r \cdot B_i}{B_r^2 + B_i^2} = Q.$$

Aus der letzten Gleichung lässt sich erkennen, dass die Zähler $z_r \cdot B_r + z_i \cdot B_i$ und $z_i \cdot B_r - z_r \cdot B_i$ durch den Nenner $B_r^2 + B_i^2$ ohne Rest teilbar sind. ❑

Algorithmus *Komplexe_Kodierung*

ALGORITHM_KOMPLEXE_KODIERUNG
1. Read X, B (X_r, X_i, B_r, B_i ($|X_r|, |X_i| \leq 1000000$, $|B_r|, |B_i| \leq 16$)
2. $V \leftarrow \{\}$
3. If ($X = 0$) Then $V \leftarrow \{0\}$ End_If
4. For ($j \leftarrow 0$; $j < 100$ AND $X \mathrel{!}= 0$; j++) Execute
   4.1. $isFound \leftarrow$ FALSE
   4.2. For ($i \leftarrow 0$; ($i < |B|$) AND (!$isFound$); i++) Execute
      4.2.1. $ZAux \leftarrow X - i$
      4.2.2. If ($ZAux$ Multiple for B) Then
         V.add(i)
         $X \leftarrow ZAux / B$
         $isFound \leftarrow$ TRUE
      End_If
   End_For
   4.3. If ($isFound =$ FALSE) Then
      4.3.1. Write "nicht kodierbar"
      4.3.2. $j \leftarrow 100$ (Exit loop 4)
   End_If
   Ende_For
5. If ($X = 0$) Then Write vector V
   Else (If $j = 100$ Then Write "nicht kodierbar")
END_ALGORITHM_KOMPLEXE_KODIERUNG

Das folgende Programm ist eine Implementierung dieses Algorithmus in C++. Wir nummerieren die Programmzeilen zur leichteren nachträglichen Programmanalyse.

Programm *Komplexe_Kodierung*

```
1: #include <cmath>
2: #include <fstream>
3: #include <vector>

4: const char* const MSG_ERR = "nicht kodierbar";

5: using namespace std;
```

1 Komplexe Kodierung

```
// ------- Deklaration der Klasse Complex ------ //
 6: class Complex{
 7:    private:
 8:       long _re, _im;
 9:    public:
10:       Complex(){};
11:       Complex(long re,  long im): _re(re), _im(im){}
12:       ~Complex(){};
13:       double getModul() const;
14:       Complex operator-(Complex&);
15:       Complex operator-(long);
16:       Complex operator*(Complex&);
17:       Complex operator/(Complex&);
18:       int operator==(long);
19:       friend istream& operator>>(istream&, Complex&);
20: };

// ------ Implementierung der Klasse Complex ------- //
21: inline double Complex::getModul() const{
22:   double aux = _re*_re + _im*_im;
23:   return sqrt(aux);
24: }

25: inline Complex Complex::operator-(Complex &z){
26:   return Complex( _re - z._re, _im - z._im );
27: }

28: inline Complex Complex::operator-(long l){
29:    return Complex(_re - l, _im);
30: }

31: inline Complex Complex::operator*(Complex &z){
32:    return
33:       Complex(_re*z._re - _im*z._im, _re*z._im + _im*z._re);
34: }

35: inline Complex Complex::operator/(Complex &z){
36:    long r = z._re;
37:    long i = z._im;
38:    long m2 = r*r + i*i;
39:    return
40:       Complex((_re*r + _im*i )/m2, (_im*r - _re*i )/m2);
41:   }

42: inline int Complex::operator==(long l){
43:    return
44:      (_re==l && _im==0);
45: }
```

```cpp
// -- Implementierung der friend-Methode der Klasse Complex --
//
46: istream& operator>>( istream &is, Complex &u ){
47:     is >> u._re >> u._im;
48:     return is;
49: }

// ----------- lokale Methoden -------------------- //
50: inline Complex operator%(Complex &z1, Complex &z2){
51:     Complex z;
52:     z = z1 - (z2 * (z1 / z2));
53:     return z;
54: }

55: inline int operator!=(Complex &z, long l){
56:     return (!(z == l));
57: }

58: void writeSolution(const vector<int>& v, ofstream &out){
59:     vector<int>::const_reverse_iterator itEnd = v.rend();
60:     vector<int>::const_reverse_iterator it;
61:     for(it = v.rbegin(); it != (itEnd-1); it++)
62:         out << *it << ",";
63:     out << *it;
64:     out << endl;
65: }

66: void process (Complex &X, Complex &B, ofstream& out){
67:     vector<int> V;
68:     Complex ZAux;
69:     double temp = B.getModul();
70:     int aMax = (int)temp;
71:     if(temp - aMax == 0) aMax--;
72:     if(X==0) {V.push_back(0); }
73:     short j=0;
74:     for( ; (j<100) && (X != 0); j++){
75:         bool gefunden = false;
76:         for(int i=0; i<=aMax; i++){
77:             ZAux = X - i;
78:             if(ZAux % B == 0){
79:                 V.push_back(i);
80:                 X = ZAux / B;
81:                 gefunden = true;
82:                 break;
83:             }
84:         }
85:         if(!gefunden){out << MSG_ERR << endl; break;}
```

1 Komplexe Kodierung   9

```
86:    }
87:    if(X==0) {writeSolution(V, out);}
88:    else if(j==100) {out << MSG_ERR << endl;}
89: }

// ---------- Hauptprogramm ------ //
90: void main(){
91:    Complex X ,B;
92:    ifstream in("code.in");
93:    ofstream out("code.out");
94:    while(in && !in.eof() && in >> X >> B){
95:       process(X, B, out);
96:    }
97: }
```

Programmanalyse

<u>STL-Anwendung.</u>
Die Zeilen 1-3 inkludieren die verwendeten *STL*-Bibliotheken:

cmath   definiert die Makros aus dem *C*-Standard Header *math.h*, um die Methode *sqrt()* aufzurufen,

fstream   definiert Klassen zur Steuerung von Eingabe/Ausgabe-Streams, um Sequenzen in externe Dateien zu speichern; wir machen von den Methoden *ifstream* and *oftsream* Gebrauch,

vector   definiert die Schablone Container für die Klasse *vector* und andere Schablonen.

Alle *STL*-Methoden sind im Namensbereich *std* definiert, darum sollten wir sie normalerweise mit der Syntax *std::vector*, *std::ifstream*, *std::sqrt* usw. aufrufen. Wenn keine Doppeldeutigkeit besteht, ist die Erzeugung eines sogenannten Namensbereichs für einen Block durch die Direktive *using namespace* eine Alternative, wie in Zeile 5 zu sehen ist (beim Löschen dieser Zeile müssten wir allen *STL*-Elementen den Präfix *std::* voranstellen).

<u>Datenabstraktion.</u>
Um im beschriebenen mathematischen Modell zu bleiben, wird die Klasse *Complex* definiert. Dadurch kann mit der Menge der komplexen Zahlen mit ganzzahligen Real- und Imaginärteilen ($\mathbb{C}(\mathbb{Z})$) „natürlich" gearbeitet werden. Die Definition dieses abstrakten Datentyps spezifiziert die interne Repräsentation seiner Daten, aber auch die Methoden, die von anderen Programmmodulen verwendet werden, um diese Daten zu manipulieren.

Auf diese Weise lässt sich ein wichtiges Prinzip der OOP realisieren, das man Kapselung (Geheimnisprinzip) nennt: Der Zugriff auf die Daten zum Lesen oder Ändern kann nur mit Methoden erfolgen. Ein unbeabsichtigtes Ändern des Real- oder Imaginärteils ist nicht möglich.

In den Zeilen 6-20 wird die Klasse *Complex* deklariert, mit den privaten Attributen _re und _im, auf die nicht einzeln zugegriffen werden kann. Wenn dies nötig wäre, könnten wir Methoden dafür schreiben, z. B. *getRe(), getIm(), setRe(), setIm()*. Die Klasse *Complex* bietet ein paar *public* Methoden und meldet zwei externe Funktionen als *friend*-Funktionen. Das ist eine der Möglichkeiten von C++, um Operatoren zu überladen.

Konstruktoren, Destruktoren.
Die Zeilen 10-11 beinhalten die Deklaration und Definition zweier Konstruktoren. Ein Konstruktor ist eine Methode und trägt denselben Namen wie die Klasse, die ihn beherbergt. Konstruktoren werden automatisch ausgeführt, wenn neue Objekte der Klasse angelegt werden. Wenn eine Klasse keinen explizit deklarierten Konstruktor hat, wird vom Compiler automatisch ein Konstruktor erzeugt, der dann keine Parameter und eine leere Befehlsliste hat (wie der erste Konstruktor im Programm). Das Aufrufen des ersten Konstruktors in unserem Beispiel erfolgt in den Zeilen 68 und 91, aber auch in den Implementierungen der Funktionen für die Operatorenüberladung. Die Anwendung des zweiten Konstruktors findet man in den Zeilen 26, 29, 33 und 40.

Der Destruktor erledigt Aufräumarbeiten. Meist ist es die Freigabe des vom Objekt beanspruchten Speichers. Der Name des Destruktors besteht aus dem Namen der Klasse, dem ein „~"-Zeichen vorangestellt wird (siehe Zeile 12). Die Destruktoren werden automatisch aufgerufen, wenn ein Objekt zerstört wird, z. B. wenn eine Schleife verlassen wird, in der das Objekt angelegt wurde. Es könnte aber auch Situationen geben, in denen Destruktoren explizit aufgerufen werden sollten.

Operatorüberladung, *friend*-Funktionen.
C++ bietet keine Operatoren zur Behandlung von komplexen Zahlen (Addition, Multiplikation, Eingabe, usw.). Stattdessen lässt sich aber ein Standardoperator mit einer zusätzlichen Bedeutung versehen, wenn er für Objekte einer spezifischen Klasse verwendet wird. Für diese sog. Operatorüberladung gelten folgende Bedingungen:

- Nur die folgenden Operatoren können überladen werden:

+	-	*	/	%	^
!	=	<	>	+=	-=
^=	&=	|=	<<	>>	<<=
<=	>=	&&	||	++	--
( )	[ ]	new	delete	&	|
~	*=	/=	%=	>>=	==
!=	,	->	->*		

- Wenn ein Operator als Binär- oder als Unäroperator benutzt wird, dann können beide Varianten überladen werden.
- Ein Operator kann entweder durch die Verwendung einer nicht-statischen Member-Funktion überladen werden oder durch eine globale Funktion, die als *friend*-Funktion deklariert sein muss, falls sie auf private Member der Klasse zugreifen muss. Eine globale Funktion muss mindestens einen Parameter des Typs der Klasse oder eine Referenz zu einem solchen Typ haben.
- Wenn ein unärer Operator als Member-Funktion überladen ist, dann hat er kein Argument. Wenn er als globale Methode überladen ist, dann hat er nur ein Argument.
- Wenn ein binärer Operator als Member-Funktion überladen ist, dann hat er nur einen Parameter. Wenn er als globale Methode überladen ist, dann hat er zwei Argumente.

Die Zeilen 14-17 beinhalten die Überladung der Operatoren -, *, /, die als Member-Funktionen der Klasse deklariert sind. Die Zeile 19 zeigt die Überladung des Operators >> als *friend*-Methode der Klasse (das ist keine Member-Funktion, sondern eine globale). Durch das Schlüsselwort *friend* wird dieser Methode der Zugriff auf private Member der Klasse ermöglicht (in unserem Fall wird ausnahmsweise auf die privaten Member _re und _im des Objekts vom Typ *Complex* zugegriffen, wie man an ihrer Implementierung sehen kann). In den Zeilen 50-54 und 55-57 werden die Operatoren % und != als gewöhnliche lokale Methoden überladen. Die Implementierungen der genannten Operatoren nutzen das klassische, mathematische Modell der komplexen Zahlen, aber es werden auch die Anmerkungen und Einschränkungen aus dem Problemanalyse-Abschnitt berücksichtigt (ganzzahlige Real- und Imaginärteile).

Die Operatoren == und != vergleichen in den Zeilen 72, 73, 78 und 87 komplexe Zahlen mit geraden Zahlen und sind in den Zeilen 18 und 42-45 bzw. 55-57 kodiert. In Zeile 77 subtrahiert der Operator – (implementiert in 15 und 28-30) eine ganzzahlige von einer komplexen Zahl, und der Rückgabewert ist komplex. Ein Beispiel für die Überladung des Operators % (als globale non *friend*-Methode in Zeile 50-54) befindet sich in Zeile 78. In Zeile 80 dividiert der Operator / zwei komplexe Zahlen und liefert eine komplexe Zahl zurück (programmiert ist er in 35-41 basierend auf dem mathematischen Modell). Die Anweisung X = ZAux / B; ist übrigens äquivalent zu X = ZAux.operator/(B); (das Programm würde mit jeder der beiden Anweisungen laufen), und das gilt dementsprechend auch für die anderen Operatoren. Die Zeile 94 liest die komplexen Zahlen X und B in einer natürlichen Weise, möglich gemacht durch die Implementierung des Operators >> in den Zeilen 19 und 46-49.

Polymorphie. Der Term polymorph stammt aus dem Griechischen. Seine Bedeutung ist: „mehrere Formen haben". Eine Ausprägung der Polymorphie ist die Operatorüberladung, wie wir sie anwenden (parametrisch und typbezogen), weil bekannte, in Standard-C++ als Basistyp implementierte Operatoren weitere Bedeutungen bekommen. Der Minusoperator – z. B. wird um zwei Bedeutungen erweitert: Der Differenz zweier komplexer Zahlen und der Differenz zwischen einer komplexen Zahl und einer ganzen Zahl.

const-Member-Funktionen. C++ gestattet es, bestimmte Funktionen eines Objekts mit dem Schlüsselwort (Modifikator) *const* zu kennzeichnen. Der Aufruf einer so deklarierten Methode ändert den Objektzustand nicht und kann sowohl bei konstanten als auch bei nicht konstanten Objekten erfolgen. Es ist guter Programmierstil, Funktionen als *const* zu deklarieren, wenn sie den Zustand eines Objekts nicht ändern. Wir sehen die Verwendung dieses Modifikators in den Zeilen 13 und 21-24 für die Methode *getModul()*, die die Attribute *_re* und *_im* des Objekts nicht verändert.

inline-Funktionen. Wahrscheinlich haben Sie schon das Schlüsselwort *inline* bei Methoden bemerkt, die Operatoren überladen. Eine *inline*-Funktion ist eine Kombination aus einem Makro und einer normalen Funktion. Ähnlich wie bei einem Makro wird eine *inline*-Funktion bei ihrem Aufruf durch ihren Implementierungs-körper ersetzt. Anders als bei einem Makro wird hier aber auch der Typ der Parameter geprüft, die wie bei einer normalen Funktion angegeben werden. Ein Nachteil ist der zusätzlich benötigte Speicher. *inline*-Methoden sind immer dann effizient, wenn die Anzahl der Anweisungen sehr gering ist, da hier der Laufzeit-Overhead, welcher durch eine evtl. Parameterübergabe über den Stack anfällt, in keinem Verhältnis zur Verlängerung des Programmcodes steht. Es gibt keine Zeiger auf *inline*-Funktionen. *inline* ist eine Anweisung für den Compiler, die erfüllt oder nicht erfüllt werden kann. Wenn die Anforderung nicht erfüllt wird, generiert der Compiler eine normale Funktion.

std::vector. Der Typ *std::vector* gleicht einem *Array* und erlaubt das Speichern von Elementen, die einen bestimmten Typ haben. In unserem Programm benutzen wir einen *std::vector* für das Speichern der Werte a_i. Deklariert ist der Vektor V in Zeile 82, in den eckigen Klammern ist der Typ des Elements spezifiziert (in unserem Fall *int*). Die Methode *push_back()*, die in den Zeilen 72 und 79 zum Einsatz kommt, fügt ein Element am Ende des Vektors ein. Für das Schreiben eines Vektors mit ganzzahligen Elementen in einen Ausgabestream verwenden wir die Methode *writeSolution(const vector<int>&, ofstream&)*, siehe Zeilen 58-65. In dieser Methode benutzen wir das *iterator* Konzept für den iterativen Zugriff auf die Elemente des Containers (dem *std::vector*). Die Iteratoren können inkrementiert, dekrementiert und dereferenziert werden. Außer den normalen Iteratoren bietet die *STL* auch die „umgekehrten" Iteratoren an. Dazu verwenden wir *reverse_iterator* zusammen mit den Methoden *rBegin()* (*reverse begin*) und *rEnd()* (*reverse end*) für das erste bzw. letzte Element in umgekehrter Reihenfolge. Unter Benutzung eines normalen Iterators würde die obige Funktion *writeSolution()* folgendermaßen aussehen:

```
void writeSolution(const vector<int>& V, ofstream &out)
{
    vector<int>::iterator itBegin = V.begin();
    vector<int>::iterator it;
    for(it = V.end()-1; it != itBegin; --it )
      out << *it << ",";
    out << *it;
    out << endl;
}
```

Auf die Elemente eines *STL*-Vektors kann auch mit dem Operator [] zugegriffen werden:

```
void writeSolution(vector<int> V, ofstream &out)
{
    for(short i=(short)V.size()-1; i>0; --i)
      out << V[i]<< ",";
    if(V.size()>0)out << V[0];
    out << endl;
}
```

Aufgaben

1. Löschen Sie die Zeile 5: *using namespace std;* und machen Sie das Programm wieder lauffähig, indem Sie alle *STL*-Elemente mit *std::* versehen.
2. Die Operatoren / und %, die in den Zeilen 44-51 und 61-66 kodiert sind, setzen voraus, dass der zweite Parameter nicht Null ist (in der Problembeschreibung

wird $|B| > 1$ gefordert). Lassen Sie die Methoden überprüfen, ob der zweite Parameter Null ist.

3. Implementieren Sie die Operatoren -, * und / als *friend*-Methoden und den Operator == als Member-Funktion.
4. Kodieren Sie die Methode *writeSolution()* rekursiv.
5. Schreiben Sie ein C-Programm für den *Algorithmus_Komplexe_Kodierung*, um die prozedurale und objektorientierte Programmierung zu vergleichen.
6. Entwickeln Sie ein Programm, das die Zeilennummern einer Datei entfernt. Als Eingabe erwartet dieses Programm also eine Datei mit Zeilennummern (wie z. B. unser Programm oder das Programm *BP* in Kapitel 15, *Backtracking*) und einen Dateinamen für die nummernlose Ausgabe. Beispiel:

Tastatur	ndamen1.cpp
| ```
Input File: ndamen.cpp
Output File: ndamen1.cpp
``` | ```
#include <fstream>
#include <iostream>
...
      } else x.pop_back();
   }
   fout << n << " " << noSol;
}
``` |

Schreiben Sie eine Methode, die auch die umgekehrte Operation ausführt: Gegeben ist eine Datei ohne Zeilennummern, nummerieren Sie die nicht leeren Zeilen.

Anmerkungen

In diesem Kapitel wurden folgende Themen angesprochen:
1. Komplexe Zahlen
2. Kodierung
3. Zahlensysteme
4. Datenabstraktion, Konstruktoren und Destruktoren, Operatorüberladung, Polymorphie
5. Definition einer konstanten Zeichenkette
6. *inline*-, *const*- und *friend*-Funktionen
7. *iterator* und *reverse_iterator* für *std::vector*
8. Eingabe- und Ausgabe-Streams für das Lesen aus und das Schreiben in Dateien.

Verschachtelte Schachteln

In diesem Kapitel stellen wir ein Problem der Dynamischen Programmierung vor. Nach der vollständigen Beschreibung des Problems folgen die Problemanalyse und der Entwurf der Lösung, der in einem kurzen Pseudocode mündet. Daraus entwickeln wir ein C++-Programm, das anschließend bezüglich C++/OOP-Techniken analysiert wird.

Problembeschreibung

Wir betrachten eine n-dimensionale Schachtel. Wenn wir zwei Dimensionen annehmen, kann das Paar (2, 3) eine Schachtel mit der Länge 3 und der Breite 2 repräsentieren. In der dreidimensionalen Welt kann das Tripel (4, 8, 9) eine Schachtel der Länge 4, der Breite 8 und der Höhe 9 repräsentieren. Es mag schwierig sein, sich eine Schachtel mit mehr als drei Dimensionen vorzustellen, aber wir können damit operieren. Wir sagen, dass eine Schachtel $A = (a_1, a_2, ..., a_n)$ in die Schachtel $B = (b_1, b_2, ..., b_n)$ passt, wenn es eine Permutation π von $\{1, 2, ..., n\}$ gibt, so dass $a_{\pi(i)} < b_i$ für alle $i \in \{1, 2, ..., n\}$. Das heißt, dass man die Reihenfolge der Werte einer Schachtel beliebig ändern darf. Wir wollen die längste Folge von Schachteln finden, die ineinander passen. Die Schachteln $C_1, C_2, ..., C_k$ stellen eine solche Folge dar, wenn die Schachtel C_i in die Schachtel C_{i+1} ($1 \leq i < k$) passt.

Zum Beispiel passt die Schachtel $A = (2, 6)$ in die Schachtel $B = (7, 3)$, weil die Abmessungen von A permutiert werden können zu $A = (6, 2)$ und jede Abmessung ist kleiner als die entsprechende Abmessung von B. Die Schachtel $A = (9, 5, 7, 3)$ passt nicht in die Schachtel $B = (2, 10, 6, 8)$, weil keine Umstellung der Werte von A diese Bedingung erfüllt. Aber die Schachtel $C = (9, 5, 7, 1)$ passt in die Schachtel B, weil ihre Abmessungen zu (1, 9, 5, 7) permutiert werden können und jede ist kleiner als die entsprechende Abmessung in B.

Eingabe: In der Datei *boxes.in* gibt es eine Folge von Schachteln. Jede Folge beginnt mit einer Zeile, die die Anzahl der Schachteln k und deren Abmessungen n beschreibt. Jede der folgenden k Zeilen beinhaltet die n Abmessungen der jeweiligen Schachtel.

Ausgabe: Wie gesagt, wir müssen eine maximale Folge von Schachteln finden, die ineinander passen. Für den Fall, dass es mehrere solcher maximalen Folgen gibt, wird nur eine von ihnen ausgegeben, wie in *boxes.out* zu sehen ist. Die maximale Dimension einer Schachtel ist 250, die minimale ist 1. Die maximale Anzahl von Schachteln in einer Sequenz ist 300. Wir nehmen an, dass die *Eingabedaten* korrekt sind!
Beispiel:

boxes.in	boxes.out
5 2	Laenge: 4
3 7	--------------
8 10	3 1 4 5
5 2	*******************************
12 7	
21 18	Laenge: 4
8 6	--------------
5 2 20 1 30 10	7 2 5 8
23 15 7 9 11 3	*******************************
40 50 34 24 14 4	
9 10 11 12 13 14	Laenge: 5
31 4 18 8 27 17	--------------
44 32 13 19 41 19	5 4 2 7 9
1 2 3 4 5 6	*******************************
80 37 47 18 21 9	
9 5	
7 14 2 1 3	
49 80 15 50 10	
90 53 17 60 11	
4 3 2 15 10	
1 2 3 4 5	
6 7 8 9 10	
89 53 17 60 11	
3 2 1 14 9	
92 54 65 19 15	

(ACM Internet Programming Contest 1990, Problem D. Stacking Boxes)

Problemanalyse und Entwurf der Lösung

<u>Satz 1.</u> Gegeben seien die *n*-dimensionalen Schachteln $A = (a_1, a_2, ..., a_{n-1}, a_n)$ und $B = (b_1, b_2, ..., b_{n-1}, b_n)$ mit der Eigenschaft $a_i \le a_{i+1}$, $b_i \le b_{i+1}$ für alle *i* von 1 bis *n*-1 (die Dimensionen sind aufsteigend sortiert). Die Schachtel *A* passt dann und nur dann in die Schachtel *B*, wenn $a_i < b_i$ für alle $i \in \{1, 2, ..., n\}$.

Beweis. Wir benutzen den Beweis durch Widerspruch. Wir stellen uns vor, dass *A* in *B* passt und es ein $k \in \{1, 2, ..., n\}$ gibt, so dass $a_k \ge b_k$. Wir betrachten das kleinste *k* mit diesen Bedingungen: $a_i < b_i$ für alle $i \in \{1, 2, ..., k-1\}$ und $a_k \ge b_k$. Weil a_i eine aufsteigende

2 Verschachtelte Schachteln

Folge ist, folgt, dass auch $a_i \geq b_k$ für alle $i \in \{k+1, ..., n\}$. Die einzige Möglichkeit, dass an Position k die Ungleichung $a_k < b_k$ erfüllt wird, ist der Tausch von a_k mit einem der Werte $\{a_1, a_2, ..., a_{k-1}\}$. Den betreffenden Wert bezeichnen wir mit j. In diesem Fall gilt an der Stelle j die Ungleichung $a_j \geq b_j$, also passt A nicht in B. Widerspruch! In der anderen Richtung ist die Implikation per Definition wahr. ❑

Ein erster Schritt zum Entwurf eines Algorithmus ist dann das aufsteigende Sortieren der Dimensionen für jede Schachtel. Der zweite Schritt ist das lexikographische Sortieren aller Schachteln, mit der Speicherung der ursprünglichen Stelle. Damit Schachtel A in Schachtel B passt, ist es notwendig (aber nicht ausreichend!), dass A sich in dieser Folge vor B befindet (eine Schachtel an einer kleineren Stelle *kann* in eine Schachtel an einer größeren Stelle passen, aber umgekehrt ist das unmöglich!). Nach diesen Vorarbeiten reduzieren wir das Problem auf die Bestimmung der maximal aufsteigenden Teilfolge. Die Vergleichsbedingung „≤" wird jetzt zu „passt". Für die erste Sequenz aus der Eingabedatei werden die folgenden Schritte ausgeführt:

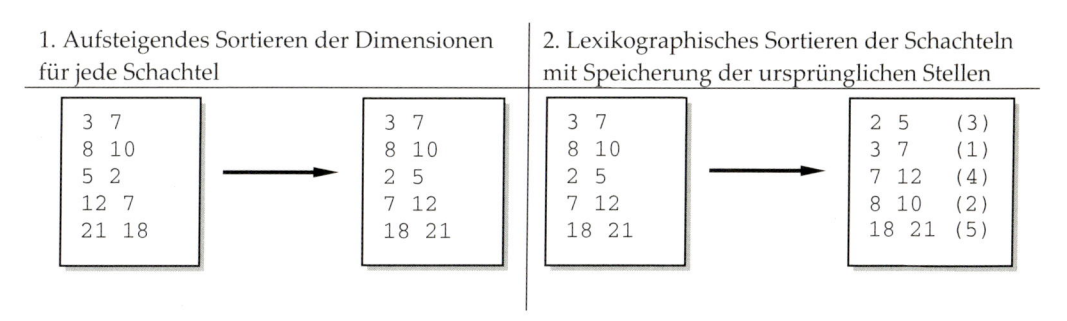

1. Aufsteigendes Sortieren der Dimensionen für jede Schachtel	2. Lexikographisches Sortieren der Schachteln mit Speicherung der ursprünglichen Stellen
3 7 8 10 5 2 12 7 21 18 → 3 7 8 10 2 5 7 12 18 21	3 7 8 10 2 5 7 12 18 21 → 2 5 (3) 3 7 (1) 7 12 (4) 8 10 (2) 18 21 (5)

Die Bestimmung der längsten steigenden Teilfolge ist ein klassisches Problem der Dynamischen Programmierung, und wird auch in Kapitel 16 behandelt. Die maximal aufsteigende Teilfolge mit der Beziehung „passt" ist $(2, 5) \rightarrow (3, 7) \rightarrow (7, 12) \rightarrow (18, 21)$, und sie ist die einzige mit der Länge 4. Wir schreiben die ursprünglichen Positionen der Schachteln (3 1 4 5) in die Ausgabedatei.

Der Algorithmus

Wir betrachten n Objekte $C_1, C_2, ..., C_n$ vom Typ *Schachtel*, die ihre Dimensionen und ursprünglichen Stellen kennen. Für jedes i betrachten wir eine Folge von Schachteln mit der letzten Schachtel C_i. Dafür bilden wir zwei Vektoren $v[]$ und $vPred[]$. Die Länge der Folge ist $v[i]$ und der Index der vorletzten Schachtel ist $vPred[i]$ ($vPred[i]=-1$, wenn $v[i]=1$). Also:

- $v[i]$ ist die maximale Länge einer korrekten, ineinander passenden Schachtelfolge, deren letzte Schachtel C_i ist. Formal schreiben wir:
  $v[1] \leftarrow 1$ (die erste Schachtel kann keine andere beinhalten, die Teilfolge beinhaltet also nur dieses Element),
  $v[i] \leftarrow 1 + \max\{v[j]\mid j<i$ und C_j passt in $C_i\}$ (C_j ist die vorletzte Schachtel der Schachtelfolge).

- $vPred[i]$ beinhaltet den Index j mit der Bedingung, dass die Schachtel C_j die Vorgängerschachtel in der maximalen Teilfolge ist, die mit der Schachtel C_i endet (wenn eine Schachtel keinen Vorgänger hat, dann ist dieser Wert -1):
  $vPred[1] \leftarrow -1$ (die erste Schachtel hat keinen Vorgänger),
  $vPred[i] \leftarrow j$, $v[j]$ maximal mit ($j<i$ und C_j passt in C_i).

Wenn es mehrere Folgen mit maximaler Länge gibt, dann nehmen wir die erste.

Die Vektoren $v[]$ und $vPred[]$ werden sequenziell befüllt. Wir nutzen die globale Variable *imax* zur Speicherung des aktuellen optimalen Index. Wenn die Länge $v[i]$ für die aktuelle Stelle größer als der Wert $v[imax]$ ist, dann wird *imax* mit i aktualisiert.

Nun können wir den Pseudocode des Algorithmus formulieren.

ALGORITHM_VERSCHACHTELTE_SCHACHTELN
1. Read Boxes $C_1, C_2, \ldots C_n$
2. **For** ($i \leftarrow 1, n$; step 1) **Execute**
       Sort_Dimensions(C_i)
   End_For
3. Sort_Lexikographical($C_1, C_2, \ldots, C_n$)
4. $v[1] \leftarrow 1$, $vPred[1] \leftarrow -1$, $imax \leftarrow 1$
5. **For** ($i \leftarrow 2, n$; step 1) **Execute**
   5.1. $v[i] \leftarrow 1$, $vPred[i] \leftarrow -1$
   5.2. **For** ($j \leftarrow 1, i-1$; step 1) **Execute**
       If (C_j passt in C_i AND $v[j]+1 > v[i]$) **Then**
           $v[i] \leftarrow v[j]+1$
           $vPred[i] \leftarrow j$
       End_If
   End_For
   5.3. **If** ($v[i] > v[imax]$) **Then**
       $imax \leftarrow i$
   End_If
   Ende_For
6. recoverBoxesSubstring ($C[1..n]$, $vPred[]$, $imax$)

END_ALGORITHM_VERSCHACHTELTE_SCHACHTELN

Die Methode *recoverBoxesSubstring()* ermittelt die optimale Schachtelteilfolge auf der Basis des Vektors *vPred[]* und des optimalen Index *imax* rekursiv:

> *recoverBoxesSubstring (C[1..n], vPred[], i)*
> 1. If (vPred[i] ≠ -1) Then
>   *recoverBoxesSubstring(C[1..n], vPred[], vPred[i])*
>   End_If
> 2. Write *Original_Position(C$_i$)*
> End_ *recoverBoxesSubstring ()*

Die Komplexität des Algorithmus ist $O(n^2 m + nm \log m)$, wobei n die Zahl der Schachteln und m die Dimension einer Schachtel ist (aus Schritt 2 folgt $O(nm \log m)$, weil n Schachteln sortiert sind; aus Schritt 5 folgt $O(n^2)$, weil es zwei verschachtelte *for*-Schleifen mit der Länge n gibt; in der zweiten *for*-Schleife gilt für die *passt*-Bedingung $O(m)$).

Das Programm

Um das beschriebene mathematische Modell zu implementieren, schreiben wir die Klasse *CBox*, die Attribute wie *_n* (Dimension der Schachteln), *_i* (die ursprüngliche Position in der Eingabedatei) und den Vektor *_vDim* beinhaltet. Die Methoden *getI()*, *getN()*, *elementAt()*, *sort()* und *isFit()* bearbeiten die Elemente des abstrakten Typs *CBox*.

```
#include <fstream>
#include <vector>
#include <algorithm>

using namespace std;

class CBox{
    short _n, _i;
    vector<short> _vDim;
 public:
    CBox(vector<short> vDim, short n, short i):
    _vDim(vDim), _n(n), _i(i){};
    short getI() const {return _i;};
    short getN() const {return _n;};
    short elementAt(short i) const{
      return _vDim.at(i);
```

```cpp
    };
    void sort();
    bool isFit(CBox *another) const;
    friend bool operator>(CBox &b1, CBox &b2);
};

void CBox::sort(){
  std::sort( _vDim.begin(), _vDim.end() );
}

bool CBox::isFit(CBox *another) const{
  bool b = true;
  if(another->getN()!=_n ) return false;
  for(short i=0; b && i<_n; i++)
    if(_vDim.at(i)>=another->elementAt(i))
      b = false;
  return b;
}

bool operator>(CBox &b1, CBox &b2){
  return
    lexicographical_compare(b2._vDim.begin(), b2._vDim.end(),
      b1._vDim.begin(), b1._vDim.end());
}

istream& operator>>(istream &is, vector<CBox*> &v) {
  short n, k, j, i, aux;
  vector<short> vDim;
  if( !is ) return is;
  is >> k >> n;
  v.clear();
  for(i=0; i<k; i++){
    vDim.clear();
    for(j=0; j<n; j++){
      is >> aux; vDim.push_back(aux);
    }
    CBox *box = new CBox(vDim, n, i+1);
    box->sort();
    v.push_back(box);
  }
  return is;
}

bool isBoxSmaller(CBox* b1, CBox *b2){
  return !(*b1 > *b2);
}
```

Testet, ob die aktuelle Schachtel in eine andere „passt" (wir nehmen an, dass die Dimensionen der Schachteln sortiert sind, und greifen auf *Satz 1* zurück):
- verschiedene Größen → hier stimmt etwas nicht, also passt nicht
- wenn eine Dimension der Schachtel größer oder gleich der entsprechenden Dimension der anderen ist, dann: passt nicht

Erfassen der Schachtelfolge (Überladung des Operators "»"):
- lese *k* (die Zahl der Schachteln) und *n* (Dimension der Schachteln)
- lese für jede Schachtel die *n* Dimensionen und speichere sie im Vektor *vDim*,
- erzeuge ein *CBox*-Objekt mit dem Konstruktor *CBox(vDim, n, i+1)*, sortiere diese Dimensionen mit *sort()* und füge dieses Objekt im Vektor *v[]* ein, der zurückgegeben wird.

2 Verschachtelte Schachteln

```
void doProcess(vector<CBox*> &vCBoxes, vector<int>&v,
   vector<int>&vPred, int &imax){
  std::sort(vCBoxes.begin(), vCBoxes.end(), isBoxSmaller);
  v.clear(); vPred.clear();
  v.push_back(1);
  vPred.push_back(-1);
  imax = 0;
  int n=(int)vCBoxes.size();
  CBox *b1, *b2;
  for(int i=1; i<n; i++){
    v.push_back(1);
    vPred.push_back(-1);
    b1=(CBox*)vCBoxes[i];
    for(int j=0; j<i; j++){
      b2=(CBox*)vCBoxes[j];
      if(b2->isFit(b1) &&
         v[j]+1 > v[i]){
        v[i] = v[j] + 1;
        vPred[i] = j;
      }
    }
    if(v[i] > v[imax]) imax = i;
  }
}
```

1. Lexikographische Sortierung der Schachteln
2. Für jede Schachtel erzeugen wir die Vektoren $v[]$ und $vPred[]$ mit den Bedeutungen:

   $v[0] \leftarrow 1$

   $v[i] \leftarrow 1 + \max\{v[j] \mid j<i$ und *Schachtel j passt in Schachtel i*$\}$

   ($v[i]$ ist die maximale Länge einer Teilfolge mit der letzten Schachtel i)

   $vPred[0] \leftarrow -1$ (die erste Schachtel hat keinen Vorgänger)

3. Wenn es eine Schachtel j gibt, die in die Schachtel i *passt*, dann: $vPred[i]$ ist der Index j dieser Schachtel mit $v[j]$ maximal; wenn eine solche Schachtel nicht existiert, dann $vPred[i] \leftarrow -1$

```
void recoverBoxesSubstring(vector<CBox*> &vCBoxes,
  vector<int>&vPred,
  int i, ofstream& out){
  if(vPred[i]+1)
    recoverBoxesSubstring(vCBoxes, vPred, vPred[i], out);
  CBox* b = (CBox*)vCBoxes[i];
  out << b->getI() << " ";
}

int main(){
  vector<CBox*> vCBoxes;
  vector<int> v, vPred;
  int imax;
  ifstream in("boxes.in");
  ofstream out("boxes.out");
  while(in && !in.eof() && in >> vCBoxes){
    doProcess(vCBoxes, v, vPred, imax);
    out << " Length: " << v[imax] << endl;
    out << "----------------" << endl;
    recoverBoxesSubstring (vCBoxes, vPred, imax, out);
    out << endl;
    out << "****************************" << endl;
  }
  return 0;
}
```

Die Programmanalyse

1. Der abstrakte Datentyp *CBox* ist die C++-Darstellung des Konzeptes einer *Schachtel* aus der Problembeschreibung. Diese Klasse kapselt Daten und Methoden, die diese Daten in einer natürlichen Weise manipulieren.
2. Die Methode *doProcess()* sortiert den ganzen Vektor mit Schachteln lexikographisch. Dazu bedienen wir uns der Methode *sort()* aus der Standard-Bibliothek *STL*. Neben den Zeigern, die die zu sortierende Folge bilden, gibt es als dritten Parameter ein Objekt *isBoxSmaller()* vom Typ Funktion (ein sog. Funktor[*]). Dieser dritte Parameter definiert das Vergleichskriterium, das von den beiden nachfolgenden Elementen in der Folge erfüllt sein sollte. Ein solches binäres Prädikat ist benutzerdefiniert, hat zwei Argumente und gibt *true* zurück, wenn das Kriterium erfüllt ist, und *false*, wenn nicht.

   ```
   std::sort(vCBoxes.begin(), vCBoxes.end(), isBoxSmaller);
   ```

3. Die Methode *std::sort()* wird erneut herangezogen, diesmal mit zwei Parametern, ebenso wie in der Methode *sort()* aus der Klasse *CBox*:

   ```
   void CBox::sort(){
       std::sort(_vDim.begin(), _vDim.end());
   }
   ```

   Es wird angenommen, dass das Vergleichungskriterium der implizite Operator „≤" ist.

4. In der Methode *isBoxSmaller()* sehen wir die Verwendung des Operators „>" für das Vergleichen der beiden *CBox*-Objekte. Das funktioniert, weil dieser Operator (als lokale *friend* Methode *operator>()*) überladen ist. Diese Methode muss als *friend*-Methode in der Klasse *CBox* deklariert sein, weil sie Zugriff zum privaten Member *_vDim* der Klasse braucht.
5. In der Methode *operator>()* erkennen wir die Anwendung der Methode *std::lexicographical_compare()*, die aus der Standard-Bibliothek *STL* stammt. Diese Methode vergleicht je ein Element aus den beiden Folgen miteinander, um zu entscheiden, welches lexikographisch kleiner ist.

---

[*] Nicht zu verwechseln mit dem entsprechenden Begriff aus der mathematischen Theorie der Kategorien

Drei kleine Programmierungstricks

1. Funktionsaufruf in einer Schleifenbedingung

Beispiel. Auf Seiten 13 iterieren wir wie folgt durch einen Vektor *V*:
```
vector<int>::iterator itBegin = V.begin();
vector<int>::iterator it;
for(it = V.end()-1; it != itBegin; --it)…
```
In diesem Fall ist es besser, eine neue Variable *itBegin* zu deklarieren und sie mit *V.begin()* zu initialisieren, als in der Bedingung immer wieder *V.begin()* anzuwenden:
```
vector<int>::iterator it;
for(it = V.end()-1; it != V.begin(); --it)
```
Der Grund dafür ist, dass in der ersten Variante der Aufruf der Funktion *begin()* nur einmal erfolgt und man dadurch für größere Container Zeit spart. Allgemein sollte man Methoden in Schleifenbedingungen nicht so anwenden, wie es die zweite Variante zeigt.

2. Bedingung in einem boolschen Ausdruck

Oft verwenden wir im Buch Ausdrücke wie `if(0==n)`…, `while(1==i && 5==j)`, … anstatt der „natürlichen" Ausdrücke `if(n==0)`…, `while(i==1 && j==5)`, …. Die letzten beiden Ausdrücke sind zwar zu den ersten beiden äquivalent, aber es ist empfehlenswert, dass Sie sich die erste Form angewöhnen. Häufig vergisst man ein Gleichheitszeichen in einer Bedingung, und mit der ersten Form macht Sie der Compiler mit einem Fehler darauf aufmerksam, wohingegen die zweite Form erfolgreich übersetzt wird, aber falsch ist (Zuweisung statt Vergleich auf Gleichheit).

3. **break**-Anweisung in einer Mehrfachauswahl mit `switch`

Auf Seite 124 steht die in der linken Spalte der Tabelle abgebildete Mehrfachauswahl:

```
switch((p2-p5)%4){                switch((p2-p5)%4){
  case 0: uc = (uc*6)%10; break;    case 0: uc = (uc*6)%10; break;
  case 1: uc = (uc*2)%10; break;    case 1: uc = (uc*2)%10; break;
  case 2: uc = (uc*4)%10; break;    case 2: uc = (uc*4)%10; break;
  case 3: uc = (uc*8)%10; break;    case 3: uc = (uc*8)%10;
}                                 }
```

Es ist eine gute Idee, die letzte Fallunterscheidung ebenfalls mit einem *break* abzuschließen (auch die rechte Tabellenspalte ist korrekt). Wenn man nachträglich hinter ihr weitere *case*-Anweisungen einfügt, kann man das *break* für sie nicht vergessen.

Aufgaben, Problemstellungen

1. In einer lexikographisch geordneten Schachtelfolge ist eine notwendige Bedingung für die Eigenschaft, dass Schachtel A in Schachtel B passt, dass sich in dieser Folge A vor B befindet. Warum ist diese Bedingung nicht auch hinreichend? Gegenbeispiel.
2. Entfernen Sie die *friend*-Deklaration der Methode *operator>()* in der Klasse *CBox*. Welchen Fehlercode liefert der Compiler? Modifizieren Sie das Programm so, dass diese Methode nur extern lokal definiert ist.
3. Implementieren Sie die Methode *recoverBoxesSubstring()* ohne Rekursion (iterativ).
4. Es könnte sein, dass die Eingabedatei nicht korrekt ist (falsche Zeichen, Länge einer Schachtelfolge zu groß oder negativ usw.). Erweitern Sie das Programm so, dass die Korrektheit des Eingabedatei geprüft wird.
5. Schreiben Sie ein Programm, das auch große Eingabedateien für verschiedene Dimensionen generiert, und füttern Sie damit unser Programm. Finden Sie eine schlaue Methode, so dass es in Datensätzen mit großen Dimensionen auch längere Folgen von verschachtelten Schachteln geben kann.
6. Es könnte sein, dass es mehrere korrekte Folgen von verschachtelten Schachteln mit derselben maximalen Länge gibt. Ändern Sie das Programm so ab, dass alle diese Teilfolgen von Schachteln aufgelistet werden.
7. Schreiben Sie ein C-Programm, das unser Problem löst, um die prozedurale Programmierung mit der objektorientierten Programmierung zu vergleichen.
8. Finden Sie heraus, warum der *Algorithmus_Verschachtelte_Schachteln* zur Dynamischen Programmierung gehört, und nicht etwa zu *Greedy*, *Backtracking* oder *Divide-et-Impera*.

Anmerkungen

In diesem Kapitel haben wir verwendet:
1. Verfahren der Dynamischen Programmierung
2. Rekursion
3. OOP Konzepte wie: Datenabstraktion, Operatorenüberladung, *friend*- Funktionen, *const*-Member-Funktionen, *Polymorphie*
4. Die *STL*-Container-Klasse *vector* aus dem Header *<vector>* mit den Methoden *pop_back()*, *push_back()*, Zugriffs-Operator [], *clear()*, *begin()*, *end()*, *at()*.
5. *STL* Methoden aus dem Header *<algorithm>*: *sort()*, *lexicographical_compare()*
6. Eingabe- und Ausgabe-Streams für das Lesen und Schreiben aus/in Dateien.

Zeichenketten

Grundlagen

Eine Folge von Zeichen bildet eine Zeichenkette (String). Die Standardbibliotheken von C und C++ enthalten Operationen zur Stringverarbeitung, wie Zuweisungen, Vergleiche, Indexzugriff, Einfügen von Zeichen, Verkettung von Strings und Kopieren von Strings. C++ betrachtet wie C einen String als Folge von Zeichen, die mit \0 endet.

1. **Zeichen.** Ein Zeichencode bildet Symbole eines bestimmten Alphabets in Zahlen ab. Der bekannteste Code ist der *American Standard Code for Information Interchange* (*ASCII*), der $2^7 = 128$ Zeichen enthält. Die *ASCII*-Werte von 0 bis 31 definieren Steuerzeichen (z. B. Zeilenvorschub: `'\n'`=10), und die Werte von 32 bis 126 stellen Sonderzeichen, Ziffern und Buchstaben dar.

Spezielle Standarddarstellungen für einige oft benötigte Steuerzeichen

ASCII-Code	Kurzzeichen	Bezeichnung	Darstellung
7	BEL	Alarm (*Warnton*)	`'\a'`
8	BS	Rückschritt (*Backspace*)	`'\b'`
9	HT	Horizontal-Tabulator	`'\t'`
10	LF	Zeilenvorschub (*Line Feed*)	`'\n'`
11	VT	Vertikal-Tabulator	`'\v'`
12	FF	Seitenvorschub (*Form Feed*)	`'\f'`
13	CR	Wagenrücklauf (*Carriage Return*)	`'\r'`
34	"	Anführungszeichen	`'\"'`
92	\	Rückstrich (*Backslash*)	`'\\'`
96	'	Apostroph (*Hochkomma*)	`'\''`

Die Standard-Definitionsdateien von C (<*ctype.h*>) und C++ (<*cctype*>) stellen Funktionen bereit, um mit Zeichen zu arbeiten. Jede dieser Funktionen erwartet als Parameter einen *int*-Wert, der entweder *EOF* oder *unsigned char* ist und liefert einen *int*-Wert zurück.

Methoden aus <ctype.h> und <cctype>

Methode	Bedeutung
`int isalpha(int)`	Buchstabe
`int isupper(int)`	Großbuchstabe (aber kein Umlaut)
`int islower(int)`	Kleinbuchstabe (aber kein Umlaut oder ß)
`int isdigit(int)`	dezimale Ziffer
`int isxdigit(int)`	hexadezimale Ziffer
`int isspace(int)`	Leerzeichen, Seitenvorschub (\f), Zeilentrenner (\n), Wagenrücklauf (\r), Tabulatorzeichen (\t), Vertikal-Tabulator (\v)
`int iscntrl(int)`	Steuerzeichen (ASCII 0, 1, ..., 31 oder 127)
`int ispunct(int)`	Sichtbares Zeichen, mit Ausnahme von Leerzeichen, Buchstabe oder Ziffer
`int isalnum(int)`	alphanumerisch (*isalpha()* oder *isdigit()*)
`int isprint(int)`	Druckbar (sichtbares Zeichen, auch Leerzeichen)
`int isgraph(int)`	Sichtbares Zeichen, kein Leerzeichen
`int tolower(int c)`	Wandelt c in einen Kleinbuchstaben um
`int toupper(int c)`	Wandelt c in einen Großbuchstaben um

Äquivalente Funktionen für *WideChar*-Typen (2 Byte, z. B. zur Internationalisierung von Applikationen) sind in <*cwtype*> und <*wctype.h*> zu finden.

2. **C-Strings.** Eine Zeichenkette, zum Beispiel „*Ich bin ein String.*", ist ein eindimensionales Array, das Elemente des Typs *char* beinhaltet und mit dem Zeichen ‚\0' abschließt. C bietet keine Operatoren, um Strings zu manipulieren. Das geschieht mit Zeigern oder Methoden aus der Standardbibliothek <*string.h*>. Die am häufigsten verwendeten Methoden präsentiert die nächste Tabelle.

Wir nehmen an, dass s, s_1, und s_2 den Typ *char** haben, c ist vom Typ char und n vom Typ *size_t*.

Häufig verwendete C-String-Methoden

Syntax	Bedeutung
`char *strcat(s1, s2)`	Fügt die Zeichenkette s_2 am Ende von s_1 ein und liefert s_1 zurück
`char *strchr(s, c)`	Liefert einen Zeiger auf das erste c in s oder NULL, falls c nicht gefunden wird

`int strcmp(s1, s2)`	Vergleicht die Zeichenketten s_1 und s_2 lexikographisch, wobei zwischen Groß- und Kleinschreibung unterschieden wird (*case sensitive*); liefert einen Wert kleiner 0, wenn $s_1<s_2$, 0, wenn $s_1==s_2$ und einen Wert größer 0, wenn $s_1>s_2$
`int stricmp(s1, s2)`	Wie `strcmp (s1, s2)`, aber zwischen Groß- und Kleinschreibung wird nicht unterschieden (*case insensitive*)
`char *strcpy(s1, s2)`	Zeichenkette s_2 in s_1 kopieren, inklusive ‚\0'; liefert s_1
`size_t strlen(s)`	Liefert die Länge von s (ohne '\0')
`char *strncat(s1, s2, n)`	Fügt maximal *n* Zeichen von s_2 mit einem '\0' am Ende von s_1 ein und liefert s_1
`int strncmp(s1, s2, n)`	Vergleicht maximal *n* Zeichen von s_1 und s_2 lexikographisch (*case sensitive*); liefert einen Wert kleiner 0, wenn $s_1<s_2$, 0, wenn $s_1==s_2$ und einen Wert größer 0, wenn $s_1>s_2$
`int strnicmp(s1, s2, n)`	Wie `strncmp (s1, s2, n)`, aber *case insensitive*
`char *strncpy(s1, s2, n)`	Kopiert maximal *n* Zeichen von s_2 in s_1; liefert s_1. Mit ‚\0' auffüllen, wenn s_2 weniger als *n* Zeichen hat.
`char *strrchr(s, c)`	Liefert einen Zeiger auf das letzte *c* in *s* oder NULL, falls *c* nicht gefunden wird

3. C++-Strings. In C++ fällt der Umgang mit Strings leichter als in C, weil die C++-Klasse *std::string* die Speicherverwaltung selbst erledigt und immer weiß, wie lang die enthaltenen Strings sind. Für Strings gibt es wie für Container der *STL* eine Iterator-Schnittstelle, d.h. man kann auf sie die Algorithmen der *STL* anwenden. Der Implementierung von Strings liegt die Templateklasse *basic_string<>* zugrunde, die entweder mit der 8-bit Komponente *char* oder der 16-bit Komponente *w_char* zur Instanziierung von Strings zum Einsatz kommt. Außerdem muss bei der Instanziierung die Klasse *char_traits<>* angeführt werden, denn sie beinhaltet alle String-spezifischen Eigenschaften der Zeichensätze, die durch *char* und *w_char* repräsentiert werden. Zusätzlich findet man in *char_traits<>* noch Typdefinitionen wie *pos_type* und *char_type* und Funktionen zur Zeichen- und Stringmanipulation (Kopieren, Sortieren, Länge bestimmen, …). Ausschließlich mit dieser Klasse können Zeichenketten verarbeitet werden. Damit bleibt die binäre Darstellung der Zeichen für den Entwickler verborgen.

Die Klasse *std::string* definiert mehrere Memberfunktionen, von denen die meistbenutzten nun vorgestellt werden.

Meistverwendete Funktionen für die C++-Strings

Name	Syntax und Anwendung

Initialisierung (Konstruktoren)	• Wird ohne Initialisierungswert definiert, in diesem Fall ist der Wert eine leere Zeichenkette mit Länge Null:
	
	`string s1, s2;`
	
	• Kopien von *string*-Literalen:
	
	`string s3 = "Willkommen! ";`
	`string s4("Wie geht es dir?");`
	
	• Ein *string*-Ausdruck:
	
	`s1 = s3;`
	`s2 = s3 + s4;`
	`string s5 = s3 + s4 + '\n' + '~' + "Matthias";`
	
	• Ein einziges Zeichen:
	
	`string s6 = 'Z';` // *Fehler: keine Konvertierung char→string*
	`string s7('Z');` // *Fehler: keine Konvertierung char→string*
	`string s8 = 4;` // *Fehler: keine Konvertierung int→string*
	
	Man benötigt zwei Werte für die Wiederholung eines Zeichens: die Anzahl der Wiederholungen und das Zeichen
	
	`string s9(1, 'Z');` // *OK, s9="Z"*
	`string s10(5,'Z');` // *OK, 5 Kopien von 'Z'*
	                       // *s10="ZZZZZ"*
	
	• Als Teilstring eines Strings
	
	`string s11 = "Wie geht es Dir? Alles fit?";`
	`string str12(s11, 12, 4);`
	           // *beginnt beim Zeichen 12 in s11 und hat die Länge 4*
	           // *oder geht bis zum Ende von s11, wenn s11 kürzer ist*

3 Zeichenketten

| length<br>size | Die beiden Funktionen *length()* und *size()* liefern die Länge einer Zeichenkette (die Anzahl der Zeichen) zurück. Der Typ von size_type ist *unsigned*.<br><br>```
size_type length() const;
size_type   size() const;
```<br>```
string s = "Gruss!";
string::size_type l;
l = s.length();     // l == 6
l = s.size();       // l == 6
``` |
| c_str | Diese Methode konvertiert einen String in einen C-String, das Resultat schließt mit dem Null-Zeichen ab:<br><br>```
const char* c_str() const;
```<br><br>Um zum Beispiel einen Eingabe-Stream mit einem benutzerdefinierten Namen zu öffnen:<br><br>```
string dateiName;
cout<< "Den Namen der Eingabedatei eingeben: ";
cin >> dateiName;
ifstream in(dateiName.c_str());
```<br><br>Andere Funktionen für die Konvertierung in C-Strings:<br><br>```
const char* data() const;
size_type copy(char* p, size_type n, size_type pos=0) const;
``` |
| insert | Einfügen einer Zeichenkette in eine andere Zeichenkette an einer gegebenen Position:<br><br>```
string& insert(size_type pos, const string& str);
```<br><br>Beispiel:<br>```
string s  = "Wie geht es heute?";
string s0 = " Dir";
s.insert(11, s0);        // s wird "Wie geht es Dir heute?"
``` |
| erase | Entfernen eines Teilstrings:<br><br>```
string& erase(size_type pos=0, size_type n=npos);
```<br><br>Der Substring, der gelöscht wird, beginnt an der Stelle *pos* und hat *n* Zeichen. Der einfache Aufruf ohne Argumente macht den String zu |

| | einem Leerstring. Das entspricht der Operation *clear()* für allgemeine Container.<br><br>```
string s="Wie geht es Dir heute?";
s.erase(11, 4);    // s wird "Wie geht es heute?"
``` |
| replace | Ersetzen eines Teilstrings durch einen neuen String:<br><br>```
string& replace(size_type pos, size_type n,
                const string& str);
```<br>Der Substring, der ersetzt werden soll, beginnt an der Stelle *pos* und hat *n* Zeichen. Im Gegensatz zu *erase* gibt es hier keine Default-Werte für *pos* und *n*.<br><br>```
string s = "Wie geht es Dir heute?";
s.replace(11, 4, " euch"); // s wird
                           // "Wie geht es euch heute?"
```<br>Wenn man nur ein Zeichen modifizieren will, kann man den Indexoperator [] verwenden. |
| find<br>rfind | Es gibt mehrere Funktionen, um Teilstrings zu finden. Zum Beispiel:<br><br>```
// Teilsequenz finden
size_type find (const basic_string& str,
                size_type pos=0) const;
size_type find (const char* p, size_type pos,
                size_type n) const;
size_type find (const char* p, size_type pos=0) const;
size_type find (const char ch, size_type pos=0) const;

// Teilsequenz vom Ende her finden
size_type rfind (const basic_string& str,
                 size_type pos=npos) const;
size_type rfind (const char* p, size_type pos,
                 size_type n) const;
size_type rfind (const char* p,
                 size_type pos=npos) const;
size_type rfind  (const char ch,
                 size_type pos=npos) const;
```<br>Beispiel:<br>```
string s  = "Dabei: Dan, Marie, Jan.";
string s0 = "Marie";
string::size_type pos = s.find (s0, 0);    // pos=12
if(pos == string::npos)cout<<"Nicht gefunden!";
``` |
```

3 Zeichenketten

Eine Menge C++-Operatoren können auch auf Strings angewendet werden:

Operator	Bedeutung, Beispiel

=	Der Zuweisungsoperator kann mehrere Bedeutungen annehmen:
	• Zuweisung des Wertes eines *string*-Objekt zu einem anderen *string*-Objekt
	
	```\nstring s1 = "Guten Tag!";\nstring s2;\ns2 = s1;\n```
	
	• Zuweisung eines *string*-Literals zu einem *string*-Objekt:
	
	```\nstring s3;\ns3 = "Gruess Gott!";\n```
	
	• Zuweisung eines einzelnen Zeichens, obwohl die Initialisierung mit einem einzelnen Zeichnen nicht möglich ist:
	
	```\nstring s4 = 'C'; //Fehler: Initialisierung mit char\ns4 = 'C'; //OK: Zuweisung\ns4 = "C"; //OK\n```

+	Dieser Operator verkettet:
	• Zwei *string*-Objekte:
	
	```\nstring s1 = "Guten Tag!";\nstring s2 = " Wie gehts?";\nstring s3 = s1+s2; // s3 ist "Guten Tag! Wie gehts? "\n```
	
	• Ein *string*-Objekt und ein *string*-Literal:
	
	```\nstring s4 = "Guten Tag!";\nstring s5 = s4 + " Neu hier?"; // s3 ist "Guten Tag! Neu hier? "\n```
	
	• Ein *string*-Objekt und ein Zeichen
	
	```\nstring s6 = "Sag mal was";\nstring s7 = s6 + '!'; // s3 ist "Sag mal was! "\n```

+=	Fasst die Zuweisung- und Verkettungsoperation zusammen, um ein *string*-Objekt, ein *string*-Literal oder ein einzelnes Zeichen anzuhängen. ```\nstring s = "Hallo"; // s ist "Hallo"\n```

+=	`s += ", bist du neu";` // s ist "Hallo, bist du neu" `s += '?';` // s ist "Hallo, bist du neu?"

==
!=
<
>
<=
>=
	Die Vergleichsoperatoren liefern einen boolschen Wert (*bool*) zurück, der besagt, ob die angegebene Beziehung zwischen den beiden Operanden erfüllt ist. Die Operanden können sein:
	• Zwei *string*-Objekte
	• Ein *string*-Objekt und ein *string*-Literal
	
	`string s1("abra");`
	`string s2="acra";`
	`if(s1 == s2) cout<<"gleich"<<endl;`
	`if(s1 != s2) cout<<"nicht gleich"<<endl;`
	`if(s1 >  s2) cout<<s1<<">"<<s2<<endl;`
	`if(s1 <  s2) cout<<s1<<"<"<<s2<<endl;`

<<	Ausgabeoperator:
	
	`string s = "Beispiel";`
	`cout<<s;`

>>	Eingabeoperator:
	
	`string s;`
	`cin>>s;`

[]	Mit dem Indexoperator kann man lesend oder schreibend auf ein Zeichen in einer Zeichenkette zugreifen. Eine Alternative ist die Methode *at()*. Weil es in der Klasse *string* nicht wie in der Klasse *vector* die Methoden *front()* und *back()* gibt, um das erste und letzte Element eines Strings zu erhalten, benutzt man *s[0]* und *s[s.length()-1]*. Für einen String *s* ist *&s[0]* nicht identisch mit *s*, weil die zwischen Zeigern und Feldern bestehende Äquivalenz nicht für Strings und ihren Zeichen gilt. `string s("Beispiel");` `cout>>s[4];` //es wird 'p' ausgegeben

Aufgaben

1. Schreiben Sie ein Programm, das alle Funktionen aus <ctype.h> und <cctype> verwendet. Beispiel:

```
alle Zeichen, die ispunct() erfuellen:
! " # $ % & ' ( ) * + , - . / : ; < = > ? @ [ \ ] ^ _ `
{ | } ~
```

2. Erzeugen Sie ein Programm, das alle *C-string*-Funktionen aus der Tabelle der häufig verwendeten C-string-Methoden anwendet.
3. Informieren Sie sich in der Hilfe über die anderen *C-string*-Funktionen *strcspn()*, *strerror()*, *strpbrk()*, *strspn()*, *strstr()* und *strtok()* und wenden Sie sie in einem Programm an.
4. Neben den **str...**-Methoden enthält die C-Bibliothek <string.h> auch **mem...**-Funktionen. Sie sind zur Manipulation von Objekten als Zeichenvektoren gedacht und sollen eine Schnittstelle zu effizienten Routinen sein. Schreiben Sie Programme für die Methoden: *memcpy()*, *memmove()*, *memcmp()*, *memchr()* und *memset()*.
5. Implementieren Sie eine Funktion *itos(long long int)* in C und C++, die zu einem *long long int*-Argument die entsprechende Zeichenkette liefert (*char** bzw. *std::string*).

Problem 1. Sich wiederholende Zeichenketten

Wir sagen, dass eine Zeichenkette die Periode *k* hat, wenn sie aus mehreren identischen Zeichenketten der Länge *k* durch Verkettung oder direkt aus einer einzelnen von ihnen entstanden ist. Zum Beispiel hat die Zeichenkette „abcabcabcabc" die Periode 3, weil sie aus vier Zeichenketten „abc" aufgebaut sein kann. Sie hat auch die Perioden 6 (zweimal „abcabc") und 12 (einmal „abcabcabcabc"). Schreiben Sie ein Programm, das die kürzeste Periode einer Zeichenkette und die sich wiederholende Teilkette bestimmt. *Eingabe:* In der Datei *woerter.in* befinden sich maximal 100 Zeichenketten (jede hat eine maximale Länge von 1000 Zeichen), eine Zeichenkette pro Zeile. *Ausgabe:* Geben Sie für jeden Eingabefall in die Datei *woerter.out* die minimale Periode und die Teilkette getrennt durch ein Leerzeichen aus, wie im Beispiel:

woerter.in	woerter.out
HiHaHoHiHaHo	6 HiHaHo
WasIst?WasIst?WasIst?	7 WasIst?
Algorithmen	11 Algorithmen
CinCin	3 Cin

(ODU, ACM Programming Contest, 1991)

Problemanalyse und Entwurf der Lösung

Wir bezeichnen die Länge der gegebenen Zeichenkette mit *n*. Sukzessive werden wir alle möglichen Perioden beginnend mit eins aufsteigend prüfen. Nur ein Teiler von *n* kommt als Periode in Frage (eine 15 Zeichen lange Kette kann nicht 4 als Periode haben!). Wenn sich eine Zahl *i* als Periode erweist, beenden wir die Prüfung und schreiben das Ergebnis.

Wenn *i* die Periode der Zeichenkette *s* ist, dann können wir *s* so darstellen:

$s[0...i\text{-}1] = s[i...2\cdot i\text{-}1] = ... = s[pi...(p+1)i\text{-}1] = ... = s[n\text{-}i...n\text{-}1]$

und das ist gleichwertig mit

$s[t\%i] = s[t]$ für alle $t=i, i+1, ..., n\text{-}1$.

Programm

```cpp
#include <string>
#include <fstream>

int main(){
  std::string s;
  int i, k, n;
  std::ifstream in("woerter.in");
  std::ofstream out("woerter.out");
  while(in && !in.eof() && in>>s){
    n=(int)s.length();
    for(i=1; i<n; i++)
      if(0==n%i){
        for(k=i; k<n; k++)
          if(s[k] != s[k%i]) break;
        if(k==n) break;
      }
    out.width(3);
    out<<i<<" "<<s.substr(0, i)<<std::endl;
  }
  return 0;
}
```

Aufgabe

Modifizieren Sie das Programm so, dass es *case insensitive* arbeitet und die Teilketten groß geschrieben ausgibt. Beispiel:

woerter1.in	woerter1.out
HiHaHohihaho	6 HIHAHO
Wasist?wAsIst?WASIst?	7 WASIST?
AlgorithmenALGoriThmen	11 ALGORITHMEN

3 Zeichenketten

Problem 2. Das Perlencollier

Es war einmal eine berühmte Schauspielerin, die von sehr vielen Menschen bewundert wurde. Sie hatte ein großes Faible für Colliers aller Art. Eines Tages beauftragte sie einen Juwelier damit, ihr ein ganz besonderes Collier anzufertigen. Es sollte aus Perlen verschiedener Größe bestehen, die aber nicht, wie sonst von ihr bevorzugt, auf einen Seidenfaden geknüpft sein sollten. Stattdessen wollte sie, dass die Perlen an jeder beliebigen Stelle auftrennbar sein sollten, und sie sagte dem Juwelier auch, wie sie sich die Anordnung der Perlen vorstellte. Der erkannte aber schnell ein Problem in seiner Fertigungsidee. Der Zusammenschluss zweier benachbarter Perlen war nicht sehr stabil, so dass die Gefahr bestand, dass das Schmuckstück unter seinem eigenen Gewicht auseinander riss. Insbesondere stellte jede Auftrennposition einen neuralgischen Punkt dar. Wenn sich am Anfang die kleineren Perlen befanden, war die Wahrscheinlichkeit des Zerreißens höher, als wenn die großen Perlen zuerst kamen. Der Juwelier wollte die Robustheit seiner Konstruktion mit Hilfe eines Programms prüfen, das den schwächsten Trennpunkt der Perlen bestimmt.

Das Collier wird durch eine Zeichenkette $A = a_1 a_2 \ldots a_n$ beschrieben, in der jedes Zeichen das Gewicht einer Perle spezifiziert und a_n zyklisch a_1 vorangehen soll. Wir sagen, dass die Trennposition i dann und nur dann gefährlicher als die Trennposition j ist, wenn die Zeichenkette $a_i a_{i+1} \ldots a_n a_1 \ldots a_{i-1}$ lexikographisch kleiner als die Zeichenkette $a_j a_{j+1} \ldots a_n a_1 \ldots a_{j-1}$ ist. Die Zeichenkette $a_1 a_2 \ldots a_n$ ist dann und nur dann lexikographisch kleiner als die Zeichenkette $b_1 b_2 \ldots b_n$, wenn es eine ganze Zahl i gibt ($i \leq n$), so dass $a_j = b_j$ für alle j ($1 \leq j < i$) und $a_i < b_i$ gilt.

Eingabe: In der Datei *collier.in* befindet sich in jeder Zeile ein Eingabefall, der ein Collier beschreibt. Die maximale Länge einer Beschreibung beträgt 10000 Zeichen. Das Gewicht jeder Perle wird durch einen Kleinbuchstaben von 'a' bis 'z' repräsentiert, wobei 'a' < 'b' < ...< 'z' gilt. *Ausgabe:* In *collier.out* geben Sie für jeden Eingabefall die labilste Auftrennposition aus. Wenn es mehrere gleich labile Positionen gibt, dann geben sie die zuerst gefundene aus. Beispiel:

`collier.in`	`collier.out`
grafenalgorithmen	3
esisunsinnsagtdervernuft	12
esistwasesistsagtdieliebe	15
aaabaaa	5

(ODU, ACM Programming Contest, 1991, modifiziert)

Problemanalyse und Entwurf der Lösung

Wir müssen die lexikographisch kleinste Zeichenkette aus den $a_1a_2...a_m$, $a_2a_3...a_ma_1$, $a_3a_4...a_ma_1a_2$, ..., $a_ma_1a_2...a_{m-1}$ finden. Dazu verfolgen wir eine ähnliche Strategie wie bei der Bestimmung des Minimums eines Vektors: Wir prüfen sukzessive alle Zeichenketten und wenn eine lexikographisch kleiner als das aktuelle Minimum *aMin* ist, werden der Index *idx* und *aMin* aktualisiert.

Programm

```
#include <fstream>
#include <string>

int main(){
  int n, i, idx;
  std::string a, aMan, aMin;
  std::ifstream in("collier.in");
  std::ofstream out("collier.out");
  while(in && !in.eof() && in>>a){
    aMin=a; aMan=a;
    n = (int)a.length();
    for(i=1; i<n; i++){
      aMan =a.substr(i);
      aMan+=a.substr(0, i-1);
      if(aMan.compare(aMin)<0){
        idx=i+1;
        aMin=aMan;
      }
    }
    out << idx << std::endl;
  }
  return 0;
}
```

aMan ist eine Manöver-Zeichenkette:
$aMan \leftarrow a_ia_{i+1}...a_{n-1} + a_0 a_1... a_{i-1} \leftarrow a_ia_{i+1}...a_{n-1}a_0..a_{i-1}$

Wenn *aMan* < *aMin* ist, werden *idx* und *aMin* aktualisiert.

Aufgabe

Ändern Sie das Programm so, dass alle gefährlichsten Trennpositionen ausgegeben werden, wenn es mehr als eine gibt. Zum Beispiel lautet für den Collier *ababab* die Lösung 1, 3 und 5.

Problem 3. Parkinson

In der medizinischen Diagnostik treten eine Reihe Probleme auf, wenn es darum geht, Symptome korrekt einem spezifischen Leiden zuzuordnen. Im Rahmen einer klinischen Studie an verschiedenen Patienten erfassten Neurologen, die auf die parkinsonsche Krankheit spezialisiert waren, die Stärke jedes der neun Parkinson-Symptome (zitternde Arme, Sprechstörungen, Gleichgewichtsstörungen, ...) mit einem Buchstabenwert (A, B, ..., Z). Jeder Patientendatensatz bestand also aus einer Sequenz von neun Buchstaben. Um die Datensätze leichter lesbar zu machen, streute man an verschiedenen Stellen ein $-Zeichen ein, das aber sonst keine Bedeutung hatte.

Ein Algorithmus wurde entworfen, um die Entwicklung der Krankheit, basierend auf den Datensätzen der Patienten, zu verfolgen. Der Datensatz wird in 3 Symptomgruppen á 3 Zeichen zerlegt, um die Wechselbeziehungen zwischen den Symptomen abzubilden. Man ordnet die 9 Buchstaben wie folgt drei Dreiecken zu (siehe auch die folgende Abbildung): Der erste Buchstabe kennzeichnet die erste Ecke des ersten Dreiecks, der zweite Buchstabe kennzeichnet die erste Ecke des zweiten Dreiecks usw. Die Länge jeder Seite eines Dreiecks wird nach einem vorgegebenen Schema berechnet. Der alphabetische Abstand zwischen zwei Buchstaben (Ecken), die durch eine Dreiecksseite verbunden sind, stellt die Länge dieser Seite dar. Jede Seitenlänge eines Dreiecks wird danach quadriert, um den "Wert" eines Dreiecks bzw. einer Symptomgruppe zu bestimmen:

$$\text{Dreieckswert} = (\text{Seite1})^2 + (\text{Seite2})^2 + (\text{Seite3})^2 + 1$$

Anschließend werden alle Dreieckswerte summiert und wenn das Resultat eine Primzahl ist, nimmt man an, dass der Patient an Parkinson erkrankt ist.

Hier ein Beispiel für einen korrekten Patientendatensatz:

$$\$AB\$\$\$CD\$\$EF\$\$\$GKP\$\$\$$$

Dieser Zeichenkette entsprechen folgende Dreiecke:

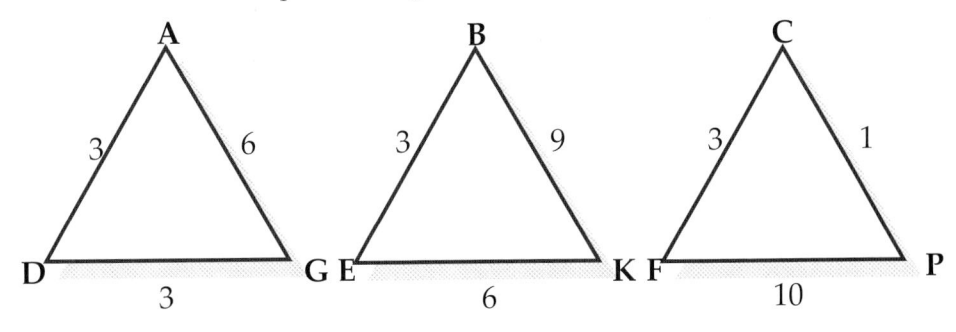

Der Wert des ersten Dreiecks ist $3^3 + 3^3 + 6^2 + 1 = 55$.
Der Wert des zweiten Dreiecks ist $3^2 + 6^2 + 9^2 + 1 = 127$.
Der Wert des dritten Dreiecks ist $3^2 + 10^2 + 13^2 + 1 = 279$.
Der Gesamtwert ist 461 und prim, vermutlich leidet der Patient an Parkinson.

Eingabe: Die Datei *parkinson.in* beinhaltet mehrere Eingabefälle, einen pro Zeile. Wenn von links beginnend eine gültige Sequenz gefunden wurde, interessieren uns die restlichen Zeichen nicht mehr. Zum Beispiel ist die Zeichenkette $AB$$$CD$$EF$$$GKP$$FG/(&%&%SDSD korrekt, weil der unterstrichene Teil ausreicht, um eine Diagnose zu stellen. *Ausgabe:* Die Ergebnisse werden in die Datei *parkinson.out* geschrieben. Zu jedem Eingabefall gehört eine Zeile der Ausgabedatei, wie im Beispiel.

parkinson.in	parkinson.out
BFJKRASFD	BFJKRASFD: Gesund
ABCD	ABCD: Ungueltige Daten
ASCVB$SAKGH	ASCVB$SAKGH: Gesund
ERERUKUIKSDSFDS	ERERUKUIKSDSFDS: vermutlich Parkinson
ASDF&AS$SSSSSS	ASDF&AS$SSSSSS: Ungueltige Daten
FGKLA$$$$$XZASV	FGKLA$$$$$XZASV: Gesund
DFAFFADFDFDFDSFDSFD	DFAFFADFDFDFDSFDSFD: vermutlich Parkinson
UYIUIUOYUOOIOOUO	UYIUIUOYUOOIOOUO: Gesund

(*ACM Arab and African Regional Programming Contest, 1998, modifiziert*)

Problemanalyse und Entwurf der Lösung

Die Methode *makeDiagnosis(string s)* erkennt ungültige Eingaben und bestimmt, ob ein Patient gesund ist oder nicht. Sie liefert 0 zurück, wenn der String *s* nicht gültig ist, 1, wenn der Patient vermutlich an Parkinson erkrankt ist und 2, wenn der Patient gesund ist. Die Methode geht von links nach rechts durch die Zeichenkette und löscht bereits verarbeitete Zeichen. Sie tut das so lange, bis der Diagnose-String *sD* neun Zeichen lang ist. Wenn das aktuelle Zeichen aus *A...Z* stammt, wird es dem Diagnose-String *sD* hinzugefügt. Ein eingelesenes $-Zeichen wird übersprungen. Wenn ein ungültiges Zeichen vorliegt, dann entscheidet *makeDiagnosis*, dass es sich um einen inkorrekten Eingabefall handelt, und setzt die boolsche Variable *correct* auf *false*.

Programm

```
#include <fstream>
#include <string>

using namespace std;
```

```cpp
bool isPrime(unsigned long n){
  bool prime=(n>1);
  for(unsigned long i=2; prime && i*i<=n; i++)
    if(0==n%i) prime=false;
  return prime;
}

unsigned long sqr(unsigned long n){
  return n*n;
}

short makeDiagnosis(string s){
  string sD;
  bool correct=true;
  char c;
  unsigned long sumVal=0;
  while(correct && sD.length()<9 && !s.empty()){
    c = s[0]; s.erase(0, 1);
    if('A'<=c && c<='Z') sD += c;
    else if('$'==c)continue;
    else correct=false;
  }
  if(!correct || sD.length()<9)
  return 0;
  for(int i=0; i<3; i++)
  sumVal += sqr(sD[i]-sD[i+3]) +
  sqr(sD[i+3]-sD[i+6]) +
  sqr(sD[i]-sD[i+6]) + 1;
  if(isPrime(sumVal)) return 1;
    else return 2;
}

int main(){
  string s;
  short i;
  ifstream in("parkinson.in");
  ofstream out("parkinson.out");
  while(in && !in.eof() && in>>s){
    i = makeDiagnosis(s);
    out << s << ": ";
    switch(i){
      case 0: out << "Ungueltige Daten" << endl; break;
      case 1: out << "vermutlich Parkinson" << endl; break;
      case 2: out << "Gesund" << endl; break;
    }
  }
  return 0;
}
```

Aufgabe

Passen Sie das Programm so an, dass es auch die einzelnen Dreieckswerte und das Endergebnis ausgibt, wenn die Eingabe gültig ist. Zeigen Sie in diesem Fall nicht eine Wiederholung des Eingabefalles an, sondern den Diagnose-String.

Problem 4. Rapunzel im Internet

Rapunzel wurden die Haare geschnitten, und es sollten noch viele Jahre vergehen, bis ihre Haare wieder so lang waren, dass ihr Königssohn daran heraufklettern konnte. Um diese lange Zeit zu überbrücken, schickte ihr der Prinz Wortspiele per Internet zu, die sie lösen sollte. Sie war aber nicht gut darin, und um den Prinzen zu beeindrucken, suchte sie nach einem Programm, das ihr schnell zur Lösung verhalf.

Das Spiel ging darum: Der Prinz schickte ihr ein $n \times n$-Gitter, das in den Feldern die Buchstaben von *A* bis *Z* oder einen Punkt enthielt. Vertikal und horizontal ergaben die Buchstaben Wörter, die durch einen oder mehrere Punkte voneinander getrennt waren, und einer Sprache angehörten, die in unserer Zeit leider in Vergessenheit geriet. Der Prinz erwartete von Rapunzel, dass sie das längste Palindrom bzw. die längsten Palindrome im Gitter aufspürte. Er musste ihr anfangs auch erklären, was ein Palindrom ist: „Ein Wort, dass von hinten und vorne gelesen dasselbe ergibt". Aus unserer Sprache wäre „REITTIER" ein Beispiel dafür. Was Sie nicht wissen können: Es gab in dieser antiken Sprache viel mehr Palindrome als in unserer.

Rapunzel sollte außerdem ihre Ergebnisse dem Prinzen in einer bestimmten Form zurück mailen. In die erste Zeile musste die Länge der längsten Palindrome, dann folgten zeilenweise die Palindrome, und zwar lexikographisch geordnet. Die Summe der *ASCII*-Werte der Buchstaben in den Palindromen, wobei jeder Buchstabe aber nur einmal gezählt werden sollte, kennzeichnete das Ende ihrer Nachricht.
Eingabe: In der Datei *gitter.in* steht in der ersten Zeile die Zeilen- und Spaltenanzahl n des Gitters ($n \leq 100$) und danach das Gitter selbst. *Ausgabe:* Rapunzels Lösung wird in *gitter.out* gespeichert. Wenn es kein Palindrom gibt, wird für den *ASCII*-Wert eine 0 ausgegeben. Beispiel:

gitter.in	gitter.out
3 A.A B.A ..C	1 A B C 198
5	0 0
10 VERDE.CRIN DANA.DOROD VOI.AOROA. NU.ABOTE.. .UCOCU.AIA EZNGBIETAR ORIOATZULI TURN.NARAN O.ZOBOZ.IU ELEGATEL.O	5 ABCBA AOROA DOROD EOTOE EZAZE IALAI NARAN UCOCU ZOBOZ 982

Bemerkung: 982 = *ascii*('A')+*ascii*('B')+*ascii*('C')+*ascii*('D')+*ascii*('E')+*ascii*('I')+*ascii*('L')+ *ascii*('N')+*ascii*('O')+*ascii*('R')+*ascii*('T')+*ascii*('U')+*ascii*('Z').

Problemanalyse und Entwurf der Lösung

Wir schreiben die Methode *isPalindrom(string s)*, die prüft, ob eine gegebene Zeichenkette ein Palindrom ist. Die Methode *read(char m[][100], int &n)* liest die Eingabedaten und speichert sie im zweidimensionalen Array *m*[][], das die Zeilen- und Spaltenanzahl *n* hat. Die Methode *process(char m[][100], int n, vector<string>& w, vector<int>& vLetters)* durchläuft das Array *m*[][] und baut die Liste der längsten Palindrome im Vektor *w* auf.

Der Vektor *vLetters* wird durch den Aufruf der Methode *addToLetters(w, vLetters)* mit Elementen des Typs *bool* gefüllt, um die Summe der *ASCII*-Codes zu ermitteln. Wir setzen *vLetters*[*b*-'A'] auf *true* bzw. *false*, je nachdem, ob sich der Buchstabe *b* im Vektor *w* befindet oder nicht. Wenn *b*='A' → *vLetters*[,A'-,A']= *vLetters*[0]; wenn *b*='D' → *vLetters*[,D'-,A']= *vLetters*[3], ... Die Methode *getPoints(vector<int> &vLetters)* liefert die Summe der *ASCII*-Werte zurück.

Programm

```cpp
#include <fstream>
#include <string>
#include <vector>
#include <algorithm>

using namespace std;

bool isPalindrom(string s){
  int n = (int)s.length();
  for(int i=0; i<n/2; i++)
    if(s[i] != s[n-1-i]) return false;
  return true;
}

void addToLetters(vector<string>& w,
                  vector<int> &vLetters)
{
  int n, siz=(int)w.size();
  for(int j=0; j<siz; j++){
    n=(int)w[j].length();
    for(int i=0; i<n; i++)
      vLetters[w[j][i]-'A'] = 1;
  }
}

int getPoints(vector<int> &vLetters){
  int n=0;
  for(char i='A'; i<='Z'; i++)
    if(vLetters[i-'A'])n += i;
  return n;
}

int read(char m[][100], int &n){
  ifstream in("gitter.in");
  int i, j;
  in>>n;
  for(i=0; i<n; i++){
    for(j=0; j<n; j++)in>>m[i][j];
  }
  return 1;
}

void process(char m[][100], int n, vector<string>& w,
             vector<int>& vLetters)
{
  int i, j, slength;
```

> Die symmetrischen Zeichen in $s_0 s_1 \ldots s_{n-1}$ sind:
> s_0 und s_{n-1},
> s_1 und s_{n-2},
> ...
> s_i und s_{n-1-i}
> (Die Summe der Indizes ist $n-1$).

```
    string s;
    int maxim=0;
    for(i=0; i<n; i++){
      j=0;
      while(j < n){
        s.clear();
        while(j<n && 'A'<=m[i][j] && m[i][j]<='Z'){
          s+=m[i][j];j++;
        }
        if(isPalindrom(s)){
          slength=(int)s.length();
          if(slength>maxim){
            maxim=slength;
            w.clear();
            w.push_back(s);
          }
          if(s.length()==maxim) w.push_back(s);
        }
        j++;
      }
    }
    for(j=0; j<n; j++){
      i=0;
      while(i<n){
        s.clear();
        while(i<n && 'A'<=m[i][j] && m[i][j]<='Z'){
          s+=m[i][j];i++;
        }
        if(isPalindrom(s)){
          slength=(int)s.length();
          if(slength>maxim){
            maxim=slength;
            w.clear();
            w.push_back(s);
          }
          if(slength==maxim){w.push_back(s);}
        }
        i++;
      }
    }
    sort(w.begin(), w.end());
    addToLetters(w, vLetters);
}

void write(vector<string>& w,
           vector<int>& vLetters)
{
    ofstream out("gitter.out");
```

```
  out<<((int)w.size()>0?((int)w[0].length()):0)<<endl;
  if(w.size())out<<w[0]<<endl;
  int siz=(int)w.size();
  for(int i=1; i<siz; i++)
    if(w[i].compare(w[i-1])) out<<w[i]<<endl;
  out<<getPoints(vLetters);
}

int main(){
  char m[100][100];
  int n;
  vector<int> vLetters;
  vector<string> w;
  for(char i='A'; i<='Z'; i++)
    vLetters.push_back(0);
  if(read(m,n)){
    process(m, n, w, vLetters);
    write(w, vLetters);
  }
  return 0;
}
```

Aufgabe

Finden Sie zusätzlich auch Palindrome in der Haupt- und Nebendiagonale.

Problem 5. Bridge-Blatt

Beim Bridge werden die 52 Karten des „Französischen Blattes" an vier Spieler verteilt, jeder bekommt also 13 Karten. Recht geübte Spieler nehmen die Karten einfach so in die Hand, wie sie auf den Tisch kommen, aber die meisten werden die Karten zuerst nach Farbe und innerhalb einer Farbe nach dem Rang umsortieren.

Es gibt keine Norm für die Farbreihenfolge, deswegen legen wir uns auf die Reihenfolge Kreuz (engl. *clubs*), Karo (engl. *diamonds*), Pik (engl. *spades*) und Herz (engl. *hearts*) fest, die wir mit den englischen Anfangsbuchstaben C, D, S und H notieren. Innerhalb einer Farbe ist der aufsteigende Rang der Karten 2, 3, 4, 5, 6, 7, 8, 9, T, J, Q, K, A. Zur leichteren Darstellung schreiben wir für die 10 ein T. Danach kommen J (engl. *Jack*) für Bube, Q (engl. *Queen*) für Dame, K (engl. *King*) für König und A (engl. *Ace*) für Ass.

3 Zeichenketten

Für gewöhnlich werden die Spieler so gekennzeichnet, wie sie sitzen, nämlich mit Nord, Ost, Süd und West. Der Geber verteilt die Karten einzeln im Uhrzeigersinn an die Spieler. Die erste Karte erhält der Spieler, der linker Hand vom Geber sitzt, und die letzte Karte gibt er sich selbst.

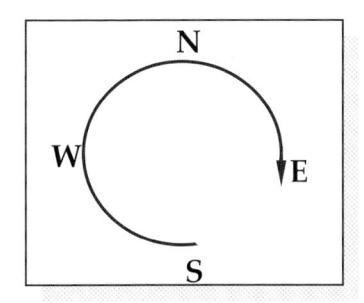

Entwerfen Sie ein Programm, das einen gegebenen Kartenstapel liest, die Karten an die Spieler austeilt, sortiert und schließlich die vier Blätter der Spieler, in der Form wie unten gezeigt, ausgibt.

Eingabe: In der ersten Zeile von *bridge.in* steht, wer der Geber ist. Dann folgen zwei Zeilen, die die Reihenfolge der Karten beschreiben, die der Geber in der Hand hält.
Ausgabe: Schreiben Sie in die Datei *bridge.out* für jeden Spieler eine Zeile mit seinem sortierten Blatt. Beispiel:

bridge.in
E
CQDTC4D8S7HTDAH7D2S3D6C6S6D9S4SAD7H2CKH5D3CTS8C9H3C3
DQS9SQDJH8HAS2SKD4H4S5C7SJC8DKC5C2CAHQCJSTH6HKH9D5HJ
bridge.out
S: CQ D2 D3 D7 DK S2 S5 S6 S7 SQ H3 HQ HK
W: C3 C5 C7 CT CJ D9 DT DJ S3 SK H2 H9 HT
N: C2 C4 CK D4 D5 D6 DQ DA S4 S8 ST SJ H8
E: C6 C8 C9 CA D8 S9 SA H4 H5 H6 H7 HJ HA

(ACM, *Northwest European Regionals Contest, 1992*)

Problemanalyse und Entwurf der Lösung

Die Struktur *TCard* repräsentiert eine Karte mit Farbe *col* und Rang *rank*. Die Methoden *validRank()* und *validColour()* prüfen mit Hilfe der konstanten Variablen VALUE_CARDS und COLOR_CARDS und der Funktion *find()* aus der Bibliothek <string>, ob Farbe und Rang gültig sind. Die Eingabedatei wird von der Methode *read()* erfasst, die die Karten sukzessive der globalen Variable *packet* (Vektor mit Elementen des Typs TCard*) hinzufügt. Dieses *packet* muss an NR_PLAYERS Spieler verteilt werden. Die Methode *deal()* erledigt das, eine Karte nach der anderen wird dem entsprechenden Spieler gegeben, die Karte *i* dem Spieler (*i* % *NR_PLAYERS*). Die Blätter der vier Spieler werden im Array *hand*[] abgelegt, das vier Vektoren mit je 13 Elementen des Typs *TCard* beinhaltet. Sie werden durch die Methode *std::sort* aus der Bibliothek *<algorithm>* sortiert. Beachten Sie, dass die Methode *cardCmp()* im Aufruf der Methode *sort* als binäres Prädikat verwendet wird. Sie ist ein benutzerdefiniertes Funktionsobjekt, das das Vergleichskriterium nacheinanderliegender Elemente in einer Sequenz definiert. Sie hat zwei Argumente und liefert *true* zurück, wenn das Vergleichskriterium erfüllt ist, und *false*, wenn nicht.

Programm

```
#include <string>
#include <fstream>
#include <vector>
#include <algorithm>

using namespace std;

const int    NR_PLAYERS   = 4;
const int    NR_CARDS     = 52;
const string VALUE_CARDS  = "23456789TJQKA";
const string COLOR_CARDS  = "CDSH";
const string PLAYERS      = "NESW";

typedef struct{
   char rank;
   char col;
}TCard;

char     startPlayer;
vector<TCard*>  packet, hand[NR_PLAYERS];

bool validRank(char ch){
   int pos = (int)VALUE_CARDS.find(ch, 0);
   return (0<=pos && pos<(int)VALUE_CARDS.length());
}

bool validColor(char ch){
   int pos=(int)COLOR_CARDS.find(ch, 0);
   return (0<=pos && pos <(int)COLOR_CARDS.length());
}

void read(){
   char ch;
   unsigned short i=0;
   string ct;
```

```cpp
    short pIdx = 0;
    ifstream in("bridge.in");
    ofstream out("bridge.out");
    if(!in) out<< "Keine Eingabedatei" ;
    if(in&&!in.eof())
      in>>startPlayer;
    while(in && !in.eof()) {
      in>>ch;
      if(ct.empty() && validColor(ch)) ct += ch;
      else if(1==ct.length() && validRank(ch)) ct += ch;
      if(ct.length() == 2){
        TCard *card =  new TCard();
        card->col =  ct[0];
        card->rank  =  ct[1];
        packet.push_back(card);
        ct.clear();
      }
    }
}

bool cardCmp(TCard* c1, TCard* c2){
  int pos1, pos2;
  pos1 = (int)COLOR_CARDS.find(c1->col, 0);
  pos2 = (int)COLOR_CARDS.find(c2->col, 0);
  if(pos1 != pos2)
    return pos1<pos2;
  pos1 = (int)VALUE_CARDS.find(c1->rank, 0);
  pos2 = (int)VALUE_CARDS.find(c2->rank, 0);
  return pos1<pos2;
}

bool deal(){
  int i;
  int n = NR_CARDS/NR_PLAYERS;
  if(packet.size() < NR_CARDS){
    return false;
  }
  for(i=0; i<NR_CARDS; i++){
    TCard* card = packet[i];
    hand[i%NR_PLAYERS].push_back(card);
  }
  for(i=0; i<NR_PLAYERS; i++){
    sort(hand[i].begin(), hand[i].end(), cardCmp);
  }
  return true;
}

void write(){
```

```
  int i, j;
  ofstream out("bridge.out");
  int k = (int)(PLAYERS.find(startPlayer, 0)+1);
  if(out){
    for(i=0; i<NR_PLAYERS; i++){
      out<<PLAYERS[k%4]<<": ";
      for(j=0; j<NR_CARDS/NR_PLAYERS; j++){
        TCard* card=hand[i][j];
        out<<card->col<<card->rank<<" ";
      }
      out<<endl; k++;
    }
  }
}

int main(){
  read();
  if(deal())
    write();
  else {
    ofstream out("bridge.out");
    out<<"unvollstaendiges Paket";
  }
  return 0;
}
```

Aufgaben

1. Ändern Sie das Programm so ab, dass es keine globalen Variablen mehr verwendet.
2. Die Methoden *validRank()* und *validColor()* sind sich sehr ähnlich. Verschmelzen Sie sie zu einer Methode.
3. Modifizieren Sie das Programm so, dass es mehrere Eingabedateien verarbeiten kann.
4. Nun stellen wir uns vor, dass es keine Eingabedateien gibt. Implementieren Sie eine Methode, die das „Französische Blatt" erstellt und es mit der Methode *rand()* mischt. Fügen Sie das gemischte Blatt an den Anfang der Ausgabedatei ein.
5. Beim Bridge zählt ein Bube einen Punkt, eine Dame zwei, ein König drei und ein Ass vier Punkte. Geben Sie für jeden Spieler auch die Punktezahl seiner Karten aus, die ihm ausgeteilt wurden.

3 Zeichenketten

Problem 6. Wo sind die Königinnen?

Ein Imker möchte seinen Computer dazu benutzen, Diagramme auszugeben, die die Platzierung der Königinnen innerhalb seiner Waben darstellen. Die Zellen sind sechseckig, und zwei benachbarte Spalten sind in ihrer Höhe zueinander versetzt, so dass die erste Spalte entweder höher oder niedriger als die zweite Spalte liegt. Der Imker hat Eingabedaten vorliegen, die ihm anzeigen, wie die relative Höhe der ersten Spalte ist und welche Zellen von den Arbeitsbienen mit *Gelée Royale* beliefert werden, denn aus diesen entwickeln sich die Königinnen.

Übrigens, ein paar Eigenschaften dieses Bienenvolkes sind für dieses Problem modifiziert worden: Ein Bienenstaat hat normalerweise nur eine Königin, deren Zelle größer als die anderen ist. Außerdem werden auch die anderen Larven mit *Gelée Royale* versorgt, aber nicht so lang wie die Larve der Königin.

Schreiben Sie ein Programm, das graphisch anzeigt, in welchen Zellen sich die Königinnen befinden. Ein Eingabefall hat die Form:

$$n_1\ n_2\ ...\ n_k\ O\ c_1\ l_1\ c_2\ l_2\ c_3\ l_3\ ...\ c_t\ l_t$$

wobei n_i die Anzahl der Zellen in der Wabenspalte i ist, der Versatz (*offset*) O das Zeichen + oder − annimmt, je nachdem, ob die erste Spalte gegenüber der zweiten nach oben bzw. unten versetzt ist und ein Paar c_i, l_i die Koordinaten (*column* und *cell*) einer Königin darstellt. Die Diagramme werden mit den Zeichen '\', '/', '_' und 'Q' für Königin (*queen*) gezeichnet.

Eingabe: In der Datei *queens.in* befinden sich mehrere Eingabefälle, einer pro Zeile. Die maximale Spaltenanzahl einer Wabe ist 50, die maximale Zellenanzahl in einer Spalte ist 20. Die Anzahl der Königinnen pro Spalte ist auf drei beschränkt. *Ausgabe:* Erstellen Sie für jeden Eingebefall eine Zeichnung, die Sie nacheinander in *queens.out* speichern. Unten sind sie aber nebeneinander aufgelistet, um Platz zu sparen.

queens.in
4 6 5 4 7 6 + 1 1 1 4 2 3 2 5 3 4 4 2 5 1 5 4 6 2 6 5
6 2 8 3 1 9 − 1 2 1 6 2 2 3 5 3 8 4 2 5 1 6 3 6 6 6 9
2 3 1 4 + 1 1 2 2 3 1 4 2 4 4
5 4 6 5 9 7 4 10 − 1 1 1 3 1 5 2 1 2 2 2 4 3 2 3 5 4 3 4 4 5 7 5 9 6 2 6 6 7 1 7 3 8 2 8 4 8 6

queens.out

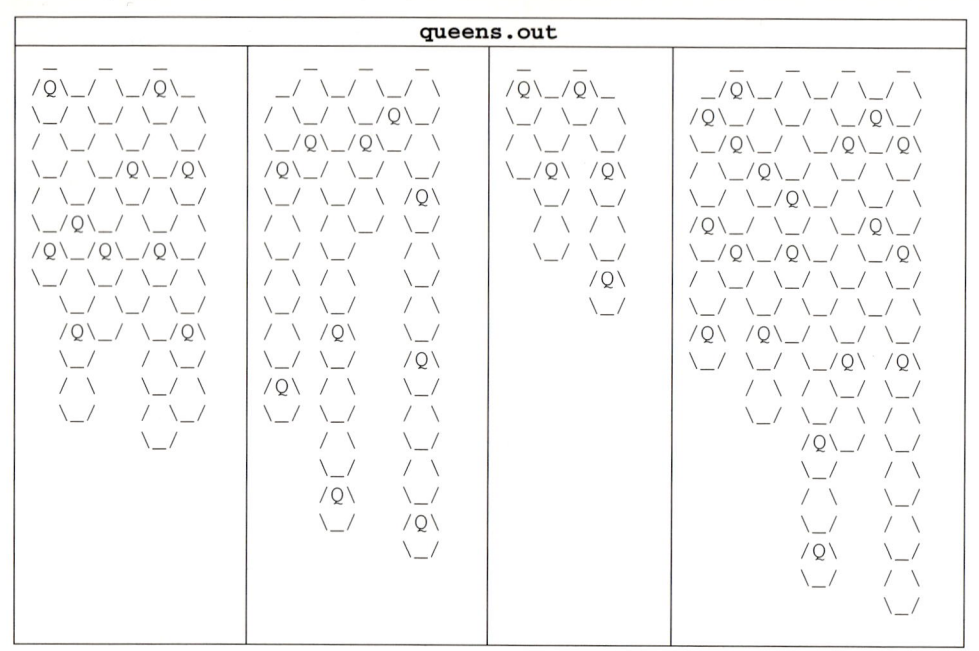

```
   _     _   _                                                           _     _   _   _
 /Q\_/ \_/Q\_         _/ \_/ \_/ \       /Q\_/Q\_           _/Q\_/ \_/ \_/ \
 \_/ \_/ \_/ \      /  \_/ \_/Q\_/       \_/ \_/ \         /Q\_/ \_/ \_/Q\_/
 /  \_/ \_/ \_/     \_/Q\_/Q\_/ \        /  \_/ \_/         \_/Q\_/ \_/Q\_/Q\
 \_/ \_/Q\_/Q\      /Q\_/ \_/ \_/        \_/Q\ /Q\          /  \_/Q\_/ \_/ \_/
 /  \_/ \_/ \_/     \_/ \_/ \ /Q\        \_/ \_/           \_/ \_/Q\_/ \_/ \
 \_/Q\_/ \_/ \      /  \ /  \_/ \         /  \ /  \         /Q\_/ \_/ \_/Q\_/
 /Q\_/Q\_/Q\_/      \_/ \_/   /  \        \_/ \_/          \_/Q\_/Q\_/ \_/Q\
 \_/ \_/ \_/ \      /  \ /  \ \_/        /Q\               /  \_/ \_/ \_/ \_/
 \_/ \_/ \_/        \_/ \_/   /  \       \_/               \_/ \_/ \_/ \_/ \
 /Q\_/ \_/Q\        /  \ /Q\  \_/                          /Q\ /Q\_/ \_/ \_/
 \_/  /  \_/        \_/ \_/   /Q\                          \_/ \_/ \_/Q\ /Q\
 /  \ \_/ \         /Q\ /  \  \_/                          /  \ /  \_/ \_/
 \_/  /  \_/        \_/ \_/   /  \                         \_/ \_/ \ /  \
      \_/           /  \ /  \ \_/                          /Q\_/ \_/
                    \_/ \_/   /  \                         \_/   /  \
                    /Q\       \_/                          /  \  \_/
                    \_/       /Q\                          \_/   /  \
                              \_/                          /Q\   \_/
                                                           \_/   /  \
                                                                 \_/
```

(ACM, East European Regional, 1992, modifiziert)

Problemanalyse und Entwurf der Lösung

Wir werden hier die Eingabe- und Ausgabeoperationen von C benutzen, die Anwendung der entsprechenden C++-Operationen finden Sie in den Aufgaben.

Zuerst schreiben wir die Methode *transformInput()*:

void transformInput(char s[370], int &n, int &offset, int &totalQ,
                                   int *nCells, int coordQ[150][2]).

Damit extrahieren wir die Informationen aus der Zeichenkette *s*, also dem Eingabefall:

- *n*: die Anzahl der Spalten
- *offset*: der Versatz der ersten Spalte (0 = hoch, 1 = niedrig)
- *totalQ*: die Gesamtanzahl der Königinnen
- *nCells[i]*: die Anzahl der Zellen in Spalte *i*, für alle $i = 0, ..., n-1$
- *coordQ[j][0]*: die Spalte, in der sich die Königin *j* befindet ($j = 0, 1, ..., totalQ-1$)
- *coordQ[j][1]*: die Zelle, in der sich die Königin *j* befindet ($j = 0, 1, ..., totalQ-1$)

Die Ausgabe erfolgt in einem Array $a[]$ von Strings, $a[0]$ für die oberste Ausgabezeile, $a[1]$ für die zweite Zeile usw. Das erste Zeichen in der ersten Ausgabezeile ist dann $a[0][0]$.

Hier ein Ausschnitt der Ausgabe für eine Wabe, in der die erste Zellenspalte höher als die zweite gestellt ist (der Versatz also + ist):

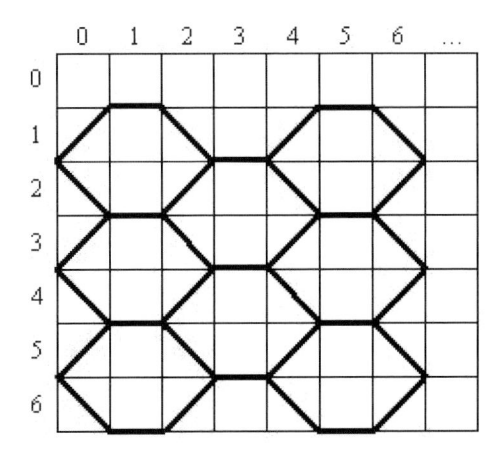

In dieser Abbildung beziehen sich die Nummerierungen auf die Ausgabezeilen und Ausgabespalten, und um die Spalten der Ausgabe von denen der Zellen zu unterscheiden, bezeichnen wir sie von nun an mit Reihen. Man sieht, dass für alle $i=0, \ldots, n-1$ die Reihen $2i$, $2i+1$ und $2i+2$ die Spalte i der Wabe bilden. Zum Beispiel wird die Spalte 2 der Wabe (die Zählung beginnt bei 0) aus den Reihen 4, 5 und 6 der Ausgabe zusammengesetzt.

Bei der Zuordnung der Ausgabezeilen zu den Zellen der Wabe müssen wir eine Fallunterscheidung treffen. Wenn die erste Spalte der Wabe hoch- oder tiefgestellt ist, dann ist auch die dritte Spalte, die fünfte Spalte usw. hoch- oder tiefgestellt.
Für die i-ten Zellen aller hochgestellten Spalten gilt, dass sie aus den Zeilen $2i$, $2i+1$ und $2i+2$ der der Ausgabe bestehen. Die erste Zelle einer hochgestellten Spalte j der Wabe wird aus den Ausgabezeilen 0, 1 und 2 erzeugt (Zeile 0, weil der Unterstrich auf ihr liegt) und die letzte Zelle aus den Zeilen $2*nCells[j]$, $2*nCells[j]+1$ und $2*nCells[j]+2$.
Die Zellen i aller tiefgestellten Spalten der Wabe bauen sich aus den Zeilen $2i+1$, $2i+2$ und $2i+3$ der Ausgabe auf. Die erste Zelle einer tiefgestellten Spalte j also aus den Zeilen 1, 2 und 3 und die letzte Zelle aus den Zeilen $2*nCells[j]+1$, $2*nCells[j]+2$, $2*nCells[j]+3$.

Die Länge der Zeilen in der Ausgabe nR ist $2*n + 1$ (n ist die Anzahl der Spalten in der Wabe).
Wenn m die Zellenanzahl der längsten Spalte ist, dann gilt für die Anzahl der Zeilen mL in der Ausgabe:
$mL=2*m$, wenn die längste Spalte hochgestellt ist und
$mL=2*m+1$, wenn die längste Spalte tiefgestellt ist.

Das Array $a[][]$ wird im Programm so konstruiert:

```
// für jede Spalte der Wabe
 for(i=0; i<n; i++){

   // für jede Zelle j in der Spalte i
   for(j=0; j<nCells[i]; j++){
      a[j*2+offset][2*i+1]     = '_';
      a[j*2+offset+2][2*i+1]   = '_';
      a[j*2+offset+1][i*2]     = '/';
      a[j*2+offset+1][i*2+2]   = '\\';
      a[j*2+offset+2][i*2]     = '\\';
      a[j*2+offset+2][i*2+2]   = '/';
   }
   // platziert die Königinnen in der Spalte i
   for(j=0; j<totalQ; j++)
     if(coordQ[j][0]==i)
       a[1+offset+2*coordQ[j][1]][2*i+1]='Q';
   offset=1-offset;
 }
```

Programm

```
#include <stdio.h>
#include <string.h>
#include <ctype.h>

void transformInput(char s[370], int &n, int &offset,
                    int &totalQ, int *nCells, int coordQ[150][2])
{
  int i, j, aux;
  n=0; i=0;
  while(i<(int)strlen(s) && s[i]!='-' && s[i]!='+'){
    if(isdigit(s[i])){
      aux=0;
      while(isdigit(s[i])){
        aux = aux*10+(s[i]-'0');
```

```
        i++;
      }
      nCells[n++]=aux;
    }
    i++;
  }
  if(i<(int)strlen(s) && 'L'==s[i]) offset=1;
  else offset=0;
  totalQ = 0;
  while(i<(int)strlen(s) && s[i]){
    if(isdigit(s[i])){
      aux=0;
      while(isdigit(s[i])){
        aux=aux*10+(s[i]-'0');
        i++;
      }
      while(!isdigit(s[i]))i++;
      j=0;
      while(isdigit(s[i])){
        j=j*10+(s[i]-'0');
        i++;
      }
      coordQ[totalQ][0]=aux-1;
      coordQ[totalQ++][1]=j-1;
    }
    i++;
  }
}

int getMaxCombs(int *nCells, int n){
  int max=0;
  int i;
  for(i=0; i<n; i++)
    if(nCells[i]>max) max=nCells[i];
  return max;
}

int main(){
  int m, n, i;
  char s[370], a[100][100];
  int nCells[20], coordQ[150][2];
  int totalQ, offset, mL, nR, j;
  FILE *fIn = fopen("queens.in","r");
  FILE *fOut = fopen("queens.out","w");
  while(!feof(fIn) && fgets(s, 370, fIn)){
    transformInput(s, n, offset, totalQ, nCells, coordQ);
    m = getMaxCombs(nCells, n);
    mL = 2*m + 2;
```

```
      nR = 2*n + 1;
      for(i=0; i<mL;i++)
         for(j=0;j<nR; j++)
            a[i][j]=' ';
      for(i=0; i<n; i++){
         for(j=0; j<nCells[i]; j++){
            a[j*2+offset][2*i+1]     = '_';
            a[j*2+offset+2][2*i+1]   = '_';
            a[j*2+offset+1][i*2]     = '/';
            a[j*2+offset+1][i*2+2]   = '\\';
            a[j*2+offset+2][i*2]     = '\\';
            a[j*2+offset+2][i*2+2]   = '/';
         }

         for(j=0; j<totalQ; j++)
            if(coordQ[j][0]==i)
               a[1+offset+2*coordQ[j][1]][2*i+1]='Q';
         offset=1-offset;
      }
   int ok=1;
   for(i=0;i<nR;i++)if(a[mL-1][i]!=' ') ok=0;
   if(ok) mL--;
   for(i=0;i<mL;i++){
      fprintf(fOut, "\n");
      for(j=0;j<nR;j++)
         fprintf(fOut, "%c", a[i][j]);
      }
   }
   fclose(fOut);
   return 0;
}
```

Aufgaben

1. Verwenden Sie C++-spezifische Elemente im Programm: Eingabe- und Ausgabestreams, *std::string* und *std::vector*.
2. Im obigen Programm nehmen wir an, dass die Eingabedaten korrekt sind. Schreiben Sie eine Methode, die das überprüft.
3. Modifizieren Sie das obige Programm so, dass die Wabe direkt in die Ausgabedatei *queens.out* geschrieben wird, ohne die Hilfsmatrix *a[][]* zu verwenden.
4. Alle Zellen der Wabe sind gleichseitige Sechsecke mit einer angenommenen Seitenlänge von 1. Berechnen Sie Gesamtfläche der leeren Zellen.
5. Schreiben Sie ein Programm, das aus einer gegebenen Zeichnung die Eingabedaten ableiten kann, so wie wir sie oben beschrieben haben. Beispiel:

3 Zeichenketten

queens1.in	queens1.out
| ```
  _   _
 /Q\_/Q\_
 \_/ \_/ \
 / \_/ \_/
 \_/Q\ /Q\
   \_/ \_/
   / \ / \
   \_/ \_/
       /Q\
       \_/
``` | 2 3 1 4 + 1 1 2 2 3 1 4 2 4 4 |

Problem 7. Vogelsprache

EPEs ipist schopoe-

Man transformiert einen Text in Vogelsprache, indem man jeden Vokal <V> durch das Buchstabentripel <V><p><V> ersetzt, wobei <p> für den Buchstaben ‚P' oder ‚p' steht, je nachdem, ob <V> klein oder groß ist. Ein Text in deutscher Sprache soll in die Vogelsprache überführt werden oder umgekehrt.

Eingabe: In der Eingabedatei *vogel.in* zeigt die Zahl in der ersten Zeile an, in welcher Sprache der Text auf den folgenden Zeilen vorliegt. Wenn die Zahl 1 ist, handelt es sich um deutschsprachigen Text, bei 2 um einen Text in Vogelsprache.

Ausgabe: Schreiben Sie in die Ausgabedatei *vogel.out* den transformierten Text.

Beispiel:

vogel.in	vogel.out
1 Man sieht die Blumen welken und die Blaetter fallen, aber man sieht auch Fruechte reifen und neue Knospen keimen. Das Leben gehoert den Lebendigen an, und wer lebt, muss auf Wechsel gefasst sein.	Mapan sipiepeht dipiepe Blupume-pen wepelkepen upund dipiepe Blapaepetteper fapalle-pen, apaber mapan sipiepeht apaupuch Frupuepechtepe repeipi-fepen upund nepeupuepe Knopospe-pen kepeipimepen. Dapas Lepebepen gepehopoepert depen Lepebependipigepen apan, upund weper lepebt, mupuss apaupuf Wepechsepel gepe-fapasst sepeipin.
```

56 Algorithmen und Problemlösungen mit C++

2	
EPEs ipist schopoepen, wepenn epes Mepenschepen gipibt, apan dipiepe mapan mipit Vepertrapaupuepen upund Sipicheperhepeipit zupu apallepen Zepeipitepen depenkepen daparf.	Es ist schoen, wenn es Menschen gibt, an die man mit Vertrauen und Sicherheit zu allen Zeiten denken darf.

(Zitate von Johann Wolfgang von Goethe und Wilhelm Grimm)

Problemanalyse und Entwurf der Lösung

Wir schreiben die Methoden *trGB(char *s)* und *trBG(char *s)*, die eine Zeichenkette in Menschensprache (*German language*) in die Vogelsprache (*Bird language*) übersetzen bzw. die umgekehrte Transformation ausführen. Der Rückgabewerte sind vom Typ *std::string*. Die Methode *isVowel(char c)* liefert *true* zurück, wenn *c* ein Vokal ist, sonst *false*. Wenn es sich bei *c* um einen Kleinbuchstaben handelt, liefert die Methode *p(char c)* ein 'p' zurück, ansonsten ein ‚P'. Damit weiß die Methode *trGB()*, welchen Buchstaben sie einfügen soll.

Zeiger auf Funktionen. Der Aufruf von Funktionen geschieht über ihre Adressen im Speicher. Man erkennt eine Funktion durch das Klammerpaar hinter ihrem Namen. Dem Funktionsnamen (egal ob Bibliotheks- oder eigene Funktion) ist die Funktionsadresse als Wert zugewiesen, so wie es auch bei Arrays der Fall ist. Wenn man eine Zeigervariable auf eine Funktion anlegen will, muss man auch die Variablenliste der Funktion und den Typ ihres Rückgabewertes angeben.
Wir verwenden im Hauptprogramm ein Array von Funktionszeigern *fun*[]:

```cpp
std::string (*fun[])(char*)={trGB, trBG};
```

Beachten Sie Anwendung der Funktionszeiger im Programm.

Programm

```cpp
#include <string>
#include <fstream>
#include <cctype>

const std::string VOWELS="aeiouAEIOU";

bool isVowel(char c){
  return
```

```
      VOWELS.find(c, 0)!=std::string::npos;
}

char p(char c){
  return
     islower(c)?'p':'P';
}

std::string trGB(char* s){
  int n = (int) strlen(s);
  std::string t;
  for(int i=0; i<n; i++){
    t += s[i];
    if(isVowel(s[i])){
      t += p(s[i]);
      t += s[i];
    }
  }
  return t;
}

std::string trBG(char* s){
  int n = (int) strlen(s);
  std::string t;
  for(int i=0; i<n; i++){
    t+=s[i];
    if(isVowel(s[i])) i+=2;
  }
  return t;
}

int main(){
  std::string (*fun[])(char*)={trGB, trBG};
  std::ifstream in("vogel.in");
  std::ofstream out("vogel.out");
  char *s=new char[100];
  std::string ss;
  int n;
  in>>n; n--;
  if(0<=n && n<=1)
    while(in && !in.eof()){
      in.getline(s, 200);
      ss = (*fun[n])(s);
      out<<ss<<std::endl;
    }
  return 0;
}
```

Aufgabe

Schreiben Sie eine Programm, das mit Hilfe eines Arrays von Funktionszeigern die Werte der Funktionen aus der nächsten Tabelle an den Stellen 0.01 bis 0.51 in Schritten von 0.1 ausgibt.

```
-----------------------------------------------------
|  VAL  |  SIN  |  COS  |  TAN  |  EXP  |    LOG   |
-----------------------------------------------------
   0.010   0.010   1.000   0.010   1.010    -4.605
   0.110   0.110   0.994   0.110   1.116    -2.207
   0.210   0.208   0.978   0.213   1.234    -1.561
   0.310   0.305   0.952   0.320   1.363    -1.171
   0.410   0.399   0.917   0.435   1.507    -0.892
   0.510   0.488   0.873   0.559   1.665    -0.673
```

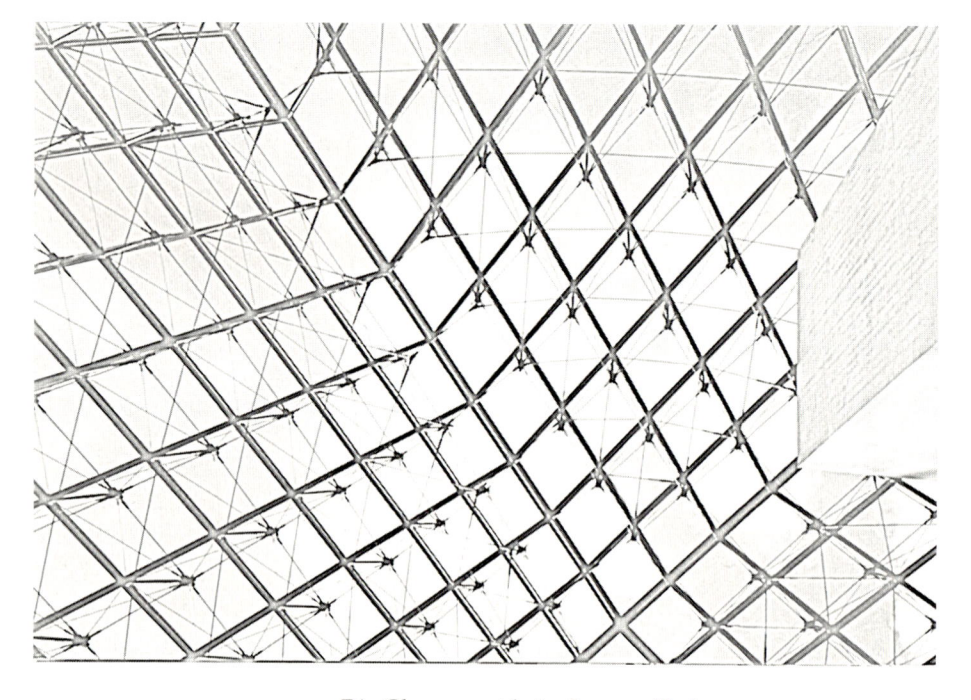

Die Glaspyramide im Louvre, Paris

Mengen und Relationen

Grundlagen

Sie können sich bestimmt noch daran erinnern, dass Sie sich irgendwann in den ersten Schuljahren mit Mengen beschäftigt haben. Wussten Sie, dass der Mathematiker Georg Cantor (1845–1918), der mehr als 40 Jahre als Professor an der Universität Halle tätig war, als Begründer der Mengenlehre (damals noch Mannigfaltigkeitslehre) angesehen wird? Durch ihn kennen wir Begriffe wie Äquivalenz und Mächtigkeit von Mengen. Er entwickelte die Cantor-Diagonalisierung, ein heutzutage wichtiges Prinzip der Beweisführung in der Mathematik, mit dem sich zeigen lässt, ob zwei Mengen die gleiche Mächtigkeit aufweisen.

Cantor hat 1895 in seinen „Beiträgen zur Begründung der transitiven Mengenlehre" eine Menge so definiert:

„Unter einer ‚Menge' verstehen wir jede Zusammenfassung M von bestimmten wohlunterschiedenen Objekten unserer Anschauung oder unseres Denkens (welche die ‚Elemente' von M genannt werden) zu einem Ganzen."

1. Element und Menge

Indem man definiert, welche Werte Elemente einer Menge sind, bestimmt man diese Menge. Ein Wert kann also ein Element der Menge sein, oder kein Element davon. Man schreibt dann $a \in M$ oder $a \notin M$. Wenn ein Wert ein Element der Menge ist, dann genau einmal, er kann also nicht mehrfach der Menge angehören. Wenn die Menge endlich ist und sie nur wenige Elemente besitzt, kann man sie auch durch das Aufzählen aller Elemente beschreiben.

Beispiel. Menge M = {grün, weiß, schwarz}.
Die Reihenfolge der Aufzählung ist beliebig, aber üblicherweise ordnet man die Elemente an, zum Beispiel alphabetisch oder aufsteigend. In diesem Fall könnten wir sie mit aufsteigender Helligkeit angeben, M = {schwarz, grün, weiß}. Beide Male handelt es sich um dieselbe Menge. Weil nur der Inhalt und nicht die Art der Beschreibung eine Menge bestimmen, besitzen Mengen die Eigenschaft der Extensionalität (von lat. *ex-tendere* = sich erstrecken).

2. Leere Menge, Teilmenge, Gleichheit

Leere Menge (Nullmenge). Wenn eine Menge keine Elemente enthält, nennt man sie leere Menge. Man schreibt hierfür {} oder ∅.

Teilmenge. Wenn alle Elemente der Menge A auch Elemente der Menge B sind, ist die Menge A eine Teilmenge der Menge B und B ist eine Obermenge von A. Folglich ist etwa die Menge der Primzahlen eine Teilmenge der Menge der natürlichen Zahlen. Mit dieser Definition ist aber auch jede Menge eine Teilmenge von sich selbst. Man schreibt:

$$A \subseteq B \Leftrightarrow \forall x \, (x \in A \rightarrow x \in B)$$

Die leere Menge ist Teilmenge jeder Menge.

Echte Teilmenge. Wenn alle Elemente der Menge A auch Elemente der Menge B sind und es außerdem mindestens ein Element aus B gibt, das nicht in A enthalten ist, dann ist die Menge A eine echte Teilmenge von B, und B ist eine echte Obermenge von A. Man schreibt $A \subset B$ für echte Teilmenge (manchmal findet man auch: $A \subsetneq B$).

Gleichheit. Wenn die Menge A Teilmenge von B ist und B Teilmenge von A ist, dann sind die beiden Mengen gleich. Jedes Element der einen Menge ist in der anderen enthalten und umgekehrt.

3. Schreibweisen

Man kann eine Menge durch Bedingungen beschreiben, die alle ihre Elemente erfüllen. Zum Beispiel: M = {x | x ist eine natürliche Zahl und Vielfaches von 3}.
Das ist die Menge aller x, für die gilt, dass sie natürliche Zahlen und Vielfache von 3 sind.
Die aufzählende Schreibweise haben wir bereits kennen gelernt: M = {grün, weiß, schwarz}.
Die elliptische Schreibweise („auslassende Schreibweise") nennt nur einige Elemente einer Menge, die so gewählt sind, dass sich aus ihnen ableiten lässt, wie die übrigen Elemente lauten. Zum Beispiel M = {3, 6, 9, ..., 27, 30}. Man kann die elliptische

4 Mengen und Relationen

Schreibweise aber auch für unendliche Mengen anwenden. Für $M = \{x \mid x$ ist eine natürliche Zahl und Vielfaches von 3$\}$ kann man auch $M = \{0, 3, 6, 9, ...\}$ schreiben.
Eine neue Menge kann als Resultat von Mengenoperationen auf anderen Mengen entstehen. Beispiel: Die Menge M resultiert aus der Vereinigung der Mengen A und B. Man schreibt $M = A \cup B$.

Mengen können auch induktiv definiert werden, indem man beschreibt, wie ihre Elemente konstruiert werden. Beispiel für die Menge der natürlichen Zahlen $\mathbb{N}$:

- Induktionsanfang: $1 \in \mathbb{N}$
- Induktionsschritt: $x \in \mathbb{N} \Rightarrow x+1 \in \mathbb{N}$

4. Mengenoperationen

Schnittmenge.
Die Schnittmenge der beiden Mengen A und B beinhaltet die Elemente, die sowohl Elemente von A als auch von B sind. Formal schreibt man

$$A \cap B = \{x \mid x \in A \text{ und } x \in B\}$$

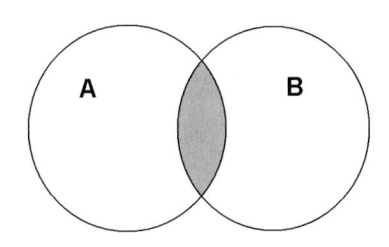

und liest: „A geschnitten mit B" (oder: „der Durchschnitt von A und B").
Allgemein umfasst die Schnittmenge von mehreren Mengen $A_1, A_2, ..., A_n$ die Elemente, die von allen Mengen beinhaltet werden:

$$A_1 \cap A_2 \cap ... \cap A_n = \{x \mid x \in A_i \text{ für alle } i=1, 2, ..., n\}.$$

Vereinigungsmenge.
Die Vereinigungsmenge von A und B besteht aus den Elementen, die sich mindestens in einer der beiden Mengen befinden. Formal schreibt man

$$A \cup B = \{x \mid x \in A \text{ oder } x \in B\}$$

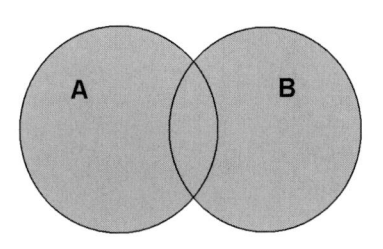

und liest: „A vereinigt mit B" (oder: „die Vereinigung von A und B").
Allgemein umfasst die Vereinigungsmenge von mehreren Mengen $A_1, A_2, ..., A_n$ die Elemente, die in mindestens einer der Mengen beheimatet sind:

$$A_1 \cup A_2 \cup ... \cup A_n = \{x \mid \text{ es gibt } i \in \{1, 2, ..., n\} \text{ so dass } x \in A_i\}.$$

Differenz und Komplement.
Die Differenzmenge von A und B beinhaltet die Elemente, die in A, aber nicht in B enthalten sind. Man schreibt

$$A \setminus B = \{x | x \in A \text{ und } x \notin B\}$$

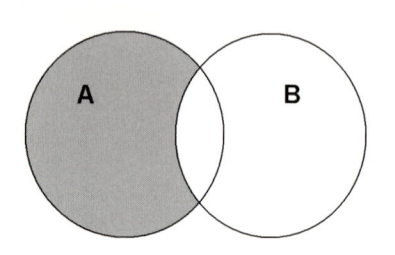

Wenn B eine Teilmenge von A ist, wird die Differenzmenge $A \setminus B$ auch Komplement von B in A genannt. Die Menge A braucht man dann nicht mehr aufzuführen.

$$\overline{B} = \{x | x \notin B\}$$

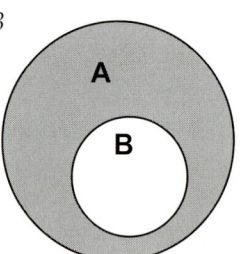

nennt man auch Komplement von B. Andere Schreibweisen für $\overline{B}$ sind $\complement B$ oder B^c oder B'.

Symmetrische Differenz.
Die Menge der Elemente, die in den Mengen A und B, aber nicht in deren Schnittmenge enthalten sind, heißt symmetrische Differenz von A und B.

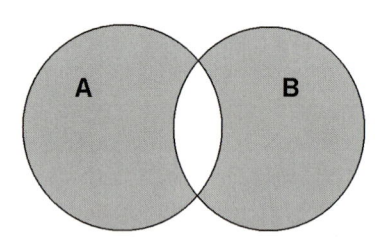

$$A \vartriangle B = (A \cup B) \setminus (A \cap B) = (A \setminus B) \cup (B \setminus A)$$

Wenn man den Operator XOR (ausschließendes Oder) verwendet, lässt sich die symmetrische Differenz auch so darstellen:

$$A \vartriangle B = \{x | (x \in A) \text{ XOR } (x \in B)\}$$

Potenzmenge. Die Potenzmenge einer Menge A ist die Menge aller Teilmengen von A:
$P(A) = \{M \mid M \subseteq A\}$.

Beispiel. $P(\{1, 2, 3\}) = \{\emptyset, \{1\}, \{2\}, \{3\}, \{1, 2\}, \{1, 3\}, \{2, 3\}, \{1, 2, 3\}\}$.

Die Potenzmenge einer endlichen Menge mit n Elementen hat 2^n Elemente. Die Potenzmenge der leeren Menge (keine Elemente) hat $2^0 = 1$ Element.

4 Mengen und Relationen

<u>Kardinalität einer Menge.</u> Die Kardinalität (Mächtigkeit) |A| einer Menge ist ein Maß für die Anzahl ihrer Elemente. Wenn es sich um eine endliche Menge handelt, ist die Kardinalität eine natürliche Zahl. Für die Menge M = {grün, weiß, schwarz} lautet sie drei. Bei einer Menge mit einer unendlichen Anzahl von Elementen, wie z. B. bei der Menge der natürlichen Zahlen, gibt man die Mächtigkeit in Form einer Kardinalzahl an. Man könnte annehmen, dass für alle unendlichen Mengen die Mächtigkeiten gleich ist, nämlich unendlich, aber man teilt hier die Unendlichkeiten in verschiedene Stufen ein. So ist die Menge der reellen Zahlen mächtiger als die Menge der natürlichen Zahlen.

Für unendliche Mengen verwendet man einen hebräischen Buchstaben (*Aleph* - $\aleph$) mit verschiedenen Indizes, um die Kardinalzahlen zu notieren. Wenn man bei einer endlichen Menge die Kardinalzahl angibt, setzt man sie einfach mit der Anzahl der in der Menge enthaltenen Elemente gleich.

5. Multimengen

Eine Multimenge unterscheidet sich von einer gewöhnlichen Menge dadurch, dass die Elemente auch öfter enthalten sein können.
Beispiele sind
- eine Tüte mit grünen, gelben und roten Fruchtgummis
- die Buchstaben, aus denen ein Text besteht
- die Vornamen der Spieler eines Tischtennisvereins

Multimengen lassen sich beschreiben, indem man für jedes Element mitteilt, wie oft es vorhanden ist. Die Multimenge der Buchstaben des Wortes ABRACADABRA ist {A:5, B:2, C:1, D:1, R:2}. Oder man wiederholt die Elemente entsprechend oft und schreibt {A, A, A, A, A, B, B, C, D, R, R}.

6. Relationen

Eine Relation zwischen zwei Mengen A und B ist eine Teilmenge des kartesischen Produktes $A \times B$ = {(a, b)| $a \in A$ und $b \in B$}: $R \subseteq A \times B$.

<u>Beispiel.</u> Wenn A={Markus, Johannes, Lilly, Marie} und B={Helmut, Conni, Daniela}, dann ist *befreundet*={(Markus, Helmut), (Johannes, Daniela), (Lilly, Conni), (Lilly, Daniela), (Marie, Helmut), (Marie, Daniela)} eine Relation.

<u>Schreibweise.</u> Meist verwendet man die Infixschreibweise für Relationen, d.h. statt (Lilly, Conni) $\in$ *befreundet* schreibt man „Lilly *befreundet* Conni". Allgemein schreibt man $a\ R\ b$ statt $(a, b) \in R$. Sehr oft findet man spezielle Relationssymbole wie =, <, ≤, ≥, ⊂, ⊆, |, ...

Falls $A=B=M$ gilt, sagen wir, dass die Relation über M definiert ist.

Beispiel. Die zwei folgenden Mengen stellen die Kleiner- bzw. die Gleichheitsrelation auf der Menge $\mathbb{N}$ dar:
< = {(1, 2), (1, 3), (1, 4), (2, 3), (1, 5), (2, 4), ...}
= = {(1, 1), (2, 2), (3, 3), ... }

7. Ordnungen
Definition. Eine Relation R über M heißt:

reflexiv,	wenn für alle $x \in M$ gilt:	$(x, x) \in R$ (oder $x R x$)
irreflexiv,	wenn für alle $x \in M$ gilt:	$(x, x) \notin R$
symmetrisch,	wenn für alle $x, y \in M$ gilt:	$(x, y) \in R \Leftrightarrow (y, x) \in R$
antisymmetrisch,	wenn für alle $x, y \in M$ gilt:	$(x, y) \in R$ und $(y, x) \in R \Rightarrow x = y$
transitiv,	wenn für alle $x, y, z \in M$ gilt:	$(x, y) \in R$ und $(y, z) \in R \Rightarrow (x, z) \in R$
total,	wenn für alle $x, y \in M$ gilt:	$x \neq y \Rightarrow (x, y) \in R$ oder $(y, x) \in R$

Definition. Eine reflexive, transitive und symmetrische Relation heißt Äquivalenzrelation. Beispiel. Die *Kongruenz*-Relation in der Geometrie und in der elementaren Zahlentheorie.

Definition. Eine reflexive, transitive und antisymmetrische Relation heißt Halbordnung oder partielle Ordnung. Beispiel. Die Teilbarkeit der natürlichen Zahlen (sehen Sie sich den ersten Satz im fünften Kapitel, Arithmetik und Algebra, an).

Definition. Eine irreflexive, transitive und antisymmetrische Relation heißt strikte Halbordnung. Beispiel. Die Relation „Kleiner" (<) für die natürlichen Zahlen.

8. Funktionen
Definition. Eine Relation $f \subseteq A \times B$ ist eine Funktion, wenn es zu jedem $x \in A$ ein und nur ein $y \in B$ gibt, so dass $x f y$. Statt $f \subseteq A \times B$ schreibt man normalerweise $f: A \to B$ und sagt, dass f eine Funktion von A nach B ist. Für $(x, y) \in f$ oder $x f y$ schreibt man $f(x) = y$ und sagt: „y ist f von x" oder „y wird abgebildet auf f von x". Die Menge A heißt Definitionsbereich, Domain oder Urbildbereich. Die Menge B heißt Wertebereich, Zielmenge oder Bildbereich.

Definition. Eine partielle Funktion ist eine Relation $g \subseteq A \times B$, wenn es zu jedem $x \in A$ höchstens ein $y \in B$ gibt, so dass $x g y$. Eine partielle Funktion ist dann keine Funktion im mathematischen Sinne (man könnte sie durch Einengung des Definitionsbereichs aber dazu machen), wenn es in A Elemente gibt, die nicht mit Elementen aus B in Re-

4 Mengen und Relationen

lation stehen. Trotzdem verwendet man sie in der Informatik, um mit ihnen zum Beispiel das Verhalten von Programmen zu beschreiben.

<u>Definition.</u> Eine Funktion $f: A \to B$ heißt injektiv, wenn für alle möglichen $x_1, x_2 \in A$ mit $x_1 \neq x_2$ gilt: $f(x_1) \neq f(x_2)$. Anders gesagt: Jedes Element der Zielmenge hat höchstens ein Urbild oder für alle $x_1, x_2 \in A$ mit $f(x_1) = f(x_2)$ folgt $x_1 = x_2$. Sehen Sie sich die Generierung aller injektiven Funktionen $f: \{1, 2, ..., n\} \to \{1, 2, ..., m\}$ mit $m \leq n$ in Kapitel 15 (*Backtracking*), Problem 4 (aufsteigende Türme auf den ersten m Reihen) an.

<u>Definition.</u> Eine Funktion $f: A \to B$ heißt surjektiv, wenn für jedes $y \in B$ ein $x \in A$ existiert, so dass $f(x) = y$. Anders gesagt: Jedes Element des Wertebereichs hat mindestens ein Urbild. Betrachten Sie die Generierung aller surjektiven Funktionen $f: \{1, 2, ..., n\} \to \{1, 2, ..., m\}$ mit $m \geq n$ in Kapitel 15 (*Backtracking*), Problem 7 (Erdkunde-Referate).

<u>Definition.</u> Eine Funktion $f: A \to B$ heißt bijektiv, wenn sie injektiv und surjektiv ist. Anders gesagt: Jedes Element des Wertebereichs hat genau ein Urbild. Schlagen Sie die Generierung aller bijektiven Funktionen $f: \{1, 2, ..., n\} \to \{1, 2, ..., n\}$ in Kapitel 15 (Backtracking), Problem 2 (n Türme) nach.

Aufgaben

1. Es seien die Mengen $A = \{m, m+1, ..., n\}$ und $B = \{k, k+1, ..., p\}$ gegeben, wobei m, n, k und p natürliche Zahlen sind. Berechnen Sie die Anzahl der Teilmengen C von B, die die Bedingung $C \cap A \neq \emptyset$ erfüllen. (G.M. 2/1980, Seite 63, Problem 18116)
2. Bestimmen Sie die Mengen A und B, für die bekannt ist:
$A \cup B = \{a, b, c, 1, 2, 3, 4\}$
$A \cap B = \{c, 1\}$
$A \cap \{2, 3, 4\} = \emptyset$
$\{a, b\} \cap B = \emptyset$
(G. M. 4/1992, Seite 151, Problem 14)
3. Bestimmen Sie die Mengen A, B, und C, die alle diese Bedingungen erfüllen:
$A \cup B \cup C = \{x \mid x \in \mathbb{N}$ und $x < 10\}$
$A \cap B = \emptyset$
$C \subset B$
$A \setminus C = \{1, 3, 7\}$
$B \setminus C = \{5, 9\}$ (G. M. 6/1981, Seite 237, Problem E: 7248)
4. Es seien die folgenden Mengen gegeben:
$A = \{x \mid x \in \mathbb{N}$ und $\frac{3x+2}{x-2} \in \mathbb{Z}\}$ und $B = \{x \mid x \in \mathbb{N}$ und $\frac{5x+7}{x-1} \in \mathbb{N}\}$.
Bestimmen Sie die Mengen $A \cup B$, $A \cap B$ und $A \setminus B$.

(G. M. 7/1981, Seite 274, Problem E: 6953)

5. Gegeben sind die Mengen $A = \left\{ \dfrac{100}{x} \Big| \dfrac{11}{13} < \dfrac{100}{x} < \dfrac{17}{19} ; x \in \mathbb{N}\setminus\{0\} \right\}$ und B. Geben Sie die Elemente von A und B an, wenn für sie gilt:

$B \subset A$ ist nicht wahr;

$A \setminus B = \left\{ \dfrac{100}{112}, \dfrac{100}{113}, \dfrac{100}{114} \right\}$

$B \cup \left\{ \dfrac{100}{113}, \dfrac{100}{114}, \dfrac{100}{119} \right\} = \left\{ \dfrac{100}{113}, \dfrac{100}{114}, \dfrac{100}{115}, ..., \dfrac{100}{119} \right\}$

(G. M. 8/1981, Seite 309, Problem E: 6874)

6. Es seien A, B und C drei Mengen. Beweisen Sie die folgenden Aussagen (bzgl. ihrer symmetrischen Differenz):

$(A \Delta B) \Delta C = A \Delta (B \Delta C)$
$A \Delta \emptyset = \emptyset \Delta A = A$
$A \Delta B = B \Delta A$
$A \Delta A = \emptyset$

7. Beweisen Sie für endliche Mengen A, B, C:

$|A \cup B \cup C| = |A| + |B| + |C| - (|A \cap B| + |A \cap C| + |B \cap C|) + |A \cap B \cap C|$.

8. *Anzahl der möglichen Multimengen.* Gegeben sei eine Menge M mit n Elementen. Zeigen Sie, dass es $\binom{n+k-1}{k}$ Multimengen über M gibt, die k Elemente enthalten.

9. Es sei A die Menge der Menschen in Deutschland. Wir definieren die Funktion $f: A \to \mathbb{R}$ nach dem Gesetz: „$f(x)$ = die Größe der Person x in Zentimeter". Ist f injektiv? Oder surjektiv?

10. Die Funktion $f: \mathbb{N} \to \mathbb{N}$ ist wie folgt definiert:

$$f(n) = \begin{cases} n+1, \text{ wenn } n \text{ gerade} \\ n-1, \text{ wenn } n \text{ ungerade.} \end{cases}$$

Zeigen Sie, dass f bijektiv ist.

11. Die Funktion $f: \mathbb{R} \to \mathbb{R}$ ist wie folgt definiert:

$$f(x) = \begin{cases} 2x, \text{ wenn } x \geq 0 \\ 3x, \text{ wenn } x < 0 \end{cases}$$

Zeigen Sie, dass f bijektiv ist.

4 Mengen und Relationen

Problem 1. Cantor-Diagonalisierung

Mit der Cantor-Diagonalisierung lässt sich zeigen, dass zwei Mengen dieselbe Mächtigkeit haben. Mit diesem Verfahren bewies Georg Cantor, dass die beiden unendlichen Mengen der natürlichen Zahlen und der positiven rationalen Zahlen die gleiche Kardinalität besitzen. Dieser Beweis zählt zu den bekanntesten der modernen Mathematik. Wenn eine Menge dieselbe Mächtigkeit aufweist wie die Menge der natürlichen Zahlen, sagt man, dass diese Menge abzählbar ist. Wir können die positiven rationalen Zahlen so darstellen:

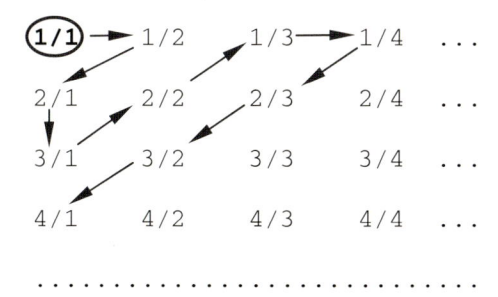

$$
\begin{array}{cccccc}
\boxed{1/1} \rightarrow & 1/2 & 1/3 \rightarrow & 1/4 & \cdots \\
\swarrow & \nearrow & \swarrow & & \\
2/1 & 2/2 & 2/3 & 2/4 & \cdots \\
\downarrow & \nearrow & \swarrow & & \\
3/1 & 3/2 & 3/3 & 3/4 & \cdots \\
\swarrow & & & & \\
4/1 & 4/2 & 4/3 & 4/4 & \cdots \\
\end{array}
$$

....

Wenn man den Pfeilen folgt, ist der erste Term 1/1, der zweite 1/2, der dritte 2/1 usw. Es sei eine Zahl n gegeben ($1 \leq n \leq 444.444.444$), und der n-te Term dieser Anordnung ist gesucht. *Eingabe:* In der Datei *cantor.in* steht in jeder Zeile eine Zahl n. *Ausgabe:* Geben Sie die gesuchten Terme in die Datei *cantor.out* aus. Beispiel:

cantor.in	cantor.out
1	1. Term ist 1/1
3	3. Term ist 2/1
14	14. Term ist 2/4
7	7. Term ist 1/4
10	10. Term ist 4/1
789	789. Term ist 9/32
234561	234561. Term ist 395/291
3217	3217. Term ist 57/24
2000000	2000000. Term ist 1000/1001
3999999	3999999. Term ist 2621/208
200000000	200000000. Term ist 10000/10001
123456789	123456789. Term ist 253/15461
444444444	444444444. Term ist 22053/7762

(ACM, East-Central Regionals, 1993)

Problemanalyse und Entwurf der Lösung

Wir ändern die obige Darstellung. In die erste Zeile schreiben wir den ersten Term 1/1 und in jede folgende Zeile schreiben wir alle Terme, die von je einer diagonalen Pfeilfolge erfasst werden:

Zeile 1: 1/1
Zeile 2: 1/2 2/1
Zeile 3: 3/1 2/2 1/3
Zeile 4: 1/4 2/3 3/2 4/1
Zeile 5: 5/1 4/2 3/3 2/4 1/5

...

In dieser neuen Darstellung werden die Elemente zeilenweise von links nach rechts durchlaufen, und es gilt:
  a) für alle $k \geq 1$ hat die k-te Zeile k Elemente,
  b) die Summe des Zählers und des Nenners jedes Terms in Zeile k ist $k+1$ für alle $k \geq 1$,
  c) ist k eine gerade Zahl, lautet der erste Term der k-ten Zeile $\frac{1}{k}$. Den Zähler und Nenner eines folgenden Terms bestimmt man dadurch, dass man zum Zähler des vorhergehenden Terms 1 addiert und vom Nenner des vorhergehenden Terms 1 subtrahiert,
  d) ist k eine ungerade Zahl, ist $\frac{k}{1}$ der erste Term der k-ten Zeile. Den Zähler und Nenner eines folgenden Terms bestimmt man dadurch, dass man vom Zähler des vorhergehenden Terms 1 abzieht und zum Nenner des vorhergehenden Terms 1 addiert,
  e) der Zähler des n-ten Bruches ist das n-te Glied der Folge:
     1 1 2 3 2 1 1 2 3 4 5 4 3 2 1 ...,
  f) der Nenner des n-ten Bruches ist das n-te Glied der Folge:
     1 2 1 1 2 3 4 3 2 1 1 2 3 4 5 ... .

Ferner folgt auch, dass es auf den ersten k Zeilen $1+2+...+k = \frac{k(k+1)}{2}$ Brüche gibt.

Wenn sich der n-te Term in der Zeile $k+1$ befindet, gilt die Ungleichung:

$$\frac{k(k+1)}{2} < n \leq \frac{(k+1)(k+2)}{2} \quad (1)$$

Summenformel
```
2(1 + 2 + ... + k) =
1 +   2   +...+(k-1)+ k +
k +(k-1)+...+   2   + 1 =
(k+1) + (k+1)+...+(k+1) =
k(k+1)  ⇒
```
$$1+2+...+k = \frac{k(k+1)}{2}$$

Wenn n bekannt ist, bestimmen wir k aus dieser Ungleichung als die kleinste Zahl, für die gilt:

$$2n \leq (k+1)(k+2) \quad (2)$$

equivalent mit:

$$k^2 + 3k + (2 - 2n) \geq 0 \tag{3}$$

Die entsprechende Gleichung zweiten Grades für diese Ungleichung ist

$x^2 + 3x + (2 - 2n) = 0$. Sie hat die Nullstellen $x_{1,2} = \dfrac{-3 \pm \sqrt{8n+1}}{2}$.

Damit lässt sich Formel (3) ändern zu: $\left(k + \dfrac{3 + \sqrt{8n+1}}{2}\right)\left(k - \dfrac{\sqrt{8n+1} - 3}{2}\right) \geq 0 \tag{4}$

Weil der Inhalt der linken Klammer immer positiv ist, ergibt sich für die kleinste natürliche Zahl k, die (4) erfüllt

$$k = \left\lceil \dfrac{\sqrt{8n+1} - 3}{2} \right\rceil \tag{5}$$

wobei $\lceil ... \rceil$ die Aufrundungsfunktion ist, die auch *ceil()* genannt wird. Beispiele: $\lceil 5.23 \rceil = 6$, $\lceil -2.45 \rceil = -2$, $\lceil 5 \rceil = 5$.

Wir befinden uns in Zeile k+1, und die Position m des gesuchten Terms in dieser Zeile ist $n - \dfrac{k(k+1)}{2}$. Je nachdem, ob k+1 gerade oder ungerade ist, lautet der gesuchte Bruch $\dfrac{m}{k+2-m}$ oder $\dfrac{k+2-m}{m}$.

Programm

```
#include <fstream>
#include <cmath>

typedef std::pair<int, int> Fraction;

Fraction* getTerm(unsigned long int n){
  Fraction* f = new Fraction();
  int k, m;
  k = (int)ceil((((sqrt((double)(8*n+1))-3)/2))+1;
  m = n - k*(k-1)/2;
  if(k%2){
    f->first = k + 1 - m;
```

```
      f->second = m;
    }else{
      f->first = m;
      f->second = k + 1 - m;
    };
  return f;
};

int main(){
  unsigned long int n;
  Fraction *f;
  std::ifstream in("cantor.in");
  std::ofstream out("cantor.out");
  while (in && !in.eof() && in >> n){
    f = getTerm(n);
    out << n << ". Term ist "
        << f->first << "/" << f->second << std::endl;
    delete f;
  }
  return 0;
}
```

Aufgaben

1. Sehen Sie sich diese Variante an:

   ```
   ...
   k=1;
   while(n>k){
        n-=k; k++;
   }
   if(0==k%2){
     nr=1; num=k;
     while(n-1){
        nr++; num--; n--;
     }
   }else{
     nr=k; num=1;
     while(n-1){
        nr--; num++; n--;
     }
   }
   ...
   ```

   Ändern Sie das Programm dementsprechend (nr – Zähler, num – Nenner).

2. Schreiben Sie ein Programm für das „umgekehrte" Problem: Ein Term in der Form *p/q* ist gegeben, und Sie müssen seinen Rang in der Folge bestimmen. Beispiel:

4 Mengen und Relationen

cantor1.in	cantor1.out
1/1	1
2/1	3
2/4	14
22053/7762	444444444

3. Eine andere Diagonalisierung ist gegeben.

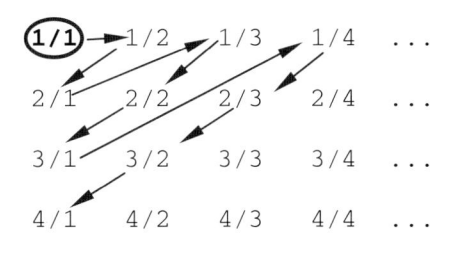

```
(1/1)→ 1/2   1/3   1/4  ...
  ↙  ↗    ↙
 2/1   2/2   2/3   2/4  ...
  ↘  ↙   ↘
 3/1   3/2   3/3   3/4  ...
  ↗
 4/1   4/2   4/3   4/4  ...
```

Bei dieser Reihenfolge ist 1/1 der erste Term, 1/2 der zweite, 2/1 der dritte usw. Modifizieren Sie das Programm.

4. Schreiben Sie ein Programm für das Verfahren aus Aufgabe 3, das die Elemente ausgibt, die auf einer gegebenen Diagonalen (zwischen 1 und 100) liegen (erste Diagonale: 1/1, zweite Diagonale: 1/2 2/1, dritte Diagonale: 3/1 2/2 1/3, ...). Beispiel:

diag.in	diag.out
1	1: 1/1
3	3: 3/1 2/2 1/3

5. Beweisen Sie durch vollständige Induktion, dass $1+2+\ldots+k = \frac{k(k+1)}{2}$ für alle $k \geq 1$ gilt.

6. Cauchy hat die folgende Diagonalisierung vorgestellt:

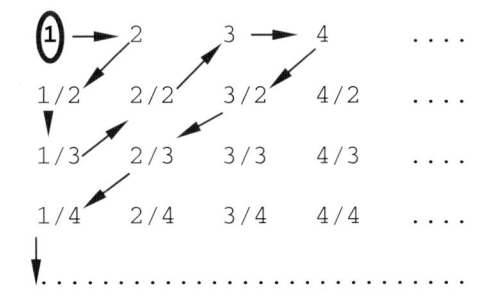

```
(1) → 2    3 → 4       ....
  ↙  ↗  ↙  ↗
 1/2   2/2   3/2   4/2  ....
  ↓  ↗  ↘  ↗
 1/3   2/3   3/3   4/3  ....
     ↙
 1/4   2/4   3/4   4/4  ....
  ↓
```

Entwerfen Sie ein Programm, das den n-ten Cauchy-Term für $1 \leq n \leq 444.444.444$ ausgibt. Beispiel:

cauchy.in	cauchy.out
1	1. Term ist 1
3	3. Term ist 1/2
10	10. Term ist 1/4

7. Schreiben Sie ein Programm für das „umgekehrte" Probem: Ein Cauchy-Term ist gegeben und wir suchen den Rang.
8. Man kann zeigen, dass die Menge der rationalen Zahlen ℚ abzählbar ist, indem man die Cantor-Diagonalisierung wie folgt erweitert. Man beginnt mit 0 und fügt nach jedem regulären Term der Cantor-Diagonalisierung den dazugehörigen negativen Term ein: 0, 1/1, -1/1, 1/2, -1/2, 2/1, -2/1, 3/1, -3/1, 2/2, -2/2, 1/3, -1/3, 1/4, -1/4, ... Schreiben Sie ein Programm, das den n-ten Term ($1 \leq n \leq$ 444.444.444) der erweiterten Diagonalisierung anzeigt. Lösen Sie auch das umgekehrte Problem und finden Sie den Rang einer gegebenen rationalen Zahl in dieser Folge.

Problem 2. Menge und Multimenge

Bestimmen Sie die Menge und die Multimenge der Buchstaben eines gegebenen Textes. *Eingabe:* In der Datei *text.in* befindet sich ein Text, der aus maximal 10.000 Buchstaben besteht. *Ausgabe:* Geben Sie in die Datei *mengen.out* die Menge und die Multimenge der Buchstaben des Textes in Großschreibung aus, wie im Beispiel:

text.in	mengen.out

Wer nichts wagt, der darf nichts hoffen.	Menge:
	  A C D E F G H I N O R S T W
	
	Multimenge:
	  A A C C D D E E E F F G H H H I I N
	  N N O R R R S S T T T W W

(Zitat von Friedrich von Schiller)

Problemanalyse und Entwurf der Lösung:

Um das Problem zu lösen, werden wir die assoziativen Container *set* und *multiset* aus der Standardbibliothek verwenden. Mit Schlüsseln lässt sich schnell auf ihre Elemente zugreifen. Die meisten Operationen für diese beiden Containerklassen besitzen eine logarithmische Komplexität. Schauen Sie sich an, wie der *const_iterator* im Programm angewendet wird. Er bietet sich an, weil der Wert des referenzierten Elements nicht geändert wird.

4 Mengen und Relationen

Programm

```
#include <fstream>
#include <set>

using namespace std;

int main(){
  ifstream in("text.in");
  ofstream out("mengen.out");

  char c;
  set<char> s;
  set<char>::const_iterator sIt;
  multiset<char> m;
  multiset<char>::const_iterator mIt;

  while(!in.eof() && in>>c){
    if(isalpha(c)){
      s.insert(toupper(c));
      m.insert(toupper(c));
    }
  }

  out<<"Menge: "<<endl;
  for(sIt = s.begin(); sIt != s.end(); sIt++)
  out << " " << *sIt;
  out << endl;
  out<<"\nMultimenge: "<<endl;
  for(mIt = m.begin(); mIt != m.end(); mIt++)
  out << " " << *mIt;
  out << endl;
  return 0;
}
```

Aufgaben

1. Ändern Sie die Ausgabe des Programms wie folgt ab:

text1.in	mengen1.out
Wer nichts wagt, der darf nichts hoffen.	Menge: {A, C, D, E, F, G, H, I, N, O, R, S, T, W} Multimenge: {A:2, C:2, D:2, E:3, F:3, G:1, H:3, I:2, N:3, O:1, R:3, S:2, T:3, W:2}

2. Informieren Sie sich in der Hilfe über die assoziativen Container *std::set* und *std::multiset*, ihre Operatoren und Anwendungsbeispiele.
3. Lösen Sie das Problem für Mengen in C mit Bit-Operatoren (Sehen Sie sich dazu auch das Problem 2, Sieb des Eratosthenes, aus dem Kapitel 5, Arithmetik und Algebra, an).
4. Ersetzen Sie im Programm *std::set* und *std::multiset* durch *std:vector<bool>* und *std::bitset*.
5. Nun bilden nicht mehr die Buchstaben, sondern die ganzen Wörter eines Textes die Ausgangsmenge. Passen Sie das Programm an und geben Sie die Wörter lexikographisch aufsteigend aus. Beispiel:

`text2.in`	`mengen2.out`

Es ist Unglueck
sagt die Berechnung
Es ist nichts als Schmerz
sagt die Angst
Es ist aussichtslos
sagt die Einsicht
Es ist was es ist
sagt die Liebe.
	Menge:
	  ALS ANGST AUSSICHTSLOS
	BERECHNUNG DIE EINSICHT ES
	IST LIEBE NICHTS SAGT
	SCHMERZ UNGLUECK WAS
	
	Multimenge:
	  ALS ANGST AUSSICHTSLOS
	BERECHNUNG DIE DIE DIE
	DIE EINSICHT ES ES ES ES
	ES IST IST IST IST IST
	LIEBE NICHTS SAGT SAGT
	SAGT SAGT SCHMERZ UNGLUECK
	WAS

(aus dem Gedicht „Was es ist" von Erich Fried)

6. Gegeben sind zwei Mengen *A* und *B*. Schreiben Sie ein Programm, das prüft, ob *A* eine echte Teilmenge von *B* ist oder umgekehrt. Das Ergebnis dieser Prüfung geben Sie aus, ebenso die Schnitt-, Vereinigungs- und Differenzmenge. Entwerfen Sie verschiedene Programmvarianten, eine in C mit Bit-Operatoren (sehen Sie sich z. B. Problem 2, Sieb des Eratosthenes, in Kapitel 5 an), eine mit *std::set*, eine mit *std::vector<bool>* und eine mit *std::bitset*.

Problem 3. Relation und ihre Eigenschaften

Ein Mathematiker hat eine Relation *R* als Folge von Kleinbuchstaben $a_0, a_1, a_2, \ldots, a_{2n-1}$ mit der Bedeutung, dass $A = \{a_0\} \cup \{a_2\} \cup \{a_4\} \cup \ldots \cup \{a_{2n-2}\}$, $B = \{a_1\} \cup \{a_3\} \cup \ldots \cup \{a_{2n-1}\}$ und $R = \{(a_i, a_{i+1}) | i=0, 2, 4, \ldots, 2n-2\} = \{(a_0, a_1), (a_2, a_3), (a_4, a_5), \ldots, (a_{2n-2}, a_{2n-1})\}$ ist, niedergeschrieben. *Eingabe:* Sie finden die Folge in der Datei *relation.in*. *Ausgabe:* Entwickeln Sie ein Programm, das die Mengen *A* und *B* und die Relation *R* in die Datei *relation.out* schreibt. Wenn *A* und *B* gleich sind, soll außerdem ausgegeben werden, ob die Relation reflexiv, symmetrisch, antisymmetrisch, transitiv oder total ist. Wenn *A* und *B* nicht identisch sind, geben Sie *A* != *B* aus. Beispiel:

4 Mengen und Relationen

relation.in	relation.out

a a b b c c a b
b c a c a d d d
d b
	A:
	  a b c d
	B:
	  a b c d
	R:
	  (a, a)(a, b)(a, c)(a, d)(b, b)(b, c)(c, c)(d, d)(d, b)
	
	-------------------------------- 	
	reflexiv
	nicht symmetrisch
	antisymmetrisch
	nicht transitiv
	total

a a b b c c a b
b c a c a d
	A:
	  a b c
	B:
	  a b c d
	R:
	  (a, a)(a, b)(a, c)(a, d)(b, b)(b, c)(c, c)
	A != B

Problemanalyse und Entwurf der Lösung

Um die Paare aus der Relation zu speichern, verwenden wir den assoziativen Container *std::multimap*, in dem ein Schlüssel mehrmals vorkommen darf.

Wir schreiben die Methode *isInMultimap(multimap<char, char>& m, char f, char s)*, die nur dann *true* zurückliefert, wenn sich das Paar (f, s) in der Multimap m befindet. Das Ergebnis der Methode *find()* ist eine Referenz zum ersten Element mit dem Schlüssel *f* in *m*. Wenn es kein Element mit Schlüssel *f* in *m* gibt, liefert *find()* die Adresse hinter dem letzten Element von *m* zurück (*m.end()*). Solange das erste Element gleich *f* und das zweite nicht gleich *s* ist, bewegen wir uns in *m* eine Position nach rechts. Die boolsche Variable *flag* nimmt den Wert *true* bzw. *false* an, je nachdem, ob das Paar (f, s) gefunden wurde oder nicht.

Die Methode *isReflexive(multimap<char, char>& R, set<char>& M)* liefert *true* zurück, wenn die Relation *R* über der Menge *M* reflexiv ist, und *false*, wenn sie irreflexiv ist. Mit Hilfe des Iterators *mIt* werden alle Elemente der Menge *M* durchlaufen und für jedes $x \in M$ wird geprüft, ob sich das Paar (x, x) in der Relation *R* befindet:

```
flag=isInMultimap(R, *mIt, *mIt);
```

Ähnlich sind die Methoden *isSymmetric()*, *isAntiSymmetric()*, *isTransitive()* und *isTotal()* implementiert, um die entsprechenden Eigenschaften zu prüfen. Beachten Sie die Verwendung von *const_iterator*. Es ist empfehlenswert *const_iterator* einzusetzen, wenn die Elemente des Containers nicht geändert werden.

Programm

```cpp
#include <fstream>
#include <map>
#include <set>

typedef std::multimap<char, char> TMMap;

bool isInMultimap(TMMap& m, char f, char s){
  TMMap::const_iterator it;
  it = m.find(f);
  while(it!=m.end() && it->second!=s && it->first==f)
    it++;
  if(it==m.end() || it->second!=s) return false;
  return true;
}

bool isReflexive(TMMap& R, std::set<char>& M){
  bool flag = true;
  std::set<char>::const_iterator mIt;
  for(mIt=M.begin(); flag && mIt!=M.end(); mIt++)
    flag=isInMultimap(R, *mIt, *mIt);
  return flag;
}

bool isSymmetric(TMMap& R){
  TMMap::const_iterator rIt;
  bool flag=true;
  for(rIt=R.begin(); flag && rIt!=R.end(); rIt++){
    if(!isInMultimap(R, rIt->second, rIt->first))
      flag = false;
  }
  return flag;
}

bool isAntiSymmetric(TMMap& R){
  TMMap::const_iterator rIt;
  bool flag=true;
  for(rIt=R.begin(); flag && rIt!=R.end(); rIt++){
    if(isInMultimap(R, rIt->second, rIt->first)
       && rIt->first!=rIt->second)
      flag = false;
```

4 Mengen und Relationen

```
  }
  return flag;
}

bool isTransitive(TMMap& R){
  TMMap::const_iterator rIt1, rIt2;
  bool flag=true;
  for(rIt1=R.begin(); flag && rIt1!=R.end(); rIt1++){
    rIt2 = R.find(rIt1->second);
    while(rIt2!=R.end() && flag &&
      rIt2->first==rIt1->second){
        flag = isInMultimap(R, rIt1->first, rIt2->second);
        rIt2++;
    }
  }
  return flag;
}

bool isTotal(TMMap& R, std::set<char>& M){
  std::set<char>::const_iterator mIt1, mIt2;
  bool flag=true;
  for(mIt1=M.begin(); flag && mIt1!=M.end(); mIt1++){
    mIt2 = mIt1; mIt2++;
    while(flag && mIt2!=M.end()){
       flag = isInMultimap(R, *mIt1, *mIt2) ||
         isInMultimap(R, *mIt2, *mIt1);
       mIt2++;
    }
  }
  return flag;
}

int main(){
  typedef std::pair<char, char> TChar_Pair;
  TMMap R;
  TMMap::const_iterator rIt;
  std::set<char> A, B;
  std::set<char>::const_iterator sIt;
  char a, b;
  std::ifstream in("relation.in");
  std::ofstream out("relation.out");
  while(in && !in.eof() && in>>a>>b){
    A.insert(a); B.insert(b);
    R.insert(TChar_Pair(a, b));
  }
  out << "A:" << std::endl;
  for(sIt=A.begin(); sIt!=A.end(); sIt++) out << " " << *sIt;
  out << std::endl << "B:" << std::endl;
```

```
   for(sIt=B.begin(); sIt!=B.end(); sIt++) out << " " << *sIt;
   out << std::endl << "R: " << std::endl;
   for(rIt=R.begin(); rIt!=R.end(); rIt++){
      out << "(" << rIt->first << ", ";
      out << rIt->second << ")";
   }
   if(A!=B){
      out << std::endl << "A != B";
      return 0;
   }
   out << std::endl;
   out << std::endl
       << "-------------------------------------" << std::endl;
   if(isReflexive(R, A)) out<<" reflexiv";
   else out << " nicht reflexiv";
   out << std::endl;
   if(isSymmetric(R)) out<<" symmetrisch";
     else out << " nicht symmetrisch";
   out << std::endl;
   if(isAntiSymmetric(R)) out<<" antisymmetrisch";
      else out << " nicht antisymmetrisch";
   out << std::endl;
   if(isTransitive(R)) out<<" transitiv";
       else out << " nicht transitiv";
   out << std::endl;
   if(isTotal(R, A)) out<<" total";
      else out << " nicht total";
   return 0;
}
```

Aufgaben

1. Schreiben Sie ein C-Programm mit dem Typ *struct* und mit Arrays, das die Aufgabe bewältigt.
2. Lesen Sie in der Hilfe über die Methoden und Anwendungsbeispiele der Klasse *std::multimap*.
3. In Kapitel 7, Kombinatorik, Problem 6, Binomialkoeffizienten und in Kapitel 8, Catalan-Zahlen, Programm 3 wird eine *std::map* benutzt, um die Primfaktorzerlegung einer natürlichen Zahl darzustellen. Sehen Sie sich diese Anwendungen an.
4. Erstellen Sie ein Programm, um zu prüfen, ob eine Relation eine partielle Funktion oder eine Funktion ist. Gegeben sind $m, n \in \mathbb{N}$ und mehrere Paare aus $A \times B$, wobei $A = \{1, 2, ..., m\}$ und $B = \{1, 2, ..., n\}$. Nur wenn die Relation eine Funktion ist (also keine partielle Funktion) sollen Sie zusätzlich bestimmen, ob sie die Eigenschaften injektiv, surjektiv und bijektiv aufweist.

Arithmetik und Algebra

Grundlagen

1. Teilbarkeit. Sind $m \neq 0$ und n ganze Zahlen, so heißt n durch m teilbar, wenn es eine ganze Zahl q mit $n = m \cdot q$ gibt. Gleichbedeutend damit sind Sprechweisen wie: m ist ein Teiler von n, oder: n ist ein Vielfaches von m. Wir schreiben dafür: $m|n$. Wenn n nicht durch m teilbar ist, schreiben wir $m \nmid n$.

Aus der angegebenen Definition der Teilbarkeit in $\mathbb{Z}$ folgen leicht einige Rechenregeln.

<u>Satz 1. Eigenschaften von Teilbarkeit.</u>
- (i) *Für jedes $n \neq 0$ gilt $n|0$ und $n|n$.*
- (ii) *Gilt $m|n$, so auch $-m|n$.*
- (iii) *Für alle n gilt $1|n$.*
- (iv) *Aus $m|n$ und $n \neq 0$ folgt $|m| \leq |n|$.*
- (v) *Aus $n|1$ folgt entweder $n = 1$ oder $n = -1$.*
- (vi) *Aus $m|n$ und $n|m$ folgt entweder $n = m$ oder $n = -m$.*
- (vii) *Aus $q|m$ und $m|n$ folgt $q|n$.*
- (viii) *Für $q \neq 0$ ist $m|n$ äquivalent zu $qm|qn$.*
- (ix) *Gelten $m|n_1$ und $m|n_2$, so auch $m|(q_1 n_1 + q_2 n_2)$ bei beliebigen q_1, q_2.*
- (x) *Gelten $m_1|n_1$ und $m_2|n_2$, so auch $m_1 m_2|n_1 n_2$.*
- (xi) *Gelten $m|n_1+n_2$ und $m|n_1$, so auch $m|n_2$.*

Die Voraussetzung aus der Regel *(vii)* besagt, dass es ganze t_1, t_2 gibt, so dass $m = qt_1$ und $n = mt_2$ gelten. Daraus folgt $n = qt_1 t_2$ und dies bedeutet $q|n$. ❑

2. Primzahlen. Regel *(iv)* des Satzes besagt, dass jedes $n \in \mathbb{N}$ höchstens n verschiedene natürliche Teiler haben kann. Schreibt man $\tau(n)$ für die Anzahl der verschiedenen natürlichen Teiler von $n \in \mathbb{N}$, so ist stets $\tau(n) \leq n$. $\tau()$ bezeichnet die Teilbarkeitsfunktion. Nach Satz 1 *(iii)* ist $\tau(n) \geq 1$ für alle $n \in \mathbb{N}$, insbesondere $\tau(1) = 1$. Kombiniert man die Regeln *(i)* und *(iii)* aus Satz 1, so erhält man $\tau(n) \geq 2$ für jede natürliche Zahl $n \geq 2$.

Definition 1. Eine natürliche Zahl $n \geq 2$ heißt Primzahl, wenn 1 und n ihre einzigen positiven Teiler sind. Ist eine natürliche Zahl $n \geq 2$ nicht Primzahl, so heißt sie zusammengesetzt.

Die Folge der Primzahlen, der Größe nach geordnet, mit ihren ersten 100 Gliedern:

2, 3, 5, 7, 11, 13, 17, 19, 23, 29, 31, 37, 41, 43, 47, 53, 59, 61, 67, 71, 73, 79, 83, 89, 97, 101, 103, 107, 109, 113, 127, 131, 137, 139, 149, 151, 157, 163, 167, 173, 179, 181, 191, 193, 197, 199, 211, 223, 227, 229, 233, 239, 241, 251, 257, 263, 269, 271, 277, 281, 283, 293, 307, 311, 313, 317, 331, 337, 347, 349, 353, 359, 367, 373, 379, 383, 389, 397, 401, 409, 419, 421, 431, 433, 439, 443, 449, 457, 461, 463, 467, 479, 487, 491, 499, 503, 509, 521, 523, 541

Der folgende Algorithmus testet, ob eine gegebene natürliche Zahl eine Primzahl ist.

```
ALGORITHM_TEST_PRIM
  1. Read n ∈ ℕ
  2. isPrim ← (n>1)
  3. For (k←2; isPrim AND k²≤n; step 1) Execute
       If( n mod k = 0) Then
         isPrim ← false
       End_If
     End_For
  4. return isPrim
END_ALGORITHM_TEST_PRIM
```

Satz 2. Es gibt unendlich viele Primzahlen.
Euklids Beweis. Wir nehmen an, die Menge aller Primzahlen $\{p_1, p_2, ..., p_r\}$ sei endlich. Sei $n = 1 + p_1 p_2 ... p_r$ und p ein Primteiler von n. Wenn p mit irgendeinem p_i übereinstimmen würde, wäre es sowohl Teiler von n als auch von $p_1 p_2 ... p_r$. Wegen *(xi)* wäre p aber auch Teiler von 1. Daraus folgt, dass p nicht der Menge $\{p_1, p_2, ..., p_r\}$ angehört. Eine endliche Menge $\{p_1, p_2, ..., p_r\}$ kann also niemals die Menge *aller* Primzahlen sein.❑

In *Das BUCH der Beweise* ([Aig02]) finden Sie sechs schöne Beweise für die Unendlichkeit der Primzahlen.

3. Fundamentalsatz der Arithmetik. Er zeigt die große Bedeutung der Primzahlen für den multiplikativen Aufbau der natürlichen Zahlen.

5 Arithmetik und Algebra

Satz 3. Fundamentalsatz der Arithmetik. Jede von Eins verschiedene natürliche Zahl ist als Produkt endlich vieler Primzahlen darstellbar; diese Darstellung ist eindeutig, wenn man die in ihr vorkommenden Primzahlen der Größe nach ordnet.

Jede Zahl $n \in \mathbb{N}$, $n \geq 2$, lässt sich also eindeutig als Produkt von Primzahlen darstellen:

$$n = \prod_{i=1}^{r} p_i^{e_i} = p_1^{e_1} \cdot p_2^{e_2} \cdot \ldots \cdot p_r^{e_r},$$ wobei die p_i Primzahlen sind und $p_1 < p_2 < \ldots < p_r$ und $e_1, e_2, \ldots, e_r \in \mathbb{N}$ gelten.

Beweise dafür finden Sie z. B. in [Bun98] und in [Ste02].

4. Division mit Rest, ggT und kgV.

<u>Division mit Rest.</u> Zu jedem Paar (a, b) ganzer Zahlen mit $b \neq 0$ existiert genau ein Paar (q, r) ganzer Zahlen, so dass gilt:

$$a = b \cdot q + r \text{ und } 0 \leq r < |b|. \tag{1}$$

Man nennt q bzw. r den *Quotient* bzw. *Rest* der Division von a durch b.

Seien $a_1, a_2, \ldots, a_k \in \mathbb{Z}$, so dass mindestens eine der Zahlen nicht Null ist. Der größte gemeinsame Teiler (engl. *greatest common divisor*) von ihnen ist die größte natürliche Zahl, die alle $a_1, a_2, \ldots, a_k$ teilt:

$$\text{ggT}(a_1, a_2, \ldots, a_k) = \max \{t \in \mathbb{N} \mid t \text{ teilt } a_i \text{ für alle } i=1, 2, \ldots, k\}.$$

Das kleinste gemeinsame Vielfache (engl. *least common multiple*) der Zahlen $a_1, a_2, \ldots, a_k$ ist die kleinste natürliche Zahl, die von allen a_i geteilt wird:

$$\text{kgV}(a_1, a_2, \ldots, a_k) = \min \{t \in \mathbb{N} \mid a_i \text{ teilt } t \text{ für alle } i=1, 2, \ldots, k\}.$$

Euclid

<u>Euklidischer Algorithmus.</u> Nichts von dem, was wir heute über Euklid wissen, basiert auf gesicherten Erkenntnissen. Auch seine Existenz wird gelegentlich in Frage gestellt. Im Allgemeinen wird aber angenommen, dass er ca. 300 v. Christus lebte und ein griechischer Mathematiker war. Größtenteils aus seiner Feder sollen „Die Elemente" stammen, ein aus 13 Büchern bestehendes Werk, das das damalige Wissen der griechischen Mathematik in einer vorbildlichen didaktischen Weise zusammengefasst hat.

Hier der Euklidische Algorithmus, den man im siebten Buch findet:
Seien $a, b \in \mathbb{N}$ mit $a \geq b$ und $a_1 = a$ und $b_1 = b$. Wir definieren die Paare (m_i, r_i), so dass $a_i = m_i b_i + r_i$ mit $0 \leq r_i < b_i$. Für einen beliebigen Index i sei außerdem $a_{i+1} = b_i$ und $b_{i+1} = r_i$. Dann gibt es einen Index k, so dass $r_k = 0$ ist. Für dieses k gilt $\text{ggT}(a, b) = r_{k-1}$. Der Algorithmus in Pseudocode:

> **ALGORITHM_EUKLID**
> 1. Read $a, b \in \mathbb{N}$, $a \geq b > 0$
> 2. $a_1 \leftarrow a$, $b_1 \leftarrow b$, $i \leftarrow 1$
> 1. **While** ($b_i \neq 0$) **Do**
>   3.1. $a_{i+1} \leftarrow b_i$
>   3.2. $b_{i+1} \leftarrow r_i$ ($=a_i \bmod b_i$)
>   3.3. $i \leftarrow i+1$
>   **End_While**
> 4. $\text{ggT}(a, b) = r_{i-1}$
> **END_ALGORITHM_EUKLID**

5. Kongruenzen. Elementare Eigenschaften. Seien $m \neq 0$, a und b ganze Zahlen. Man nennt a kongruent (zu) b modulo m genau dann, wenn $m \mid (a-b)$; man notiert das mit $a \equiv b \pmod{m}$.

Daraus folgen insbesondere:
- i) Reflexivität: $a \equiv a \pmod{m}$,
- ii) Symmetrie: $a \equiv b \pmod{m} \Rightarrow b \equiv a \pmod{m}$,
- iii) Transitivität: $a \equiv b \pmod{m}$, $b \equiv c \pmod{m} \Rightarrow a \equiv c \pmod{m}$.

Durch diese drei Eigenschaften ist eine Äquivalenzrelation definiert. Damit zerlegt die Relation kongruent modulo **m** die Menge $\mathbb{Z}$ in disjunkte Klassen, die sogenannten Restklassen modulo m.

<u>Satz 4. Elementare Eigenschaften der Kongruenz-Relation.</u>
Sind a, b, c, d und $m \neq 0$ ganz, so gilt:
- i) $a \equiv b \pmod{m}$, $c \equiv d \pmod{m}$ $\Rightarrow$ $a + c \equiv b + d \pmod{m}$
- ii) $a \equiv b \pmod{m}$, $c \equiv d \pmod{m}$ $\Rightarrow$ $ac \equiv bd \pmod{m}$
- iii) $a \equiv b \pmod{m}$ $\Rightarrow$ $a^i \equiv b^i \pmod{m}$ für alle $i \in \mathbb{N}$.

5 Arithmetik und Algebra

6. Chinesischer Restsatz. Es gibt eine Vielzahl von antiken mathematischen Problemstellungen, in denen nach Zahlen gesucht wird, für die man durch Division mit anderen Zahlen vorgegebene Reste erhält. Man findet solche Aufgaben zum Beispiel im *Suan-Ching*-Handbuch der Arithmetik des chinesischen Mathematikers Sun-Tzu aus dem dritten Jahrhundert nach Christus und im Buch *Liber abaci*, das Leonardo von Pisa (Fibonacci) im Jahre 1202 schrieb.

Satz 5. Chinesischer Restsatz. Es seien die natürlichen Zahlen $m_1, m_2, ..., m_k$ paarweise teilerfremd und $m = m_1 m_2 ... m_k$ sei ihr kgV. Eine simultane Kongruenz ganzer Zahlen ist ein System von linearen Kongruenzen:

$$x \equiv a_1 \bmod m_1$$
$$x \equiv a_2 \bmod m_2$$
$$...$$
$$x \equiv a_k \bmod m_k$$

Wir wollen alle x bestimmen, die sämtliche Kongruenzen gleichzeitig lösen. Wenn eine Lösung x_0 existiert, dann bilden alle Zahlen x_0+km ($k \in \mathbb{Z}$) die vollständige Lösungsmenge. Beweise findet man z. B. in [For96], [Bun02] oder [Ste02]. Der folgende Algorithmus berechnet den Wert x in $\{0, 1, 2, ..., m-1\}$:

```
ALGORITHM_CHIN_RESTSATZ(a₁...aₖ, m₁...mₖ)
1. M ← m₁ · m₂ · ... · mₖ
2. X ← 0
3. For(i←1; i ≤ k; step 1) Execute
      M₁ ← M div mᵢ
      X  ← X + aᵢ · M₁ · mod_inverse(M₁, mᵢ)
   End_For
4. return (X mod M)
END_ ALGORITHM_CHIN_RESTSATZ(a₁...aₖ, m₁...mₖ)
```

Die Methode *mod_inverse*(M_1, m_i) liefert das Inverse von M_1 modulo m_i, d.h. eine Zahl k mit $k \cdot M_1 \equiv 1 \bmod m_i$. Man erhält k nach Satz 10 als $k = M_1^{\varphi(m_i)-1}$.

Beispiel. Im *Suan-Ching*-Handbuch steht u.a. die folgende Aufgabe: „Wir haben eine gewisse Anzahl von Dingen, wissen aber nicht genau wie viele. Wenn wir sie zu je drei zählen, bleiben zwei übrig. Wenn wir sie zu je fünf zählen, bleiben drei übrig. Wenn wir sie zu je sieben zählen, bleiben zwei übrig. Wieviele Dinge sind es?". Die Aufgabe lässt sich durch dieses simultane Kongruenzsystem lösen:

$$x \equiv 2 \bmod 3$$
$$x \equiv 3 \bmod 5$$
$$x \equiv 2 \bmod 7$$

Die Zahlen 3, 5 und 7 sind paarweise teilerfremd und ihr kgV ist 105. Die eindeutige Lösung in {0, 1, 2, ..., 104} ist 23.

7. Fermatsche Sätze. Pierre de Fermat (1601-1665) war ein erfolgreicher französischer Mathematiker und Jurist. Auf dem Gebiet der Mathematik beschäftigte er sich u.a. mit der Wahrscheinlichkeitsrechnung, der Zahlentheorie und der Variations- und Differentialrechnung. Dabei hat er seine Resultate oft nur in Form von „Denksportaufgaben" – von Problemen ohne Angabe der Lösung – mitgeteilt. Nach Fermat sind unter anderem benannt: *Fermatsches Prinzip* (Variationsprinzip der Optik), *Fermatsche Zahlen* (Zahlen der Form $F_n = 2^{2^n} + 1$), *Fermatscher Zwei-Quadrate-Satz, Kleiner Fermatscher Satz, Fermats Letzter Satz* (*Fermatsche Vermutung* oder *Großer Fermatscher Satz*), *Fermat-Punkt, Faktorisierungsmethode von Fermat*.

Pierre de Fermat (1601-1665)

Satz 6. Kleiner Fermatscher Satz (1640). Es seien a eine ganze Zahl und p eine Primzahl. Dann gilt $a^p \equiv a \bmod p$.

Falls ggT(a, p) = 1 ist, dann kann man das Resultat in der oft verwendeten Form $a^{p-1} \equiv 1 \bmod p$ schreiben.

Satz 7. Fermatscher Zwei-Quadrate-Satz. Jede Primzahl größer als 2 entspricht genau dann der Summe zweier Quadrate, wenn sie in der Form $4n+1$ geschrieben werden kann. In der folgenden Formel sind a und b eindeutig bis auf die Reihenfolge.

$$p = a^2 + b^2 \Leftrightarrow p = 4n + 1$$

Euler war der erste, der diesen Satz bewiesen hat. Die beiden kleinsten Primzahlen mit dieser Eigenschaft sind 5 (= $1^2 + 2^2$) und 13 (= $2^2 + 3^2$).

5 Arithmetik und Algebra

<u>Satz 8. Großer Fermatscher Satz (1637).</u> Die Gleichung $a^n + b^n = c^n$ für ganzzahlige a, b, c ungleich 0 und natürliche Zahlen n größer als 2 besitzt keine Lösungen.

Dieser Satz konnte erst 1994 von den britischen Mathematikern *Andrew Wiles* und *Richard Taylor* bewiesen werden. Ihr Werk wird von der Fachwelt als eines der bedeutendsten der jüngsten Mathematikgeschichte angesehen.

<u>Satz 9. Vier-Quadrate-Satz von Lagrange.</u> Nachdem im Jahre 1621 bereits Bachet vermutete, dass jede natürliche Zahl die Summe von höchstens vier Quadratzahlen ist, kam auch Fermat 1640 zu dieser Annahme. Lagrange konnte schließlich 1770 diesen Satz beweisen. Zusammengefasst:

Für alle $n \in \mathbb{N}$ gibt es $a, b, c, d \in \mathbb{N}$ mit $n = a^2 + b^2 + c^2 + d^2$.

Beispiel. $34 = 2 \cdot 17 = (1^2 + 1^2 + 0^2 + 0^2) \cdot (3^2 + 2^2 + 2^2 + 0^2) = 5^2 + 2^2 + 2^2 + 1^2$.
Es gilt aber auch:
$$34 = 5^2 + 3^2 + 0^2 + 0^2 = 4^2 + 4^2 + 1^2 + 1^2 = 4^2 + 3^2 + 3^2 + 0^2.$$

Der englische Mathematiker Edward Waring (1736-1798) verallgemeinerte diesen Satz wie folgt: Zu jedem natürlichen Exponenten k existiert eine natürliche Zahl g, so dass jede natürliche Zahl als Summe von höchstens g k-ten Potenzen dargestellt werden kann.

$$n = a_1^k + a_2^k + \ldots + a_g^k$$

David Hilbert (1862-1943) konnte 1909 diese Verallgemeinerung beweisen, darum spricht man hier vom „Hilbert-Waring-Theorem".

Für einen bestimmten Exponenten k bezeichne $g(k)$ die kleinstmögliche Zahl g. Es ist $g(1) = 1$. Man braucht vier Quadratzahlen als Summanden, um z. B. die Zahl 7 zu erhalten. Für die Zahl 23 benötigt man 9 Kubikzahlen, und 19 vierte Potenzen sind für 79 nötig. Waring nahm an, dass dies die kleinstmöglichen Ergebnisse waren, also $g(2) = 4$, $g(3) = 9$ und $g(4) = 19$.

Der Vier-Quadrate-Satz zeigt, dass $g(2) = 4$ ist. Arthur Wieferich und A. J. Kempner bewiesen $g(3) = 9$ im Jahre 1912, und 1986 wurde $g(4) = 19$ von R. Balasubramanian, F. Dress und J.-M. Deshouillers belegt.

<u>Satz 10. Satz von Euler (Satz von Euler-Fermat).</u> Er stellt eine Verallgemeinerung des kleinen Fermatschen Satzes dar. Für alle $n \in \mathbb{N}$ mit $n \geq 2$ und $a \in \mathbb{Z} \setminus \{0\}$, die $\gcd(a, n) = 1$ erfüllen, gilt:

$$a^{\varphi(n)} \equiv 1 \bmod n.$$

$\varphi(n)$ bezeichnet die Eulersche φ-Funktion: die Anzahl der natürlichen Zahlen k von 1 bis n, die zu n teilerfremd sind, für die also ggT$(k,n) = 1$ ist.

Beispiel. Wie lautet die letzte Dezimalstelle von 7^{222}, also welche Zahl ist kongruent 7^{222} modulo 10? Lösung: Für $a = 7$ und $n = 10$ gilt ggT(7, 10) = 1 und $\varphi(n) = \varphi(10) = 4$. Der Satz von Euler liefert $7^4 \equiv 1 \bmod 10$, und wir erhalten:

$$7^{222} = 7^{4 \cdot 55 + 2} = \left(7^4\right)^{55} \cdot 7^2 \equiv 1^{55} \cdot 7^2 \equiv 49 \equiv 9 \,(\bmod\, 10).$$

Der Satz von Fermat-Euler wird u.a. in der Kryptographie verwendet, um für das RSA-Verfahren Schlüssel zu generieren.

8. Die Pell'sche Gleichung.

Eine diophantische Gleichung ist eine Gleichung, für die man ganzahlige Lösungen sucht. Die diophantische Gleichung

$$x^2 - dy^2 = 1, \qquad (2)$$

für die d eine natürliche Zahl, jedoch keine Quadratzahl ist, nennt man die Pell'sche Gleichung. Weil man vermutet, dass sich der englische Mathematiker Pell gar nicht mit dieser Gleichung beschäftigt hat, trägt sie ihren Namen wohl zu Unrecht. Sie wurde ursprünglich von P. Fermat vorgestellt. An der Lösung dieser Gleichung haben Wallis und Euler gearbeitet und die komplette Lösung wurde von Lagrange gegeben. Die Gleichung hat unendlich viele Lösungen $(x, y) \in \mathbb{Z} \times \mathbb{Z}$. Wir sehen außerdem, dass sie die trivialen Lösungen $(\pm 1, 0)$ hat.

Satz 11. Wenn (x_0, y_0) die Lösung der Gleichung (2) ist, wobei $x_0 > 0, y_0 > 0$ und y_0 den kleinsten möglichen Wert hat (diese Lösung nennt man auch Fundamentallösung), dann ist die allgemeine Lösung:

$$x + y\sqrt{d} = \pm\left(x_0 + y_0\sqrt{d}\right)^n, n \in \mathbb{Z}. \qquad (3)$$

Den Beweis findet man in [Bun98] oder [For96].

Korollar 1. Wenn x_0 und y_0 die Lösung von (2) mit den obigen Bedingungen ist, und wir mit (x_n, y_n) die Lösung für $n = 1, 2, 3,...$ bezeichnen, dann gelten die folgenden Rekurrenzen:

$$\begin{cases} x_{n+1} = x_0 x_n + d y_0 y_n \\ y_{n+1} = y_0 x_n + x_0 y_n \end{cases} \text{ für alle } n \geq 0 \qquad (4)$$

Beweis. Aus (3) folgt, dass: $x_0 + y_0\sqrt{d} = \dfrac{x_{n+1} + \sqrt{d}\, y_{n+1}}{x_n + \sqrt{d}\, y_n} \Rightarrow$

5 Arithmetik und Algebra

$\Rightarrow x_{n+1} + \sqrt{d}\, y_{n+1} = (x_0 x_n + d y_0 y_n) + \sqrt{d}(x_n y_0 + x_0 y_n)$. Weil d keine Quadratzahl ist, gelangt man zu Formel (4). ❑ Sehen Sie sich Problem 7 (Hausnummer) aus diesem Kapitel.

Die Lagrange'sche Lösungsmethode basiert auf der Kettenbruchentwicklung von $\sqrt{d}$ ([For96]). Die Lösungen der Pell'schen Gleichung hängen eng mit der Einheitengruppe reell-quadratischer Zahlkörper zusammen.

9. Satz von Vieta.

Der Franzose François Vieta (auch Viète, 1540-1603) beschäftigte sich gar nicht professionell mit Mathematik, er war Jurist und Anwalt. Die Könige Heinrich III. und Heinrich IV. nutzten Vieta's Dienste, der verschlüsselte Nachrichten ihrer politischen Gegner lesbar machte. Vieta stellte 1591 für Variablen in der Mathematik lateinische Buchstaben vor, und auch die Zeichen + und − führte er ein. Vorher schrieb man „plus" und „minus".

<u>Satz 12 (Satz von Vieta).</u> Es sei $f = a_0 + a_1 X + \ldots + a_n X^n$ ein Polynom n-ten Grades ($a_n \neq 0$). Wenn $\alpha_1, \alpha_2, \ldots, \alpha_n$ die Wurzeln von f sind, dann gelten:

$$\begin{cases} \alpha_1 + \alpha_2 + \ldots + \alpha_n = -\dfrac{a_{n-1}}{a_n}, \\[4pt] \alpha_1\alpha_2 + \alpha_1\alpha_3 + \ldots + \alpha_1\alpha_n + \ldots + \alpha_{n-1}\alpha_n = \dfrac{a_{n-2}}{a_n}, \\[4pt] \alpha_1\alpha_2\alpha_3 + \alpha_1\alpha_2\alpha_4 + \ldots + \alpha_{n-2}\alpha_{n-1}\alpha_n = -\dfrac{a_{n-3}}{a_n}, \\[4pt] \ldots \\[4pt] \alpha_1\alpha_2\ldots\alpha_k + \alpha_1\alpha_2\ldots\alpha_{k-1}\alpha_{k+1} + \ldots + \alpha_{n-k+1}\alpha_{n-k+2}\ldots\alpha_n = (-1)^k \dfrac{a_{n-k}}{a_n}, \\[4pt] \ldots \\[4pt] \alpha_1\alpha_2\ldots\alpha_n = (-1)^n \dfrac{a_0}{a_n}. \end{cases} \qquad (5)$$

Umgekehrt gilt, dass die komplexen Zahlen $\alpha_1, \alpha_2, \ldots, \alpha_n$ die Wurzeln des Polynoms f sind, wenn sie die Relationen (5) erfüllen.

Bemerkung. In (5) ist die Anzahl der Glieder auf der linken Seite
$$\binom{n}{1}, \binom{n}{2}, \ldots, \binom{n}{k}, \ldots, \binom{n}{n}.$$
Wenn das Polynom f den Grad 2 hat, d. h. $f = a_0 + a_1 X + a_2 X^2$, wird (5) zu

$$\begin{cases} \alpha_1 + \alpha_2 = -\dfrac{a_1}{a_2}, \\ \alpha_1 \alpha_2 = \dfrac{a_0}{a_2}. \end{cases} \quad (6)$$

Ist f von Grad 3, d.h. $f = a_0 + a_1 X + a_2 X^2 + a_3 X^3$, wird (5) zu

$$\begin{cases} \alpha_1 + \alpha_2 + \alpha_3 = -\dfrac{a_2}{a_3}, \\ \alpha_1 \alpha_2 + \alpha_1 \alpha_3 + \alpha_2 \alpha_3 = \dfrac{a_1}{a_3}, \\ \alpha_1 \alpha_2 \alpha_3 = -\dfrac{a_0}{a_3}. \end{cases} \quad (7)$$

<u>Beispiel 1.</u> Es sei das Polynom $f = X^3 - 10X^2 + 29X - 20$ gegeben. Berechnen Sie die Nullstellen α_1, α_2 und α_3 des Polynoms, wenn gilt: $\alpha_1 + \alpha_2 = \alpha_3$.

Lösung: Die Vieta-Relationen für f sind:
$$\begin{cases} \alpha_1 + \alpha_2 + \alpha_3 = 10, \\ \alpha_1 \alpha_2 + \alpha_1 \alpha_3 + \alpha_2 \alpha_3 = 29, \\ \alpha_1 \alpha_2 \alpha_3 = 20. \end{cases} \quad (8)$$

Wenn wir $\alpha_1 + \alpha_2 = \alpha_3$ in der ersten Relation einsetzen, folgt $2\alpha_3 = 10 \Rightarrow \alpha_3 = 5$. Aus den letzten beiden Relationen folgt:
$$\begin{cases} \alpha_1 + \alpha_2 = 5 \\ \alpha_1 \alpha_2 = 4 \end{cases} \quad (9)$$

Damit kommt man zu: $\alpha_1 = 1$ und $\alpha_2 = 4$. □

<u>Satz 13 (Wurzelsatz von Vieta).</u> Man kann jedes Polynom n-ten Grades, dessen Koeffizienten $a_1, a_2, \ldots, a_n$ komplex sind, als Produkt von n Linearfaktoren darstellen:

$$P(x) = a_n x^n + a_{n-1} x^{n-1} + \ldots + a_1 x + a_0 = a_n (x - \alpha_1)(x - \alpha_2) \ldots (x - \alpha_n)$$

5 Arithmetik und Algebra

wobei $\alpha_1, \alpha_2, \ldots, \alpha_n$ die Nullstellen des Polynoms sind.

Bemerkung: Die α_i müssen nicht alle voneinander verschieden sein. Wenn alle Koeffizienten reelle Zahlen sind, können die Nullstellen trotzdem komplex sein.

Aufgaben

1. Zeigen Sie, dass es für jede natürliche Zahl n größer 0 eine Zahl M mit n Ziffern aus 1, 2, 3, 4 oder 5 gibt, die durch 5^n teilbar ist. (G.M. 2/1980, S. 69)
2. Es sei n eine natürliche Zahl ≥ 2. Zeigen Sie, dass $3n$ als Summe dreier aufeinanderfolgender natürlicher Zahlen dargestellt werden kann. (G. M. 3/1980, S. 103)
3. Die Summe zweier natürlicher Zahlen ist 65 und ihr größter gemeinsamer Teiler ist 13. Finden Sie alle Lösungen. (G. M. 9/1991, S. 342).
4. Aus wievielen Ziffern besteht die Zahl $n = 12345\ldots 2003200420052006$? Zählen Sie die Ziffern 0, 1, … 9. (G. M. 9/1991, S. 347, erweitert).
5. Bestimmen Sie die natürlichen Zahlen a, b und c, für die gilt:
   $a \equiv 1 \pmod{c}$
   $b \equiv 1 \pmod{c}$
   $a + b + c = 1352$
   (G. M. 11-12/1991, S. 420, modifiziert)
6. Es seien $a, b \in \mathbb{N}\setminus\{0\}$, $a \neq b$. Zeigen Sie, dass die Zahl $n = 5a^2 + 21b^2$ als Summe dreier Quadratzahlen geschrieben werden kann. (G.M. Iaşi, 11/1992, S. 327). *Hinweis*: Wenn a und b als Summe zweier Quadratzahlen darstellbar sind, so auch ihr Produkt $a \cdot b$.
7. Berechnen Sie $\sqrt{\underbrace{4\ldots 4}_{n-1}3\underbrace{5\ldots 5}_{n-1}6}$ für $n \in \mathbb{N}\setminus\{0\}$. (G.M. Iaşi, 11/1992, S. 336).
8. Es sei $n = \overline{ab} + \overline{ac} + \overline{ba} + \overline{bc} + \overline{ca} + \overline{cb}$, wobei $\overline{xy}$ die Zahl $x \cdot 10 + y$ ist (x, y sind Ziffern, $x \neq 0$).
   a) Zeigen Sie, dass n durch 11 teilbar ist.
   b) Zeigen Sie, dass n dann und nur dann durch 9 teilbar ist, wenn auch $\overline{abc}$ durch 9 teilbar ist.
   c) Bestimmen Sie a, b und c, wenn n eine Quadratzahl ist.
   (G. M. Iaşi, 11/1992, S. 352).
9. Berechnen Sie die Summe $S = 9 + 99 + 999 + \ldots + \underbrace{9\ldots 9}_{2006}$. Wieviele Ziffern 1 beinhaltet S? (G. M. 1/1981, Seite 23)
10. Zeigen Sie für alle $n \in \mathbb{N}$, $n \geq 3$, dass die Ziffern der Zahl 5^{n+1} die letzten Ziffern der Zahl $5^{n+1}(2^n + 1)$ sind.

11. Die Alter eines Vaters, seines Sohnes und seines Enkels sind Primzahlen, und nach fünf Jahren werden es Quadratzahlen sein. Wie alt ist jeder von ihnen jetzt?
12. Zeigen Sie für alle $n \in \mathbb{N}$:
    a) $91\,|\,3^{91}-3$,
    b) $15\,|\,4^{15}-4$,
    c) $42\,|\,n^7-n$
    d) $323\,|\,8^{34}-8^{18}-8^{16}+1$
    e) $37\,|\,1000^n-1$
    f) $n^2\,|\,(n+1)^n-1$
13. Zeigen Sie, dass für jede Primzahl $p>2$ und für alle $a \in \mathbb{Z}$ gilt: $2p\,|\,a^p-a$. Bauen Sie ihre Begründung darauf, dass a^5 und a für alle $a \in \mathbb{Z}$ dieselbe Endziffer haben.
14. Belegen Sie, dass für jede Primzahl $p \neq 41$ gilt: $41\,|\,p^{40}+368$.
15. Zeigen Sie, dass die Zahlen $2n+1$ und $9n+4$ für alle n teilerfremd sind.
16. Bestimmen Sie x für:
    a) $x \equiv 7 \bmod 13$ und $x \equiv 17 \bmod 23$
    b) $x \equiv 100 \bmod 127$ und $x \equiv 102 \bmod 113$
    c) $x \equiv 3 \bmod 7$, $x \equiv 12 \bmod 13$ und $x \equiv 1 \bmod 5$
    d) $x \equiv 7 \bmod 12$, $x \equiv 12 \bmod 19$ und $x \equiv 19 \bmod 23$
    e) $x \equiv 1 \bmod 2$, $x \equiv 2 \bmod 3$, $x \equiv 3 \bmod 5$, $x \equiv 4 \bmod 7$, $x \equiv 5 \bmod 11$, $x \equiv 6 \bmod 13$.
17. Die Gleichung $x^4+3x^3+6x^2+ax+4=0$ hat die Nullstellen $\alpha_1, \alpha_2, \alpha_3$ und α_4. Bestimmen Sie a so, dass $\alpha_1 = \dfrac{1}{\alpha_2}+\dfrac{1}{\alpha_3}+\dfrac{1}{\alpha_4}$ ist. (2 Lösungen)
18. Finden Sie die letzte Ziffer der Zahlen: 2156^{43}, 425^{21}, 5234^{129} und $17^{80}+12^{60}$.
19. Verwenden Sie den Fundamentalsatz der Arithmetik, um den größten gemeinsamen Teiler und das kleinste gemeinsame Vielfache der folgenden Zahlen zu berechnen:
    a) 27, 24 und 15 b) 24, 48, 64 und 192 c) 325, 526, 169 und 1014.
20. Finden Sie eine natürliche Zahl, die genau 15 Teiler hat und deren Primteiler nur 7 und 11 sind.
21. Es sei die Gleichung $x^3+ax^2+bx+c=0$ mit den Nullstellen α_1, α_2 und α_3 gegeben. Bestimmen die zweite Gleichung mit den Nullstellen $\beta_1, \beta_2,$ und β_3, so dass:
    a) $\beta_1 = 3\alpha_1+\alpha_2+\alpha_3$, $\beta_2 = 3\alpha_2+\alpha_1+\alpha_3$, $\beta_3 = 3\alpha_3+\alpha_1+\alpha_2$
    b) $\beta_1 = \dfrac{1}{2}\alpha_1$, $\beta_2 = \dfrac{1}{2}\alpha_2$, $\beta_3 = \dfrac{1}{2}\alpha_3$
    c) $\beta_1 = -\alpha_1+\alpha_2+\alpha_3$, $\beta_2 = -\alpha_2+\alpha_1+\alpha_3$, $\beta_3 = -\alpha_3+\alpha_1+\alpha_2$.
22. Bestimmen Sie λ in der Gleichung $2x^3-4x^2-7x+\lambda=0$, wenn man weiß, dass es zwei Nullstellen mit Summe 1 gibt.

23. Finden Sie eine Relation zwischen p und q, so dass die Nullstellen α_1, α_2 und α_3 der Gleichung $x^3 + px + q = 0$ die Bedingung $\alpha_3 = \dfrac{1}{\alpha_1} + \dfrac{1}{\alpha_2}$ erfüllen. Zeigen Sie, dass die Bedingung für $p=q$ und $p \in \mathbb{R}\setminus\{0\}$ nicht erfüllbar ist.

Problem 1. Primzahltest

Über die Tastatur gibt man eine natürliche Zahl n ($2 \leq n \leq 2.000.000.000$) ein. Zeigen Sie auf dem Bildschirm *prim* oder *zusammengesetzt* an, je nachdem ob die Zahl prim ist oder nicht. Beispiel:

Tastatur	Bildschirm
n = 541	prim
n = 1075	zusammengesetzt
n = 232792561	prim

Problemanalyse und Entwurf der Lösung

Die einzige gerade Primzahl ist 2, deswegen werden wir für alle ungeraden Zahlen, startend mit der 3 bis $\sqrt{n}$, testen, ob sie Teiler von n sind. Wenn ein Teiler gefunden wurde, dann setzen wir die boolsche Variable *isPrim* auf *false*.

Programm

```cpp
#include <iostream>

int main(){
  unsigned long long n, i;
  bool isPrim=true;
  std::cout << "n = ";
  std::cin  >> n;
  if(n>2 && 0==n%2) isPrim=false;
  for(i=3; isPrim && i*i<=n; i+=2)
    if(0==n%i) isPrim=false;
  if(isPrim) std::cout<<"prim";
  else std::cout<<"zusammengesetzt";
  return 0;
}
```

Aufgaben

1. Ändern Sie den Algorithmus im obigen Programm so ab, dass nicht mehr berücksichtigt wird, dass die 2 die einzige gerade Primzahl ist. Schreiben Sie ein neues Programm, das Zufallszahlen generiert und für jede Zahl mit beiden

Algorithmen prüft, ob sie prim ist. Addieren Sie die Laufzeiten für jeden Algorithmus und geben Sie am Ende die beiden Summen aus.

2. Die binäre bzw. starke Goldbachsche Vermutung stammt von dem Mathematiker Christian Goldbach (1690-1764): Jede gerade Zahl größer als 2 kann als Summe zweier Primzahlen geschrieben werden. Es wird allgemein angenommen, dass die Vermutung richtig ist. Oliveira und Silva überprüften sie 2005 für alle Zahlen bis $2 \cdot 10^{17}$. Aufgrund der statistischen Verteilung der Anzahl der Summen glaubt man, dass die Goldbachsche Vermutung wahr ist: Je größer die gerade Zahl ist, desto wahrscheinlicher ist es, dass es mehrere solcher Summen gibt. Im Bild stellt die x-Achse die geraden natürlichen Zahlen dar und die y-Achse die Anzahl der Summen zweier Primzahlen für die jeweile Zahl der x-Achse.

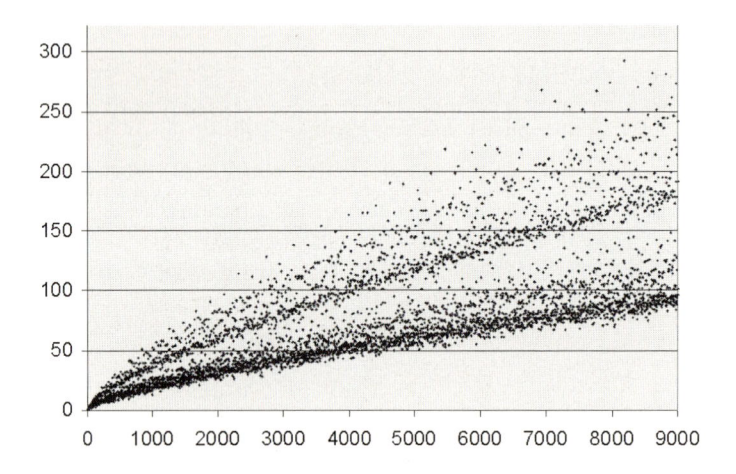

Schreiben Sie ein Programm, das für eine Menge gerader natürlichen Zahlen zwischen 2 und 9.000.000 alle geordneten Möglichkeiten findet, jede Zahl als Summe zweier Primzahlen zu schreiben, wie im Beispiel:

zahlen.in	goldbach.out
12 82	12 = 5 + 7 Anzahl der Summen: 1 82 = 3 + 79 82 = 11 + 71 82 = 23 + 59 82 = 29 + 53 82 = 41 + 41 Anzahl der Summen: 5

5 Arithmetik und Algebra

Problem 2. Sieb des Eratosthenes

Das „Sieb des Eratosthenes" ist ein äußerst bekanntes Verfahren zur Ermittlung von Primzahlen. Der griechische Mathematiker Eratosthenes von Kyrene (ca. 275-194 v.Chr.) entwickelte diesen Algorithmus. Wie der Name andeutet, werden aus den natürlichen Zahlen diejenigen ausgesiebt, die nicht prim sind. Durch das Sieb fallen zuerst alle Vielfachen der Zahl 2, in den nächsten Schritten scheiden die Vielfachen der übrig gebliebenen Zahlen 3, 5, 7... aus. Da Primzahlen keine Vielfachen anderer Zahlen sein können, findet man sie schließlich im Sieb.

Schreiben Sie ein Programm, das auf diese Art und Weise für mehrere natürliche Zahlen zwischen 2 und 5.000.000 überprüft, ob sie Primzahlen sind. Zwei Primzahlen p_1 und p_2 heißen Primzahlzwillinge, wenn $|p_1 - p_2| = 2$ ist. Erweitern Sie das Programm so, dass auch alle Primzahlzwillinge ausgegeben werden und am Ende auch deren Anzahl, wie im Beispiel:

`zahlen.in`	`prim.out`
| 123 345 12 101　　　　　　　　　　　　　　　　　　　　　　 <br> 43 284563 17 <br> 1006123 <br> 5000000 1021 | ```
     123 -- zusammengesetzt
     345 -- zusammengesetzt
      12 -- zusammengesetzt
     101 -- prim
      43 -- prim
  284563 -- zusammengesetzt
      17 -- prim
 1006123 -- prim
 5000000 -- zusammengesetzt
    1021 -- prim

Zwillinge:
       3        5
       5        7
      11       13
...
 2149991  2149993
...
 4999781  4999783
 4999961  4999963
Anzahl Zwillinge im Intervall [1 - 5000000]: 32463
``` |
```

Problemanalyse und Entwurf der Lösung

Wir müssen für 5.000.000 Zahlen die Information verwalten, ob sie Primzahlen sind. Naiv könnten wir z. B. eine Variable *char v*[5.000.000] deklarieren und für jede Zahl $k <$ 5.000.000 festlegen: k ist eine Primzahl, wenn $v[k]=$'P' und keine Primzahl, wenn $v[k]=$'N'. Das benötigt pro Zahl 8 Bits. Es ist aber genug, wenn wir für eine Zahl ein Bit verwenden, und so bietet es sich an, aufeinanderfolgende Bits anzuwenden. Dies wird so intern in C++ bei *std::bitset* oder *std::vector<bool>* gemacht. In C gibt es diesen Typ nicht, und wir machen es explizit.

Wir werden eine Abbildung von den natürlichen Zahlen zu dem Array *sieve*[] mit Elementen des Typs *unsigned long* konstruieren. Weil $8 \cdot sizeof(unsigned\ long)$ die Anzahl der Bits beim Datentyp *unsigned long* ist, folgt, dass wir in einem solchen Element für $8 \cdot sizeof(unsigned\ long)$ natürliche Zahlen speichern können, ob sie Primzahlen sind: 0 bedeutet prim, 1 zusammengesetzt. Es sei $DIM = 8 \cdot sizeof(unsigned\ long)$. Die Information, ob eine natürliche Zahl n prim ist oder nicht, befindet sich in *sieve*[n/DIM]. In diesem Element *sieve*[n/DIM] gibt das $(n\ \%\ DIM)$-te Bit an, ob n eine Primzahl ist.

sieve[0]			sieve[1]			...	sieve[k]					...
b_0	...	b_{dim-1}	b_0	...	b_{dim-1}	...	b_0	...	b_j	...	b_{dim-1}	...

Für eine natürliche Zahl n ist also der Index k des Arrays gleich (n div DIM) und die Position j des Primalitätbits ist (n mod DIM). Die Primalitätsangabe im k-ten Element des Arrays an Position j bezieht sich auf die Zahl $n=k*DIM+j$.

Wir schreiben die Methode *isOne(UL* v, UL pos)*, die testet, ob an der Position *pos* im Bitvektor *v* eine 1 steht. Dazu verschiebt sie *v[pos/DIM]* um *pos/DIM* Stellen nach rechts und liefert das Resultat von *(v[pos/DIM]>>(pos%DIM))&1* zurück - das ist das niederwertigste Bit der Zahl *v[pos/DIM]>>(pos%DIM)*.

Die Methode *setOne(UL* v, UL pos)* setzt das *pos*-te Bit im Bitvektor *v* auf 1. Wir wenden den Bit-Operator OR (|) auf das entsprechende Element *v[pos/DIM]* mit der Bitmaske *1<<(pos%DIM)* an, in der nur an der Position *pos%DIM* eine 1 steht, alle anderen Positionen enthalten 0. Damit wird das *pos*-te Bit in *v* auf 1 gesetzt.

Die Primzahlen werden mit der Methode *doSieve(UL* sieve)* bestimmt. Sie setzt die Primalitätsbits aller Vielfachen einer Primzahl i im Array *sieve*[] auf 1, indem sie die Bits $i*j$ für alle $j \geq 2$, $j \in \mathbb{N}$ durchläuft.
Hier eine C-Variante mit Bit-Operatoren.

5 Arithmetik und Algebra

Programm in C

```c
#include <stdio.h>
#include <memory.h>

#define MAXSIZE 5000000
#define DIM (sizeof(unsigned long)*8)

typedef unsigned long UL;

int isOne(UL* v, UL pos){
  return
    (v[pos/DIM]>>(pos%DIM))&1;
}

void setOne(UL* v, UL pos){
  v[pos/DIM] |= (1<<(pos%DIM));
}

void doSieve(UL* sieve){
  UL i, j;
  for(i=2; i*i<=MAXSIZE; i++){
    if(!isOne(sieve, i)){
      j=2;
      while(i*j<=MAXSIZE){
        setOne(sieve, i*j);
        j++;
      }
    }
  }
}

int main(){
  FILE *fin, *fout;
  UL n, cont=0;
  UL sieve[MAXSIZE/DIM+1];
  fin  = fopen("zahlen.in", "r");
  fout = fopen("prim.out", "w");
  memset(sieve, (UL)0, sizeof(sieve));
  doSieve(sieve);
  while(fscanf(fin, "%d", &n)==1){
    fprintf(fout, "%8d", n );
    if(!isOne(sieve, n)) fprintf(fout, "  -- prim\n");
    else fprintf(fout, "  -- zussamengesetzt\n");
  }
  fprintf(fout, "\n zwillinge:\n");
  for(n=3; n<MAXSIZE-1; n+=2)
  if(!isOne(sieve, n) && !isOne(sieve, n+2)){
```

```
        fprintf(fout, "%8d %8d\n", n, n+2);
        cont++;
    }
    fprintf(fout, "Anzahl Zwillinge in Interval [1 - %8d]: %6d",
            MAXSIZE, cont);
    fclose(fin); fclose(fout);
    return 0;
}
```

In C++ könnte man den Typ *vector<bool>* oder *bitset* benutzen. Eine *vector<bool>*-Implementierung folgt. Die Ausgabe der Primzahlzwillinge ist eine Übung für Sie.

Programm in C++

```
#include <fstream>
#include <vector>

#define MAXSIZE 5000000

using namespace std;
int main(int numArgs,char* args[]){
    unsigned long i, j, n;
    vector<bool> sieve(MAXSIZE+1, true);
    ifstream fin("zahlen.in");
    ofstream fout("prim.out");
    for(i=2; i*i<=MAXSIZE; i++)
        if(sieve[i]){
            j=2;
            while(i*j<=MAXSIZE){
                sieve[i*j]=false;
                j++;
            }
        }
    while(fin && !fin.eof() && fin>>n)
    if(sieve[n]) fout << n << "   -- prim\n";
        else fout<< n <<"   -- zussamengesetzt\n";
    return 0;
}
```

Aufgaben

1. Die geraden Zahlen größer als 2 sind keine Primzahlen. Verwenden Sie diese Eigenschaft für eine effizientere Kompaktierung und modifizieren Sie die beiden Programme entsprechend.
2. Schreiben Sie die zweite Implementierung mit Hilfe des Typs *std::bitset* anstelle von *vector<bool>*.

3. Erweitern Sie das zweite Programm um die Ausgabe der Primzahlzwillinge.
4. Messen Sie mit der Methode *time()* aus der Bibliothek *ctime* die Laufzeit, um das Array *sieve[]* im C- und *std::vector<bool> sieve* im C++-Programm aufzubauen.

Problem 3. Druck einer Broschüre

Wir wollen eine Broschüre aus Blättern erstellen, die wir in der Mitte falten. Ein Blatt wird vorne und hinten mit je zwei Seiten Text bedruckt. Die Reihenfolge beim Ausdruck kann deshalb nicht Seite 1, 2, 3, ... sein. Zum Beispiel druckt man eine 7-seitige Broschüre so:

Blatt 1		Blatt 2	
vorne	*hinten*	*vorne*	*hinten*
1	2 7	6 3	4 5

Unsere Aufgabe ist es, ein Programm zu entwickeln, das als Eingabe die Anzahl der Seiten einer Broschüre erwartet und die richtige Verteilung der Seiten auf die Blätter ausgibt. *Eingabe:* In der Datei *broschuere.in* befinden sich mehrere natürliche Zahlen n aus dem Intervall [1, 220], die die Anzahl der Seiten darstellen. *Ausgabe:* In *broschuere.out* werden die Informationen für den Ausdruck geschrieben, wie im Beispiel:

broschuere.in	broschuere.out

7
18
4
1
	Anordnung fuer 7 Seiten:
	  Seite 1 vorne: leer, 1
	  Seite 1 hinten: 2, 7
	  Seite 2 vorne: 6, 3
	  Seite 2 hinten: 4, 5
	
	Anordnung fuer 18 Seiten:
	  Seite 1 vorne: leer, 1
	  Seite 1 hinten: 2, leer
	  Seite 2 vorne: 18, 3
	  Seite 2 hinten: 4, 17
	  Seite 3 vorne: 16, 5
	  Seite 3 hinten: 6, 15
	  Seite 4 vorne: 14, 7
	  Seite 4 hinten: 8, 13
	  Seite 5 vorne: 12, 9
	  Seite 5 hinten: 10, 11

Anordnung fuer 4 Seiten:
  Seite 1 vorne: 4, 1
  Seite 1 hinten: 2, 3
 	
Anordnung fuer 1 Seiten:
  Seite 1 vorne: leer, 1
  Seite 1 hinten: leer, leer

(ACM, South Central USA Regional, 1998)

Problemanalyse und Entwurf der Lösung

Wir nehmen an, dass n ein Vielfaches von 4 ist. Dann braucht man $nP = (n \ div \ 4)$ Blätter. Sie werden wie folgt aufgefüllt:

Blatt 1	Blatt 2	...	Blatt i	...	Blatt nP
Vorne: n 1 Hinten: 2 n-1	Vorne: n-2 3 Hinten: 4 n-3		$k \leftarrow 2\cdot(i-1)$ Vorne: n-k k+1 Hinten: k+2 n-k-1		...

Im allgemeinen Fall, wenn n eine beliebige natürliche Zahl ist, ist die Anzahl der Blätter $\left\lceil \dfrac{n}{4} \right\rceil$ (die kleinste natürliche Zahl größer oder gleich $\dfrac{n}{4}$). Das folgende Programm verwendet die obigen Formeln zur Seitenverteilung und arbeitet mit 1, 2, ..., $4 \cdot \left\lceil \dfrac{n}{4} \right\rceil$

Seiten, also evtl. mehr, als durch n gegeben sind. Wenn am Ende die Seitenzahl größer n ist, dann wird „leer" geschrieben.

Programm

```
#include <fstream>

int main(){
  short n, i, k, T, nrPages;
  std::ifstream in("broschuere.in");
  std::ofstream out("broschuere.out");
  while(in && !in.eof() && in>>n){
    out<<"\nAnordnung fuer " << n << " Seiten: \n";
    T=n;
    while(n%4) n++;
    nrPages=n/4;
    for(i=1; i<=nrPages; i++){
      k=2*(i-1);
      out<<" Seite "<<i<<" vorne:    ";
      if(n-k>T) out<<"leer, ";
```

```
        else out<<n-k<<", ";
        out<<k+1<<std::endl;
        out<<" Seite "<<i<<" hinten:   ";
        if(k+2>T) out<<"leer, ";
        else out<<k+2<<", ";
        if(n-k-1>T) out<<"leer";
        else out<<n-k-1;
        out<<std::endl;
      }
    }
    return 0;
}
```

Aufgabe

Schreiben Sie einen rekursiven Algorithmus dafür.

Problem 4. Primzahlen und Teiler

Es sei eine Primzahl $n<10000$ gegeben. Finden Sie die kleinste natürliche Zahl, die genau n Teiler hat. Beispiel:

n.in	zahlen.out
7	7
53	64
103	
1811	53
	4503599627370496
	103
	5070602400912917605986812821504
	1811
	7316310894257173336105226703157725047184108692325276126176595659667004752621862775415140551698044931849572182743647992083097803969988586372719454426927721089282416450598166525556522119422407282136400374208919310661242220320552655567161694220784848280537785012685735724023274209830237503086310834447710543604349606621093905226099062798332427977684214972586594568498044607057167367710172697858586351939949162785228340153126177584457189056960665261000375545256968137739434169524364918893368899994863380321924202450118993846707668027387118063347302471180633473024

Problemanalyse und Entwurf der Lösung

Wenn $p_1^{a_1} \cdot p_2^{a_2} \cdot ... \cdot p_k^{a_k}$ die Primfaktorzerlegung einer beliebigen natürlichen Zahl ist, dann hat diese Zahl $(a_1+1)\cdot(a_2+1)\cdot...\cdot(a_k+1)$ Teiler. Weil in unserem Fall die Anzahl der Teiler eine Primzahl ist, folgt, dass sie die Form (a_1+1) hat. Deswegen ist die kleinste Zahl, die genau n Teiler hat, 2^{n-1}.

Als kleine Zusatzaufgabe wollen wir die Anzahl k der Ziffern von 2^n berechnen:

$$10^{k-1} \leq 2^n < 10^k \tag{1}$$

Durch Logarithmieren erhält man:

$(k-1)\ln 10 \leq n \ln 2 < k \ln 10$ (2)

1. $\ln a^x = x \ln a$
2. $\ln(a \cdot b) = \ln a + \ln b$
3. $\ln \dfrac{a}{b} = \ln a - \ln b$
4. $\ln 1 = 0$

Und daraus folgt:

$$k = \left\lfloor \frac{n \ln 2}{\ln 10} \right\rfloor + 1 \tag{3}$$

Das Programm dafür:

```cpp
#include <iostream>
#include <cmath>

int main(){
  int n;
  std::cout<<"n= "; std::cin>>n;
  std::cout << "NoDigits(2^" << n
    << ") = " << (floor)(n*log(2.)/log(10.))+1;
  return 0;
}
```

Zum Beispiel ist 1506 die Anzahl der Ziffern von 2^{5000}. Transformieren Sie, als kleine Übung, die Formel (3) und das Programm so, dass der Logarithmus zur Basis 10 (dekadischer Logarithmus) verwendet wird.

Wir müssen also die Multiplikation von 2 mit einer großen Zahl implementieren. Wir schreiben die Methode *doMul2()*, die 2 mit einer „großen Zahl" multipliziert. Die Ziffern dieser Zahl sind als *std::vector a* in umgekehrter Reihenfolge gespeichert: $a[0]$ Einerstelle, $a[1]$ Zehnerstelle usw.

Programm

```
#include <fstream>
#include <vector>

using namespace std;
int doMul2(vector<short>& a){
  int aux, t = 0;
  int i, k=(int)a.size()-1;
  for(i=0; i<=k; i++){
    aux = t+a[i]*2;
    a[i] = aux%10;
    t    = aux/10;
  }
  if(t) a.push_back(t);
  return 1;
}

void write(vector<short>& a, ofstream& out){
  for(int i=(int)a.size()-1; i>=0; i--)
    out << a[i];
}

int main(){
  vector<short> a;
  int n, i;
  ifstream in("n.in");
  ofstream out("zahlen.out");
  while(in && !in.eof() && in>>n){
    a.clear();
    a.push_back(1);
    for(i=1; i<n; i++)
      doMul2(a);
    out<<n<<endl;
    write(a, out);
    out<<endl<<endl;
  }
  return 0;
}
```

Aufgaben

1. Schreiben Sie auf dem Papier den Vektor a für $2^{52} = 4503599627370496$ und die Schritte der Methode *doMul2()*, um 2^{53} zu berechnen.
2. Ändern Sie das Programm so, dass bei jedem Schritt anstatt mit 2 mit 8 multipliziert wird ($2^n = 2^{3 \cdot q + r} = 8^q \cdot 2^r$). Ersetzen Sie die Methode *doMul2()* durch *doMulDigit()*, die so im Hauptprogramm aufgerufen wird:

```
    q=(n-1)/3; r=(n-1)%3;
    for(i=0; i<q; i++)
        doMulDigit(a, 8);
    for(i=0; i<r; i++)
        doMulDigit(a, 2);
```

3. Nehmen Sie den allgemeinen Fall des Problems an, wenn n keine Primzahl ist. Entwickeln Sie ein Programm, das für eine gegebene natürliche Zahl n mit $1 \leq n \leq 5000$ die kleinste natürliche Zahl findet, die genau n Teiler hat.
4. Beweisen Sie, dass die Anzahl der Ziffern einer natürlichen Zahl N gleich $\lfloor \log_{10} N \rfloor + 1$ ist.
5. Schreiben Sie ein Programm, das die Anzahl der Teiler einer gegebenen natürlichen Zahl n (n passt in den Typ *unsigned long long*) liefert. Implementieren Sie mindestens zwei verschiedene Methoden dafür.

Problem 5. Der alte Gärtner

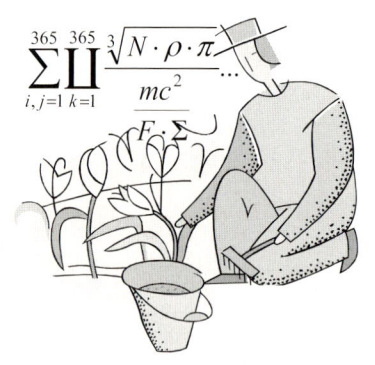

In einem alten Haus an der Stadtgrenze wohnt ein alter Gärtner. Er hat zwei Leidenschaften, Mathematik und Pflanzen. Über Jahre hinweg hat er viel über verschiedene Pflanzensorten gelesen und hat nun einen wundersamen Trank hergestellt, mit dem er seine Pflanzen täglich gießt. Nach mühsamen Berechnungen kennt der Gärtner jetzt die Anzahl der Tassen, mit denen er seine zehn großen, exotischen Pflanzen jeden Tag gießen sollte. Seine Kalkulation ist wie folgt: Alle Tage eines Jahres nummeriert er mit 1 bis 365 (Schaltjahre berücksichtigt er nicht) und seine Pflanzen mit 0 bis 9. Er benennt die Tage mit n ($1 \leq n \leq 365$) und die Pflanzen mit k ($0 \leq k \leq 9$). Am Tag n bewässert er die Pflanze k mit so vielen Tassen, wie die Ziffer k in der Dezimaldarstellung von $n!$ vorkommt.

Aufgabe: Es sei eine natürliche Zahl n gegeben. Schreiben Sie ein Programm, das das entsprechende Datum dieses Tages berechnet und ebenso die Anzahl der Tassen, mit denen man jede der zehn Pflanzen gießen muss.

Eingabe: In der Datei *gaertner.in* steht die Zahl n. *Ausgabe:* Geben Sie das Datum in *datum.out* und den Gießplan in *pflanzen.out* aus. Beispiel:

gaertner.in	datum.out	pflanzen.out
93	3. April	Pflanze 0: 32
		Pflanze 1: 16
		Pflanze 2: 17

5 Arithmetik und Algebra

	Pflanze 3: 12
	Pflanze 4: 12
	Pflanze 5: 14
	Pflanze 6: 11
	Pflanze 7: 12
	Pflanze 8: 12
	Pflanze 9: 7

Bemerkung:
93! = 1156772507081641574759205162306240436214753229576413535186142281213246807121467315215203289516844845303838996289387078090752000000000000000000000

Problemanalyse und Entwurf der Lösung

Die Methode *doMulM(short* a, int &k, int m)* multipliziert eine Zahl, deren Ziffern in einem Array *a[]* der Größe *k* umgekehrt gespeichert sind, mit einer natürlichen Zahl *m* (simuliert die Multiplikation mit einer Ziffer). Beim Aufruf dieser Methode werden *a[]* und *k* überschrieben, so dass das neue *a[]* das Produkt des alten *a[]* mit der Zahl *m* beinhaltet und die Arraygröße *k* aktualisiert wird. In der Methode stellt die Variable *t* den Übertrag dar. Mit Hilfe dieser Variablen wird das Array *a[0..k]* aktualisiert, und so lange der Übertrag $t \neq 0$ ist, wird *k* inkrementiert und *a[k]* bestimmt. Die Methode *makeFreq(int n, short day[])* füllt das Array *day[0..9]* mit der jeweiligen Anzahl der Ziffern 0..9 im Wert *n!*. Innerhalb von *makeFreq()* wird zuerst für *i* von 1 bis *n* doMulM(a, k, i) aufgerufen und im Schritt *i* wird in *a[]* der Wert *i!* gespeichert. Danach werden die Werte *day[0], day[1], ..., day[9]* berechnet.

Die Methode *report(int n, short day[], std::ofstream& fDate, std::ofstream& fPlants)* schreibt die Ergebnisse für die gegebene Zahl *n* in die Ausgabedateien. Sie macht von den globalen Variablen *month[][]* (die Namen der Monate) und *m[]* (die Anzahl der Tage jedes Monats) Gebrauch.

Nun wollen wir die Anzahl *k* der Ziffern für *n!* berechnen. Es gilt:

$$10^{k-1} \leq n! < 10^k \qquad (1)$$

Durch Logarithmieren (wir verwenden hier den dekadischen Logarithmus) folgt:

$\lg 10^{k-1} \leq \lg n! < \lg 10^k \iff$
$(k-1)\lg 10 \leq \lg 2 + \lg 3 + ... + \lg n < k \lg 10 \iff$
$k - 1 \leq \lg 2 + \lg 3 + ... + \lg n < k \qquad (2)$

1. $\lg a^x = x \lg a$
2. $\lg(a \cdot b) = \lg a + \lg b$
3. $\lg \dfrac{a}{b} = \lg a - \lg b$
4. $\lg 1 = 0, \lg 10 = 1$

Aus dieser Ungleichung folgt:

104   Algorithmen und Problemlösungen mit C++

$$k = \lfloor \lg 2 + \lg 3 + ... + \lg n \rfloor + 1 \qquad (3)$$

Hier das Programm, das die Anzahl der Ziffern von *n!* berechnet:

```
#include <iostream>
#include <cmath>

int main(){
  double t=0;
  int i, n;
  std::cout<<"n= ";
  std::cin>>n;
  for(i=2; i<=n; i++) t+= log10((double)i);
  std::cout << "NoDigits(" << n << ") = "
    << floor(t)+1;
  return 0;
}
```

Daraus sehen wir, dass 365! aus 779 Ziffern besteht, und wir werden das Array *a*[] mit 779 Elementen deklarieren.

Programm

```
#include <fstream>

FILE *fin, *foutplante, *foutdata ;

const char month[12][15] = {"Januar","Februar","Maerz","April",
"Mai","Juni","Juli","August","September",
                    "Oktober", "November","Dezember"};

const int m[12] = {31,28,31,30,31,30,31,31,30,31,30,31};

void doMulM(short* a, int &k, int m){
  int t=0;
  int i, aux;
  for(i=0; i<=k; i++){
    aux = t + a[i]*m;
    a[i] = aux % 10;
    t = aux / 10;
  }
  while(t){
    a[++k] = t%10;
    t /= 10;
```

5 Arithmetik und Algebra

```
    }
}

void makeFreq(int n, short day[]){
    int i, k;
    short a[779];
    k=0;
    a[k]=1;
    for(i=1; i<=n; i++) doMulM(a, k, i);
    for(i=0; i<10; i++) day[i]=0;
    for(i=0; i<=k; i++) day[a[i]]++;
}

void report(int n, short day[], std::ofstream& fDate,
    std::ofstream& fPlants){
    int i=0;
    int aux=n;
    while(aux>m[i]){
        aux -= m[i];
        i++;
    }
    fDate << aux << ". "<< month[i];
    for(i=0;i<10;i++)
        fPlants << "Pflanze " << i << ": " << day[i] << std::endl;
}

int main(){
    int n=0;
    short day[10];
    std::ifstream fin("gaertner.in");
    std::ofstream foutDate("datum.out");
    std::ofstream foutPlants("pflanzen.out");
    if(fin && !fin.eof()) fin>>n;
    makeFreq(n, day);
    report(n, day, foutDate, foutPlants);
    return 0;
}
```

Aufgaben

1. Modifizieren Sie das Programm so, dass für *a* ein *std::vector* verwendet wird und für *day*[] ein *std::map* (die Schlüssel sind 0 bis 9 und die Werte entsprechen der Anzahl der jeweiligen Tassen).
2. Erweitern Sie das Programm so, dass man auch das Jahr eingeben kann. Auch Schaltjahre sind nun erlaubt. *Bemerkung:* Ein Jahr ist ein Schaltjahr, wenn die Jahreszahl entweder ein Vielfaches von 4 aber nicht von 100 ist, oder ein Viel-

faches von 400 ist. Zum Beispiel sind 1997 und 1900 keine Schaltjahre, aber 1992 und 1600 schon.

3. Schreiben Sie ein Programm, das bei gegebenem Datum die Zahl *n* und die Anzahl der Tassen für jede der zehn Pflanzen findet.

Problem 6. Kätzchen in Hüten

Eine Katze muss ein schmutziges Zimmer sauber machen. Aber anstatt die Arbeit selbst zu erledigen, beauftragt sie damit ihre Helferkatzen. Diese Helferkatzen befinden sich in ihrem Hut, und jede Helferkatze hat eventuell auch einen Hut mit eigenen Helferkatzen, an die sie die Arbeit delegieren kann. Die kleinsten Katzen haben jedoch keinen Hut, und an ihnen bleibt die Arbeit hängen. Die Anzahl der Katzen in jedem Hut ist konstant *N*. Die Größe der Katzen in einem Hut ist das $\frac{1}{N+1}$-fache der Größe der Katze, in deren Hut sie zu Hause sind. Alle Größen sind positive ganze Zahlen und die kleinsten Katzen haben die Größe 1. Wir kennen die Größe der ersten Katze und die Anzahl der arbeitenden Katzen und müssen die Anzahl der nicht arbeitenden Katzen und die Summe der Größen aller Katzen finden.

Eingabe: In der Datei *katzen.in* befinden sich mehrere Eingabefälle, in jeder Zeile zwei Zahlen, die für die Größe der ersten Katze und die Anzahl der fleißigen Katzen stehen.

Ausgabe: Schreiben sie in die Datei *katzen.out* eine Zeile mit zwei Werten: die Anzahl der faulen Katzen und die Summe der Größen aller Katzen. Wenn es keine Lösung gibt, dann geben Sie „*Es gibt keine Loesung.*" aus. Beispiel:

katzen.in	katzen.out
216 125	31 671
64 27	13 175
232 809	Es gibt keine Loesung.
2401 1296	259 9031
5764801 1679616	335923 30275911
6 5	1 11
1 1	0 1
2 1	1 3
16 1	4 31
1024 243	121 3367
1024 1	10 2047

(ACM, Internet Programming Contest, 1991)

5 Arithmetik und Algebra

Problemanalyse und Entwurf der Lösung

Wir notieren mit H die Größe der ersten Katze, mit W die Anzahl der arbeitenden Katzen und mit N die Anzahl der Katzen in jedem Hut. Dann ist die Anzahl der Katzen, die in jedem Schritt aus dem Hut/den Hüten kommen:

1 – Erste Katze
N – Schritt 1
N^2 – Schritt 2
...
N^p - Schritt p

Das heißt, dass am Ende so viele Katzen aktiv sind:

$$W = N^p \tag{1}$$

Die Größe der Katzen entwickelt sich so:

H – Erste Katze

$\dfrac{H}{N+1}$ – Schritt 1

$\dfrac{H}{(N+1)^2}$ – Schritt 2

...

$\dfrac{H}{(N+1)^p}$ – Schritt p

Weil die Größe einer arbeitenden Katze 1 ist, folgt aus Schritt p:

$$(N+1)^p = H \tag{2}$$

Um die Gleichungen (1) und (2) lösen zu können, müssen wir die Werte N und p finden, die beide Gleichungen erfüllen.

Wir schreiben die Methode *giveP(long int n, long int &t)*, die die größte mögliche Zahl p und das kleinste mögliche t zurückliefert, so dass $n = t^p$. Die Vorgehensweise ist wie folgt: Zuerst wird die Primfaktorzerlegung von n berechnet (im Vektor b stehen die Basen und im Vektor a die ensprechenden Potenzen). Die „gemeinsame Potenz" ist der größte gemeinsame Teiler g aller Potenzen. Sie wird anschließend berechnet, und die Faktoren werden angepasst:

$$n = b_1^{a_1} \cdot b_2^{a_2} \cdot \ldots \cdot b_k^{a_k} = \left(b_1^{a_1/g} \cdot b_2^{a_2/g} \cdot \ldots \cdot b_k^{a_k/g}\right)^g \Rightarrow t = b_1^{a_1/g} \cdot b_2^{a_2/g} \cdot \ldots \cdot b_k^{a_k/g}$$

Im Hauptprogramm werden wir diese Methode zweimal aufrufen:

```
p1 = giveP(H, k1);
p2 = giveP(W, k2);
```

Damit erhalten wir $H = k_1^{p_1}, W = k_2^{p_2}$. Wenn $p_1 = p_2$ und $k_1 = k_2 + 1$, dann haben wir das Problem fast gelöst: $p = p_1, N = k_2$.

Für das erste Beispiel (H=216, W=125) errechnen sich $k_1 = 6, p_1 = 3$ und $k_2 = 5, p_2 = 3$. Wegen $p_1 = p_2$ können wir direkt mit der Berechnung der gewünschten Werte fortfahren. Für das zweite Beispiel haben wir aber eine andere Situation: $H = 64, W = 27$. Wir erhalten $k_1 = 2, p_1 = 6$ und $k_2 = 3, p_2 = 3$. Wenn wir die Werte k_1, p_1 weiter anpassen, bekommen wir $k_1 = 4, p_1 = 3$. Diese Ergebnisse erfüllen unser obiges System (1) und (2): $p_1 = p_2$ und $k_1 = k_2 + 1$. Um solche Fälle zu lösen, bestimmen wir p als den größten gemeinsamen Teiler von p_1 und p_2, und weiter werden k_1 und k_2 angepasst: k_1 wird $k_1^{p_1/p}$, k_2 wird $k_2^{p_2/p}$.

Wenn wir N (=k_2), N+1 (=k_1) und p (=p_1=p_2) gefunden haben, fahren wir mit der Berechnung der gewünschten Werte fort. Die Anzahl der nicht arbeitenden Katzen ist

$$1 + N + N^2 + \ldots + N^{p-1} = \frac{N^p - 1}{N - 1} \qquad (3)$$

und wird im Programm *(pow(k2, p1)-1)/(k2-1)* sein.

Die Summe der Größen aller Katzen ist:

$$H + N \cdot \frac{H}{N+1} + N^2 \cdot \frac{H}{(N+1)^2} + \ldots + N^p \cdot \frac{H}{(N+1)^p} =$$

$$= H\left(1 + \frac{N}{N+1} + \left(\frac{N}{N+1}\right)^2 + \ldots + \left(\frac{N}{N+1}\right)^p\right) =$$

$$= H \cdot \frac{(N+1)^{p+1} - N^{p+1}}{(N+1)^p} =$$

Berechnung der Summe einer **Geometrischen Reihe**.
Es seien a_k die Glieder einer Geometrischen Folge:

$$a_k = a_0 q^k \text{ für alle } k \geq 1.$$

Dann ist die Summe der ersten n Glieder:

$$s_n = \sum_{k=0}^{n-1} a_k = a_0 \cdot \frac{1 - q^n}{1 - q}$$

5 Arithmetik und Algebra

$$= H \cdot (N+1) - H \cdot \frac{N^{p+1}}{(N+1)^p} \qquad (4)$$

Formel (4) im Programm: *H*k1-H/pow(k1, p1)*pow(k2, p1+1)*.

Programm

```
#include <fstream>
#include <vector>

long int gCD(long int a, long int b){
  long int r;
  if(a<b) std::swap(a, b);
  while(b!=0){
    r=a%b;
    a=b;
    b=r;
  }
  return a;
}
```

Euklidischer Algorithmus
1. $a_1 \leftarrow a$, $b_1 \leftarrow b$, $i \leftarrow 1$
2. **While** ($b_i \neq 0$) **Do**
   2.1. $a_{i+1} \leftarrow b_i$
   2.2. $b_{i+1} \leftarrow r_i$ (=a_i **mod** b_i)
   2.3. $i \leftarrow i+1$
   End_While
3. ggT(a, b) = r_{i-1}

```
long int pow(long int b, long int e){
  long int res = 1;
  while(e){
    if(e%2) res *= b;
    e /= 2;
    b *= b;
  }
  return res;
}
```

Schnelles Potenzieren ($O(\log n)$, wobei n der Exponent ist)
1. $e = e_0 + e_1 \cdot 2 + e_2 \cdot 2^2 + ... + e_r \cdot 2^r$
   mit $e_0, e_1, ..., e_r \in \{0, 1\}$ (Darstellung von e im Binärsystem)
2. $e = e_0 + 2 \cdot (e_1 + 2 \cdot (e_2 + 2 \cdot (... + 2(e_{r-1} + 2 \cdot e_r))...))$
3. $b^e = (...(((b^{e_r})^2 \cdot b^{e_{r-1}})^2 \cdot b^{e_{r-2}})^2 \cdot b^{e_{r-3}}) \cdot ...)^2 \cdot b^{e_0}$
4. In jedem Schritt quadriert man das Zwischenergebnis und multipliziert es danach mit 1 bzw. *b*, je nachdem, ob e_i gleich 0 oder 1 ist.

```
long int giveP(long int n, long int &t){
  long int p, i = 2, k=0;
  std::vector<int> a, b;
  while(n-1 && i<=n){
    p=0;
    if(n%i==0){
      b.push_back(i);
      while(n%i==0 && n-1){p++; n/=i;}
      a.push_back(p);
    }
    i++;
  }
```

```cpp
    long int g = a[0];
    t = 1;
    for(i=1; i<(int)a.size(); i++) g = gCD(g, a[i]);
    for(i=0; i<(int)a.size(); i++) t*=pow(b[i], a[i]/g);
    return g;
}

int main(){
    long int H, W, p1, p2, k1, k2;
    long int nr, p;
    std::ifstream fin("katzen.in");
    std::ofstream fout("katzen.out");
    while(fin && !fin.eof() && fin>>H>>W){
        if(1==W){
            p1 = 0; nr = H;
            while(H>1){p1++; H/=2; nr +=H;}
            H==1 ? fout << p1 << " " << nr << std::endl :
                   fout << "Es gibt keine Loesung.\n";
        }
        else
            if(1==H-W)
                fout << "1 " << H+W << std::endl;
            else{
                p1 = giveP(H, k1);
                p2 = giveP(W, k2);
                if(p1 && p2 && p1-p2) {
                    p = gCD(p1, p2);
                    if(p1>p){
                        k1=pow(k1, p1/p);
                        p1=p;
                    }
                    if(p2>p){
                        k2=pow(k2, p2/p);
                        p2=p;
                    }
                }
                if(p1-p2 || k1-k2-1 != 0)
                    fout << "Es gibt keine Loesung.\n";
                else{
                    nr = (pow(k2, p1)-1)/(k2-1);
                    fout << nr << " ";
                    nr = H*k1-H/pow(k1, p1)*pow(k2, p1+1);
                    fout << nr << std::endl;
                }
            }
    }
    return 0;
}
```

Eine zweite Lösung wäre der Einsatz einer *Brute-Force*-Suche nach den Werten N und p, die die Gleichungen (1) und (2) erfüllen. Dann brauchen wir die *gCD()*- und *giveP()*-Methode nicht mehr, und der zweite *else*-Block im Hauptprogramm wird zu:

```
else{
  bool flag=false;
  long int p, np=1;
  for(long int N=2; N*N<=W; N++){
     p=(long int)(log((double)W)/log((double)N)+10e-6);
   if(pow(N, p)==W && pow(N+1, p)==H){
      cout << (pow(N, p)-1)/(N-1) << " "
         << H*(N+1)-H/pow(N+1, p)*pow(N, p+1) << std::endl;
      flag=true;
    }
  }
  if(!flag) cout<<"Es gibt keine Loesung.\n";
}
```

Für alle möglichen N berechnet man den Wert p:

$N^p = W \Rightarrow p \lg N = \lg W \Rightarrow p = \dfrac{\lg W}{\lg N}$. Wenn $N^p = W$ und $(N+1)^p = H$, bestimmen wir die gesuchten Werte mit $\dfrac{N^p - 1}{N - 1}$ und $H \cdot (N+1) - \dfrac{H \cdot N^{p+1}}{(N+1)^p}$.

Aufgaben

1. Passen Sie das ganze Programm an die zweite Methode an.
2. Modifizieren Sie die Methode *giveP()* so, dass man anstelle der beiden Vektoren *a* und *b* eine Variable des Typs *std::map* verwendet, um die Primfaktorzerlegung einer natürlichen Zahl zu speichern (die Schlüssel sind die Primzahlen; die Potenzen sind die entsprechenden Werte; siehe auch Problem 6 im Kapitel Kombinatorik).
3. Sehen Sie sich den Code für den Fall **W**=1:
   ```
   if(1==W){
       p1 = 0;
       nr = H;
       while(H>1){p1++; H/=2; nr +=H;}
       H==1 ? fout << p1 << " " << nr << std::endl :
              fout << "Es gibt keine Loesung.\n";
   }
   ```
   Beweisen Sie, dass in diesem Fall die Anzahl der faulen Katzen p1 und die Summe der Gößen aller Katzen nr korrekt berechnet sind. Zeigen Sie auch, dass die Anzahl der faulen Katzen *log(H)/log*(2) und die Summe der Größen

aller Katzen 2*H*-1 ist. Ersetzen Sie im Programm den entsprechenden Code durch die folgende Variante:

```
if(1==W) {
    p = (long int)(log((double)H)/log(2.)+10e-5);
    if((long int)pow(2.0, p)==H) {
       std::cout << p << " " << 2*H-1 <<  std::endl;
    } else {
       std::cout<<"Es gibt keine Loesung.\n";
    }
}
```

Problem 7. Hausnummer

Billy wohnt in einer Straße, die nur auf einer Seite mit Häusern besiedelt ist. Deswegen sind die Häuser auch, mit 1 beginnend, aufsteigend durchnummeriert. Jeden Abend geht er mit seinem Hund Gassi. Dabei geht er entweder die Straße bis zu ihrem Anfang oder bis zu ihrem Ende entlang. Eines Abends hat er die Hausnummern auf seinem Weg bis zum Anfang der Straße addiert und tags darauf tat er das gleiche auf dem Weg zum Ende der Straße (seine Hausnummer zählte er nicht mit) und beide Summen waren gleich. Billy erkennt, dass die Anzahl der Häuser in seiner Straße und seine eigene Hausnummer ein besonderes Zahlenpaar darstellen, denn für die meisten Straßen gibt es kein solches Paar (dabei geht es natürlich um die Anzahl der Häuser in der Straße). Schreiben Sie ein Programm, das die ersten 12 dieser speziellen Paare berechnet und in die Datei *paare.out* ausgibt, wie im Beispiel:

paare.out	
6	8
35	49
...	

(*ACM, New Zealand Contest, 1990*)

Problemanalyse und Entwurf der Lösung

Es sei *n* Billys Hausnummer und *m* die Anzahl der Häuser in der Straße. Es soll gelten:

5 Arithmetik und Algebra

$1+2+\ldots+(n-1) = (n+1)+(n+2)+\ldots+m \Leftrightarrow$

$$\Leftrightarrow \frac{n(n-1)}{2} = \frac{m(m+1)}{2} - \frac{n(n+1)}{2} \Leftrightarrow 2n^2 = m(m+1) \tag{1}$$

Wenn wir die Notation $n = \frac{y}{2}$ und $m - \frac{x-1}{2}$ verwenden, dann folgt:

$$x^2 - 2y^2 = 1 \tag{2}$$

und das ist die *Pell'sche Gleichung* mit d=2.
Wir betrachten die *Pell'sche Gleichung*

$$x^2 - dy^2 = 1. \tag{3}$$

Die Theorie hierzu ist oben beschrieben (Abschnitt 8 in den Grundlagen, Satz 11).

In unserem Fall werden die Paare (x, y) mit den folgenden Beziehungen berechnet (vgl. Korollar 1 zu Satz 11 oben):

$$x_0 = 3, y_0 = 2$$
$$x_{n+1} = 3x_n + 4y_n$$
$$y_{n+1} = 2x_n + 3y_n$$

Programm

```
#include <fstream>

int main(){
  unsigned long long x, y, xn, yn;
  std::ofstream fout("paare.out");
  x=3; y=2;
  for(short i=0; i<12; i++){
    xn=3*x+4*y;
    yn=3*y+2*x;
    y=yn; x=xn;
    fout.width(15);
    fout<<y/2;
    fout.width(15);
    fout<<(x-1)/2<<std::endl;
  }
  return 0;
}
```

paare.out:

```
              6              8
             35             49
            204            288
           1189           1681
           6930           9800
          40391          57121
         235416         332928
        1372105        1940449
        7997214       11309768
       46611179       65918161
      271669860      384199200
     1583407981     2239277041
```

Aufgabe

Lösen Sie das Problem durch *Brute-Force*-Suche mit Hilfe der Relation (1).

Problem 8. Korrekte Nachrichten

Um während einer Informationsübetragung in der EDV Fehler zu erkennen, wird meist das *CRC*-Verfahren (*Cyclic Redundancy Check*) eingesetzt. Die Daten werden in kleinen Paketen gesendet, und am Ende jedes Pakets fügt man zusätzliche Informationen (Prüfsummen) ein, die helfen sollen, Übertragungsfehler aufzuspüren.

Die Nachricht (das Paket) ist als eine lange binäre Zahl gegeben. Das erste Byte der Nachricht ist das Byte mit dem höchsten Stellenwert der binären Zahl. Das zweite Nachrichtenbyte hat den zweithöchsten Stellenwert usw. Wenn wir die Nachricht mit *m* bezeichnen, dann müssen wir nun *m2* anstatt *m* übertragen, wobei *m2* die Nachricht *m* und zwei Bytes für die Prüfsumme beinhaltet. Der *CRC*-Wert ist so gewählt, dass die Division von *m2* durch einen bestimmten 16-Bit-Wert *g* (Generatorwert) den Rest 0 ergibt. Dadurch kann der Empfangsprozess prüfen, ob die Nachricht fehlerfrei übertragen wurde. Er dividiert einfach die empfangenen Daten durch *g*. Wenn der Rest 0 ist, nimmt er an, dass die Übetragung korrekt erfolgt ist.

Unsere Aufgabe ist es ein Programm zu implementieren, das den *CRC*-Wert einer zu sendenden Nachricht berechnet. Wir nehmen als Generatorwert *g*=34943. Das Programm wird die Zeilen aus der Eingabedatei lesen und für jede von ihnen den zwei Byte langen *CRC*-Wert berechnen und ihn danach, repräsentiert durch zwei Hexadezimalzahlen, in die Ausgabedatei schreiben. Jede Eingabezeile beinhaltet maximal 1024 *ASCII*-Zeichen. Bemerkung: Jeder ausgegebene *CRC*-Wert liegt zwischen 0 und 34942 (dezimal). *Eingabe*: In der Eingabedatei crc.in finden sich mehrere String-Nachrichten, eine auf jeder Zeile. *Ausgabe*: Schreiben Sie in die Datei *crc.out* für jede Eingabezeile eine Zeile mit den hexadezimal dargestellten Prüfsummen-Bytes, wie im Beispiel:

crc.in	crc.out
Alle meine Froeschlein	5E 4A
Huepfen auf und ab	78 D6
Schrein dabei recht lustig	F BC
Quack, quack, quack, quack, quack.	56 26
------------------------------	27 43
Es ist Unsinn	2C 86
sagt die Vernuft	15 AB
Es ist was es ist	3E E
Sagt die... .	35 C5
------------------------------	27 43

(ACM, New Zealand Contest, 1989, modifiziert)

5 Arithmetik und Algebra

Problemanalyse und Entwurf der Lösung

Eine erste Idee wäre die ganze Nachricht in eine große Zahl zu verwandeln, und danach den Rest aus der Division durch g zu berechnen. Diese Methode geht aber nicht sparsam mit den Ressourcen Zeit und Speicherplatz um. Wir werden die Bitoperatoren für ganze Zahlen verwenden. Wir bestimmen zuerst schrittweise den Rest der ganzen Nachricht geteilt durch g, Zeichen für Zeichen. Wir notieren die Nachricht mit $s_0 s_1 ... s_{i-1} s_i$ und nehmen an, dass *remainder* der Rest von $s_0 s_1 ... s_{i-1}$ geteilt durch g ist. Wir wollen den Rest für $s_0 s_1 ... s_{i-1} s_i$ bestimmen. Weil s_i 8 Bits hat, berechnen wir den Rest für $s_0 s_1 ... s_{i-1} s_i$ so: Zuerst wird *remainder* um 8 Stellen nach links verschoben (Bitoperator <<), dann addieren wir zu *remainder* das Zeichen s_i hinzu und letztendlich erhalten wir den neuen Rest mit Hilfe einer *modulo*-Operation mit g. Wir führen also für jedes Zeichen s_i des gegebenen Strings s aus:

```
remainder <<= 8;
remainder  += s[i];
remainder  %= g;
```

Die so erhaltene Zahl *remainder* wird um 16 Bits nach links geschoben, und wir müssen die beiden CRC-Bytes finden, für die das Sendepaket durch g teilbar wird. Der Code dafür:

```
remainder <<= 16;
remainder  %= g;
if(remainder) remainder = g - remainder;
n1 = remainder >> 8;
n2 = remainder - (n1 << 8);
```

mit den Bedeutungen:
- *remainder* wird um 16 Stellen nach links verschoben
- als Zwischenschritt führen wir die *modulo*-Operation aus
- wenn *remainder* nicht Null ist, dann ist der CRC-Wert das Ergebnis von g − *remainder*
- *n1* stellt das höchstwertige Byte des CRC-Werts dar. Um *n1* zu bestimmen verschiebt man *remainder* um 8 Stellen nach rechts (*remainder >> 8*)
- *n2* stellt das niedrigstwertige Byte dar und man erhält es durch die beschriebene Operation

Im Programm finden Sie folgende Formatierungs-Flags aus der *ios*-Bibliothek: *width* (die Breite der Ausgabe wird auf 2 Stellen gesetzt), *hex* (Hexadezimal) und *uppercase* (Großbuchstaben für *A, B, ..., F*).

Programm

```
#include <fstream>
#include <string>

const unsigned long g=34943;

int main(){
  std::string s;
  int i, n;
  unsigned long remainder, n1, n2;
  std::ifstream fin("crc.in");
  std::ofstream fout("crc.out");
  while(getline(fin, s, '\n')){
    n = (int)s.length();
    remainder = 0;
    for(i=0; i<n; i++){
      remainder <<= 8;
      remainder += s[i];
      remainder %= g;
    }
    remainder <<= 16;
    remainder %= g;
    if(remainder) remainder=g-remainder;
    n1 = remainder >> 8;
    n2 = remainder - (n1 << 8);
    fout.width(2);
    fout<<std::hex<<std::uppercase<<n1<<" ";
    fout.width(2);
    fout<<std::hex<<std::uppercase<<n2<<std::endl;
  }
  return 0;
}
```

Aufgaben

1. Modifizieren Sie das Programm so, dass der String *s* von rechts nach links verarbeitet wird: $s_{n-1}, s_{n-2}, ..., s_1, s_0$.
2. Ändern Sie das Programm so ab, dass der *CRC*-Code für die ganze Eingabedatei ausgegeben wird.

Problem 9. Anzahl der Teiler

In diesem Problem müssen wir die Zahl innerhalb eines Intervalls natürlicher Zahlen finden, die die maximale Anzahl von Teilern hat; falls es mehr als eine Zahl mit dieser Teileranzahl gibt, wählen wir die kleinste. *Eingabe:* In der Eingabedatei *teiler.in* befindet sich in jeder Zeile ein Zahlenpaar, das die Grenzen des Intervalls a und b darstellt ($1 \leq a \leq b \leq 1.000.000.000$ und $0 \leq b - a \leq 10.000$). *Ausgabe:* Schreiben Sie in die Datei *teiler.out* für jedes Intervall eine Zeile mit der (kleinsten) Zahl mit den meisten Teilern, gefolgt von deren Anzahl, wie im Beispiel:

teiler.in	teiler.out
1 10	6 4
1000 1000	1000 16
2000 10000	7560 64
100 590	360 24
999999900 1000000000	999999924 192

(ACM Western European Regional, 1994-1995)

Problemanalyse und Entwurf der Lösung

Wir werden die Methode *numDivisors(unsigned long int n)* schreiben, die die Anzahl der Teiler der natürlichen Zahl n liefert. Wenn die Primfaktorzerlegung für $n = p_1^{a_1} \cdot p_2^{a_2} \cdot \ldots \cdot p_k^{a_k}$ ist, dann ist $(a_1+1) \cdot (a_2+1) \cdot \ldots \cdot (a_k+1)$ die Anzahl der Teiler von n. Weil die einzige gerade Primzahl in dieser Zerlegung nur 2 sein kann, berechnen wir zuerst die Potenz für 2. Danach berechnen wir die Potenzen für die ungeraden Zahlen in n, beginnend mit 3 bis $\sqrt{n}$, und verwenden die Hilfsvariable *alpha* für den Exponenten dieser Potenz (*alpha* wird nur dann positiv sein, wenn j in der *for*-Schleife eine Primzahl ist!). Weil es zwischen $\sqrt{n}+1$ und n höchstens einen Primteiler von n geben kann (wenn es zwei gäbe, wäre ihr Produkt größer als n) steht nach der *for*-Schleife: *if(n>1) p*=2;*.

Im Hauptprogramm werden für jedes Intervall alle enthaltenen Zahlen analysiert und für eine potentielle Lösung werden *nOk* und *numDivisors* gespeichert.

Programm

```
#include <fstream>

unsigned  nrDivisors(unsigned long int n){
  unsigned long int j, p=1, alpha=0;
  while(n%2==0){n /= 2; alpha++;}
  p *= (alpha+1);
  for(j=3; j*j<=n && n!=1; j+=2){
```

```
      alpha = 0;
      while(0==n%j){n/=j;alpha++;}
      p *= (alpha+1);
    }
    if(n>1) p*=2;
    return p;
}

int main(){
  unsigned long int m1,m2;
  unsigned long int j, nOk;
  unsigned aux, nDivisors;
  std::ifstream fin("teiler.in");
  std::ofstream fout("teiler.out");
  while(fin && !fin.eof() && fin>>m1>>m2){
    nOk=m1;
    nDivisors = nrDivisors(nOk);
    for(j=m1+1; j<=m2; j++){
      aux = nrDivisors(j);
      if(aux>nDivisors){
        nOk = j;
        nDivisors = aux;
      }
    }
    fout<<nOk<<" "<<nDivisors<<std::endl;
  }
  return 0;
}
```

Aufgaben

1. Schreiben Sie eine naive Variante für die Methode *nrDivisors()*, die ohne Primfaktorzerlegung arbeitet. Wie ist die Laufzeit in diesem Fall?
2. Die Teilersummenfunktion liefert die Summe aller Teiler einer natürlichen Zahl n: $\sigma(n) = \sum_{\substack{d|n \\ d<n}} d$. Zum Beispiel ist $\sigma(6) = 1+2+3 = 6$. Eine natürliche Zahl n heißt:

    (i) vollkommen (perfekt), falls $\sigma(n) = n$,

    (ii) abundant, falls $\sigma(n) > n$,

    (iii) defizient, falls $\sigma(n) < n$.

Schreiben Sie ein Programm, das die Eigenschaften mehrerer Zahlen anhand dieser Definition bestimmt, wie im Beispiel:

5 Arithmetik und Algebra

zahlen.in	eigenschaft.out
15	15 - defizient
28	28 - vollkommen
6	6 - vollkommen
56	56 - abundant
60000	60000 - abundant
22	22 - defizient
496	496 - vollkommen

3. Zwei Zahlen $m, n \in \mathbb{N}$ mit $m \neq n$ heißen befreundet, falls $\sigma(n) = m, \sigma(m) = n$. Beispiele: 284 und 220, 6368 und 6232. Schreiben Sie ein Programm, das alle befreundeten natürlichen Zahlen aus einem gegebenen Intervall findet. Die Intervallgrenzen werden als *unsigned long long* deklariert. Beispiel:

interval.in	befreundet.out		
5000 20000	(5564, 5020)	(6368, 6232)	(10856, 10744)
	(14595, 12285)	(18416, 17296)	

Problem 10. Datumsverpackung

Wir können eine Jahreszahl (zwischen 0 und 2047) mit 11 Bits, einen Monat mit 4 Bits und einen Tag mit 5 Bits darstellen. Schreiben Sie ein Programm, das ein Datum in einem *unsigned long* in der beschriebenen Form „einpackt". Die resultierenden 20 Bits werden, von links beginnend, mit dem Tag, dem Monat und dem Jahr gefüllt. Schreiben Sie auch eine Methode, die ein gepacktes Datum „auspackt". Beispiel:

datum.in	datum.out
1977 9 12	Gepackt: 413625
2006 2 23	Normal: 12/9/1977
1989 12 22	----------
	Gepackt: 759766
	Normal: 23/2/2006

	Gepackt: 747461
	Normal: 22/12/1989

Problemanalyse und Entwurf der Lösung

Der Typ *unsigned long* könnte auf verschiedenen Betriebssystemen unterschiedlich dargestellt werden, deswegen werden wir das Problem unabhängig davon lösen. Wenn wir mit b die Bitanzahl der Binärdarstellung einer Zahl kennzeichnen, dann ist ihre Form in dieser Darstellung: $a_{b-1}a_{b-2}...a_2a_1a_0$, $a_i \in \{0,1\}$. Um Tag, Monat und Jahr in einem *unsigned long* einzupacken, schreiben wir die Methode *pack(UL year, UL month, UL day, UL &date)*, die die folgenden Schritte ausführt:

1. die Variable *date* wird mit 0 initialisiert;
2. wir verschieben *day* um 15 Bits (Anzahl der Bits von Monat und Jahr) nach links und fügen das Resultat *date* hinzu; d.h. wir haben die Bits $a_{19}a_{18}a_{17}a_{16}a_{15}$ mit dem Tag gefüllt, die restlichen Bits bleiben alle 0.
3. wir verschieben *month* um 11 Bits (Anzahl der Bits eines Jahres) nach links und addieren das Ergebnis zu *date*, d.h. die Bits $a_{14}a_{13}a_{12}a_{11}$ beinhalten nun den Monat;
4. wenn wir *year* zu *date* addieren, werden die Bits $a_{10}...a_0$ mit dem Jahr gefüllt.

Die Methode *unpack()* führt die inversen Operationen aus, um die drei Werte zu extrahieren.

Programm

```
#include <fstream>

typedef unsigned long UL;
void pack(UL year, UL month, UL day, UL &nRez){
  nRez  = day<<15;
  nRez += month<<11;
  nRez += year;
}

void unpack(UL nRez, UL &year, UL &month, UL &day){
  int b    = sizeof(UL)*8;
  day      = nRez>>15;
  month    = nRez<<(b-15)>>(b-4);
  year     = nRez<<(b-11)>>(b-11);
}

int main(){
  UL year, month, day;
  UL  date;
  std::ifstream in("datum.in");
  std::ofstream out("datum.out");
  while(in && !in.eof() && in>>year>>month>>day){
    pack (year, month, day, date );
    out<<"  Gepackt: " << date << std::endl;
    unpack(date, year, month, day);
    out<<"  Normal: "
      <<day<<"/"<<month<<"/"<<year<<std::endl;
```

```
    out<<"-----------"<<std::endl;
  }
  return 0;
}
```

Aufgaben

1. Schreiben Sie die Zwischenergebnisse der beiden Methoden für die drei gegebenen Beispiele auf ein Papier.
2. Erweitern Sie das Programm so, dass auch die Binärdarstellung für das Datum ausgegeben wird. Dabei sollen Tag, Monat und Jahr durch ein Leerzeichen getrennt werden.

Problem 11. Die schöne Marie und der schöne Hans

Der böse Zauberer hat Marie im obersten Zimmer eines hohen Turms eingesperrt. In den Turm kann man durch zwei hintereinander liegende Tore gelangen, ein Tor ist aus Gold und das andere aus Silber. Beide Tore sind verschlossen und der Zauberer hat sie so verhext, dass sie sich nur öffnen lassen, wenn man eine bestimmte Zahl nennt. Die beiden Zahlen kennt nur er.

Der schöne Hans will Marie unbedingt befreien, und er weiß auch, dass ein Tor für immer verschlossen bleibt, wenn er nicht gleich die richtige Zahl ausspricht. Eine Nachtigall hat ihm einen wertvollen Hinweis gegeben: Er müsse in jedem Wald des Landes die Bäume zählen und diese Zahlen miteinander multiplizieren. Die magische Eintrittszahl für das silberne Tor ist dann die Anzahl der Nullen am Ende des Ergebnisses, und durch das goldene Tor kann der schreiten, der die letzte Ziffer des Produktes nennt, die nicht Null ist.

Nach drei Jahren, die Hans und viele seiner Freunde im Land unterwegs waren, haben sie die Anzahl der Bäume aller Wälder ermittelt. Aber immer wenn Hans das Produkt ausrechnet, hat er am Ende ein anderes Resultat. Fehler darf er sich nicht erlauben, deswegen braucht er ein Programm, das richtig rechnet.

Eingabe: In der Datei *marie.in* befinden sich mehrere natürliche Zahlen, jede ist ≥ 1 *und* ≤ 1.000.000. Es gibt maximal 1000 Zahlen.

Ausgabe: Schreiben Sie in die Ausgabedatei *marie.out* eine Nachricht für Hans, wie im Beispiel:

marie.in	marie.out

1000   567   6785403   890
432 125 68 46456 5
45 3686 76854
	NACHRICHT FUER HANS:
	  Geheimzahl Goldtor: 2
	  Geheimzahl Silbertor: 9

Bemerkung: 1000 · 567 · 6785403 · 890 · 432 · 125 · 68 · 46456 · 5 · 45 · 3686 · 76854 =
3723038459707129246204299475**2000000000**

Problemanalyse und Entwurf der Lösung

Es wäre natürlich zeit- und speicherplatzaufwändig, das ganze Produkt zu berechnen, aber wir brauchen das nicht zu tun. Um die Anzahl der Nullen am Ende des Produktes zu erhalten, genügt es, die Potenzen der Primfaktoren 2 und 5 in der Primfaktorzerlegung des Produktes zu kennen. Wir werden dafür zwei Variablen *p2* und *p5* verwenden und für jede gegebene Zahl (die wir in der Variablen *n* speichern) addieren wir die entsprechenden Potenzen zu *p2* und *p5* (diese Potenzen werden durch sukzessives Dividieren von *n* durch 2 bzw. 5 berechnet). Also bleibt für jede gegebene Zahl ein *n* übrig, das weder 2 noch 5 als Teiler hat, d.h. die letzte Ziffer von *n* wird ungerade und nicht 5 sein.

In der Variablen *uc* wird die letzte Ziffer des Produktes dieser Zahlen berechnet, die nicht mehr durch 2 und 5 teilbar sind. Für das aktuelle *n* schreiben wir also: *uc = (short)(uc * (n % 10)) % 10;*. Die Zahl für das Silbertor ist die kleinere der beiden Zahlen *p2* und *p5*.

Wenn am Ende *p5>p2* ist, dann lautet die magische Zahl für das goldene Tor 5 und wenn *p5=p2* ist, verwendet man *uc* zum Eintritt. Wenn *p5<p2* gilt, dann ist die Zahl für das Goldtor die letzte Ziffer des Produktes $uc \cdot 2^{p_2-p_5}$. Eine Potenz von 2 kann nur 2, 4, 8 oder 6 als letzte Ziffer haben. Je nachdem, ob der Rest von (p2-p5)/4 gleich 1, 2, 3 oder 0 ist, wird die magische Zahl für das goldene Tor:

```
switch((p2-p5)%4){
    case 0: uc = (uc * 6)%10; break;
    case 1: uc = (uc * 2)%10; break;
    case 2: uc = (uc * 4)%10; break;
    case 3: uc = (uc * 8)%10; break;
}
```

Programm

```
#include <fstream>

void write(short uc, long int p2, long int p5){
    long int nZ = p2<p5?p2:p5;
    if(p5 > p2)
        uc = 5;
    else if(p5 < p2)
        switch((p2-p5)%4){
            case 0: uc = (uc * 6)%10; break;
            case 1: uc = (uc * 2)%10; break;
            case 2: uc = (uc * 4)%10; break;
            case 3: uc = (uc * 8)%10; break;
        }
    std::ofstream out("marie.out");
```

```
  out<<"NACHRICHT FUER HANS: " << std::endl;
  out<<" Geheimzahl Goldtor:   " <<uc<<std::endl;
  out<<" Geheimzahl Silbertor: " <<nZ<<std::endl;
}

int main(){
  long int p2=0, p5=0, n;
  short uc = 1;
  short a[1000];
  int k;
  k=0; a[k]=1;
  std::ifstream in("marie.in");
  while(in && !in.eof() &&  in>>n){
    while(n%2==0){n /= 2; p2++;}
    while(n%5==0){n /= 5; p5++;}
    uc = (short)(uc * (n % 10)) % 10;
  }
  write(uc, p2, p5);
  return 0;
}
```

Aufgabe

Schreiben Sie auf einem Blatt Papier alle Zwischenergebnisse des Programms für das gegebene Beispiel auf.

Problem 12. Kubische Gleichung

Der *Große Fermatsche Satz* sagt aus, dass es keine Lösung für die Gleichung $a^n + b^n = c^n$ gibt, wenn a, b und c nicht Null und ganzzahlig sind und n eine natürliche Zahl größer 2 ist.

Es gibt aber natürliche Zahlen, die die kubische Gleichung $a^3 = b^3 + c^3 + d^3$ erfüllen, zum Beispiel diese: $12^3 = 6^3 + 8^3 + 10^3$. Schreiben Sie ein Programm, das alle 4-Tupel {a, b, c, d} aus der Menge {1, 2, 3, ..., 100}, die diese Gleichung erfüllen, in die Datei *cubes.out* ausgibt, wie im Beispiel:

cubes.out
6^3 =   3^3 +   4^3 +   5^3
12^3 =   6^3 +   8^3 + 10^3
18^3 =   2^3 + 12^3 + 16^3
...
99^3 = 11^3 + 66^3 + 88^3
100^3 = 16^3 + 68^3 + 88^3
100^3 = 35^3 + 70^3 + 85^3

(ACM, Mid-Central Programming Contest, 1995, modifiziert)

Problemanalyse und Entwurf der Lösung

Am Anfang erheben wir alle natürlichen Zahlen zwischen 1 und 100 in die dritte Potenz und speichern die Ergebnisse im Array *cube*[]. Für alle Paare *a, b* mit $a > b$ und *a, b* $\in$ {2, 3, ..., 100} suchen wir nach den natürlichen Zahlen *c* und *d* mit der Bedingung:

$$a^3 - b^3 = c^3 + d^3$$

Für feste *a* und *b* notieren wir mit *rem* die Differenz $a^3 - b^3$ und suchen dann für ein festes *c* nach *d*, so dass $d^3 = rem - c^3$.

Programm

```cpp
#include <fstream>

int main(){
  int i, a, b, c, d, rem, rem2;
  int cube[101];
  std::ofstream out("cubes.out");
  for(i=0; i<=100; i++) cube[i]=i*i*i;
  for(a=6; a<=100; a++)
    for(b=2; b<a; b++){
      rem=cube[a]-cube[b];
      for(c=b; cube[c]<rem; c++){
        rem2=rem-cube[c];
        for(d=c; cube[d]<=rem2; d++)
          if(cube[d]==rem2){
            out.width(3); out<<a<<"^3 = ";
            out.width(2); out<<b<<"^3 + ";
            out.width(2); out<<c<<"^3 + ";
            out.width(2); out<<d<<"^3\n";
          }
      }
    }
  return 0;
}
```

Aufgabe

Schreiben Sie ein Programm, das für die *n* gegebenen Zahlen $a_1, a_2, ..., a_n$ ($1 \leq n \leq 1000$, $1 \leq a_i \leq 1.000.000.000$) die letzte Ziffer der Summe $a_1^{a_1} + a_2^{a_2} + ... + a_n^{a_n}$ ausgibt.

5 Arithmetik und Algebra

Problem 13. Quadrat einer speziellen Zahl

In der Datei *n2333.in* finden Sie eine mit der Ziffer 2 beginnende Zahl, deren restliche Ziffern 3 sind. Diese Zahl hat mindestens 2 und maximal 5000 Ziffern. Schreiben Sie in die Datei *n2333.out* das Quadrat dieser Zahl. Beispiel:

n2333.in	n2333.out
233333333333333	54444444444444428888888888888889

Problemanalyse und Entwurf der Lösung

Für die kleinsten Eingabezahlen sehen die Quadrate so aus:

$23^2 = 529$

$233^2 = 54289$

$2333^2 = 5442889$

Daraus leiten wir die Annahme $A(n)$ her:

$A(n)$: $\underbrace{23...3}_{n}{}^2 = 54...428...89 = \underbrace{54...4}_{n-1}\underbrace{28...8}_{n-1}9$, für alle $n \geq 1$.

Wir beweisen $A(n)$ durch vollständige Induktion.

Induktionsanfang(IA): $A(1)$ ist wahr, weil $23^2 = 529$.

Induktionsvoraussetzung(IV): $A(k)$: $\underbrace{23...3}_{k}{}^2 = \underbrace{54...4}_{k-1}\underbrace{28...8}_{k-1}9$ ist wahr.

Induktionsschluss (IS): Wir müssen darlegen, dass auch $A(k+1)$ wahr ist.

$\underbrace{23...3}_{k+1}{}^2 = (\underbrace{23...3}_{k} \cdot 10 + 3)^2 = \underbrace{54...4}_{k-1}\underbrace{28...8}_{k-1}900 + 60 \cdot \underbrace{23...3}_{k} + 9 =$

$\underbrace{54...4}_{k-1}\underbrace{28...8}_{k-1}900 + 1\underbrace{39...9}_{k-1}80 + 9 = \underbrace{54...4}_{k}\underbrace{28...8}_{k}9$.

Gemäß dem Prinzip der vollständigen Induktion folgt, dass die Aussage $A(n)$ für alle natürlichen Zahlen n, $n \geq 1$, gilt. ❑

Weil die gegebene Zahl groß sein kann, können wir sie nicht in einem ganzzahligen C++-Typ speichern. Wir werden deswegen aus der Eingabedatei Zeichen für Zeichen lesen und die Anzahl der Ziffern 3 zählen.

Programm

```
#include <fstream>

int main(){
  std::ifstream f("n2333.in");
  std::ofstream g("n2333.out");
  char ch;
  int n = 0;
  f >> ch;
  while(!f.eof()){
    f >> ch;
    if('3'==ch) n++;
    else break;
  }
  g << "5";
  for(int i=0; i<n-2; i++)
    g << "4";
  g << "2";
  for(i=0; i<n-2; i++)
    g << "8";
  g << "9";
  return 0;
}
```

Aufgaben

1. Beweisen Sie die Aussage A(n) direkt, ohne vollständige Induktion. *Hinweis:*

$$\underbrace{23...3}_{n} = \frac{1}{3} \cdot \underbrace{69....9}_{n} = \frac{1}{3} \cdot (7 \cdot 10^n - 1) \Rightarrow$$

$$\Rightarrow \underbrace{23...3}_{n}^2 = \frac{1}{9} \cdot (7 \cdot 10^n - 1)^2 = \frac{1}{9} \cdot (49 \cdot 10^{2n} - 14 \cdot 10^n + 1) = ...$$

2. Schreiben Sie Programme, die die Quadrate der maximal 5000-stelligen Zahlen berechnen, die wie folgt beschrieben sind:
   a) eine Zahl, die mit der Ziffer 2 anfängt und von der(n) Ziffer(n) 6 gefolgt wird.
   b) eine Zahl, die mit der Ziffer 3 anfängt und von der(n) Ziffer(n) 6 gefolgt wird.
   c) eine Zahl, die mit der Ziffer 4 anfängt und von der(n) Ziffer(n) 3 gefolgt wird.
   d) eine Zahl, die mit der Ziffer 5 anfängt und von der(n) Ziffer(n) 3 gefolgt wird.

Problem 14. Umwandlung einer römischen Zahl in eine Dezimalzahl

Das Zahlensystem der römischen Zahlen basiert auf einem Additionssystem, d.h. eine römische Zahl wird als Summe der Werte ihrer Ziffern notiert. Die Ziffern der römischen Zahlen und ihre dezimalen Werte sind $M = 1000$, $D = 500$, $C = 100$, $L = 50$, $X = 10$,

5 Arithmetik und Algebra

V = 5 und *I* = 1, und in der hier dargestellten Reihenfolge werden sie auch in einer römischen Zahl aufgeschrieben, also von links nach rechts im Wert fallend. Beispielsweise hat *MCLV* den Wert 1155. Wenn doch eine kleinere römische Ziffer vor einer größeren steht, dann heißt das, dass man die kleinere von der größeren abziehen soll (Subtraktionsregel), und das wird immer nur dann vorkommen, wenn man ohne diese Regel mehr als dreimal dieselbe Ziffer hintereinander schreiben müsste.
Beispiel: 1994 = *MCMXCIV* (mit Subtraktionsregel)
1994 = *MDCCCCVXXXXIIII* (ohne Subraktionsregel)
Bis ins 15. Jahrhundert wurden die römischen Zahlen in weiten Teilen Europas benutzt.

Schreiben Sie ein Programm, das römische Zahlen in Dezimalzahlen umwandelt. *Eingabe:* In der Datei *roman.in* stehen mehrere römische Zahlen, eine pro Zeile. *Ausgabe:* Schreiben Sie in die Datei *roman.out* die entsprechenden Dezimalzahlen (sie befinden sich im Intervall [1, 10000]). Wenn eine Zahl aus *roman.in* keine gültige römische Zahl darstellt, geben Sie „*Ungueltige roemische Zahl!*" aus.

roman.in	roman.out
I	1
III	3
IX	9
IM	999
CMII	902
dg	Ungueltige roemische Zahl!
MCDXLVI	1446
MMVI	2006

Problemanalyse und Entwurf der Lösung

Von links nach rechts gehen wir die römische Zahl durch und betrachten jede Ziffer. In der Variablen *n* wird die bisher ermittelte Gesamtsumme der Ziffern gespeichert. Wenn die aktuelle Ziffer größer als die darauf folgende ist, addieren wir ihren Wert zu *n*. Wenn die aktuelle Ziffer kleiner als ihr Nachfolger ist, wenden wir die Subtraktionsregel an und addieren das Ergebnis zu *n*. Die letzte Ziffer wird ebenfalls zu *n* hinzugezählt.

Programm

```
#include <fstream>
#include <string>

const std::string ROM    = "MDCLXVI";
const int         VALS[7] = {1000, 500, 100, 50, 10, 5, 1};
```

```cpp
int main(){
  std::string s;
  bool ok;
  int vPre, vCur, n, i, j, len;
  std::ifstream fin("roman.in");
  std::ofstream fout("roman.out");
  while(getline(fin, s, '\n')){
    len = (int)s.length();
    ok=false; n=0;
    if(len>0){
      for(i=0; i<7; i++){
        if(s[0]==ROM[i]) vPre=VALS[i];
        ok=true;
      }
      for(i=1; i<len && ok; i++){
        ok=false;
        for(j=0;j<7 && !ok;j++)
          if(s[i]==ROM[j]){
            ok=true;
            vCur=VALS[j];
          }
        if(ok){
          if(vPre<vCur)
            n-=vPre;
          else
            n+=vPre;
          vPre=vCur;
        }
      }
      if(ok)
        fout<<n+vPre<<std::endl;
      else
        fout<<"Ungueltige roemische Zahl!"<<std::endl;
    }
  }
  return 0;
}
```

Aufgabe

Die Römer haben auch die Ziffer „U" verwendet, wobei U ebenso wie V den Wert 5 hatte. Erweitern Sie das Programm so, dass auch römische Zahlen mit U akzeptiert werden.

5 Arithmetik und Algebra

Problem 15. Umwandlung einer Dezimalzahl in eine römische Zahl

Schreiben Sie ein Programm, das die Dezimalzahlen aus *decRom.in* in das römische System umwandelt. Schreiben Sie die Ergebnisse in die Datei *decRom.out*, wie im Beispiel:

decRom.in	decRom.out
1234	MCCXXXIV
2006	MMVI
12	XII
56	LVI
4	IV
1	I
3	III

Problemanalyse und Entwurf der Lösung

An den Hunderter-, Zehner- und Einerstellen können wir die folgenden Werte erhalten:

a. 900 (*CM*), 500 (*D*), 400 (*CD*), 100 (*C*)
b. 90 (*XC*), 50 (*L*), 40 (*XL*), 10 (*X*)
c. 9 (*IX*), 5 (*V*), 4 (*IV*), 1 (*I*)

Wir definieren die Variablen $v9$, $v5$, $v4$ und $v1$, die nacheinander die drei 4-Tupel (900, 500, 400, 100), (90, 50, 40, 10) und (9, 5, 4, 1) aufnehmen. Außerdem definieren wir die Variablen *m*, *d* und *c*, die nacheinander die Buchstaben-Tripel (*'M'*, *'D'*, *'C'*), (*'C'*, *'L'*, *'X'*) und (*'X'*, *'V'*, *'I'*) aufnehmen. Der Algorithmus erschließt sich, wenn Sie sich das Programm ansehen.

Programm

```
#include <fstream>

int main(){
  short order;
  unsigned n, v1, v4, v5, v9;
  char m, d, c;
  std::ifstream  in("decRom.in");
  std::ofstream out("decRom.out");
  while(in && !in.eof() && in>>n){
    while(n>=1000){
      n -=1000;
      out<<'M';
    }
```

```
      order=2;
      v9=900; v5=500; v4=400; v1=100;
      while(n && order>=0){
        switch(order){
             case 2: m='M'; d='D'; c='C'; break;
             case 1: m='C'; d='L'; c='X'; break;
             case 0: m='X'; d='V'; c='I'; break;
        }
        if(9==n/v1) {n-=v9; out<<c<<m;};
        if(4==n/v1) {n-=v4; out<<c<<d;};
        if(5<=n/v1 && n/v1<=8) {n-=v5; out<<d;};
        while(n>=v1){
           n-=v1; out<<c;
        }
        v9 /= 10; v5 /= 10; v4 /= 10; v1 /= 10;
        order--;
      }
      out<<std::endl;
   }
   return 0;
}
```

Aufgabe

Schreiben Sie die Schritte des Algorithmus für alle obigen Beispiele auf ein Blatt Papier.

Problem 16. Hässliche Zahlen

Wir bezeichnen eine natürliche Zahl als *hässlich*, wenn sie ausschließlich 2, 3 oder 5 als Primteiler hat. Die Folge der hässlichen Zahlen ist: 1, 2, 3, 5, 6, 8, 9, 10, 12, 15, 16, 18, 20, 24, 25, ... Wir erklären auch die Zahl 1 dieser Folge zugehörig. Schreiben Sie ein Programm, das die ersten n hässlichen Zahlen wie im Beispiel ausgibt ($n \in \mathbb{N}$; $1 \le n \le 5000$):

haesslich.in	haesslich.out
50	1 2 3 4 5 6 8 9 10 12 15 16 18 20 24 25 27 30 32 36 40 45 48 50 54 60 64 72 75 80 81 90 96 100 108 120 125 128 135 144 150 160 162 180 192 200 216 225 240 243
5000	1 2 3 4 5 6 8 ... 3888000 3906250 3932160 3936600 3981312 ... 50779978334208 50837316566580

(ACM, New Zealand Contest, 1990)

Problemanalyse und Entwurf der Lösung

Eine erste Idee wäre, für die natürlichen Zahlen schrittweise zu prüfen, ob sie nur 2, 3 oder 5 als Primteiler haben. Diese Methode ist aber sehr zeitaufwändig. Wenn wir die Folge betrachten, sehen wir, dass, beginnend mit dem zweiten Glied, jede Zahl aus einer vorangegangen Zahl durch Multiplikation mit 2, 3 oder 5 erhalten werden kann. Der Vektor *a* wird benutzt, um die hässlichen Zahlen aufzunehmen. Wir bezeichnen das kleinste Vielfache von 2, das noch nicht dem Vektor *a* hinzugefügt wurde, mit *n2*. Außerdem kennzeichnen wir den Vektorindex des Wertes, aus dem *n2* durch Multiplikation mit 2 entstanden ist, mit *i*. Analog dazu verwenden wir *n3* und den Index *j* und ebenso *n5* und den Index *k*. Der Vektor *a*[] wird schrittweise aufgefüllt, indem wir das Minimum von *n2*, *n3* und *n5* darin speichern. Die Variable, deren Wert in *a* gespeichert wurde, wird mit dem entsprechenden Faktor 2, 3 oder 5 multipliziert, und der zur Variable gehörende Index wird inkrementiert.

Programm

```
#include <fstream>
#include <vector>

int main(){
  unsigned long long n2, n3, n5, t;
  unsigned i, j, k, n;
  std::vector<unsigned long long> a;
  std::ifstream in("haesslich.in");
  std::ofstream out("haesslich.out");
  if(in && !in.eof() && in>>n){
    a.push_back(1); t=1;
    n2=2; i=0; n3=3; j=0; n5=5; k=0;
    while(a.size()<n){
      if(n2 <= n3)
        if(n2 <= n5) t=n2;
        else t = n5;
      else
        if(n3 <= n5) t=n3;
        else t=n5;
      a.push_back(t);
      if(n2 == t) n2=2*a[++i];
      if(n3 == t) n3=3*a[++j];
      if(n5 == t) n5=5*a[++k];
    }
    for(i=0; i<n; i++) out<<a[i]<<" ";
  }
  return 0;
}
```

Aufgaben

1. Schreiben Sie die naive Methode, die alle natürlichen Zahlen nacheinander testet.
2. Entwerfen Sie ein Programm, das die ersten n ($1 \leq n \leq 2000$) Elemente der Folge der natürlichen Zahlen (inklusive der Zahl 1) ausgibt, die nur 3 oder 7 als Primteiler haben. Die Folge lautet: 1, 3, 7, 9, 21, 27...
3. Nun interessieren uns die Zahlen, die lediglich 2, 3, 5 oder 7 als Primteiler besitzen. Die Folge dieser Zahlen ist: 1, 2, 3, 4, 5, 6, 7, 8, 9, 10, 12, 14, 15, 16, 18, 20, 21... Implementieren Sie ein Programm, das die ersten n Glieder der Folge generiert ($1 \leq n \leq 20000$).

Problem 17. Vögel auf den Bäumen

In n Bäumen sitzen n-1 Vögel, aber höchstens einer in jedem Baum. In einem Moment kann nur ein Vogel von seinem Baum auf den freien Baum fliegen. Es seien die initiale und finale Besetzung der Bäume mit Vögeln gegeben. Schreiben Sie ein Programm, das eine mögliche Vogelwanderung findet, so dass die Start- in die Endkonfiguration übergeht. *Eingabe:* In der Datei *voegel.in* befinden sich mehrere Eingabefälle, jeder erstreckt sich über drei Zeilen: zuerst die Anzahl der Vögel, gefolgt von der ursprünglichen und schließlich der finalen Konfiguration, wobei die Vögel von 1 bis n-1 durchnummeriert werden. *Ausgabe:* Es gibt mehrere Lösungen, wählen Sie eine beliebige. Schreiben Sie dafür jeden einzelnen Vogelzug in eine eigene Zeile der Datei *voegel.out* und beenden Sie jeden Eingabefall mit *ENDE*, wie im Beispiel:

voegel.in	voegel.out
6	Vogel 1 fliegt von 1 nach 3
1 2 0 3 4 5	Vogel 3 fliegt von 4 nach 1
3 5 1 0 2 4	Vogel 2 fliegt von 2 nach 4
8	Vogel 5 fliegt von 6 nach 2
1 2 3 0 4 5 6 7	Vogel 4 fliegt von 5 nach 6
5 4 1 7 0 2 6 3	Vogel 2 fliegt von 4 nach 5
	ENDE
	Vogel 1 fliegt von 1 nach 4
	Vogel 5 fliegt von 6 nach 1
	Vogel 2 fliegt von 2 nach 6
	Vogel 4 fliegt von 5 nach 2
	Vogel 3 fliegt von 3 nach 5
	Vogel 1 fliegt von 4 nach 3
	Vogel 7 fliegt von 8 nach 4
	Vogel 3 fliegt von 5 nach 8
	ENDE

(aus [Olt00])

5 Arithmetik und Algebra

Problemanalyse und Entwurf der Lösung

Wir werden die Bäume von links nach rechts durchlaufen, und jeder Baum wird, wenn er am Ende von einem Vogel bewohnt sein soll, gleich mit dem richtigen Vogel besetzt: Der auf dem aktuellen Baum befindliche Vogel fliegt auf den leeren Baum, und dann belegt man den nun frei gewordenen Baum mit dem Vogel, der in der Endkonfiguration auf ihm sitzen soll. Wenn der aktuelle Baum leer ist oder schon der richtige Vogel aus dem Endzustand darauf ist, gibt es nichts zu tun.

Programm

```
#include <fstream>
#include <vector>

int getFreeTree(std::vector<int> &v){
  int n = (int)v.size();
  for(int i=0; i<n; i++)
    if(0==v[i]) return i;
  return -1;
}

int getTreeForBird(std::vector<int> &v, int k){
  int n=(int)v.size();
  for(int i=0; i<n; i++)
    if(v[i]==k) return i;
  return -1;
}

void flyTheBird(std::vector<int> &v, int i, int j){
  v[j]=v[i];
  v[i]=0;
}

int main(){
  int n, i, j, k;
  std::vector<int> a, b;
  std::ifstream in("voegel.in");
  std::ofstream out("voegel.out");
  while(in && !in.eof()){
    if(!(in>>n)) return 0;
    a.clear(); b.clear();
    j=n;while(in&&!in.eof()&&j>0&&in>>i){a.push_back(i);j--;}
    j=n;while(in&&!in.eof()&&j>0&&in>>i){b.push_back(i);j--;}
    for(i=0; i<n; i++)
      if(a[i]!=b[i] && b[i]){
        if(a[i]){
          j=getFreeTree(a);
```

```
            out<<"Vogel "<<a[i]<<" fliegt von "<<i+1
                <<" nach "<< j+1<<std::endl;
            flyTheBird(a, i, j);
        };
        k=getTreeForBird(a, b[i]);
        flyTheBird(a, k, i);
        out<<"Vogel "<<a[i]<<" fliegt von "<<k+1
            <<" nach "<<i+1<<std::endl;
    }
    out<<"ENDE"<<std::endl;
  }
  return 0;
}
```

Aufgabe

Modifizieren Sie das Programm so, dass es die Bäume von rechts nach links durchläuft.

Problem 18. Wieviele sind es mindestens? (Chinesischer Restsatz)

Wir haben eine gewisse Anzahl von Gummibärchen, wissen aber nicht, wieviele es sind. Wenn wir die Bärchen in Tüten verpacken, in die je m_1 Bärchen passen, bleiben a_1 Bärchen übrig. Wenn wir sie in Tüten verpacken, die jeweils eine Kapazität von m_2 Bärchen besitzen, bleiben a_2 übrig. ... Wenn wir sie in Tüten füllen, die je m_k Bärchen aufnehmen, bleiben a_k übrig. Wieviele Gummibärchen sind es mindestens, wenn die $m_1, m_2, ..., m_k$ mit $m_k < 100$ untereinander teilerfremd sind? *Eingabe:* In der Datei *baerchen.in* befinden sich die Paare (a_i, m_i) mit $0 \leq a_i < m_i$; ein Paar pro Zeile. Das Produkt $m_1 \cdot m_2 \cdot ... \cdot m_k$ passt in den Typ *unsigned*. *Ausgabe:* Geben Sie die minimale Anzahl der Gummibärchen in die Ausgabedatei *baerchen.out* aus.

Beispiel:

baerchen.in	baerchen.out
2 3 3 5 2 7 7 11	128

5 Arithmetik und Algebra

Problemanalyse und Entwurf der Lösung

Wir müssen dieses System linearer Kongruenzen lösen:

$$x \equiv a_1 \bmod m_1$$
$$x \equiv a_2 \bmod m_2$$
$$\ldots$$
$$x \equiv a_k \bmod m_k$$

Wir werden den Algorithmus anwenden, der für den Chinesischen Restsatz in den Grundlagen am Anfang dieses Kapitels vorgestellt wurde. Er ist auch in [For96] zu finden, zusammen mit einem Beweis. Die naive Methode *mod_inverse(unsigned a, unsigned m)* liefert das Inverse von *a* modulo *m* zurück.

Programm

```cpp
#include <fstream>
#include <vector>

unsigned mod_inverse(unsigned a, unsigned m){
  unsigned i;
  for(i=0; i<m; i++)
    if(1==(a*i)%m) return i;
  return 0;
}

int main(){
  std::vector<unsigned> a, m;
  unsigned i, j, M1, M=1, X=0;
  std::ifstream in("baerchen.in");
  std::ofstream out("baerchen.out");
  while(in && in>>i>>j){
    a.push_back(i); m.push_back(j);
    M *= j;
  }
  for(i=0; i<a.size(); i++){
    M1 = M/m[i];
    X += a[i]*M1*mod_inverse(M1, m[i]);
  }
  out << X%M;
  return 0;
}
```

Aufgaben

1. Schreiben Sie die *mod_inverse()* Funktion mit Hilfe des Satzes 10 (Satz von Euler) aus dem Abschnitt 7: Man erhält das Inverse von *a* mod *m* (wir bezeichnen es mit *k*) aus Satz 10 durch $k = a^{\varphi(M)-1}$.

2. Das umgekehrte Problem: Wir kennen die Antwort, also die Anzahl der Gummibärchen, die in der ersten Zeile der Eingabedatei steht. Von einer Tüte wissen wir aber nicht, wieviel Bärchen sie aufnehmen kann. Finden Sie die minimale Kapazität dieser Tüte (sie ist in der Eingabedatei mit „X" gekennzeichnet und zu allen anderen vorkommenden Kapazitäten teilerfremd) für die sich die angegebenen Reste ergeben. Wenn es keine passende Tüte gibt, geben Sie „*keine Loesung*" aus. Beispiel:

baerchen1.in	baerchen1.out
128 2 3 3 5 2 X 7 11	7
1 2 3 3 X	keine Loesung
5 2 3 3 X	keine Loesung

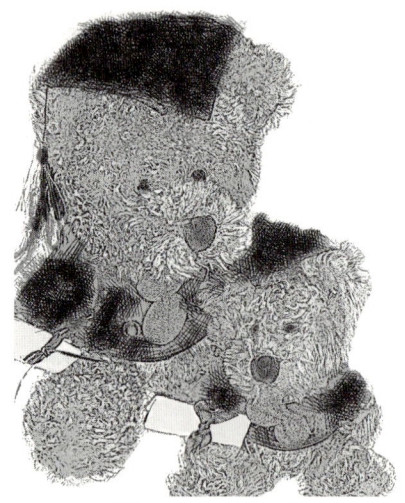

Bären aus Oxford

Ebene Geometrie, Trigonometrie

Grundlagen

1. Dreiecksgeometrie. Dreiecke haben die besondere Eigenschaft, dass man mit ihnen beliebige Vielecke aufbauen kann. Deswegen sind sie von zentraler Bedeutung für die ebene Geometrie. Während in der Trigonometrie (zusammengesetzt aus den griechischen Wörtern trígonon = Dreieck und métron = Maß) der Fokus auf Berechnungen mit den typischen Funktionen Sinus, Kosinus usw. liegt, behandelt man in der Dreiecksgeometrie die Eigenschaften von Dreiecken. Schon in der Schule haben wir folgende Erkenntnisse der antiken griechischen Mathematik gelernt:

Eigenschaften spezieller Dreiecke:
- im gleichschenkligen Dreieck sind die Basiswinkel gleich groß,
- im gleichseitigen Dreieck betragen alle Winkel 60°,
- im rechtwinkligen Dreieck gelten der Thalessatz und der Satz des Pythagoras.

Eigenschaften beliebiger Dreiecke:
- die drei Mittelsenkrechten schneiden sich in einem Punkt, der den Mittelpunkt des Umkreises bildet,
- die drei Winkelhalbierenden der Innenwinkel schneiden sich in einem Punkt, der den Mittelpunkt des Inkreises bildet,
- die Winkelhalbierenden der Außenwinkel schneiden sich in den Punkten, die die Mittelpunkte der drei Ankreise bilden.

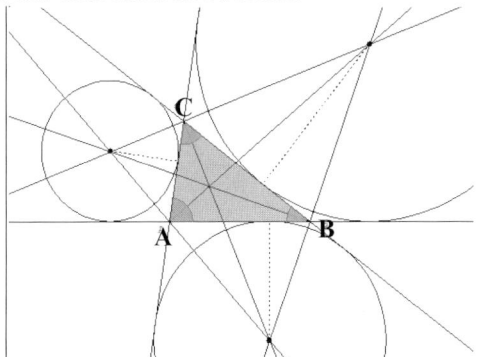

- die drei Seitenhalbierenden (Schwerlinien) schneiden sich im Schwerpunkt des Dreiecks, der die Seitenhalbierenden im Verhältnis 2:1 teilt
- die drei Höhen schneiden sich im Höhenschnittpunkt (Orthozentrum).

Erst ab dem 17. Jahrhundert hat man zusätzliche Strukturen in Dreiecken entdeckt:
- besondere Punkte wie Mitten-, *Nagel-, Fermat-, Lemoine-, Napoleon-* und *Brocard*-Punkt,
- die Eulersche Gerade; auf ihr liegen der Umkreismittelpunkt, der Schwerpunkt und der Höhenschnittpunkt,
- den *Feuerbach-Kreis (Neunpunktekreis)*. Auf ihm liegen die folgenden neun Punkte: die drei Seitenmittelpunkte, die drei Höhenfußpunkte und die Mittelpunkte der drei Strecken zwischen dem Höhenschnittpunkt und den Ecken des Dreiecks. Der Feuerbachkreis berührt den Inkreis und die Ankreise.

2. Berechnung eines beliebigen Dreiecks. Ein Dreieck hat drei Seitenlängen S und drei Winkel W, besitzt also quasi sechs beschreibende Werte. Wenn man drei dieser Werte kennt, kann man die anderen drei daraus errechnen, außer wenn die drei Winkel gegeben sind, denn daraus lässt sich nur die Form des Dreiecks ableiten, aber nicht seine Größe. Im Fall SSW ist es auch nicht immer eindeutig (Problem 1). Die gegebenen Werte können also sein: *SSS, SSW, SWS, SWW, WSW*.

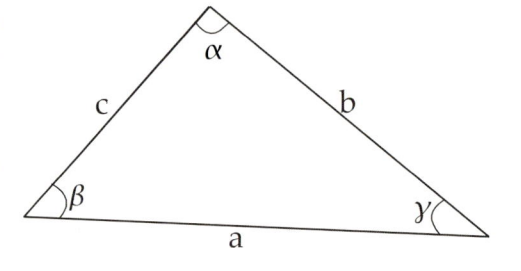

Um fehlende Angaben zu berechnen, wird meist der Sinus- oder Kosinussatz in Kombination mit dem Projektions-, Tangenten- oder Halbwinkelsatz verwendet.

Der Sinussatz lautet $\dfrac{a}{\sin\alpha} = \dfrac{b}{\sin\beta} = \dfrac{c}{\sin\gamma} = 2r$, wobei r den Umkreisradius bezeichnet.

Die Seiten eines beliebigen Dreiecks lassen sich, je nachdem, welcher Winkel gegeben ist, mit dem Kosinussatz

$$a^2 = b^2 + c^2 - 2bc \cdot \cos\alpha$$
$$b^2 = a^2 + c^2 - 2ac \cdot \cos\beta$$
$$c^2 = a^2 + b^2 - 2ab \cdot \cos\gamma$$

6 Ebene Geometrie, Trigonometrie

oder dem Projektionssatz errechnen:
$$a = b\cos\gamma + c\cos\beta$$
$$b = c\cos\alpha + a\cos\gamma \; .$$
$$c = a\cos\beta + b\cos\alpha$$

Für ein beliebiges Dreieck gelten die Formeln:

Umfang:	$u = 8r \cdot \cos\dfrac{\alpha}{2} \cdot \cos\dfrac{\beta}{2} \cdot \cos\dfrac{\gamma}{2}$
Inkreisradius:	$\rho = 4r \cdot \sin\dfrac{\alpha}{2} \cdot \sin\dfrac{\beta}{2} \cdot \sin\dfrac{\gamma}{2}$
	$\rho = (s-a)\cdot\tan\dfrac{\alpha}{2} = (s-b)\cdot\tan\dfrac{\beta}{2} = (s-c)\cdot\tan\dfrac{\gamma}{2}$, wobei $s = \dfrac{a+b+c}{2}$
Umkreisradius:	$r = \dfrac{a}{2\sin\alpha} = \dfrac{b}{2\sin\beta} = \dfrac{c}{2\sin\gamma}$
Höhenformeln:	$h_a = c\cdot\sin\beta = b\cdot\sin\gamma$
	$h_b = a\cdot\sin\gamma = c\cdot\sin\alpha$
	$h_c = b\cdot\sin\alpha = a\cdot\sin\beta$
Flächeninhalt:	$A = \dfrac{1}{2}ah_a = \dfrac{1}{2}bh_b = \dfrac{1}{2}ch_c$
	$16A^2 = \left(a^2+b^2+c^2\right)^2 - 2\left(a^4+b^4+c^4\right)$
	$A = \sqrt{s(s-a)(s-b)(s-c)}$, wobei $s = \dfrac{a+b+c}{2}$ (Satz des Heron)

3. Wichtige trigonometrische Formeln

Für alle $x,y \in \mathbb{R}$ gilt:
1. $\sin^2 x + \cos^2 x = 1$
2. $\cos(-x) = \cos x, \; \sin(-x) = -\sin x$
3. $\cos\left(\dfrac{\pi}{2} - x\right) = \sin x, \; \sin\left(\dfrac{\pi}{2} - x\right) = \cos x$
4. $\cos(x-y) = \cos x \cos y + \sin x \sin y$
5. $\cos(x+y) = \cos x \cos y - \sin x \sin y$
6. $\sin(x-y) = \sin x \cos y - \cos x \sin y$
7. $\sin(x+y) = \sin x \cos y + \cos x \sin y$

$\sin 0 = 0, \; \sin\dfrac{\pi}{2} = 1, \; \sin\pi = 0$

$\cos 0 = 1, \; \cos\dfrac{\pi}{2} = 0, \; \cos\pi = -1$

$\sin\dfrac{\pi}{3} = \sin 60° = \cos\dfrac{\pi}{6} = \cos 30° = \dfrac{\sqrt{3}}{2}$

$\sin\dfrac{\pi}{6} = \sin 30° = \cos\dfrac{\pi}{3} = \cos 60° = \dfrac{1}{2}$

$\sin\dfrac{\pi}{4} = \sin 45° = \cos\dfrac{\pi}{4} = \cos 45° = \dfrac{\sqrt{2}}{2}$

Aufgaben

Zeigen Sie, dass für alle $x, y \in \mathbb{R}$ gilt:

1. $\cos 3x = 4\cos^3 x - 3\cos x$
2. $\cos(x - y) + \cos(x + y) = 2\cos x \cos y$
3. $\sin(x + y) + \cos(x - y) = (\sin x + \cos x)(\sin y + \cos y)$
4. $\cos^2(x + y) + \cos^2(x - y) - \cos 2x \cos 2y$ ist eine Konstante.

Problem 1. Berechnung des Dreiecks (*SSW*)

Wenn für ein Dreieck zwei Seiten und der gegenüberliegende Winkel einer der beiden Seiten gegeben sind, dann ist das ein mehrdeutiger Fall. Für die gegebenen Werte kann es kein oder ein Dreieck oder zwei Dreiecke geben. Schreiben Sie ein Programm, das für gegebene SSW-Tripel die richtigen Fälle bestimmt. *Eingabe:* In der Datei *trigs.in* finden sich mehrere Eingabefälle, ein Fall pro Zeile. *Ausgabe:* Schreiben Sie in die Datei *trigs.out* die Resultate, wie im Beispiel:

trigs.in			trigs.out					
			Fall #	Seite b	Seite c	Winkel gamma	Anz. trg.	Seite a 1	Seite a 2
2.00	3.00	45							
2.00	2.00	45							
6.89	5.67	145	1	2.00	3.00	45.00	1	4.06	
7.02	4.21	20	2	2.00	2.00	45.00	1	2.83	
5.89	78	170	3	6.89	5.67	145.00	0		
2.00	2.00	30	4	7.02	4.21	20.00	2	10.05	3.14
2.00	3.00	130	5	5.89	78.00	170.00	1	72.19	
1.00	1.00	90	6	2.00	2.00	30.00	1	3.46	
3.45	5.67	15	7	2.00	3.00	130.00	1	1.29	
5.67	3.45	15	8	1.00	1.00	90.00	0		
			9	3.45	5.67	15.00	1	8.93	
			10	5.67	3.45	15.00	2	8.60	2.35

Problemanalyse und Entwurf der Lösung

Wir werden die folgenden Formeln verwenden:

6 Ebene Geometrie, Trigonometrie

(1) $\dfrac{a}{\sin\alpha} = \dfrac{b}{\sin\beta} = \dfrac{c}{\sin\gamma}$
    (*Sinussatz*)

(2) $\sin(x) = \sin(\pi - x)$

(3) $\cos(\dfrac{\pi}{2}) = 0$

(4) $a = b\cos\gamma + c\cos\beta$
    (*Projektionssatz*)

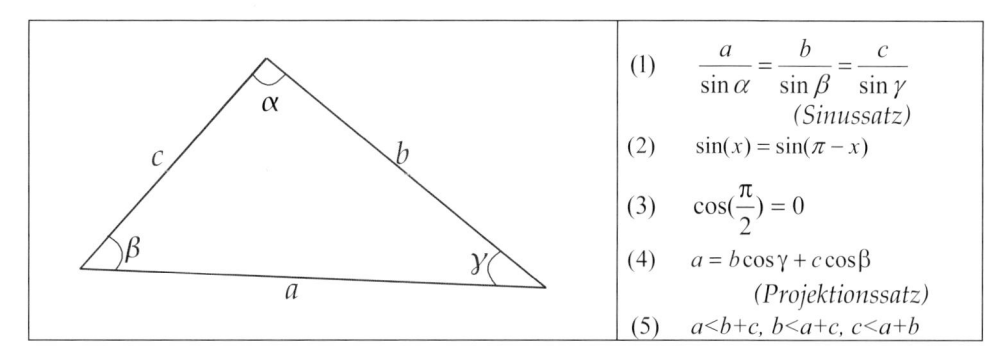

(5) $a < b+c,\ b < a+c,\ c < a+b$

Aus Formel (3) folgt: *PI = 2 * acos(0)*. Weil der Winkel in Grad gegeben ist und wir mit dem Bogenmaß weiterarbeiten müssen, transformieren wir:

$$\alpha_{bogen} = \alpha_{grad} \cdot \dfrac{\pi}{180}$$ und im Programm: *gamma = (gamma*PI)/180*.

Aus Formel (1) folgt, dass $c \cdot \sin(\beta) = b \cdot \sin(\gamma)$, und deswegen haben wir im Programm:

$$beta = asin(b*sin(gamma)/c); \tag{6}$$

Um die Seite *a* zu berechnen, benutzen wir den Projektionssatz (Formel (4)):

$$a = b*\cos(gamma) + c*\cos(beta); \tag{7}$$

Die Methode *verify()* testet, ob ihre drei reellen Parameter die Seiten eines Dreiecks darstellen können, dazu muss jeder Parameter positiv sein und die Ungleichungen in (5) erfüllen. Aus Formel (2) folgt, dass auch *π-beta* ein möglicher Wert für den Winkel *beta* sein könnte. Dafür werden wir ebenso die entsprechende Seite *a* berechnen und in *a1* speichern. In der Variable *nr* merken wir uns die Anzahl der korrekten Fälle.

Programm

```
#include <cmath>
#include <fstream>

int verify(double a, double b, double c){
   if(a<=0.001 || b<=0.001 || c<=0.001) return 0;
   if(a>=b+c || b>=a+c || c>=a+b) return 0;
   return 1;
}

int main(){
```

```cpp
const double PI = 2*acos(0.0);
double a, b, c, a1, beta, gamma;
int counter = 0, nr;
std::ifstream in("trigs.in");
std::ofstream out("trigs.out");
out<<" Fall "<<" Seite    "<<" Seite    "<<" Winkel ";
out<<"  nr "<<" Seite a   "<<" Seite a   \n";
out<<"  #   "<<"    b     "<<"    c     "<<" gamma ";
out<<"  trg."<<"    1     "<<"    2\n";
out.fill('-');out.width(55);out<<"";
out.precision(2);
out.setf(std::ios::left);
out.flags(std::ios::fixed);
out.fill(' ');
while(in && !in.eof() && in>>b>>c>>gamma){
   counter++;
   out<<std::endl<<"   ";
   out.width(3);  out<<counter;
   out.width(8);  out<<b;
   out.width(8);  out<<c;
   out.width(8);  out<<gamma;
   nr = 0;
   gamma = (gamma*PI)/180.0;
   beta = asin(b*sin(gamma)/c);
   a=b*cos(gamma)+c*cos(beta);
   if(verify(a,b,c)) nr++;
   beta=PI - beta;
   a1=b*cos(gamma)+c*cos(beta);
   if(0==nr) a=a1;
   if(0==nr && verify(a,b,c)) nr++;
   if(1==nr && verify(a1,b,c)) nr++;
   out.width(6);  out<<nr;
   if(nr!=0)
     if(1==nr){
        out.width(8);
        out<<a;
     } else {
         out.width(8); out<<a;
         out.width(10); out<<a1;
     }
 }
 return 0;
}
```

6 Ebene Geometrie, Trigonometrie

Aufgaben

1. Anstatt der Relation (6) kann man einfach $\sin(beta) = b \cdot \sin(gamma)/c$ verwenden und weiter unten im Programm $\cos(beta) = \pm\sqrt{1-\sin^2(beta)}$. Ändern Sie das Programm dementsprechend.

2. Eine andere Lösungsmöglichkeit:

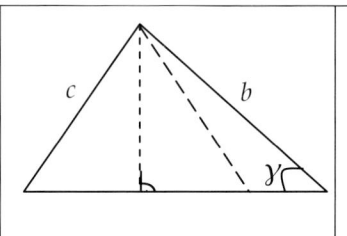

   Wenn $c < b\sin\gamma$ ist, kann es kein Dreieck geben. Ist $c = b\sin\gamma$, gibt es ein Dreieck; für $b > c > b\sin\gamma$ gibt es zwei Dreiecke; für $b \leq c$ gibt es nur ein Dreieck.

   Schreiben Sie ein Programm, das diese Lösungsmöglichkeit verwendet.

3. Schreiben Sie Programme, die alle Seiten und Winkel ausgeben, wenn drei Werte für ein Dreieck wie folgt gegeben sind:
   a) *SWS:* die Seite *b*, der Winkel α und die Seite *c* sind gegeben. *Hinweis:* Man könnte den Kosinussatz verwenden: $a^2 = b^2 + c^2 - 2bc\cos\alpha$.
   b) *WSW:* der Winkel β, die Seite *a* und der Winkel γ sind gegeben. *Hinweis:* Sinussatz.
   c) *SSS:* die Seiten *a*, *b* und *c* sind gegeben. *Hinweis.* Man kann den Kosinussatz verwenden: $\cos\alpha = \dfrac{b^2+c^2-a^2}{2bc}$.

4. Ermitteln Sie auf dem Papier die fehlenden Werte für:
   a) $a = \sqrt{2}, b = 2, \beta = \dfrac{\pi}{4}$
   b) $b = \sqrt{5}, c = \sqrt{17}, \beta = \arccos\dfrac{4\sqrt{17}}{17}$
   c) $a = 1, b = 2, \gamma = \dfrac{\pi}{3}$.

5. Berechnen Sie auf dem Papier die Winkel eines Dreiecks *ABC*, wenn man weiß, dass $\sin\alpha + \sin\beta = \dfrac{\sqrt{2}}{4}(1+\sqrt{3})$ und $\cos\alpha + \cos\beta = \dfrac{\sqrt{2}}{4}(3+\sqrt{3})$. Schreiben Sie ein Programm, das für die gegebenen Werte $X = (\sin\alpha + \sin\beta)$ und $Y = (\cos\alpha + \cos\beta)$ alle Winkel des Dreiecks in Grad berechnet.

6. *Wieder eine Dreieck-Berechnung.* Die Werte *a*, *b*, *c*, α, β und γ kennzeichnen die sechs Parameter, die ein Dreieck komplett definieren. Wenn die gegebenen

Parameter ausreichend sind, können die fehlenden mit Hilfe der trigonometrischen Formeln gefunden werden. Entwickeln Sie ein Programm, das die fehlenden Parameter nur dann ausgibt, wenn es genau ein Dreieck gibt, das durch die Eingabeparameter beschrieben wird. Wenn sich kein Dreieck erzeugen lässt, soll „Ungueltige Daten!" geschrieben werden, und wenn man mehrere Dreiecke aufbauen könnte, „Mehrere Faelle!".

In einem Dreieck sind die Seiten größer als Null, alle Winkel sind im Intervall $]0, \pi[$ und die Summe ist π, außerdem gilt der Sinussatz! *Eingabe:* In der Datei *triangle.in* befinden sich mehrere 6-Tupel (a, b, c, α, β, γ) von Parametern, ein Tupel pro Zeile. Wenn ein Parameter den Wert -1 hat, dann fehlt er. *Ausgabe:* Das Programm liefert in *triangle.out* für jeden Eingabefall eine Zeile mit den sechs Parametern bzw. „Ungueltige Daten!" oder „Mehrere Faelle!". *Beispiel:*

```
                              triangle.in
47.9337906847   0.6543010109  78.4455517579   1.4813893731  66.5243757656
1.0059022695
62.72048064    2.26853639   -1.00000000    0.56794657   -1.00000000   -1.00000000
15.69326944    0.24714213   -1.00000000    1.80433105   66.04067877  -1.00000000
72.83685175    1.04409241   -1.00000000   -1.00000000   -1.00000000   -1.00000000
```

```
                              triangle.out
47.933791  0.654301  78.445552  1.481389  66.524376  1.005902
62.720481  2.268536  44.026687  0.567947  24.587225  0.305110
Ungueltige Daten!
Ungueltige Daten!
```

(*ACM, European SouthWest Regional, 1995*)

Problem 2. Der Kreisumfang

Die kartesischen Koordinaten für drei Punkte in einer Ebene sind gegeben. Die Punkte dürfen nicht auf einer Geraden liegen. Schreiben Sie ein Programm, das den Umfang des Umkreises des Dreiecks bestimmt, das durch die drei Punkte bestimmt wird. *Eingabe:* In der Datei *circle.in* befinden sich auf jeder Zeile sechs reelle Zahlen, die die Koordinaten der drei Punkte darstellen. Der Durchmesser des Umkreises ist nicht größer als 1 Million. *Ausgabe:* Schreiben Sie in die Datei *circle.out* auf jede Zeile einen Kreisumfang. Beispiel:

circle.in	circle.out
0.0 -0.5 0.5 0.0 0.0 0.5	3.1416
0.0 0.0 0.0 1.0 1.0 1.0	4.4429
5.0 5.0 5.0 7.0 4.0 6.0	6.2832
0.0 0.0 -1.0 7.0 7.0 7.0	31.4159
50.0 50.0 50.0 70.0 40.0 60.0	62.8319
0.0 0.0 10.0 0.0 20.0 1.0	632.2411
0.0 -500000.0 500000.0 0.0 0.0 500000.0	3141592.6536

Problemanalyse und Entwurf der Lösung

Die Formel für den Kreisumfang eines Kreises mit der Radius r ist:

$$Umfang = 2 \cdot \pi \cdot r.$$

Um diese Formel anzuwenden, brauchen wir also den Radius r. Wir werden zuerst den Mittelpunkt des Kreises finden und danach den Radius anhand der Distanz zwischen dem Mittelpunkt und einem der Punkte bestimmen. Wir definieren den Typ *TPoint*, der die Koordinaten eines Punktes abbildet:

```
typedef struct{
    double x, y;
} TPoint;
```

Um die Distanz zwischen zwei Punkten im kartesischen Koordinatensystem zu berechnen, schreiben wir die Methode *dist()*. Die Methode *center()* liefert den Mittelpunkt des Umkreises. Wir verwenden die Koordinatengleichung des Kreises

$$(x_M - x_A)^2 + (y_M - y_A)^2 = (x_M - x_B)^2 + (y_M - y_B)^2 = (x_M - x_C)^2 + (y_M - y_C)^2 = R^2$$

wobei $M(x_M, y_M)$ der Mittelpunkt des Umkreises ist. Aus diesen Gleichungen folgt, dass (x_M, y_M) die Lösung des folgenden linearen Gleichungssystems ist:

$$\begin{cases} 2x(x_B - x_A) + 2y(y_B - y_A) = x_B^2 + y_B^2 - x_A^2 - y_A^2 \\ 2x(x_C - x_A) + 2y(y_C - y_A) = x_C^2 + y_C^2 - x_A^2 - y_A^2 \end{cases}$$

Wenn wir mit $a_1, a_2, b_1, b_2, c_1, c_2$ die Koeffizienten dieses Systems bezeichnen, erhalten wir

$$\begin{cases} a_1 x + b_1 y = c_1 \\ a_2 x + b_2 y = c_2 \end{cases}$$

und wir lösen es mit Hilfe der Cramerschen Regel. Die Determinanten d, d_x und d_y sind $d = a_1 b_2 - a_2 b_1$, $d_x = c_1 b_2 - b_1 c_2$, $d_y = a_1 c_2 - a_2 c_1$, und die Lösung ist $x_0 = \dfrac{d_x}{d}$, $y_0 = \dfrac{d_y}{d}$ (weil die drei gegebenen Punkte nicht auf einer Geraden liegen, folgt $d \neq 0$).

Programm

```cpp
#include <fstream>
#include <cmath>
#include <iomanip>

typedef struct{
  double x, y;
} TPoint;

double dist(TPoint A, TPoint B){
  return sqrt((A.x-B.x)*(A.x-B.x) + (A.y-B.y)*(A.y-B.y));
}

TPoint center(TPoint A, TPoint B, TPoint C){
  TPoint M;
  double a1, b1, c1, a2, b2, c2;
  double d, dx, dy;
  a1 = 2*(B.x - A.x);
  b1 = 2*(B.y - A.y);
  c1 = B.x*B.x + B.y*B.y - A.x*A.x - A.y*A.y;
  a2 = 2*(C.x - A.x);
  b2 = 2*(C.y - A.y);
  c2 = C.x*C.x + C.y*C.y - A.x*A.x - A.y*A.y;
  d = a1*b2 - b1*a2;
  dx = c1*b2 - b1*c2;
  dy = a1*c2 - c1*a2;
  M.x = dx/d;
  M.y = dy/d;
  return M;
}

int main(){
  TPoint A, B, C, M;
  double  circ;
  std::ifstream in("circle.in");
  std::ofstream out("circle.out");
  while(in && !in.eof() && in>>A.x>>A.y>>B.x>>B.y>>C.x>>C.y){
    M = center(A,B,C);
    circ = dist(M, A);
    circ = 4*acos(0.0)*circ;
    out.precision(4); out.setf(std::ios::left);
    out.flags(std::ios::fixed);
    out<<circ<<std::endl;
  }
  return 0;
}
```

6 Ebene Geometrie, Trigonometrie

Aufgaben

1. Eine andere Lösungsmöglichkeit basiert auf der Formel: $r = \dfrac{a}{2\sin\alpha}$ (Sinussatz) wobei $\sin\alpha = \sqrt{1-\cos^2\alpha}$ und $\cos\alpha = \dfrac{b^2 + c^2 - a^2}{2bc}$ (Kosinussatz). Schreiben Sie ein Programm dafür.

2. *Polarkoordinaten.* Man kann einen Kreis auch in Parameterschreibweise angeben, also durch Polarkoordinaten

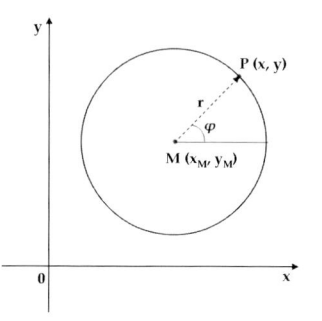

$$x = x_M + r\cos\varphi$$
$$y = y_M + r\sin\varphi$$

Der sogenannte Polarwinkel φ kann Werte zwischen 0 und 2π annehmen. Schreiben Sie ein Programm, das für drei auf einem Kreis liegende Punkte ihre drei Polarwinkel φ in Grad und im Bogenmaß zurückliefert. Beispiel:

points.in	phi.out
0.0 -0.5 0.5 0.0 0.0 0.5	4.71/270.00 0.00/0.00 1.57/90.00
-1.0 -1.0 -1.0 1.0 1.0 1.0	3.93/225.00 2.36/135.00 0.79/45.00

3. Folgende Punkte der Dreiecksgeometrie haben wir am Anfang dieses Kapitels bereits vorgestellt:
    - den Höhenschnittpunkt (*H*),
    - den Umkreismittelpunkt (*U*)
    - den Inkreismittelpunkt (*I*)
    - den Schwerpunkt (*S*)

    Schreiben Sie ein Programm, das für gegebene Dreiecke (beschrieben durch drei Punkte) diese vier Punkte bestimmt.

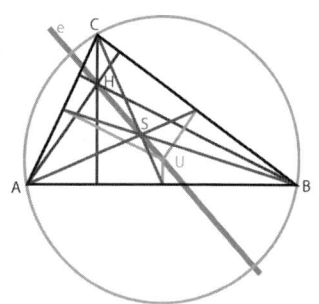

4. *Eulersche Gerade.* Umkreismittelpunkt, Schwerpunkt und Höhenschnittpunkt eines Dreiecks liegen auf einer Geraden, die durch eine Geradengleichung $ax + by + c = 0$ definiert werden kann. Implementieren Sie ein Programm, das drei Parameter *a*, *b* und *c* der Eulerschen Gerade eines Dreiecks bestimmt.

Problem 3. Kreise im gleichschenkligen Dreieck

Zwei reelle Zahlen sind gegeben:
    B – die Basis eines gleichschenkligen Dreiecks,
    H – die Höhe für die Basis dieses gleichschenkligen Dreiecks.
Berechnen Sie auf sechs Nachkommastellen genau den folgenden Wert:
C – die Summe der Umfänge aller übereinander liegenden Inkreise, so dass, ausgehend vom größten Kreis, jeder folgende Kreis seinen Vorgänger und die beiden Schenkel des Dreiecks berührt. Der kleinste Radius ist größer als 0.000001.

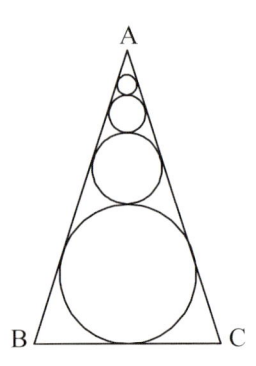

Eingabe: In der Datei *triangle.in* ist pro Zeile die Basis und die Höhe eines gleichschenkligen Dreiecks gegeben. *Ausgabe:* Geben Sie die Summe der Kreisumfänge in *sumC.out* aus.

triangle.in	sumC.out
0.3456 0.6543	2.055532
0.789 0.456	1.432561
12.340987 10.909841	34.274273

(ACM, Mountain Region Programming Contest, 1990)

Problemanalyse und Entwurf der Lösung

Eine der Formeln für der Radius ρ des Inkreises ist $\rho = (s-b)\tan\dfrac{\beta}{2}, s = \dfrac{a+b+c}{2}$.

Weil $b = c$ folgt:

$$\rho = \frac{B}{2}\tan\frac{\beta}{2} \qquad (1)$$

Weil wir B und H haben, finden wir den Winkel β mit: $\beta = \arctan\dfrac{H}{B}$. Aus (1) folgt dann:

6 Ebene Geometrie, Trigonometrie

$$\rho = \frac{B}{2}\tan\frac{\arctan\frac{H}{B}}{2} \qquad (2)$$

Nachdem ein Kreis errechnet wurde, modifizieren wir gedanklich das Dreieck so, dass die neue Basis zum oberen „Ende" des errechneten Inkreises wandert. Die neuen Werte für H und B werden dann: $H_{neu} = H_{alt} - 2\cdot\rho_{alt}$ und $B_{neu} = \frac{B\cdot H_{neu}}{H_{alt}}$.

Wir wiederholen diese Schritte, bis der Radius des Inkreises kleiner als 0.000001 wird (ein endlicher Prozess). Den Umfang jedes gefundenen Inkreises ($2\cdot\pi\cdot\rho$) addieren wir zur Variablen s, die mit 0 initialisiert wurde.

Programm

```cpp
#include <fstream>
#include <cmath>

const double PI(2*acos(0.0));

int main(){
  double s, r, H, B, aux;

  std::ifstream in("triangle.in");
  std::ofstream out("sumC.out");
  while(in && !in.eof() && in>>B>>H){
    s = 0;
    r=(B/2)*tan(atan(2*H/B)/2);
    while(r > 0.000001){
      s  += 2 * PI * r;
      aux = H - 2 * r;
      B   = B * aux / H;
      H   = aux;
      r   = (B/2) * tan(atan(2*H/B)/2);
    }
    out.precision(6); out.setf(std::ios::left);
    out.flags(std::ios::fixed);
    out<<s<<std::endl;
  }
  return 0;
}
```

Aufgaben

1. Eine andere Lösungsmöglichkeit: $\rho = \dfrac{(ABC)}{s} = \dfrac{\frac{1}{2}ah_a}{\frac{1}{2}(a+2b)} = \dfrac{a\sqrt{b^2-\left(\frac{a}{2}\right)^2}}{a+2b}$.

   Ein neues Dreieck ist seinem vorhergehenden ähnlich, nur die Höhe zur Basis wird um 2ρ kleiner, der „Schrumpffaktor" beträgt also $\dfrac{h_a - 2\rho}{h_a}$, wobei $h_a = \sqrt{b^2 - \left(\dfrac{a}{2}\right)^2}$. Damit bilden die Radien eine geometrische Folge.

   Schreiben Sie ein Programm, das diese Methode verwendet.

2. Erweitern Sie das Programm so, dass auch die Summe der Umfänge aller gleichschenkligen Dreiecke, die sich mit der obigen Vorgehensweise formen lassen, ausgegeben wird.

3. Es sei ein gleichseitiges Dreieck mit der Seitenlänge L gegeben. Finden Sie eine Formel, die die Summe der Umfänge der ersten n Inkreise berechnet. Einen neuen Inkreis erhalten wir, wenn wir ein Dreieck konstruieren, dessen Ecken auf dem vorhergehenden Inkreis liegen.

Der Sphinx in den Karpaten, Bucegi Gebirge

Kombinatorik 7

Grundlagen

Das mathematische Teilgebiet der Kombinatorik befasst sich mit der Theorie der endlichen Mengen. Die Hauptaufgabe der Kombinatorik besteht darin, die Elemente einer Menge geschickt zu zählen. Es geht aber auch um das Anordnen und Auswählen von Elementen einer Menge.

Eine Menge A mit n Elementen ist gegeben. Drei typische Fragen der Kombinatorik, und die Teilgebiete, die diese Fragen beantworten, sind:
- Wie viele Möglichkeiten gibt es, die n Elemente anzuordnen? -> Permutationen
- Wie viele Möglichkeiten gibt es, aus den n Elementen mit Berücksichtigung der Reihenfolge k Elemente auszuwählen? -> Variationen
- Wie viele Möglichkeiten gibt es, aus den n Elementen ohne Berücksichtigung der Reihenfolge k Elemente auszuwählen? -> Kombinationen.

Viel Schub erhielt die Kombinatorik durch Fragestellungen aus dem Bereich der Glücksspiele. Zum Beispiel äußerten langjährige Spieler die Vermutung, dass beim Spielen mit einem Würfelpaar die Summe von neun Augen öfter auftrat als die Summe von zehn Augen. Der große Mathematiker Gottfried Wilhelm Leibniz kam bei der Untersuchung dieser Vermutung zu dem Schluss, dass sie falsch sei. Aber ihm unterlief ein Fehler, und mit Hilfe der Kombinatorik lässt sich Beobachtung bestätigen.

1. Prinzip von Inklusion und Exklusion.
Um die Kardinalität einer Menge zu bestimmen, wendet man das Prinzip der Inklusion und Exklusion (Prinzip der Einschließung und Ausschließung) an. Auf dieses Prinzip stoßen Sie überall dort in der Mathematik, wo mit Mengen gearbeitet wird, zum Beispiel in der Wahrscheinlichkeits- und Zahlentheorie und in der Kombinatorik.

Für zwei Mengen A und B lautet dieses Prinzip:

$$|A \cup B| = |A| + |B| - |A \cap B|$$

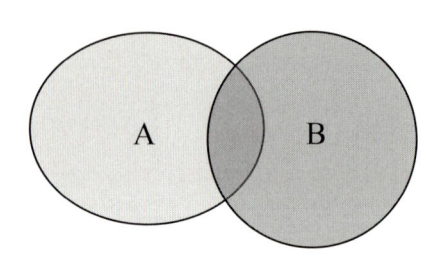

Und für drei Mengen A, B, C:

$$|A \cup B \cup C| = |A| + |B| + |C| - |A \cap B| - |A \cap C| - |B \cap C| + |A \cap B \cap C|.$$ Graphisch:

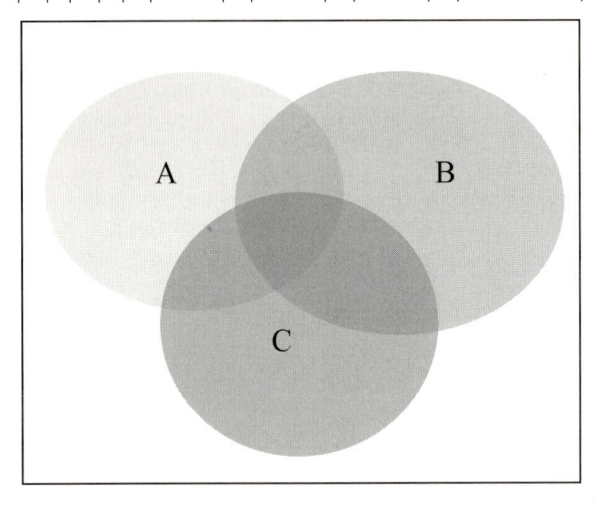

Der Beweis für diese beiden Basisfälle bleibt als Übung.

<u>Satz 1 (Prinzip von Inklusion und Exklusion).</u> Es sei X eine endliche Menge und A_1, A_2, ..., A_n Teilmengen von X. Dann gelten:

$$\left| \bigcup_{i=1}^{n} A_i \right| = \sum_{i=1}^{n} |A_i| - \sum_{1 \le i < j \le n} |A_i \cap A_j| + \sum_{1 \le i < j < k \le n} |A_i \cap A_j \cap A_k| - \ldots + (-1)^{n-1} \left| \bigcap_{i=1}^{n} A_i \right| \quad (1)$$

Den Beweis kann man zum Beispiel durch vollständige Induktion erbringen. Wenn man die Operationen „∪" und „∩" vertauscht, kommt man zu dieser Formel:

$$\left| \bigcap_{i=1}^{n} A_i \right| = \sum_{i=1}^{n} |A_i| - \sum_{1 \le i < j \le n} |A_i \cup A_j| + \sum_{1 \le i < j < k \le n} |A_i \cup A_j \cup A_k| - \ldots + (-1)^{n-1} \left| \bigcup_{i=1}^{n} A_i \right| \quad (2)$$

Einen Beweis dafür findet man z. B. in [Eng97], Problem E21.

7 Kombinatorik

Beispiel 1. Es sei eine natürliche Zahl n mit $n>1$ gegeben. Finden Sie die Anzahl der natürlichen Zahlen aus $\{1, 2, 3, \ldots, n\}$, die teilerfremd zu n sind.

Das ist die Eulersche Phi-Funktion, die so definiert ist: $\varphi: \mathbb{N} \to \mathbb{N}$, $\varphi(n)$ = die Anzahl der natürlichen Zahlen von 1 bis n, die teilerfremd zu n sind. Eine Anwendung dieser Funktion wurde im fünften Kapitel, Arithmetik und Algebra, unter den Grundlagen bei den Fermatschen Sätzen in Satz 10 gezeigt.

Lösung: Es sei $p_1^{e_1} \cdot p_2^{e_2} \cdot \ldots \cdot p_r^{e_r}$ die Primfaktorzerlegung von n. Wir definieren:

$$A_i = \{m \in \mathbb{N} \mid m \text{ ist Vielfaches von } p_i, m > 0 \text{ und } m \leq n\} \text{ mit } |A_i| = \frac{n}{p_i}.$$

Es folgt:

$$A_i \cap A_j = \{m \in \mathbb{N} \mid m \text{ ist Vielfaches von } p_i p_j, m > 0 \text{ und } m \leq n\}$$

$$\text{mit } |A_i \cap A_j| = \frac{n}{p_i p_j} \quad (i \neq j).$$

Wir brauchen die Zahl $|\overline{A_1} \cap \overline{A_2} \cap \ldots \cap \overline{A_r}|$ und es gilt:

$$|\overline{A_1} \cap \overline{A_2} \cap \ldots \cap \overline{A_n}| = |X| - |A_1 \cup A_2 \cup \ldots \cup A_n| = n - |A_1 \cup A_2 \cup \ldots \cup A_n|.$$

Sie ist nach Formel (1) gleich

$$\varphi(n) = n - \sum_{i=1}^{r} \frac{n}{p_i} + \sum_{1 \leq i < j \leq r} \frac{n}{p_i p_j} - \ldots + (-1)^r \frac{n}{p_1 p_2 \cdots p_r} = n\left(1 - \frac{1}{p_1}\right)\left(1 - \frac{1}{p_2}\right)\cdots\left(1 - \frac{1}{p_r}\right).$$

2. Das Schubfachprinzip

Als sich im Jahre 1822 der deutsche Mathematiker Peter Gustav Lejeune Dirichlet (1805 - 1859) auf den Weg nach Paris machte, um dort Mathematik zu studieren, befanden sich die *Disquisitiones arithmeticae*, das große Werk des ebenfalls deutschen Mathematikers Carl Friedrich Gauß (1777 – 1855) über Zahlentheorie, in seinem Gepäck. Dirichlet hat das Buch, wie andere Menschen eine Bibel, immer bei sich gehabt. In Paris lernte er bedeutende französische Mathematiker kennen, zum Beispiel Fourier, Laplace und Legendre. Dirichlet lehrte u.a. als Professor an der Universität in Berlin und 1855 folgte er dem kurz davor verstorbenen Gauß auf den Lehrstuhl der Höheren Mathematik an der Universität Göttingen nach. Die wichtigsten Inhalte seiner Arbeit waren die Analysis und die Zahlentheorie, und er verband die von der französischen Schule um Fourier geprägte angewandte Mathematik mit der Zahlentheorie. Dirichlet bewies die Konvergenz von Fourierreihen und seinen bekannten Satz über Primzahlen in arithmetischen Progressionen so eindrucksvoll, dass er damit neue Maßstäbe für diese beiden Bereiche der Mathematik setzte. Durch sein Wirken kennen wir heute den Dirichletschen Einheitensatz (Satz über algebraische Zahlenkörper), die Dirichlet-Funktion, die Dirichlet-Randbedingung und das Dirichlet-Schubfachprinzip.

Wir sehen uns nun das Schubfachprinzip genauer an. Im Englischen heißt es *pigeonhole principle* (Taubenschlagprinzip). Mögliche Anwendungen dafür sind:
- „Man kann nicht sieben Tauben in drei Ställen unterbringen, so dass jeder Stall höchstens zwei Tauben beinhaltet"
- „Von drei Personen haben mindestens zwei das selbe Geschlecht"
- „Wenn $n+1$ Soldaten ins Bett gehen wollen, aber nur n Betten vorhanden sind, dann schläft in mindestens einem Bett mehr als ein Soldat"

Allgemein lautet das Schubfachprinzip:

Satz 2. Wenn man n Objekte auf k Fächer verteilt, so gibt es mindestens ein Fach, welches nicht weniger als $\left\lceil \dfrac{n}{k} \right\rceil$ Objekte enthält, wobei $\lceil ... \rceil$ die Aufrundungsfunktion ist.

Oder anders formuliert:
Wenn man $nk+1$ Objekte auf k Fächer verteilt, dann gibt es mindestens ein Fach, das mindestens $n+1$ Objekte beinhaltet.

Auf die Geometrie kann man es so anwenden:

Satz 3. Die Figuren $F_1, F_2, ..., F_n$ mit den Flächeninhalten $A_1, A_2, ..., A_n$ liegen in der Ebene. Wenn sie alle von einer Figur F mit dem Flächeninhalt A beinhaltet werden und $A_1+A_2+...+A_n > k \cdot A$ für $1 \leq k < n$ gilt, dann besitzen von den Figuren $F_1, F_2, ..., F_n$ mindestens $k+1$ einen gemeinsamen Punkt.

Andere Formulierung:

7 Kombinatorik

In der Ebene liegen eine Figur F mit der Fläche A und n Figuren F_i mit den Flächen A_i, $i = 1, 2, ..., n$. Wenn $A > \sum_{i=1}^{n} A_i$ ist, können die n Figuren F_i nicht die Figur F bedecken; wenn die n Figuren F_i die Figur F bedecken, gilt $\sum_{i=1}^{n} A_i \geq A$.

Wie Sie sehen, gibt es viele Einsatzbereiche für das Schubfachprinzip. Oft ist es aber schwierig zu erkennen, welche „Dinge" man den Objekten und Fächern zuordnet.

Beispiel 2. Zeigen Sie, dass sich unter elf beliebigen natürlichen Zahlen zwei finden lassen, deren Differenz durch 10 teilbar ist.
Lösung: Beim Dividieren der elf Zahlen durch 10 können sich die Reste 0, 1, 2, ..., 9 ergeben. Das Schubfachprinzip besagt, dass es mindestens zwei Zahlen gibt, die bei Division durch 10 denselben Rest ergeben. Das heißt, dass deren Differenz durch 10 teilbar ist. (aus [Gan91])

Beispiel 3. Man wählt beliebige 101 Zahlen aus dem Bereich von 1, 2, 3, 4, ..., 200 aus. Zeigen Sie, dass es immer zwei Zahlen in den 101 gibt, von denen eine ein Vielfaches der anderen ist.
Lösung: Es gibt genau 100 ungerade Zahlen a, die kleiner als 200 sind, und für jede von ihnen betrachten wir die Folge $a, 2a, 4a, 8a, 16a, ... \ 2^n \cdot a$, d.h. alle Produkte aus a und Zweierpotenzen, die nicht größer als 200 sind. In diesen Folgen haben je zwei Zahlen die Eigenschaft, dass eine ein Vielfaches der anderen ist. Jede Zahl von 1 bis 200 gehört einer solchen Folge an. Aus dem Schubfachprinzip folgt, dass es in den 101 Zahlen zwei gibt, die der gleichen Folge (aus den 100 Folgen) angehören.

Beispiel 4. Gegeben ist die Fibonacci-Folge: 1, 1, 2, 3, 5, 8, 13, 21, 34, 55, ... (jedes Glied beginnend mit dem dritten Glied ist die Summe seiner beiden Vorgänger). Zeigen Sie, dass es in den ersten 100.000.001 Gliedern der Folge mindestens eines gibt, das mit vier Nullen endet.
Lösung: Es sei $a_1, a_2, ..., a_k, ...$ die Folge der Reste, die aus der Division der Fibonacci-Glieder durch 10.000 hervorgehen. Also ist $a_1=1$, $a_2=1$, $a_3=2$, ..., $a_{10}=55$, ... Die Anzahl der möglichen Reste ist 10.000. Wir betrachten nun die Paare der Divisionsreste (a_1, a_2), (a_2, a_3), (a_3, a_4), ..., $(a_{100.000.001}, a_{100.000.002})$, von denen es $10.000^2 = 100.000.000$ gibt. Gemäß dem Schubfachprinzip existieren mindestens zwei gleiche Paare, d.h. es gibt n, p mit $n<p<100.000.002$, so dass $a_n = a_p$ und $a_{n+1}=a_{p+1}$. Es folgt $a_{n-1}=a_{p-1}$, $a_{n-2}=a_{p-2}$, ..., $a_2=1=a_{p-n+2}$, $a_1=1=a_{p-n+1}$ und $a_{p-n}=0$. (aus G. M. 10/1981, S. 380-381).

Beispiel 5. Es seien *n* verschiedene Punkte in der Ebene gegeben. Jeder Punkt ist mit mindestens einem weiteren Punkt durch eine Strecke verbunden. Zeigen Sie, dass es zwei Punkte gibt, die Endpunkt jeweils gleich vieler Strecken sind.
Lösung: Jeder Punkt ist ein Ausgangspunkt für mindestens eine und maximal *n*-1 Strecken. Weil wir *n* Punkte haben, folgt, dass es zwei gibt, von denen dieselbe Anzahl von Strecken ausgeht. Das wissen wir durch das Schubfachprinzip. (aus [Gan91])

3. Permutationen (Anordnungen mit Berücksichtigung der Reihenfolge)

Permutationen von unterscheidbaren Elementen (ohne Wiederholung). Es sei *A* eine endliche Menge mit *n* Elementen. Es gibt mehrere Möglichkeiten, die *n* Elemente anzuordnen. Jede Anordnung stellt eine Permutation dar. Die Anzahl der Permutationen einer Menge mit *n* Elementen bezeichnen wir mit $P(n)$.

Beispiel 6. Es sei $A = \{a, b, c\}$. Die Permutationen dieser Menge sind (a, b, c), (a, c, b), (b, a, c), (b, c, a), (c, a, b) und (c, b, a), also $P(3) = 6$.

Das Produkt der ersten *n* natürlichen Zahlen, die Fakultät von *n*, ist:

$$n! = 1 \cdot 2 \cdot \ldots \cdot (n-1) \cdot n = \prod_{i=1}^{n} i .$$

Satz 4. Für jede Zahl $n \in \mathbb{N}\setminus\{0\}$ gilt $P(n) = n!$.
Der Beweis könnte z.B. durch vollständige Induktion erfolgen.

Beispiel 7. Wie viele verschiedene Zahlen kann man mit den Ziffern 0, 1, .., 9 bilden, so dass jede Ziffer genau einmal in einer Zahl vorkommt?
Lösung: Von der Anzahl der Anordnungsmöglichkeiten der Menge aller Ziffern müssen wir die, die an erster Stelle eine 0 haben, abziehen. Die Antwort ist $10! - 9! = 9 \cdot 9! = 3.265.920$ Zahlen.

Beispiel 8. Wie viele Möglichkeiten gibt es, die Elemente der Menge $\{1, 2, \ldots, 2n\}$ so anzuordnen, dass sich jede gerade Zahl auf einer geraden Stelle in der Anordnung befindet?
Lösung: Weil es *n* gerade Stellen gibt, folgt, dass *n!* Möglichkeiten existieren, die *n* geraden Zahlen auf diese Stellen zu platzieren. Für jede einzelne dieser Möglichkeiten gibt es wiederum *n!* Möglichkeiten, die ungeraden Zahlen auf die ungeraden Positionen zu setzen. Daraus folgt die Antwort $n! \cdot n! = (n!)^2$.

7 Kombinatorik

Permutationen von Elementen in mehreren Gruppen (mit Wiederholung). Es sei eine Menge A gegeben. Alle Elemente von A haben eine bestimmte Eigenschaft, und man kann sie in Gruppen einteilen, deren Elemente identische Eigenschaften besitzen. Gesucht ist die Anzahl der Anordnungen, für die nur diese Eigenschaft relevant ist. Die Elemente einer Gruppe sind also austauschbar für eine derartige Anordnung.

Wenn wir zum Beispiel 2 rote und 3 schwarze Bälle haben, dann sind die möglichen Anordnungen bezüglich der Eigenschaft „Farbe": RRSSS, RSSSR, RSSRS, RSRSS, SRRSS, SRSRS, SRSSR, SSRRS, SSRSR, SSSRR. Die Anzahl lautet also $10 = \frac{5!}{3! \cdot 2!}$.

Allgemein: Wenn für die Menge A mit n Elementen die Gruppen für die Elemente mit denselben Eigenschaften $n_1, n_2, \ldots, n_k$ Mitglieder haben, dann ist die Anzahl der Anordnungsmöglichkeiten gleich dem Multinomialkoeffizienten:

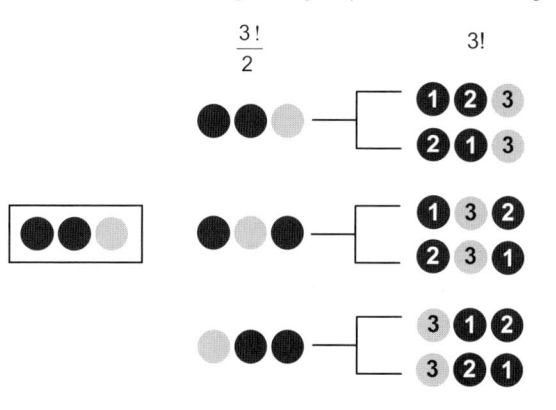

$$\frac{n!}{n_1! \cdot n_2! \cdot \ldots \cdot n_k!}$$

Beispiel 9. Wie viele Anordnungen der Buchstaben des Wortes BANANA gibt es?
Lösung: Das Wort besteht aus 6 Buchstaben, deswegen ist $n = 6$. Der Buchstabe A kommt dreimal vor ($n_1 = 3$), B einmal ($n_2 = 1$) und N zweimal ($n_3 = 2$). Es gibt

$$\frac{n!}{n_1! \cdot n_2! \cdot n_3!} = \frac{6!}{3! \cdot 1! \cdot 2!} = \frac{6 \cdot 5 \cdot 4}{2} = 60 \text{ Anordnungsmöglichkeiten.}$$

Beispiel 10. Wir betrachten zwei blaue und eine graue Kugel. Wie viele Möglichkeiten gibt es, sie anzuordnen (Permutationen mit Wiederholung)? Jetzt werden die drei Kugeln zusätzlich mit einer Nummer versehen. Wie viele Anordnungsmöglichkeiten bezüglich ihrer Nummer existieren nun (Permutationen ohne Wiederholung)?
Lösung:

4. Variationen (Auswahlen mit Beachtung der Reihenfolge)

<u>Variationen ohne Wiederholung (ohne Zurücklegen).</u> Es sei A eine endliche Menge mit n Elementen. Es gibt mehrere Möglichkeiten, k Plätze ($k \leq n$) mit je einem Element aus A zu belegen (geordnete Mengen), und die Anzahl ist:

$$A_n^k = \frac{n!}{(n-k)!} = n \cdot (n-1) \cdot (n-2) \cdot \ldots \cdot (n-k+1).$$

<u>Beispiel 11.</u> Mit den Elementen der Menge $A = \{a, b, c, d\}$ könnte man 12 geordnete Mengen herstellen, die je zwei Elemente von A beinhalten:

$$\{a, b\}, \{a, c\}, \{a, d\},$$
$$\{b, a\}, \{b, c\}, \{b, d\},$$
$$\{c, a\}, \{c, b\}, \{c, d\},$$
$$\{d, a\}, \{d, b\}, \{d, c\}.$$

<u>Variationen mit Wiederholung (mit Zurücklegen).</u> Es sei A eine endliche Menge mit n Elementen. Es gibt n^k Möglichkeiten, k Plätze unter Beachtung der Reihenfolge mit je einem Element aus A zu belegen, wenn ein ausgewähltes Element wieder zurückgelegt werden kann. Das entspricht der Anzahl der geordneten Multimengen mit k Elementen aus einer Menge mit n Elementen.

Die Anzahl n^k ist so groß wie die Anzahl der Abbildungen einer Menge A mit k Elementen in eine Menge B mit n Elementen (oder der Anzahl der möglichen Funktionen $f:\{1, 2, \ldots, k\} \rightarrow \{1, 2, \ldots, n\}$).

<u>Beispiel 12.</u> Mit den Elementen der Menge $A = \{a, b, c, d\}$ kann man $16 = 4^2$ geordnete Multimengen mit je zwei Elementen von A erzeugen:

$$\{a, a\}, \{a, b\}, \{a, c\}, \{a, d\},$$
$$\{b, a\}, \{b, b\}, \{b, c\}, \{b, d\},$$
$$\{c, a\}, \{c, b\}, \{c, c\}, \{c, d\},$$
$$\{d, a\}, \{d, b\}, \{d, c\} \text{ und } \{d, d\}.$$

<u>Beispiel 13.</u> Wie viele binäre Wörter der Länge n gibt es?
Lösung: Die gesuchte Anzahl entspricht der Anzahl der Multimengen mit n Elementen aus der Menge $\{0, 1\}$, also: 2^n. Für die Länge 3 zählen wir $2^3 = 8$ Wörter: 000, 001, 010, 011, 100, 101, 110, 111.

<u>Beispiel 14.</u> Haben Sie schon einmal die Nummernkombination eines Zahlenschlosses vergessen? Mir ist das einmal mit meinem Fahrradschloss passiert, es hatte vier Ringe

7 Kombinatorik

mit einem Zahlenbereich von 0 bis 6. Ich begann bei 0000 mit dem Hochdrehen, und bei 6354 öffnete sich das Schloss. Wie viele Möglichkeiten hätte ich im ungünstigsten Fall durchprobieren müssen? Die Lösung ist die Anzahl der Multimengen mit 4 Elementen aus einer Menge von 7 Elementen, also: $7^4 = 2401$.

5. Kombinationen (Auswahlen ohne Beachtung der Reihenfolge)

<u>Kombinationen ohne Wiederholung (ohne Zurücklegen)</u>. In Gegensatz zu Variationen bleibt hier die Reihenfolge der Elemente einer Auswahl unbeachtet, d.h. {1, 2, 3} ist gleichwertig mit {2, 3, 1}. Es gibt also weniger Kombinationen als Variationen. Sei A eine endliche Menge mit n Elementen, und die Teilmengen von A mit k Elementen ($k \leq n$) sind gesucht. Die Anzahl der Kombinationen ohne Wiederholung ist „n über k" (oder der Binomialkoeffizient):

$$\binom{n}{k} = \binom{n}{n-k} = \frac{n!}{k! \cdot (n-k)!}$$

Das ist die Anzahl der Permutationen mit Wiederholung für zwei Gruppen.

<u>Beispiel 15.</u> Wie viele fünfköpfige Prüfungskommissionen lassen sich mit acht Professoren herstellen?
Lösung: Die möglichen Kommissionen sind die Teilmengen mit 5 Elementen einer Menge mit 8 Elementen, also 8 über 5:

$$\binom{8}{5} = \frac{8!}{5! \cdot 3!} = \frac{8 \cdot 7 \cdot 6}{3 \cdot 2} = 56 \text{ Möglichkeiten.}$$

<u>Beispiel 16.</u> Wie viele Diagonalen hat ein konvexes n-Eck?
Lösung: Es gibt keine drei Ecken, die auf einer gemeinsamen Geraden liegen. Die Summe der Anzahlen der Diagonalen und der Kanten des Polygons ist identisch mit der Anzahl der Teilmengen mit 2 Elementen aus einer Menge mit n Elementen, das heißt:
$\binom{n}{2} = \frac{n(n-1)}{2}$. Wenn man davon die n Kanten abzieht, erhält man die Anzahl der Diagonalen: $\frac{n(n-1)}{2} - n = \frac{n(n-3)}{2}$.

Beispiel 17. In wie vielen Punkten schneiden sich die Diagonalen eines konvexen n-Ecks, wenn vorausgesetzt wird, dass keine drei Diagonalen existieren, die sich in einem gemeinsamen Punkt schneiden?
Lösung: Jedem Schnittpunkt zweier Diagonalen lassen sich vier verschiedene Ecken zuordnen. Deswegen ist die Anzahl aller Schnittpunkte gleich der Anzahl der Teilmengen mit 4 Elementen aus einer Menge mit n Elementen:

$$\binom{n}{4} = \frac{n!}{4! \cdot (n-4)!} = \frac{n(n-1)(n-2)(n-3)}{1 \cdot 2 \cdot 3 \cdot 4}.$$

Kombinationen mit Wiederholung (mit Zurücklegen). Aus einer Menge A mit n Elementen greift man k-Tupel ($k \leq n$) heraus, wobei ein Element von A auch mehrmals gezogen werden kann. Die Anzahl der Multimengen mit k Elementen aus der Menge A ist:

$$\binom{n+k-1}{k} = \frac{(n+k-1)!}{k! \cdot (n-1)!}$$

Beispiel 18. Speziell für Vegetarier hat ein Automatenhersteller ein Gerät entworfen, das mit zehn verschiedenen Obstsorten befüllt werden kann (grüne und rote Äpfel, Bananen, Orangen, Birnen, Kiwis, Grapefruits, Mandarinen, Pfirsichen, Mirabellen). Neben der normalen Möglichkeit, dem Automaten eine der zehn Früchte zu entnehmen, hat die Gerätedesignerin auch den Knopf „Nimm 3" entworfen, bei dessen Betätigung drei Früchte auf einmal ausgegeben werden. „Wer die Wahl hat, hat die Qual", das weiß auch die Designerin, darum hat sie vorgesehen, dass bei „Nimm 3" der Zufall darüber entscheidet, was der Käufer essen soll. Allerdings hat der Programmierer der Steuerungssoftware vergessen, dafür zu sorgen, dass eine Obstsorte nicht doppelt oder gar dreifach gewählt wird. Wie viele Möglichkeiten der Ausgabe besitzt der noch fehlerhafte Automat für den „Nimm 3"-Knopf?
Lösung: Die Antwort ist die Anzahl der Kombinationen mit Wiederholung von 3 Elementen aus einer Menge mit 10 Elementen:

$$\binom{10+3-1}{3} = \frac{12!}{3! \cdot 9!} = \frac{12 \cdot 11 \cdot 10}{3 \cdot 2} = 220 \text{ Möglichkeiten.}$$

6. Binomialkoeffizienten und ihre Anwendungen
Wenn x und y reelle Zahlen sind, dann gelten:

$(x+y)^1 = x + y$
$(x+y)^2 = x^2 + 2xy + y^2$
$(x+y)^3 = x^3 + 3x^2y + 3xy^2 + y^3$.

7 Kombinatorik

Satz 4. Allgemein lautet der sog. *Binomische Lehrsatz* für $n \in \mathbb{N}$:

$$(x+y)^n = \binom{n}{0}x^n + \binom{n}{1}x^{n-1}y + \binom{n}{2}x^{n-2}y^2 + \ldots + \binom{n}{k}x^{n-k}y^k + \ldots + \binom{n}{n}y^n = \sum_{k=0}^{n}\binom{n}{k}x^{n-k}y^k$$

Der „allgemeine Term" der Summenbildung ist:

$$T_{k+1} = \binom{n}{k}x^{n-k}y^k, \text{ für } k = 0,1,2,\ldots n.$$

Beispiel 19. Finden Sie den fünften Term für $\left(\sqrt{x} + \sqrt[3]{x^2}\right)^{10}$.

Lösung: $T_5 = \binom{10}{4}\left(\sqrt{x}\right)^{10-4}\left(\sqrt[3]{x^2}\right)^4 = 210 x^3 \sqrt[3]{x^2}$.

Beispiel 20. Finden Sie den zwölften Term der Summenbildung für $\left(\dfrac{1}{\sqrt{5x}} - x\right)^n$, wenn der Binomialkoeffizient des dritten Terms 105 ist.

Lösung: Aus $\binom{n}{2} = 105$ folgt, dass $\dfrac{n(n-1)}{2} = 105$, und das bedeutet $n = 15$. Der zwölfte Term ist also:

$$T_{12} = (-1)^{11}\binom{15}{11}x^{11}\left(\dfrac{1}{\sqrt{5x}}\right)^4 = -\binom{15}{4}x^{11}\dfrac{1}{5^2 x^2} = -\dfrac{273}{5}x^9.$$

Folgerungen aus dem Binomialsatz. Für alle natürlichen Zahlen $n \geq 0$ gelten die folgenden Gleichungen:

i. $\binom{n}{0} = \binom{n}{n} = 1$ für alle $n \geq 0$

ii. $\binom{n}{0} + \binom{n}{1} + \binom{n}{2} + \ldots + \binom{n}{n} = 2^n$

iii. $\binom{n}{0} - \binom{n}{1} + \binom{n}{2} - \ldots + (-1)^n\binom{n}{n} = 0$

iv. $\binom{n}{0} + \binom{n}{2} + \binom{n}{4} + \ldots = \binom{n}{1} + \binom{n}{3} + \binom{n}{5} + \ldots = 2^{n-1}$

Aufgaben

1. Man will einem Freund acht verschiedene Fotos schicken. Zur Verfügung stehen fünf ausreichend große Umschläge, und alle sollen verwendet werden. Wie viele Möglichkeiten gibt es? Verwenden Sie das Prinzip von Inklusion und Exklusion und verallgemeinern Sie das Problem. (aus [Gan91])

2. Wie viele natürliche Zahlen mit n Ziffern gibt es, die die Ziffern 1, 2 und 3 mindestens einmal enthalten? Verwenden Sie das Prinzip von Inklusion und Exklusion. (aus [Gan91])

3. *Sieb des Eratosthenes.* Das Verfahren wurde in Kapitel 5, Arithmetik und Algebra, Problem 2 vorgestellt: Um die Primzahlen von 1 bis n zu bestimmen, siebt man schrittweise die Vielfachen von 2, 3, 5, usw. aus. Es sei eine natürliche Zahl $n>1$ geben. Finden Sie mit Hilfe des Prinzips von Inklusion und Exklusion die Anzahl der im Sieb verbliebenen Primzahlen, nachdem lediglich alle Vielfachen von 2, 3 und 5 ausgesiebt wurden. (aus [Gan91])

4. *Anzahl der surjektiven Abbildungen.* Eine Funktion $f: A \to B$ heißt *surjektiv*, wenn es für alle $y \in B$ ein $x \in A$ gibt, so dass $f(x)=y$. Es seien zwei Mengen A und B mit $|A|=n$ und $|B|=m$, $n \geq m$, gegeben. Zeigen Sie mit Hilfe des Prinzips von Inklusion und Exklusion, dass für die Anzahl $S_j(n,m)$ der surjektiven Funktionen $f: A \to B$ gilt:

$$S_j(n,m) = \sum_{i=0}^{m-1}(-1)^i \binom{m}{i}(m-i)^n = m^n - \binom{m}{1}\cdot(m-1)^n + \ldots + (-1)^{m-1}\cdot m$$

Bemerkung. Dieses Aufgabe kann man auf Probleme dieses Typs übertragen: Auf wie viele Arten kann man n Objekte auf m Personen verteilen ($n \geq m$), so dass jede Person mindestens ein Objekt bekommt? (aus [Gan91])

5. *Das Problem der Zufälligkeit.* Das Problem basiert auf der folgenden kurzen Geschichte. Eine Sekretärin muss fünf Briefe an fünf verschiedene Personen versenden. Die Briefe und die bereits adressierten Umschläge liegen vor ihr. Von einem Kollegen wird sie so stark abgelenkt, dass sie die Briefe wahllos in die Kuverts steckt. Jetzt fragen wir uns, wie viele Möglichkeiten des unkoordinierten Einpackens es dafür gibt,
    a) dass niemand den richtigen Brief bekommt?
    b) dass nur eine Person den richtigen Brief erhält?
    c) dass zwei Empfänger den richtigen Brief erhalten?
    d) wenn wir das Problem für n Briefe und n Personen verallgemeinern und m Personen die korrekten Briefe erhalten sollen?

6. Auf wie viele Arten kann man die Buchstaben des Wortes MISSISSIPPI so anordnen, dass nicht alle I, S und P hintereinander stehen? *Bemerkung.* Verwenden Sie das Prinzip von Inklusion und Exklusion: Es sei die Menge A_1 die

Menge der Wörter, die IIII beinhalten, A_2 die Menge der Wörter, die PP beinhalten, A_3 die Menge der Wörter, die SSSS beinhalten und A die Menge aller Wörter mit den Buchstaben des Wortes MISSISSIPPI...

7. Wie viele Zahlen zwischen 1 und 100 sind durch 2, 3 oder 5 teilbar?
8. Zeigen Sie, dass es unter beliebigen 52 natürlichen Zahlen zwei gibt, deren Summe oder Differenz durch 100 teilbar ist. Ist das auch für beliebige 51 natürliche Zahlen wahr? (G. M. 10/1981, S. 380-381).
9. Es sei eine Menge mit $n+1$ positiven ganzen Zahlen kleiner als $2n$ gegeben. Zeigen Sie, dass sich in dieser Menge drei Zahlen befinden, von denen eine die Summe der anderen beiden ist. (aus [Gan91])
10. Wie viele Personen braucht man, um behaupten zu können, dass q ($q \geq 2$) Personen am selben Tag Geburtstag haben?
11. Zu einer Veranstaltung werden n Teilnehmer erwartet. Man weiß, dass sich manche von ihnen schon kennen (wenn A die Person B kennt, dann kennt B auch A). Zeigen Sie, dass es zwei Personen gibt, die gleich viele Teilnehmer kennen. Ein äquivalentes Problem wäre es zu beweisen, dass es in einem ungerichteten Graphen zwei Knoten mit demselben Grad gibt.
12. Im Inneren eines Quadrats mit der Seitenlänge 1 liegen ein paar Kreise, und die Summe aller Kreisumfänge ist 10. Zeigen Sie, dass es eine Gerade gibt, die mindestens vier der Kreise schneidet.
13. Im Inneren eines Rechtecks mit den Maßen 3×4 befinden sich sechs Punkte. Zeigen Sie, dass es zwei Punkte gibt, deren Abstand kleiner als $\sqrt{5}$ ist. (aus [Gan91])
14. Zeigen Sie, dass es eine natürliche Zahl gibt, die durch 1997 teilbar ist und deren vier letzte Ziffern 1998 sind.
15. Lösen Sie in $\mathbb{N}$ die Gleichungen:

    a) $\dfrac{(n+2)!}{n!} = 72$ b) $\dfrac{n!}{(n-4)!} = \dfrac{12 n!}{(n-2)!}$ c) $\dfrac{1}{n!} - \dfrac{1}{(n+1)!} = \dfrac{n^3}{(n+2)!}$

16. Wie viele Anordnungen der Elemente der Menge $\{1, 2, \ldots, n\}$ gibt es, in denen die Zahlen 1, 2 und 3 hintereinander stehen?
17. Eine Studiengruppe muss vier Prüfungen schreiben, die an acht Prüfungstagen angeboten werden. Die Gruppe kann aussuchen, welche Prüfung sie an welchem Tag absolvieren will. Wie viele Möglichkeiten gibt es dafür? Wie viele Möglichkeiten gibt es, wenn eine der Prüfungen auf den letzten Tag fixiert wird?
18. Eine Klasse besteht aus n Schülern. Jeder hat jedem ein Foto gegeben. Wie viele Fotos sind im Umlauf?

19. Wie viele Möglichkeiten gibt es, Rudermannschaften mit acht Schülern und einem Lehrer zusammenzustellen (Achter mit Steuermann), wenn 20 Schüler und drei Lehrer zur Auswahl stehen?
20. Berechnen Sie die Anzahl der Möglichkeiten, zwölf verschiedene Bücher an drei Personen zu vergeben, so dass jede Person vier Bücher bekommt.
21. Stellen Sie für die folgenden Gleichungen den Binomischen Lehrsatz auf:

    a) $\left(\sqrt{x}+\sqrt{a}\right)^4$. Finden Sie den Term in der Summenbildung, der x^2 beinhaltet.

    b) $\left(\dfrac{1}{\sqrt[3]{a^2}}+\sqrt[4]{a^3}\right)^{17}$. Bestimmen Sie den Term aus der Summenbildung, der kein a enthält.

    c) $\left(\sqrt{\dfrac{x}{\sqrt[3]{y}}}-\sqrt{\dfrac{\sqrt{y}}{x}}\right)^{43}$. Welchen Rang hat der Term aus der Summenbildung, in dem x und y gleiche Potenzen haben.

22. Zeigen Sie, dass für alle natürlichen Zahlen $n \in \mathbb{N}$ die Summe $(2+\sqrt{3})^n + (2-\sqrt{3})^n$ eine natürliche Zahl ist.

Problem 1. Alle Teilmengen einer Menge in lexikographischer Reihenfolge

Gegeben sei die Menge $S = \{1, 2, ..., n\}$. Die Menge aller ihrer Teilmengen heißt Potenzmenge (engl. *power set*). Für die Mächtigkeit der Potenzmenge $P(S)$ mit $|S|=n$ gilt:

$$|P(S)| = \sum_{k=0}^{n} \binom{n}{k} = 2^n.$$

Wir wollen alle diese Teilmengen in lexikographischer Reihenfolge generieren. Wenn eine Teilmenge $T \subseteq S$ gegeben ist, dann definieren wir den charakteristischen Vektor von T als n-Tupel:

$\chi(T) = [x_{n-1}, x_{n-2}, ..., x_0]$ mit $x_i = \begin{cases} 1, \text{wenn } i+1 \in T \\ 0, \text{wenn } i+1 \notin T \end{cases}$ für $i \in \{0, 1, ..., n-1\}$.

Für jede Teilmenge gibt es einen charakteristischen Vektor, und umgekehrt gibt es für jeden Vektor der Länge n, der aus den Elementen 0 und 1 besteht, genau eine solche Teilmenge. Wenn wir uns vorstellen, dass diese charakteristischen Vektoren die Binärdarstellungen für die ganzen Zahlen $0, 1, ..., 2^n-1$ sind, dann haben wir eine bijektive Abbildung zwischen den charakteristischen Vektoren und $\{0, 1, ..., 2^n-1\}$. Der Rang

7 Kombinatorik

(engl. *rank*) für die Teilmenge *T*, den wir mit *rank(T)* bezeichnen, ist die ganze Zahl, die durch $\chi(T)$ binär repräsentiert wird. Das heißt: $rank(T) = \sum_{i=0}^{n-1} x_i \cdot 2^i$. Für *n* = 3 gibt es 8 Teilmengen der Menge *S* = {1, 2, 3}:

T	$\chi(T) = [x_2, x_1, x_0]$	rank(T)
{}	[0, 0, 0]	0
{1}	[0, 0, 1]	1
{2}	[0, 1, 0]	2
{1, 2}	[0, 1, 1]	3
{3}	[1, 0, 0]	4
{1, 3}	[1, 0, 1]	5
{2, 3}	[1, 1, 0]	6
{1, 2, 3}	[1, 1, 1]	7

Eingabe: *n* wird über die Tastatur eingegeben, mit 0 ≤ *n* ≤ 16. *Ausgabe:* Schreiben Sie in die Datei *subsets.out* alle Teilmengen der Menge *S* = {1, 2, ..., *n*} in lexikographischer Reihenfolge der charakteristischen Vektoren, wie im Beispiel:

Tastatur	subsets.out
n = 3	{} {1} {2} {1, 2} {3} {1, 3} {2, 3} {1, 2, 3}

Problemanalyse und Entwurf der Lösung

Wie oben gezeigt wäre es ein Lösungsansatz, die Binärdarstellung aller natürlichen Zahlen von 0 bis 2^n-1 heranzuziehen und alle Teilmengen zu generieren. Wir werden aber diese Methode als Übung belassen und einen Nachfolger-Algorithmus benutzen. Wir machen auch von der *STL*-Klasse *bitset* Gebrauch.

Die Klasse *bitset<N>* stellt Operationen für eine Menge von *N* Bits mit dem Index von *0* bis *N-1* bereit, wobei *N* zur Kompilierzeit bekannt ist. Dazu gehören die Operatoren & (und), | (oder), ^ (exklusiv-oder), <<, >> (Verschiebung um *n* Stellen nach links, bzw. nach rechts, wobei *n* hinter dem Operator steht).

Wir werden mit (0, 0, ..., 0) anfangen. Den Nachfolger eines charakteristischen Vektors (x_{n-1}, x_{n-2}, ..., x_1, x_0) bauen wir wie folgt auf:

ALGORITHM_NACHFOLGER_CVEKTOR (x_{n-1}, x_{n-2}, ..., x_1, x_0)
1. $k \leftarrow$ kleinster Index mit $x_k = 0$
2. **If** (Index k existiert) **Then**
   For ($i \leftarrow 0$; $i<k$; step 1) $x_i \leftarrow 0$
   $x_k \leftarrow 1$
   Else
   "Es gibt keinen Nachfolger!"
END_ ALGORITHM_NACHFOLGER_CVEKTOR (x_{n-1}, x_{n-2}, ..., x_1, x_0)

> Man sucht das kleinste k mit der Bedingung $x_k = 0$. Wenn es ein solches k gibt, dann wird $x_k \leftarrow 1$ und $x_i \leftarrow 0$ für alle $i \leq k-1$.
>
> *Beispiel:*
> *Nachfolger*(1000111)=1001000 ($k=3$)

Im Programm signalisiert die boolsche Variable *flag*, ob es einen Nachfolger gibt. Die Methode *write()* schreibt die entsprechende Teilmenge für einen bestimmten charakteristischen Vektor *b* in den Ausgabestream *out*.

Programm

```cpp
#include <fstream>
#include <iostream>
#include <bitset>

#define DIM 16

void write(unsigned n, std::bitset<DIM> &b, std::ofstream &out){
  int i, nr1 = 0;
  for(i=0; i<(int)n; i++){
    if(1==b[i]){
      nr1++;
      if(1==nr1){
        out<< "{" << i+1;
      } else {
        out << ", " << i+1;
      }
    }
  }
  if(nr1>0) out << "}" << std::endl;
  else out << "{}" << std::endl;
}

int main(){
  std::bitset<DIM> b;
  unsigned n, k;
```

```
  bool flag;
  std::ofstream out("subsets.out");
  std::cout<< " n = "; std::cin >> n;
  while(true){
    k=0;
    write(n, b, out);
    while(k<n && 1==b[k]) b[k++]=0;
    if(k<n)
      b[k]=1;
    else
      break;
  }
  return 0;
}
```

Aufgaben

1. Modifizieren Sie den Algorithmus und das Programm so, dass die Teilmengen in antilexikographischer Reihenfolge erzeugt werden (man fängt mit 111...11 an und berechnet den Nachfolger, der letzte Vektor ist dann 000...00).
2. Lesen Sie in der C++-Hilfe die Beschreibung aller Methoden der Klasses *bitset*. Schreiben Sie kleine Testprogramme, die alle angebotenen Bit-Operatoren verwenden.
3. *Für Bitmengen, die nicht in einen long long int passen, ist ein std::bitset viel bequemer als die direkte Verwendung von int-Werten. Für kleinere Bitmengen mag ein Effizienznachteil entstehen. Schreiben Sie ein Programm, das kein bitset mehr verwendet, sondern int direkt.*
4. *Ein bitset<N> ist ein Feld von N Bits und unterscheidet sich von einem vector<bool> durch die Tatsache, dass es eine feste Größe besitzt. Verwenden Sie im Programm anstatt eines bitset einen vector<bool>.*
5. *Ranking.* Entwerfen Sie ein Programm, das für ein gegebenes n und eine Teilmenge den Rang dieser Teilmenge in der lexikographisch geordneten Gruppe aller Teilmengen berechnet. In der Datei *subset.in* wird in der erste Zeile n spezifiziert und in der zweiten die Teilmenge. Der Rang wird in *rank.out* geschrieben, wie im Beispiel:

subset.in	rank.out
3	3
1 2	

6. *Unranking.* Es seien n und der Rang r gegeben, mit $0 \leq r < 2^n$. Bestimmen Sie die entsprechende Teilmenge der Menge $\{1, 2, ..., n\}$ in lexikographischer Reihenfolge.

Problem 2. Der Gray-Code (minimale Änderungsreihenfolge)

Der Gray-Code ist ein Binärsystem mit der Eigenschaft, dass sich zwei aufeinander folgende Werte nur in einem Bit unterscheiden. Wenn die Gray-Codes der Länge n die charakteristischen Vektoren für die Teilmengen der Menge $S = \{1, 2, ..., n\}$ sind, dann können zwei benachbarte Teilmengen durch das Löschen oder Hinzufügen von nur einem Element ineinander übergeführt werden (engl. *minimal change ordering*). Beispiel für $n=3$:

T	GRAY-Code $\chi(T) = [x_2, x_1, x_0]$	Binär	rank(T)
{}	[0, 0, 0]	000	0
{1}	[0, 0, 1]	001	1
{1, 2}	[0, 1, 1]	011	2
{2}	[0, 1, 0]	010	3
{2, 3}	[1, 1, 0]	110	4
{1, 2, 3}	[1, 1, 1]	111	5
{1, 3}	[1, 0, 1]	101	6
{3}	[1, 0, 0]	100	7

Die Gray-Codes sind rekursiv definiert. Für eine natürliche Zahl n beschreiben wir mit:

$G^n = [G_0^n, G_1^n, ..., G_{2^n-1}^n]$ die Gray-Code-Liste, die 2^n Elemente hat. Für $n=1$ ist $G^1 = [0,1]$. Wenn G^{n-1} gegeben ist, dann ist der Gray-Code G^n wie folgt definiert:

$G^n = [0G_0^{n-1}, 0G_1^{n-1}, ..., 0G_{2^{n-1}-1}^{n-1}, 1G_{2^{n-1}-1}^{n-1}, 1G_{2^{n-1}-2}^{n-1}, ..., 1G_0^{n-1}]$, oder man könnte schreiben:

$$G_i^n = \begin{cases} 0G_i^{n-1}, \text{wenn } 0 \leq i \leq 2^{n-1}-1 \\ 1G_{2^{n-1}-i}^{n-1}, \text{wenn } 2^{n-1} \leq i \leq 2^n-1 \end{cases}$$

Schreiben Sie ein Programm, das für eine gegebene natürliche Zahl n alle Teilmengen der Menge $S = \{1, 2, ..., n\}$ in der Gray-Code-konformen Reihenfolge erzeugt.
Eingabe: n wird über die Tastatur eingegeben, wobei $0 \leq n \leq 16$. *Ausgabe:* Schreiben Sie in die Datei *subsets.out* alle Teilmengen der Menge $S= \{1, 2, ..., n\}$ in der Reihenfolge der Gray-Codes, wie im Beispiel:

Tastatur	subsets.out
n = 3	{} {1}

7 Kombinatorik

	{1, 2}
	{2}
	{2, 3}
	{1, 2, 3}
	{1, 3}
	{3}

Problemanalyse und Entwurf der Lösung

Wir werden die obige Binärdarstellung verwenden, um den Gray-Code aufzubauen.

Lemma 1. Wenn $rank(T) = b_n b_{n-1} \ldots b_1 b_0 = \sum_{i=0}^{n} b_i \cdot 2^i$ ist und der entsprechende Gray-Code-Wert:

$G_{rank}^{n+1} = a_n a_{n-1} \ldots a_1 a_0$, dann gelten die Gleichungen:

$$a_n = b_n$$
$$a_j = (b_j + b_{j+1}) \bmod 2 \tag{1}$$

$$b_j = \sum_{i=j}^{n-1} a_i \bmod 2, \text{ für alle } j = 0, 1, \ldots, n-1. \tag{2}$$

Der Beweis des Lemmas bleibt als Übung. Gleichung (1) dient zum Aufbau des Gray-Codes. Wir werden dieses Mal einen *vector<bool>* verwenden, um die binäre Darstellung anhand eines Nachfolger-Algorithmus wie in Problem 1 zu generieren. Um den binären Code in Gray-Code zu transformieren, schreiben wir die Methode *giveGrayCode()*.

Programm

```cpp
#include <fstream>
#include <iostream>
#include <vector>

using namespace std;
void write(unsigned n, vector<bool> &b, ofstream &out){
  unsigned i, nr1 = 0;
  for(i=0; i<n; i++){
    if(b[i]){
      nr1++;
      if(1==nr1){
        out<< "{" << i+1;
      } else {
        out << ", " << i+1;
      }
    }
```

```
      }
    }
    if(nr1>0) out << "}" << endl;
    else out << "{}" << endl;
}

vector<bool> giveGrayCode(vector<bool> &b){
  vector<bool> vRet;
  short n = (short)b.size();
  for(short i=0; i<n-1; i++)
    vRet.push_back((bool)((b[i]+b[i+1])%2));
  vRet.push_back(b[n-1]);
  return vRet;
}

int main(){
  vector<bool> b, c;
  short n, k, i;
  bool flag;
  ofstream out("subsets.out");
  cout<< " n = "; cin >> n;
  flag=true;
  for(i=0; i<n; i++) b.push_back(0);
  while(flag){
    k=0;
    c = giveGrayCode(b);
    write(n, c, out);
    while(k<n && 1==b[k]) b[k++]=0;
    if(k<n)
      b[k]=1;
    else
      flag = false;
  }
  return 0;
}
```

Aufgaben

1. Entwerfen Sie ein Programm das keinen *vector<bool>* verwendet, sondern *int* direkt.
2. Finden Sie einen Nachfolger-Algorithmus, um das Problem ohne Binärdarstellung zu lösen.
3. *Ranking.* Entwickeln Sie ein Programm, das für ein gegebenes n und eine Teilmenge den Rang dieser Teilmenge in der Gray-geordneten Gruppe aller Teilmengen berechnet. In der ersten Zeile von *subset.in* wird n angegeben und in

der zweite Zeile die Teilmenge. Der Rang wird in *rank.out* geschrieben, wie im Beispiel:

subset.in	rank.out
3	3
2	

4. *Unranking.* Es sei n und der Rang r gegeben. Bestimmen Sie die entsprechende Teilmenge der Menge $\{1, 2, ..., n\}$ in der Gray-Reihenfolge.

Problem 3. Permutationen in lexikographischer Reihenfolge

Generieren Sie für eine natürliche Zahl n alle Permutationen der Menge $\{1, 2, ..., n\}$ in lexikographischer Reihenfolge.

Eingabe: In der Datei *genperm.in* befindet sich eine natürliche Zahl n ($1 \le n \le 10$).
Ausgabe: Schreiben Sie in die Datei *genperm.out* alle Permutationen der Menge $\{1, 2, ..., n\}$ in lexikographischer Reihenfolge, und zwar eine Permutation pro Zeile.

genperm.in	genperm.out
3	1 2 3
	1 3 2
	2 1 3
	2 3 1
	3 1 2
	3 2 1

Problemanalyse und Entwurf der Lösung

Die Menge der Permutationen mit n Elementen ist eine geordnete Menge bezüglich der lexikographischen Ordnung. Die lexikographische Beziehung „kleiner" stellt eine totale Ordnung auf dieser Menge dar (siehe Kapitel Mengen). Die Permutationsmenge hat ein Start- und Endelement (ohne Vorgänger, ohne Nachfolger):
- erstes Element ist die Permutation $(1, 2, ..., n)$
- letztes Element ist die Permutation $(n, n-1, ..., 1)$

Wir werden die vollständige Menge auf der Grundlage eines Nachfolge-Algorithmus Element für Element generieren. Wir beschreiben weiter, wie man den Nachfolger einer Permutation $(p_1, p_2, ..., p_n)$ bestimmt. Er wird wie folgt konstruiert:

Schritt 1. Man sucht von rechts beginnend das erste Element p_k, das $p_k < p_{k+1}$ ($1 \le k < n$) erfüllt.

Schritt 2. Für dieses k sucht man erneut von rechts beginnend das erste Element p_t, das $p_t > p_k$ ($k < t$) erfüllt. (Es gibt mindestens ein Element, auf das die Bedingung zutrifft, nämlich p_{k+1}).

Schritt 3. Man vertauscht die Inhalte von p_k und p_t.

Schritt 4. Man kehrt die Sequenz $p_{k+1} p_{k+2} ... p_n$ um.

Die so erhaltene Permutation ist die lexikographisch kleinste, die größer als die gegebene Permutation ist.

Beispiel: Wir nehmen $n = 6$ an und wollen den Nachfolger der Permutation (6, 3, 5, 4, 2, 1) finden. Das erste k von rechts mit $p_k < p_{k+1}$ ist $k = 2$ (weil $3 < 5$ und jedes Paar rechts davon diese Bedingung nicht erfüllt). Bezüglich $k = 2$ ist $p_4 = 4$ das erste Element von rechts, das größer als $p_2 = 3$ ist. Wir vertauschen also p_2 und p_4 und erhalten damit (6, 4, 5, 3, 2, 1). Die Umkehrung der Sequenz, die sich hinter p_2 befindet (5, 3, 2, 1), führt schließlich zu (6, 4, 1, 2, 3, 5), dem lexikographischen Nachfolger der gegebenen Permutation (6, 3, 5, 4, 2, 1).

Um den lexikographischen Vorgänger und Nachfolger einer Permutation zu bestimmen, bietet *STL* die Methoden *prev_permutation()* und *next_permutation()*, die sich in der Headerdatei *<algorithm>* befinden. Um den vorgestellten Algorithmus zu zeigen, werden wir die Methode *transform_next()* implementieren, die als Parameter eine Referenz zu einer Permutation erwartet und diese in ihren Nachfolger transformiert, wenn es ihn gibt (dann ist der Rückgabewert 1, sonst 0). Beachten Sie die Anwendung von *swap()* und *reverse()*, die Folgen modifizieren und aus der Headerdatei *<algorithm>* stammen. Wenn wir die *STL* Methode *next_permutation()* anstatt *transform_next()* benutzen, dann wird der *if*-Block im Hauptprogramm so aussehen:

```
...
if(in >> n){
    for(short i=0; i<n; i++) P.push_back(i);
    do{
       writePermutation(P, out);
    }while(transform_next(P));
 }
...
```

Programm

```
#include <fstream>
#include <vector>
#include <algorithm>

using namespace std;

void writePermutation(vector<short>& P, ofstream &out){
  for(int i=0; i<(int)P.size(); i++){
    out.width(3);
    out << P[i]+1;
  }
  out << endl;
}
```

```
int transform_next(vector<short>& P){
  short n = (short)P.size();
  short t, k=n-2;
  while(k>=0 && P[k]>P[k+1]) k--;
  if(k>=0){
    t=n-1;
    while(P[t]<P[k])t--;
    swap(P[k], P[t]);
    reverse(P.begin()+k+1, P.end());
    return 1;
  } else {
    return 0;
  }
}

int main(){
  vector<short> P;
  short n;
  ifstream in("genperm.in");
  ofstream out("genperm.out");
  if(in >> n){
    for(short i=0; i<n; i++) P.push_back(i);
    do{
      writePermutation(P, out);
    }while(transform_next(P));
  }
  return 0;
}
```

swap(P[k], P[t]) könnte man ersetzen durch:
iter_swap(P.begin()+k, P.begin()+t);

Aufgaben

1. Ersetzen Sie die Methoden *swap()* und *reverse()* durch selbst geschriebene Methoden *swap1()* und *reverse1()*.
2. Ändern Sie den Algorithmus so ab, dass die Permutationen in antilexikographischer Reihenfolge aufgelistet werden, beginnend mit der Permutation (n, n-1, ..., 2, 1) und endend mit der Permutation (1, 2, ..., n-1, n). Schreiben Sie auch die kürzere Variante unter Zuhilfenahme der Methode *prev_permutation()* aus der *STL*-Bibliothek.

Problem 4. Ranking einer Permutation in lexikographischer Reihenfolge

Wenn eine Ordnung über die Menge aller *n*-Permutationen (die Permutationen mit *n* Elementen) gegeben ist, dann ist der Rang einer Permutation gleichbedeutend mit deren Stelle in der geordneten Liste aller *n*-Permutationen. Wenn die Rangordnung mit 0 anfängt, dann können wir jeder Permutation einen Rang zwischen 0 und $n!-1$ zuweisen. Wir suchen den Rang einer gegebenen n-Permutation bzgl. der lexikographischen Ordnung und nehmen an, dass er in den Typ *unsigned long long* passt. Beispiel:

perm.in	rank.out
4	22
4 3 1 2	
7	4908
7 5 6 3 1 2 4	

Problemanalyse und Entwurf der Lösung

Eine erste Lösungsmöglichkeit wäre es, alle n-Permutationen beginnend mit der ersten n-Permutation (1, 2, ..., n-1, n) lexikographisch aufsteigend zu generieren und jede von ihnen mit der gegebenen n-Permutation zu vergleichen. Dieser Algorithmus ist aber sehr zeitaufwändig, die Komplexität ist $O(n!)$. Es wäre also besser eine Methode zu finden, die eine bessere Komplexität hat. Die lexikographisch geordnete Liste aller n-Permutationen beginnt mit den $(n-1)!$ Permutationen, die 1 als erstes Element haben, dann folgen die nächsten $(n-1)!$ Permutationen, die 2 als erstes Element haben, usw. Für eine n-Permutation π gilt die Ungleichung:

$$(\pi(1)-1)(n-1)! \leq rank(\pi) \leq \pi(1)(n-1)! - 1 \qquad (1)$$

Wir bezeichnen mit r' den Rang der Permutation π in der Gruppe der $(n-1)!$ Permutationen, die $\pi(1)$ als erstes Element haben. Dann ist r' der Rang von $(\pi(2), \pi(3), ..., \pi(n))$ innerhalb der lexikographisch geordneten Liste aller Permutationen der Menge $\{1, 2, ..., n\}\setminus\{\pi(1)\}$. Wenn wir jedes Element von $(\pi(2), \pi(3), ..., \pi(n))$, das größer als $\pi(1)$ ist, um 1 verringern, dann bekommen wir eine Permutation von (1, 2, ..., n-1), die den Rang r' hat. Diese Bemerkung führt zu einer rekursiven Formel für den lexikographischen Rang einer n-Permutation:

$$rank(\pi, n) = (\pi(1)-1)(n-1)! + rank(\pi', n-1) \qquad (2)$$

wobei

$$\pi'(i) = \begin{cases} \pi(i+1)-1, & \text{wenn } \pi(i+1) > \pi(1) \\ \pi(i+1), & \text{wenn } \pi(i+1) < \pi(1) \end{cases} \qquad (3)$$

Die Anfangsbedingung für diese Relation ist:

7 Kombinatorik

$$rank((1), 1) = 0. \tag{4}$$

Aus dieser rekursiven Formel leitet man für den Rang ab:

$$rank(\pi, n) = \sum_{i=1}^{n} n_i \cdot (n-i)!, \tag{5}$$

wobei n_i die Zahl der Inversionspaare der Form (i, j) ist:

$$n_i = |\{(i,j) | 1 \leq i < j \leq n \text{ und } \pi(i) > \pi(j)\}|. \tag{6}$$

Das Programm implementiert Formel (5). Die Komplexität des Algorithmus ist jetzt $O(n^2)$, denn es gibt zwei verschachtelte *for*-Schleifen, die von der Dimension n abhängig sind.

Programm

```
#include <fstream>
#include <vector>

void main(){
  std::ifstream fin("perm.in");
  std::ofstream fout("rank.out");
  std::vector<short> p;
  short n, i, j, ni;
  unsigned long long rank=0, fact=1;
  fin >> n;
  for(i=0; i<n; i++){
    fin >> j; p.push_back(j);
  }
  for(i=n-2; i>=0; i--){
    fact *= n-i-1;
    ni = 0;
    for(j=i+1; j<n; j++)
      if(p[j]<p[i]) ni++;
    rank += ni*fact;
  }
  fout << rank;
}
```

$$rank(\pi, n) = \sum_{i=1}^{n} n_i \cdot (n-i)!$$

Aufgaben

1. Berechnen Sie auf einem Blatt Papier den Rang für die beiden gegebenen Beispiele mit Formel (5).
2. Beweisen Sie Formel (5) durch vollständige Induktion, basierend auf den Regeln der Bestimmung des Nachfolgers einer gegebenen n-Permutation.

Problem 5. Unranking einer Permutation in lexikographischer Reihenfolge

Das umgekehrte Problem. Wenn eine Ordnung über der Menge aller *n*-Permutationen gegeben ist, dann kennzeichnet die Stelle einer Permutation in der geordneten Liste aller *n*-Permutationen den Rang dieser Permutation. Wenn die Rangordnung mit 0 anfängt, können wir jeder Permutation einen Rang zwischen 0 und *n*!-1 zuweisen. Wir wollen die *n*-Permutation bestimmen, für die *n* und ihr Rang gegeben sind. *n* und der Rang werden in Variablen des Typs *unsigned long long* gespeichert. Beispiel:

rank.in	perm.out
4 22	4 3 1 2
7 4908	7 5 6 3 1 2 4

Problemanalyse und Entwurf der Lösung

In Formel (5) errechnete sich der Rang durch:

$rank(\pi,n) = \sum_{i=1}^{n} n_i \cdot (n-i)!$. Wir werden die *n*-Permutation finden, indem wir die Fakultätsdarstellung schrittweise bearbeiten. Der Algorithmus:

ALGORITHM_UNRANK_PERMUTATION(*p, n*)
  For (*i* ← 1; *i*≤*n*; step 1*)* **Execute** *a*[*i*] ← *i* **End_For**
  For (*i* ← 0; *i*≤*n*-1; step 1*)* **Execute**
    ni ← *rank* div (*n-i*-1)!
    rank ← *rank* mod (*n-i*-1)!
    j ← 0
    While(*ni*≥0) **Do**
      If(*a*[*j*]≠0) **Then** *ni* ← *ni*-1 **End_If**
      j ← *j*+1
    End_While
    p[*i*] ← *a*[*j*-1]
    a[*j*-1] ← 0
  End_For
ENDE_ALGORITHM_UNRANK_PERMUTATION(*p, n*)

---

ni ist die Anzahl der Inversionspaare für ein festes *i* und entspricht dem Wert *rank div (n-i-1)!*. Die Werte π(1), π(2), …, π(*n*) werden iterativ aufgefüllt. Der Vektor *a*[] wurde mit den Werten 1, 2, …, *n* initialisiert und an der entsprechenden Position wird eine 0 gesetzt, nachdem der Wert für eine Stelle vergeben ist. Mit der Schleife:

7 Kombinatorik

> **While(** $ni{\geq}0$ **) Do**
>   **If**$(a[j]{\neq}0)$ $ni \leftarrow ni\text{-}1$
> $j \leftarrow j+1$
> **End While**

„springen" wir über die Nullen des Vektors $a[\,]$ und zählen ni Werte in $a[\,]$, die nicht Null sind. Auf diese Weise haben wir den Wert für $p[i]$ gefunden. Die Komplexität des Algorithmus ist auch O(n^2).

Programm

```
#include <fstream>
#include <vector>

int main(){
  std::ifstream fin("rank.in");
  std::ofstream fout("perm.out");
  std::vector<short> p, a;
  std::vector<unsigned long long> fact;
  short n, i, j, ni;
  unsigned long long rank=0;
  fin >> n >> rank;
  fact.push_back(1);
  for(i=1; i<=n; i++){
    fact.push_back(fact[i-1]*i);
    a.push_back(i);
  }
  for(i=1; i<=n; i++){
    ni=(short)(rank/fact[n-i]);
    rank = rank % fact[n-i];
    j=0;
    while(ni>=0){
      if(a[j++])ni--;
    }
    p.push_back(a[j-1]);
    a[j-1]=0;
    fout << p[i-1] << " ";
  }
  return 0;
}
```

> $ni \leftarrow rank$ **div** $(n\text{-}i\text{-}1)!$
> $rank \leftarrow rank$ **mod** $(n\text{-}i\text{-}1)!$
> $j \leftarrow 0$
> **While(** $ni{\geq}0$ **) Do**
>   **If**$(a[j]{\neq}0)$ $ni \leftarrow ni\text{-}1$
> $j \leftarrow j+1$
> **End_While**
> $p[i] \leftarrow a[j\text{-}1]$
> $a[j\text{-}1] \leftarrow 0$

Aufgaben

1. Erstellen Sie für die beiden gegebenen Beispiele auf dem Papier die Permutationen mit Hilfe des ALGORITHM_UNRANK_PERMUTATION.
2. Ändern Sie das Programm so ab, dass für *fact* nicht mehr ein Vektor verwendet wird, sondern nur eine Variable des Typs *unsigned long long*.

Problem 6. Binomialkoeffizienten

Das Berechnen des Wertes des Binomialkoeffizienten $\binom{n}{k}$ ist nicht einfach, besonders wenn *n* und *k* groß sind. Wir wollen $\binom{n}{k}$ bestimmen, wobei *n*, *k* und das Ergebnis vom Typ *unsigned long int* sind und $0 \leq k \leq n$ gilt.

Eingabe: In *comb.in* ist auf jeder Zeile ein Paar (*n*, *k*) gegeben. *Ausgabe:* Schreiben Sie für jedes Paar aus *comb.in* eine entsprechende Gleichung mit dem Wert $\binom{n}{k}$, wie im Beispiel:

comb.in	comb.out
100 6	C(100, 6) = 1192052400
23 2	C(23, 2) = 253
45 3	C(45, 3) = 14190
20 5	C(20, 5) = 15504
90 4	C(90, 4) = 2555190
18 6	C(18, 6) = 18564
0 0	C(0, 0) = 1
1 0	C(1, 0) = 1

Problemanalyse und Entwurf der Lösung

Eine Formel für $\binom{n}{k}$ ist:

$$\binom{n}{k} = \frac{n!}{k! \cdot (n-k)!}$$

Weil die Werte *n!* sehr schnell wachsen, z. B.:
100! =
93.326.215.443.944.152.681.699.238.856.266.700.490.715.968.264.381.621.468.592.963.895.217.59
9.993.229.915.608.941.463.976.156.518.286.253.697.920.827.223.758.251.185.210.916.864.000.000.
000.000.000.000.000.000
folgt, dass es nicht möglich ist, diese Formel direkt anzuwenden.

7 Kombinatorik

Um $n!$ abzubilden, benutzen wir eine Struktur des Typs *map*.

Die Klasse *map* aus der *STL* ist ein assoziativer Container. Eine *map* ist eine Sequenz von Schlüssel/Werte-Paaren, die einen schnellen Zugriff auf Basis des Schlüssels bietet. Zu jedem Schlüssel ist höchstens ein Wert vorhanden (jeder Schlüssel ist eindeutig). Die Werte einer *map* können geändert werden, aber nicht die Schlüssel.

Wir werden eine *map* für $n!$ benutzen, in der die Schlüssel Primzahlen sind, und die zugeordneten Werte Potenzen der entsprechenden Primzahlen der *Primfaktorzerlegung* von $n!$ sind. Zum Beispiel kann man $10! = 2^8 \cdot 3^4 \cdot 5^2 \cdot 7^1$ für $n=10$ schreiben und der *map*-Container m wird dann: $m(2) = 8$, $m(3) = 4$, $m(5) = 2$, $m(7) = 1$. Um den Container m von $n!$ zu konstruieren, benutzen wir den Satz:

Satz von Legendre. *Der Exponent des Primfaktors p in der Primfaktorzerlegung von $n!$ ist* $\sum_{k \geq 1} \left\lfloor \dfrac{n}{p^k} \right\rfloor$. Diese Summe hat endlich viele Summanden $\neq 0$.

Beweis. Genau $\left\lfloor \dfrac{n}{p} \right\rfloor$ Faktoren aus $n!$ sind durch p teilbar, und daraus resultieren $\left\lfloor \dfrac{n}{p} \right\rfloor$ p-Faktoren. Genau $\left\lfloor \dfrac{n}{p^2} \right\rfloor$ Faktoren aus $n!$ sind durch p^2 teilbar, und das liefert weitere $\left\lfloor \dfrac{n}{p^2} \right\rfloor$ p-Faktoren, u.s.w. ❑

Um unser Problem zu lösen, schreiben die Methode *getPrimeMap()*, die den *map*-Container der Primfaktorzerlegung von $n!$ zurück liefert. Diese Methode basiert auf dem *Satz von Legendre* für den Aufbau der Paare *(p, no)* für alle Primzahlen, die kleiner oder gleich n sind. Um den Wert $\binom{n}{k}$ zu berechnen, werden wir danach die Zahlen $n!$, $k!$ und $(n-k)!$ als *map*-Container aufbauen und diese anschließend vereinfachen. Die Methode *simplify()* hat als Parameter zwei *maps* und erledigt die Vereinfachung des ersten Parameters durch den zweiten. Das wird erreicht, indem man durch die zweite *map* wandert und die Potenzen der Primzahlen der ersten *map* subtrahiert. Beispiel:

$$\frac{10!}{5!} = \frac{(2,8)(3,4)(5,2)(7,1)}{(2,3)(3,1)(5,1)} = \frac{2^8 \cdot 3^4 \cdot 5^2 \cdot 7^1}{2^3 \cdot 3^1 \cdot 5^1} = 2^{8-3} \cdot 3^{4-1} \cdot 5^{2-1} \cdot 7^1 = 2^5 \cdot 3^3 \cdot 5 \cdot 7$$

$$\frac{10!}{5!} \equiv \frac{(2,8)(3,4)(5,2)(7,1)}{(2,3)(3,1)(5,1)} \equiv (2,5)(3,3)(5,1)(7,1)$$

Programm

```
#include <map>
#include <fstream>

using namespace std;

typedef unsigned long int INTEGER;
typedef map<INTEGER, INTEGER> TMap;
typedef pair<INTEGER, INTEGER> Int_Pair;

int isPrime(INTEGER n){
  if(n<=1) return 0;
  for(INTEGER i=2; i*i<=n; i++)
    if(n%i == 0) return 0;
  return 1;
}

TMap getPrimeMap(INTEGER n){
  TMap m;
  INTEGER p = 2;
  while(p <= n){
    if(isPrime(p)){
      INTEGER aux=n/p;
      INTEGER exp=0;
      while(aux){
        exp += aux;
        aux /= p;
      }
      m.insert(Int_Pair(p, exp));
    }
    p++;
  }
  return m;
}

void simplify(TMap &m, TMap m1){
  TMap::iterator iter, iter1;
  for(iter1 = m1.begin();
      iter1 != m1.end(); iter1++){
    iter = m.find( iter1->first );
    if(iter != m.end()){
      iter->second -=
                  iter1->second;
    }
```

Für jede Primzahl *p* kleiner oder gleich *n* führe aus:
- initialisiere *no* mit 0 (der Exponent für *p* in der *n!*-Primfaktorzerlegung)
- *aux* nimmt sukzessive die Werte *n/p*, n/p^2, n/p^3, ... auf, bis es Null wird
- für jedes *aux* wird gemäß dem obigen Satz zu *exp* der Wert *aux* addiert
- das Paar (*p*, *exp*) – (Schlüssel, Wert) wird in *m* hinzugefügt

Das Vereinfachen der „Primfaktorzerlegung" *m* durch die Primfaktorzerlegung *m1* mit Speicherung des Ergebnisses in *m*. Das erfolgt durch das iterative Abarbeiten aller Paare aus *m1*. Für jedes Paar:
- wird das Element mit demselben Schlüssel in *m* gesucht (*find*)
- werden, wenn dieses Element gefunden ist, die Exponenten (Werte) voneinander subtrahiert

7 Kombinatorik

```
    }
}

INTEGER pow(INTEGER b, INTEGER n){
  INTEGER res = 1;
  while(n){
    res *= b;
    n--;
  }
  return res;
}
```

Naives iteratives Potenzieren:
berechnet die Potenz b^n.

```
INTEGER getNumber(TMap m){
  INTEGER l = 1;
  TMap::iterator iter;
  for(iter = m.begin();iter!=m.end();iter++){
    l *= pow(iter->first, iter->second);
  }
  return l;
}
```

$l \leftarrow p_1^{\alpha_1} \cdot p_2^{\alpha_2} \cdot \ldots \cdot p_k^{\alpha_k}$

```
void process(INTEGER n, INTEGER k, ofstream &out){
  TMap m, m1;
  m  = getPrimeMap(n);
  m1 = getPrimeMap(k);
  simplify(m, m1);
  m1 = getPrimeMap(n-k);
  simplify(m, m1);
  out << "C(" << n << ", " << k
      << ") = " << getNumber(m);
  out << endl;
}
```

$$\binom{n}{k} = \frac{n!}{k! \cdot (n-k)!}$$

```
int main(){
  INTEGER n, k;
  ifstream in("comb.in");
  ofstream out("comb.out");
  while (in && !in.eof()){
    if(in >> n >> k)
      process(n, k, out);
  }
  return 0;
}
```

Aufgaben

1. Schreiben Sie auf dem Papier für den ersten Eingabefall (100, 6) die Werte für die Primfaktorzerlegungen (als *maps*) und berechnen Sie den Wert $\binom{100}{6}$.

2. Ersetzen sie die naive, iterative Potenzierung, die in der Methode *pow()* angewendet wird, durch das Verfahren der „Schnellen Potenzierung" aus Kapitel 5, Arithmetik und Algebra, Problem 6, Kätzchen in Hüten.

3. Lösen Sie das Problem mit Hilfe der folgenden Formeln und beweisen Sie sie:

   a) $\binom{n}{k} = \frac{n}{k} \cdot \binom{n-1}{k-1}$

   b) $\binom{n}{k} = 1$, wenn $k = 0$ oder $n = k$

   $\binom{n}{k} = \binom{n-1}{k-1} + \binom{n-1}{k}$, $n > k$, $k \neq 0$

4. Analysieren Sie auch die folgende Lösungsmöglichkeit:

```
result=1;
for(j=n-k+1; j<=n; j++) a[j]=j;
for(i=2; i<=k; i++){
  j = 2; aux = i;
  while(aux != 1){
    if(aux%j==0)
      for(t=n-k+1; t<=n && aux!=1; t++)
        while(a[t]%j==0 && aux%j==0){aux/=j; a[t]/=j;}
    j++;
  }
}
for(t = n-k+1; t<=n; t++) result *= a[t];
```

5. *n Fakultät*. Schreiben Sie das Programm für die Primfaktorzerlegung von n!. *Eingabe*: In *fact.in* befinden sich mehrere natürliche Zahlen, eine pro Zeile (2 ≤ n ≤ 500) und die letzte Zeile beinhaltet 0. *Ausgabe*: In die Datei *fact.out* werden die Primfaktorzerlegungen geschrieben, wie im Beispiel. Jede Zerlegung besteht aus den Potenzen der Primfaktoren in aufsteigender Reihenfolge: (2, 3, 5, 7, 11, 13, 17 ...). Beispiel:

fact.in	fact.out
345	345! = 340 170 84 57 33 28 21 18 15 11 11 9 8 8 7
500	6 5 5 5 4 4 4 4 3 3 3 3 3 3 3
12	2 2 2 2 2 2 2 2 1 1 1 1 1 1 1
0	1 1 1 1 1 1 1 1 1 1 1 1 1 1 1
	1 1 1 1 1 1 1
	500! = 494 247 124 82 49 40 30 27 21 17 16 13 12 11 10
	9 8 8 7 7 6 6 6 5 5 4 4 4 4 4

7 Kombinatorik

	3	3	3	3	3	3	3	3	2	2	2	2	2	2
	2	2	2	2	2	2	2	2	1	1	1	1	1	1
	1	1	1	1	1	1	1	1	1	1	1	1	1	1
	1	1	1	1	1	1	1	1	1	1	1	1	1	1
	1	1	1	1	1									
12! =	10	5	2	1	1									

Geben Sie für dieses Problem mindestens zwei Algorithmen (also auch zwei Programme) an. Eines soll das obige Programm vereinfachen. Analysieren Sie auch die nächste Lösung, eventuell anhand eines Beispiels:

```
...
for(i=0; i<=n; i++) a[i]=0;
   for(i=2; i<=n; i++){
      aux = i;
      for(j=2; j<=i; j++)
         while(0==aux%j){aux /=j; a[j]++;}
   }
...
```

(*acm.uva.es/p/v1/160.html*, modifiziert)

6. *Permutationen mit Wiederholung (Multinomialkoeffizienten).* Wie viele verschiedene Wörter kann man mit den Buchstaben aus *ABRACADABRA* aufbauen? Die Antwort ist 83160. Wie oben erläutert, ist der Multinomialkoeffizient eine Erweiterung des Binomialkoeffizienten und ist definiert wie folgt:

$$\binom{n}{k_1, k_2, \ldots, k_r} = \frac{n!}{k_1! \cdot k_2! \cdot \ldots \cdot k_r!},$$ wobei n, k_1, k_2, ..., k_r nicht-negative ganze Zahlen mit $k_1 + k_2 + \ldots + k_r = n$ sind. In unserem Fall haben wir insgesamt 11 Buchstaben (A fünfmal, B zweimal, C einmal, D einmal, R zweimal), also $n=11$, $k_1=5$, $k_2=2$, $k_3=1$, $k_4=1$, $k_5=2$. Dann ist die Zahl der verschiedenen Wörter also $\frac{11!}{5! \cdot 2! \cdot 1! \cdot 1! \cdot 2!} = 83160$.

Erweitern Sie das Programm so, dass die Multinomialkoeffizienten berechnet werden. In der Datei *multicomb.in* befinden sich mehrere Eingabefälle, einer auf jeder Zeile (n, k_1, k_2, ..., k_r). Die Ergebnisse sollen in die Ausgabedatei *multicomb.out* geschrieben werden, wie im Beispiel:

multicomb.in	multicomb.out
4 1 2 1 9 1 4 3 1 11 5 2 1 1 2 5 1 1 1 1 1 M	MULC(4/, 1, 2, 1) = 12 MULC(9/, 1, 4, 3, 1) = 2520 MULC(11/, 5, 2, 1, 1, 2) = 83160 MULC(5/, 1, 1, 1, 1, 1) = 120

Modifizieren Sie dazu im obigen Programm das Einlesen der Eingabedatei und die Methode *doProcess()* z. B.:

```
void doProcess(INTEGER n, TVector v, ofstream &out){
  TMap m, m1;
  TVector::iterator iter;
  out << "MULC(" << n << "/";
  m  = getPrimeMap(n);
  for(iter = v.begin(); iter != v.end(); iter++){
      m1 = getPrimeMap(*iter);
      out << ", " << *iter;
      simplify(m, m1);
  }
  out << ") = " << getNumber(m);
  out << endl;
}
```

Problem 7. Das kleinste Vielfache

Eine natürliche Zahl n mit $1 \leq n < 10.000$ ist gegeben, und es ist bekannt, dass weder 2 noch 5 Teiler von n sind. Außerdem weiß man, dass es Vielfache von n gibt, die nur aus der Ziffer 1 bestehen. Wie viele Ziffern hat die kleinste dieser Vielfachen? *Eingabe:* Die Eingabedatei *zahl.in* beinhaltet maximal 500 Eingabefälle, einen pro Zeile. Jeder Fall repräsentiert ein n. *Ausgabe:* Geben Sie in die Datei *vielfache.out* für jeden Eingabefall eine Zeile mit der Ziffernanzahl der kleinsten gesuchten Vielfachen aus, wie im Beispiel:

zahl.in	vielfache.out
3	3 --> 3
7	7 --> 6
9901	9901 --> 12
97	97 --> 96
5673	5673 --> 60
791	791 --> 336
5557	5557 --> 926
543	543 --> 180
9999	9999 --> 36

(*http://acm.uva.es/p/v101/10127.html*, Autor Piotr Rudnicki)

Problemanalyse und Entwurf der Lösung

Beweis, dass es so ein Vielfaches gibt. Wir betrachten die Folge 1, 11, 111, 1111, ... Das Schubfachprinzip besagt, dass es in dieser Folge zwei Zahlen gibt, für die nach Division durch n derselbe Rest anfällt. Seien diese beiden Zahlen $\underbrace{1...1}_{k_1}$ und $\underbrace{1...1}_{k_2}$ mit $k_1 < k_2$.

Sie lassen sich auch so darstellen:

$\underbrace{1...1}_{k_1} = n \cdot Q_1 + R$ und $\underbrace{1...1}_{k_2} = n \cdot Q_2 + R$. Nach dem Subtrahieren erhalten wir:

$\underbrace{1...1}_{k_2} - \underbrace{1...1}_{k_1} = n \cdot (Q_2 - Q_1) \Leftrightarrow \underbrace{1...1}_{k_2-k_1}\underbrace{0...0}_{k_1} = n \cdot (Q_2 - Q_1) \Leftrightarrow \underbrace{1...1}_{k_2-k_1} \cdot 10^{k_1} = n \cdot (Q_2 - Q_1)$

Weil n und $10 = 2 \cdot 5$ teilerfremd sind, folgt: $n \mid \underbrace{1...1}_{k_2-k_1}$. □

Wir bezeichnen den Quotienten bzw. den Rest der Division von $\underbrace{1...1}_{k}$ durch n mit Q_k

bzw. R_k: $\underbrace{1...1}_{k} = n \cdot Q_k + R_k$. Jetzt drücken wir R_k durch n und R_{k-1} aus:

$\underbrace{1...1}_{k} = 10 \cdot \underbrace{1...1}_{k-1} + 1 = 10 \cdot (n \cdot Q_{k-1} + R_{k-1}) + 1 = 10 \cdot n \cdot Q_{k-1} + 10 \cdot R_{k-1} + 1 \Rightarrow$

$\Rightarrow R_k = (10 \cdot R_{k-1} + 1) \bmod n$. Den Rest R_k berechnen wir sukzessive, und wenn er Null wird, erhalten wir die Lösung $k+1$.

Programm

```
#include <fstream>
int main(){
  int n, R, k;
  std::ifstream in("zahl.in");
  std::ofstream out("vielfache.out");
  while(in && !in.eof() && in>>n){
    k = 0;
    R = 1==n ? 0 : 1;
    while(R){
      k++;
      R = (R*10+1)%n;
    }
    out.width(5);
    out << n << " --> ";
    out.width(5);
    out << k+1 << std::endl;
  }
  return 0;
}
```

Aufgaben

1. Wir modifizieren das Problem etwas. Die Eingabe besteht nicht mehr aus mehreren Fällen n, sondern aus zwei Zahlen a und b mit $a, b < 10.000$ und $a<b$, die ein Intervall beschreiben. Wählen Sie aus dem Intervall die natürlichen

Zahlen aus, die weder durch 2 noch durch 5 teilbar sind und ermitteln Sie jeweils die Länge des kleinsten Vielfachen, wie im Beispiel:

`zahl1.in`	`vielfache1.out`
9030 9045	9031 --> 820
	9033 --> 9030
	9037 --> 1290
	9039 --> 4290
	9041 --> 1130
	9043 --> 4521

2. Modifizieren Sie Ihr Programm von Aufgabe 1 so, dass nur die Lösung mit der kürzesten Ziffernanzahl ausgegeben wird. Wenn es mehr als eine Lösung mit der gleichen Anzahl von Ziffern für die Vielfachen gibt, dann wählen Sie die, deren zugehörige Ausgangszahl n aus dem Eingabeintervall am kleinsten ist.
3. Beweisen Sie, dass es für jede natürliche Zahl ein Vielfaches gibt, das nur aus den Ziffern 0 und 1 besteht. Schreiben Sie ein Programm, das für eine natürliche Zahl n mit $1 \leq n < 10.000$ so ein Vielfaches ausgibt.

Winterlandschaft in Saalbach, Österreich

Kombinatorik: Catalan-Zahlen

Einführung

Die Catalan-Zahlen sind oft in Problemen auf dem Gebiet der Kombinatorik anzutreffen. Sie sind wie folgt definiert:

$$C_n = \frac{1}{n+1}\binom{2n}{n} \tag{1}$$

Die ersten Zahlen sind also: $C_0 = 1$, $C_1 = 1$, $C_2 = 2$, $C_3 = 5$, $C_4 = 14$, $C_5 = 42$, $C_6 = 132$, $C_7 = 429$, $C_8 = 1430$, $C_9 = 4862$, $C_{10} = 16796$, $C_{11} = 58786$, …

- Ein klassisches Problem der Dynamischen Programmierung ist die Zerlegung eines konvexen n-Ecks durch sich nicht schneidende Diagonalen in Dreiecke. Wie viele Zerlegungen sind möglich?
- Das Generieren aller korrekten Klammerungen mit n öffnenden und n schließenden Klammern ist ein bekanntes *Backtracking*-Problem. Die Klammerungen ()() und (()) sind korrekt und ())(und)(() sind inkorrekt. Wie viele solche Klammerungen gibt es?
- Oft verwenden wir verschiedene Algorithmen zur Suche in bzw. Erzeugung von binären Bäumen. Wie viele vollständige Binärbäume mit n inneren Knoten gibt es?
- Ein kombinatorisches Problem ist das Auffinden aller Möglichkeiten dafür, dass $2n$ Personen an einem runden Tisch sitzen und jede Person genau einer anderen die Hand zur Begrüßung reichen soll, so dass es keine überkreuzenden Arme gibt.
- Ein politisches Problem stellt die Wahl zwischen Angie und Gerd dar. Beide sollen am Ende je n Stimmen aufweisen. Wie viele Möglichkeiten gibt es, dass während des Zählens Gerd nie vor Angie liegt?

Alle diese Fragen und auch zahlreiche andere Fragestellungen, die heutzutage im Kombinatorik-Umfeld bekannt sind, haben gemeinsam, dass sie mit Hilfe der Catalan-Zahlen beantwortet werden können. Im Laufe des Kapitels werden wir die Lösungen finden und außerdem verwandte Probleme kennen lernen.

Eugène Charles Catalan (1814-1894, Belgien) hat diese Zahlen im Zusammenhang mit dem Problem der Zerlegung eines konvexen n-Ecks durch sich nicht schneidende Diagonalen in Dreiecke vorgestellt. Dieses Problem wurde 1751 von Euler an Goldbach herangetragen, aber Catalan hat es durch ein anderes äquivalentes Problem bearbeitet: Wie viele korrekte Klammerungen gibt es für ein Produkt aus $n+1$ Variablen? Zum Beispiel gibt es für die Buchstaben a, b, c und d fünf Möglichkeiten: $((ab)c)d$, $(a(bc))d$, $(ab)(cd)$, $a((bc)d)$ und $a(b(cd))$. Er hat bemerkt, dass die Antwort für die beiden Probleme (Zerlegung eines konvexen $(n+2)$-Ecks, Klammerungen) dieselbe Zahl ist: die n-te Catalan-Zahl.

Eugène Charles Catalan

Catalan war nicht der Erste, der das Problem gelöst hat, z. B. hat es Johann Andreas von Segner (1704-1777) vor ihm geschafft, aber seine Lösung war nicht so elegant wie die von Catalan. Leonhard Euler (1707-1783) hat das Problem vereinfacht, ebenso später Jacques Philippe Marie Binet (1786-1856) ca. 1838, als auch Catalan damit beschäftigt war.

Sechs Probleme aus der Catalan-Familie

Wir betrachten nun sechs Probleme und werden danach zeigen, dass sie äquivalent sind und immer dieselbe Catalan-Zahl die Lösung darstellt.

<u>P1. Triangulierung eines konvexen Polygons.</u> Wie viele Möglichkeiten gibt es, ein konvexes $(n+2)$-Eck zu triangulieren (in Dreiecke zu zerlegen)?

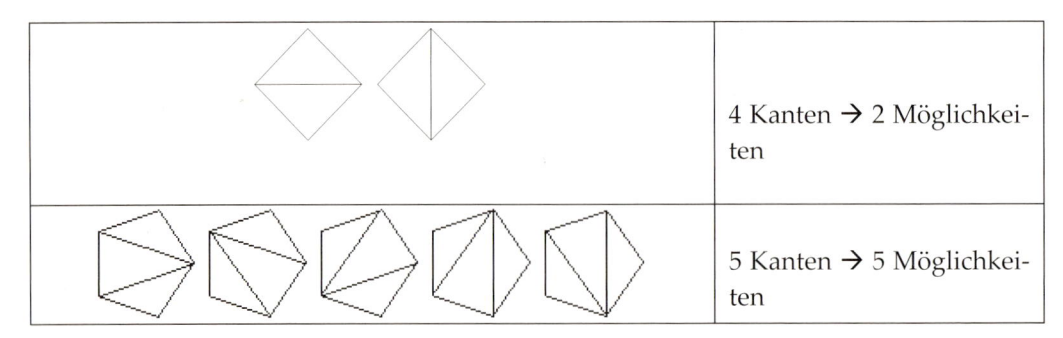

	4 Kanten → 2 Möglichkeiten
	5 Kanten → 5 Möglichkeiten

8 Catalan-Zahlen

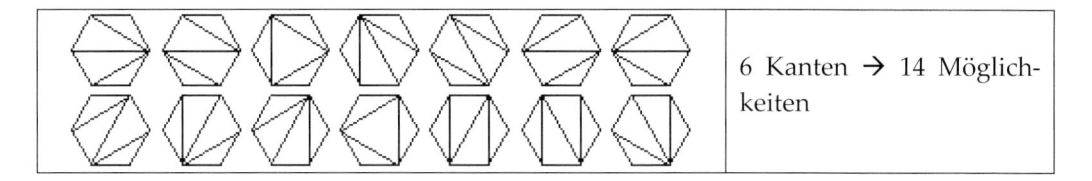

(Abbildungen von Sechsecken mit Triangulierungen)	6 Kanten → 14 Möglichkeiten

P2. **Korrekte Klammerung von n Klammern-Paaren.** Wie viele korrekte Klammerungen von n öffnenden und n schließenden Klammern gibt es? Zum Beispiel ist *(()())* eine korrekte Klammerung, im Gegensatz zu *())()(*, denn vor der dritten Klammer befindet sich keine dazugehörige öffnende Klammer.

()(), (())	2 Paare → 2 Möglichkeiten
()()() , ()(()), (())(), (()()), ((()))	3 Paare → 5 Möglichkeiten
()()()(), ()()(()), ()(())(), ()(()()), ()((())), (())()(), ()()(()), (())(()),((()))(), (()()(), (()(())), ((()))(), ((()())), (((()))), ((((()))	4 Paare → 14 Möglichkeiten

P3. **Die Anzahl vollständiger Binärbäume.** Ein vollständiger Binärbaum ist ein Baum, in dem jeder Knoten keinen oder zwei Söhne hat. Wie viele vollständige Binärbäume mit n inneren Knoten gibt es?

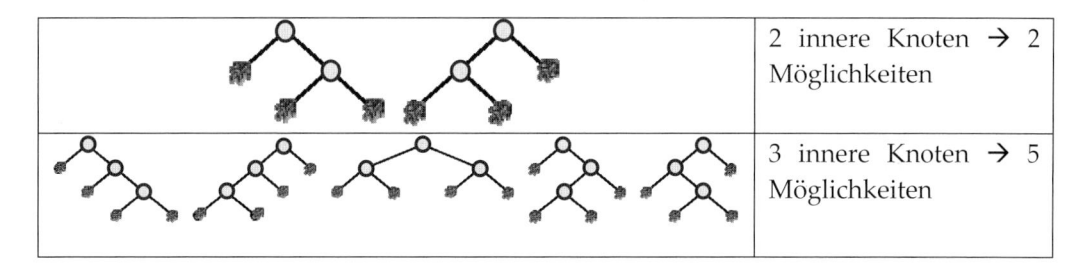

(Abbildung von 2 Binärbäumen)	2 innere Knoten → 2 Möglichkeiten
(Abbildung von 5 Binärbäumen)	3 innere Knoten → 5 Möglichkeiten

Zeichnen Sie die 14 vollständigen Binärbäume mit 4 inneren Knoten.

P4. **Grüße über den runden Tisch.** Wenn $2n$ Personen an einem runden Tisch sitzen, wie viele Möglichkeiten der paarweisen Begrüßung gibt es dann, bei denen sich keine Arme überkreuzen?

(Abbildung von 2 Begrüßungsmustern)	2 Paare → 2 Möglichkeiten

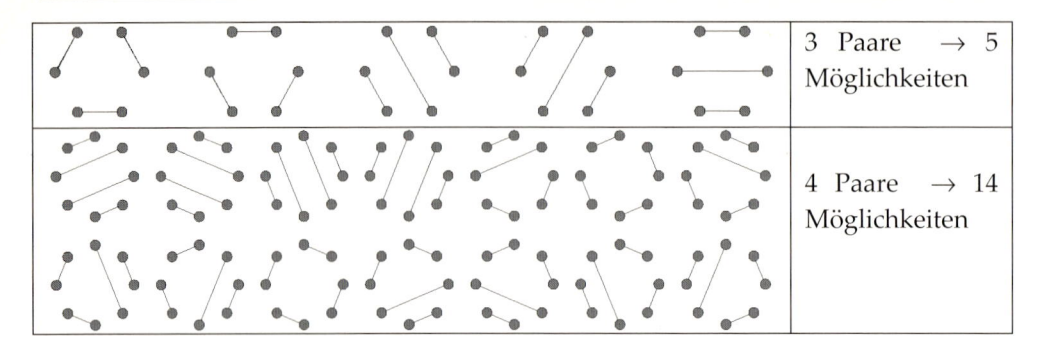

	3 Paare → 5 Möglichkeiten
	4 Paare → 14 Möglichkeiten

P5. Problem beim Stimmenzählen. Wir nehmen an, dass für die beiden Kandidaten Angie und Gerd je n Stimmen am Ende der Wahl ausgezählt wurden. Wie viele Möglichkeiten der Zählung gibt es, so dass Angie nie hinter Gerd liegt?

AGAG, AAGG	jeder 2 Stimmen → 2 Möglichkeiten
AGAGAG, AGAAGG, AAGGAG, AAGAGG, AAAGGG	jeder 3 Stimmen → 5 Möglichkeiten
AGAGAGAG, AGAGAAGG, AGAAGGAG, AGAAGAGG, AGAAAGGG, AAGGAGAG, AAGGAAGG, AAGAGGAG, AAAGGGAG, AAGAGAGG, AAGAAGGG, AAAGGAGG, AAAGAGGG, AAAAGGGG	jeder 4 Stimmen → 14 Möglichkeiten

P6. Multiplikationsreihe. $n+1$ Werte werden multipliziert. Dazu sind n Operationen nötig. Die ursprüngliche Position der Werte ist unveränderlich, und immer nur eine Multiplikation von zwei Faktoren ist möglich. Durch wie viele Möglichkeiten kann man das erreichen?

a (b c), (a b) c	3 Werte → 2 Möglichkeiten
a (b (c d)), a ((b c) d), (a b) (c d), (a (b c)) d, ((a b) c) d	4 Werte → 5 Möglichkeiten
a (b (c (d e))), a (b ((c d) e)) a ((b c) (d e)), a ((b (c d)) e) a (((b c) d) e), (a b) (c (d e)) (a b) ((c d) e), (a (b c)) (d e) (a (b (c d)))e, (a ((b c) d)) e ((a b) c) (d e), ((a b) (c d)) e ((a (b c)) d) e, (((a b) c) d) e	5 Werte → 14 Möglichkeiten

8 Catalan-Zahlen

Theorem. P1-P6 und die Catalan-Zahlen

Die folgenden Mengen haben dieselbe Elementanzahl C_n (die n-te Catalan-Zahl):
(1) die Menge der Triangulierungen eines n+2-dimensionalen, konvexen Polygons (M1)
(2) die Menge der Folgen n öffnender und n schließender Klammern, die korrekt geklammert sind (M2)
(3) die Menge der vollständigen Binärbäume mit n inneren Knoten (M3)
(4) die Menge an Möglichkeiten, wie sich n Personen-Paare an einem runden Tisch gleichzeitig begrüßen können, ohne dass sich dabei Arme überkreuzen (M4)
(5) die Menge der möglichen Stimmenzählungen für die am Wahlende mit je n Stimmen gleichauf liegenden Kandidaten Angie und Gerd, so dass Gerd nie vor Angie liegt (M5)
(6) alle Möglichkeiten der paarweisen Multiplikation von n+1 Werten, wobei die Reihenfolge der Werte nicht geändert werden darf (M6)

Beweis. Wir konstruieren Bijektionen paarweise zwischen diesen Mengen, gefolgt von der Berechnung der Zahl C_n.

|M1| = |M6|. In diesem Fall müssen wir zeigen, dass eine Bijektion zwischen der Menge der Triangulierungen eines konvexen Vielecks mit n+2 Kanten und der korrekten Menge der Klammerungen von n+1 Werten existiert. Wenn wir die Ecken des Vielecks mit $A_1, A_2, ..., A_{n+2}$ bezeichnen, dann erhalten wir eine Klammerung mit n Klammern-Paaren des Produkts $x_1 x_2 ... x_{n+1}$, wenn wir mit A_1 beginnend bis zur Ecke A_{n+2} nach folgenden Regeln voranschreiten:
- In der aktuellen Ecke notieren wir für jede ankommende Diagonale eine schließende Klammer. „Ankommend" bedeutet, dass die am anderen Ende der Diagonalen liegende Ecke A_j „kleiner" als die aktuelle Ecke A_i ist, also $j < i$.
- In der aktuellen Ecke notieren wir für jede abgehende Diagonale eine öffnende Klammer. „Abgehend" bedeutet, dass die am anderen Ende der Diagonalen liegende Ecke A_j „größer" als die aktuelle Ecke A_i ist, also $j > i$.
- Wenn wir durch Kante A_iA_{i+1} laufen, dann schreiben wir uns den neuen folgenden Wert x_i auf (nicht bei der letzten Kante)

Beispiel. Für die Triangulierung des folgenden Vielecks bilden wir sukzessive die folgende Klammerung:

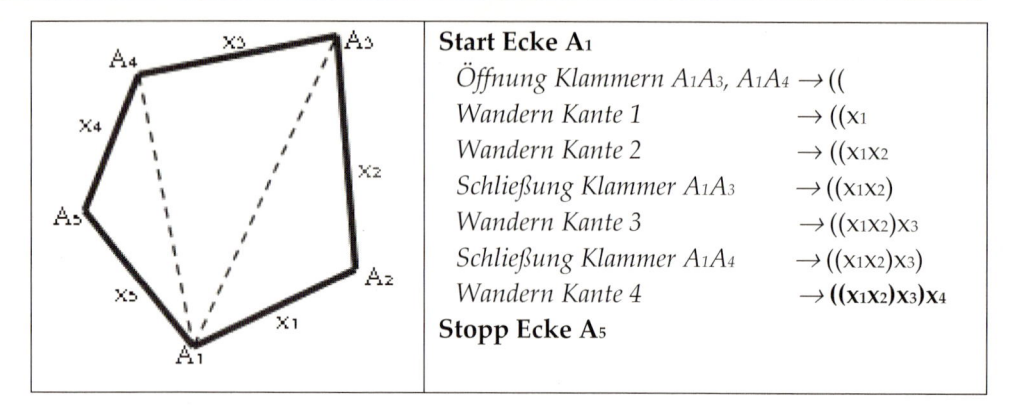

Start Ecke A_1	
Öffnung Klammern A_1A_3, A_1A_4	$\to$ ((
Wandern Kante 1	$\to$ ((x_1
Wandern Kante 2	$\to$ ((x_1x_2
Schließung Klammer A_1A_3	$\to$ ((x_1x_2)
Wandern Kante 3	$\to$ ((x_1x_2)x_3
Schließung Klammer A_1A_4	$\to$ ((x_1x_2)x_3)
Wandern Kante 4	$\to$ **((x_1x_2)x_3)x_4**
Stopp Ecke A_5	

Diese Zuordnung ist eine Injektion, weil jeder Triangulierung des konvexen $(n+2)$-Ecks eine Klammerung des Produktes $x_1\ x_2\ ...\ x_{n+1}$ zugeordnet ist. Um zu zeigen, dass diese Abbildung auch surjektiv ist, nehmen wir ein Produkt von Werten $x_1, x_2, .., x_{n+1}$, das mit n öffnenden und n schließenden Klammern geklammert ist. Wir werden obiges Verfahren umgekehrt anwenden: Wir wandern durch das geklammerte Produkt und zeichnen für jedes zusammengehörige Klammern-Paar eine Diagonale A_iA_{j+1}, wobei i der Index des ersten Faktors rechts von der öffnenden Klammer und j der Index des ersten Faktors links von der schließenden Klammer ist. Weil jede korrekte Klammerung ein Produkt aus zwei Faktoren beinhaltet und die Klammern korrekt platziert sind, folgt daraus, dass diese Abbildung auch surjektiv ist.

|M2| = |M4|. Wir nummerieren die Personen am Tisch sukzessive mit Zahlen von 1 bis $2n$. Wir bauen eine Bijektion auf folgende Weise auf: Wir fangen mit der ersten Person an und bewegen uns kreisförmig in Richtung der letzten Person mit Nummer $2n$. Wenn die Person i die Hand der Person j schüttelt und $i < j$ ist, dann fügt man eine öffnende Klammer ein, und wenn $i > j$ gilt, eine schließende. *Beispiel*:

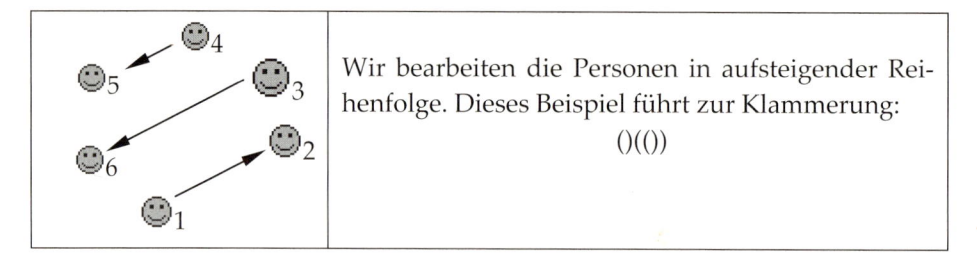

Wir bearbeiten die Personen in aufsteigender Reihenfolge. Dieses Beispiel führt zur Klammerung:
$$()(())$$

Jede Begrüßung entspricht einer korrekten Klammerung und umgekehrt, weil sich keine Arme überkreuzen (die Personen auf beiden Seiten der „Begrüßungspfeile" bilden eindeutige Gruppen). Beweisen Sie das durch vollständige Induktion.

8 Catalan-Zahlen

|M2| = |M5|. Es sei P eine Sequenz von n korrekt gesetzten Klammern-Paaren. Um eine Bijektion zwischen M2 und M5 zu etablieren, ersetzen wir jede öffnende Klammer durch eine Stimme für Angie und jede schließende Klammer durch eine Stimme für Gerd. Weil P eine korrekt geklammerte Sequenz darstellt, folgt, dass die so konstruierte Stimmenreihenfolge gemäß P5 gültig ist und umgekehrt.

|M2| = |M6|. Wir erstellen eine Abbildung zwischen den Mengen M2 und M6 wie folgt:
- wir setzen den ganzen Ausdruck noch einmal in Klammern
- wir fügen zwischen zwei Faktoren jeweils einen Multiplikationspunkt „·" ein
- wir löschen alle Faktoren und öffnenden Klammern und behalten nur die Operatoren und schließenden Klammern
- wir ersetzen alle Multiplikationsoperatoren durch öffnende Klammern

Hier ein Beispiel einer korrekten Klammerung auf Basis eines Multiplikations-Terms: $(x_1 (x_2 (x_3 x_4))) x_5 \to ((x_1 \cdot (x_2 \cdot (x_3 \cdot x_4))) \cdot x_5) \to \cdots))) \cdot) \to ((()))()$. Diese Abbildung stellt eine Bijektion dar. Man kann das z.B. durch vollständige Induktion beweisen.

|M3| = |M6|. Ein vollständiger Binärbaum mit n inneren Knoten hat insgesamt $2n+1$ Knoten ($n+1$ Blätter). Am Ende des Kapitels werden Sie aufgefordert, diese Aussage zu beweisen. Um die Bijektion zu bestimmen, fangen wir mit einem Beispiel an. Wir nehmen an, dass in einem vollständigen Binärbaum alle inneren Knoten den Operator "·" darstellen und die Blätter die Variablen $x_1, x_2, \ldots, x_{n+1}$.

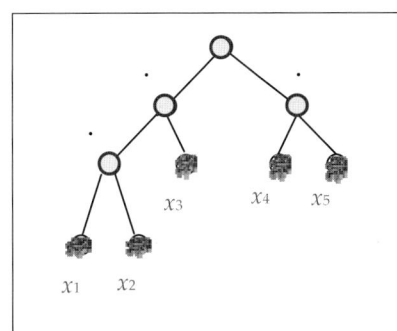

Diesem Binärbaum kann man den folgenden Ausdruck zuordnen:

$$((x_1 \cdot x_2) \cdot x_3) \cdot (x_4 \cdot x_5) = ((x_1 x_2) x_3)(x_4 x_5)$$

Umgekehrt lässt sich diesem Ausdruck der Baum zuordnen, der rekursiv aufgebaut werden könnte.

Eine Abbildung zwischen einem vollständigen Binärbaum und einem geklammerten Ausdruck kann man wie folgt entwickeln:
- man schreibt alle Variablen $x_1, x_2, \ldots, x_n, x_{n+1}$ nacheinander auf
- für jeden inneren Knoten schreibt man eine öffnende Klammer vor das am weitesten links stehende Blatt des linken Teilbaums dieses inneren Knotens und eine schließende Klammer hinter das am weitesten rechts stehende Blatt

des rechten Teilbaums dieses inneren Knotens. Beides macht man nur dann, wenn der entsprechende Teilbaum kein Blatt ist.

Für das vorgestellte Beispiel heißt das also:
- Notiere x_1 x_2 x_3 x_4 x_5
- Der linke und der rechte Teilbaum der Wurzel sind keine Blätter, und deswegen werden die beiden entsprechenden Blätter geklammert → $(x_1\ x_2\ x_3)\ (x_4\ x_5)$
- Nur der linke Teilbaum des nächsten Knotens ist ein innerer Knoten, daraus folgt, dass die Variablen x_1 und x_2, die in Blättern liegen, in Klammern gesetzt werden → $((x_1\ x_2)\ x_3)\ (x_4\ x_5)$.

Diese Abbildung ist eine Bijektion, weil sich jedem vollständigen Binärbaum ein korrekt beklammerter Ausdruck zuordnen lässt und umgekehrt. ❑

Aus diesen Äquivalenzen folgt, dass alle sechs Mengen dieselbe Anzahl von Elementen haben. Weiter müssen wir beweisen, dass diese Zahl C_n ist. Dieser Beweis verwendet eine rekursive Formel und die erzeugende Funktion der Folge der Catalan-Zahlen.

Die rekursive Formel

Wir stellen uns vor, dass wir die Anzahl der korrekten Klammerungen mit n Klammern-Paaren finden wollen, wenn wir die Anzahl für 0, 1, 2, ..., n-1 Paare schon kennen (wir wollen also den Wert C_n auf Basis der Werte C_0, C_1, ..., C_{n-1} bestimmen).

Eine korrekte Klammerung für n Paare fängt notwendigerweise mit einer öffnenden Klammer an, und irgendwo rechts davon findet sich die zugehörige schließende Klammer. Daraus folgt, dass die geklammerte Sequenz in der Form $(A)B$ geschrieben werden könnte, wobei A und B ebenso korrekte Klammerungen darstellen.

A und B können 0, 1, ..., n-1 Klammern-Paare beinhalten. Wenn A aus k Klammern-Paaren besteht, dann beinhaltet B n-1-k Paare. Die Anzahl der Möglichkeiten für gültige $(A)B$ ist $C_k \cdot C_{n-1-k}$. Es folgt dann:

$$\begin{aligned}
C_1 &= C_0 C_0 \\
C_2 &= C_1 C_0 + C_0 C_1 \\
C_3 &= C_2 C_0 + C_1 C_1 + C_0 C_2 \\
&\ldots \\
C_n &= C_{n-1} C_0 + C_{n-2} C_1 + \ldots + C_1 C_{n-2} + C_0 C_{n-1}
\end{aligned}$$

8 Catalan-Zahlen

Dieses Ergebnis kann man auch in der Form schreiben:

$$C_n = \sum_{k=0}^{n-1} C_k C_{n-1-k} \tag{2}$$

Die erzeugende Funktion

Wir beweisen weiter, dass für die erzeugende Funktion der Folge der Catalan-Zahlen

$$F(z) = C_0 + C_1 z + C_2 z^2 + C_3 z^3 + \ldots = \sum_{k=0}^{\infty} C_k z^k \tag{3}$$

gilt:

$$F(z) = \frac{1 - \sqrt{1 - 4z}}{2z}.$$

Auf dieser Basis bestimmen wir die allgemeine Catalan-Zahl C_n.
Man quadriert $F(z)$, und daraus folgt:

$$[F(z)]^2 = C_0 C_0 + (C_1 C_0 + C_0 C_1)z + (C_2 C_0 + C_1 C_1 + C_0 C_2)z^2 + \ldots$$

und wenn wir (2) hier einsetzen:

$$[F(z)]^2 = C_1 + C_2 z + C_3 z^3 + C_4 z^4 + \ldots \tag{4}$$

und das heißt:

$$F(z) = C_0 + z[F(z)]^2 \tag{5}$$

Die obige quadratische Gleichung mit der Unbekannten $F(z)$ hat die Lösungen:

$$F(z) = \frac{1 \pm \sqrt{1 - 4z}}{2z} \tag{6}$$

$F(z) = \dfrac{1 + \sqrt{1 - 4z}}{2z}$ führt für $z \to 0$ zu $F(z) \to \infty$. Das ist ein Widerspruch zu $F(0) = C_0 = 1$. Es folgt, dass:

$$F(z) = \frac{1 - \sqrt{1 - 4z}}{2z} = \frac{1 - (1 - 4z)^{\frac{1}{2}}}{2z} \tag{7}$$

Auf Basis des letzten Ergebnisses für die erzeugende Funktion F() berechnen wir die Koeffizienten $C_0, C_1, \ldots, C_n$.

Die *Newton'sche Binomialformel* für die natürliche Zahl n lautet:

$$(a+b)^n = a^n + \frac{n}{1}a^{n-1}b + \frac{n(n-1)}{2 \cdot 1}a^{n-2}b^2 + \frac{n(n-1)(n-2)}{3 \cdot 2 \cdot 1}a^{n-3}b^3 + \ldots \quad (8)$$

Mehr über die binomische Reihe (Binomialreihe) ist z. B. in [Stru67], Kapitel 114 zu finden.

Es gilt analog die unendliche Reihenentwicklung für einen rationalen Exponenten $\frac{1}{2}$.

Dann resultiert:

$$(1-4z)^{\frac{1}{2}} = 1 - \frac{\left(\frac{1}{2}\right)}{1}4z + \frac{\left(\frac{1}{2}\right)\left(-\frac{1}{2}\right)}{2 \cdot 1}(4z)^2 - \frac{\left(\frac{1}{2}\right)\left(-\frac{1}{2}\right)\left(-\frac{3}{2}\right)}{3 \cdot 2 \cdot 1}(4z)^3 + \ldots \quad (9)$$

das heißt:

$$(1-4z)^{\frac{1}{2}} = 1 - \frac{1}{1!}2z - \frac{1}{2!}4z^2 - \frac{3 \cdot 1}{3!}8z^3 - \frac{5 \cdot 3 \cdot 1}{4!}16z^4 - \frac{7 \cdot 5 \cdot 3 \cdot 1}{5!}32z^5 - \ldots \quad (10)$$

aus den Gleichungen (7) und (10) folgt:

$$F(z) = 1 + \frac{1}{2!}2z + \frac{3 \cdot 1}{3!}8z^2 + \frac{7 \cdot 5 \cdot 3 \cdot 1}{5!}16z^4 + \ldots \quad (11)$$

Es gilt:

$$n! \cdot 2^n \cdot (1 \cdot 3 \cdot \ldots \cdot (2n-1)) = (2n)! \quad (12)$$

(später sollen Sie diese Gleichung beweisen).

Wenn wir Formel (12) in (11) anwenden, folgt:

$$F(z) = 1 + \frac{1}{2}\left(\frac{2!}{1! \cdot 1!}\right)z + \frac{1}{3}\left(\frac{4!}{2! \cdot 2!}\right)z^2 + \frac{1}{4}\left(\frac{6!}{3! \cdot 3!}\right)z^3 + \frac{1}{5}\left(\frac{8!}{4! \cdot 4!}\right)z^4 + \ldots = \sum_{k=0}^{\infty} \frac{1}{k+1}\binom{2k}{k}z^k \quad (13)$$

Aus (13) und (3) bestimmt man die k-te Catalan-Zahl:

8 Catalan-Zahlen

$$C_k = \frac{1}{k+1}\binom{2k}{k}$$

Dies ist identisch mit (1). Jetzt ist der Beweis für unser Theorem komplett. ❑

Ein anderer Beweis der Formel für C_n erfolgt mittels des Spiegelungsprinzips von Desiré André (1887) und ist in [Eng97] zu finden (Problem E20).

Noch 4 äquivalente Probleme

Wir präsentieren hier 4 äquivalente Probleme. Der Beweis, dass sie mit P1-P6 gleichwertig sind, ist eine Übung für Sie. Sie können dafür eine entsprechende Bijektion mit einer der Mengen M1-M6 finden oder direkt die Formel der Catalan-Zahlen (wie in (1) oder (2)) bestimmen.

P7. Sequenz mit 1 und -1. Bestimmen Sie die Anzahl der Sequenzen $(x_1, x_2, ..., x_{2n})$ mit $x_i \in \{-1, 1\}$ für $i = 1, 2, ..., 2n$, die die Bedingungen erfüllen:
- $x_1 + x_2 + ... + x_k \geq 0$ für jedes k mit $1 \leq k \leq 2n$.
- $x_1 + x_2 + ... + x_n = 0$.

P8. Aufsteigende Funktionen. Bestimmen Sie die Anzahl der aufsteigenden Funktionen $f: \{1, 2, ..., n\} \to \{1, 2, ..., n\}$ mit der Bedingung $f(x) \leq x$, für alle $x \in \{1, 2, ..., n\}$.

P9. Weg Süd-Ost. Wie viele Möglichkeiten gibt es, dass man von Position $(0, n)$ zu Position $(n, 0)$ ausschließlich mit Schritten nach unten („Südrichtung") und nach rechts („Ostrichtung") gelangt, wobei man sich nur im Bereich unterhalb der Diagonalen durch $(0, n)$ und $(n, 0)$, die von links oben nach rechts unten geht, befinden darf?

	von (0, 2) zu (2,0): 2 Wege
	von (0, 3) zu (3, 0): 5 Wege
	von (0, 4) zu (4, 0): 14 Wege

P10. Bergige Landschaften. Wie viele „bergige Landschaften" kann man mit n aufsteigenden und n absteigenden Linien erzeugen, so dass man auf Null-Niveau beginnt und endet.

`/\`	eine bergige Landschaft
`      /\` `/\/\,  /  \`	zwei bergige Landschaften

`                              /\`
`          /\     /\      /\/\    /  \`
`/\/\/\,  /\/  \,  /  \/\,/    \,/    \`
	fünf bergige Landschaften

Algorithmen zur Berechnung der Catalan-Zahlen

Die Zahlen C_n wachsen sehr schnell, d.h. um sie zu berechnen, brauchen wir Datenstrukturen, die mit großen Zahlen umgehen können.

Erster Algorithmus, der die Formel (2) verwendet

> **ALGORITHM_CATALAN_1**
> 1. Read *NMAX*
> 2. $C[0] \leftarrow 1$
> 3. **For** ($p \leftarrow 1$, *NMAX*; step 1) **Execute**
>   3.1. $T \leftarrow 0$
>   3.2. **For** ($p \leftarrow 0$, i-1; step 1) **Execute**
> $T \leftarrow T + C[j]*C[i\text{-}1\text{-}j]$
>   **End_For**
>   3.3. $C[i] \leftarrow T$
>   **End_For**
> 4. Write $C[0], C[1], ..., C(NMAX)$
> **END_ALGORITHM_CATALAN_1**

Programm Catalan1

```cpp
#include <vector>
#include <fstream>

const int NMAX=35;

int main(){
  std::vector<unsigned long long> C;
  std::ofstream out("Catalan1.out");
```

```
unsigned long long T;
short i, j;
C.push_back(1);
for(i=1; i<=NMAX; i++){
  T = 0;
  for(j=0; j<i; j++)
    T += C[j]*C[i-1-j];
  C.push_back(T);
}
for(i=0; i<=NMAX; i++)
  out << "C(" << i << ") = "
  << C[i] << std::endl;
return 0;
}
```

```
C(0)  = 1
C(1)  = 1
C(2)  = 2
C(3)  = 5
C(4)  = 14
...
C(14) = 2674440
...
C(29) = 1002242216651368
C(30) = 3814986502092304
C(31) = 14544636039226909
C(32) = 55534064877048198
...
```

Zweiter Algorithmus, eine weitere Rekursion

Aus der Formel (1) folgt:

$$C_{n+1} = \frac{1}{n+2}\binom{2n+2}{n+1} = \frac{1}{n+2} \cdot \frac{(2n+2)!}{(n+1)!\cdot(n+1)!} =$$

$$= \frac{1}{n+2} \cdot \frac{2(n+1)(2n+1)(2n)!}{(n+1)(n+1)n!n!} = \frac{2(2n+1)}{n+2}C_n$$

Wir können es so schreiben:

$$C_0 = 1, \; C_n = \frac{2(2n-1)}{n+1}C_{n-1} \quad \text{für alle } n \geq 1 \qquad (14)$$

Mit (14) schreiben wir einen neuen Algorithmus:

> **ALGORITHM_CATALAN_2**
> 1. Read *NMAX*
> 2. $C[0] \leftarrow 1$
> 3. **For** $(p \leftarrow 1, NMAX;$ step 1$)$ **Execute**
> $$C[i] \leftarrow \frac{2(2i-1)}{i+1}C[i-1]$$
>   **End_For**
> 4. Write *C[0], C[1], ..., C(NMAX)*
> **END_ALGORITHM_CATALAN_2**

Programm Catalan2

```
#include <vector>
#include <fstream>

const int NMAX=30;

int main(){
  std::vector<unsigned long long> C;
  std::ofstream out("Catalan2.out");
  short i;
  C.push_back(1);
  for(i=1; i<=NMAX; i++){
    C.push_back(2*(2*i-1)*C[i-1]/(i+1));
  }
  for(i=0; i<=NMAX; i++)
    out << "C(" << i << ") = "
        << C[i] << std::endl;
  return 0;
}
```

Dritter Algorithmus, der ohne Rekursion auskommt

Weil die C_n sehr schnell wachsen, wäre ihre Zerlegung in Primfaktoren ein anderer Ansatz für ihre Darstellung. Beispielsweise kann $C_5 = 2^1 \cdot 3^1 \cdot 7^1$ als Folge ihrer Exponenten (1, 1, 0, 1) repräsentiert werden. Genauso können $C_6 = 2^2 \cdot 3^1 \cdot 11^1$ und $C_7 = 3^1 \cdot 11^1 \cdot 13^1$ eindeutig mit (2, 1, 0, 0, 1) bzw. (0, 1, 0, 0, 1, 1) dargestellt werden. Der folgende Algorithmus liefert die *n*-te Catalan-Zahl in dieser Darstellung:
Um *n*! in einer Variable vom Typ *std::map* zu speichern, benutzen wir die Methode *getPrimeMap()*, die schon im Kombinatorik-Kapitel für Problem 1 vorgestellt wurde.
Z. B. liefert diese Methode für *n*=10:

$$10! \rightarrow \{ (2, 8), (3, 4), (5, 2), (7,1) \} \quad (10! = 2^8 \cdot 3^4 \cdot 5^2 \cdot 7^1).$$

Die Methode *simplify()* kürzt den Bruch, dessen Zähler und Nenner Variablen des Typs *std::map* sind, und speichert das Resultat in der Variablen des Zählers ab. Die von *getPrimeMap()* und *simplify()* Gebrauch machende Methode *getBinomial()* berechnet die Binomialkoeffizienten.
Die Methode *Catalan()* benutzt die Formel (1):

$$C_n = \frac{1}{n+1}\binom{2n}{n}$$ und *getBinomial()*.

8 Catalan-Zahlen

> **ALGORITHM_CATALAN_3**(n)
> 1. $map \leftarrow getBinomial(2n, n)$
> 2. $map \leftarrow \dfrac{map}{n+1}$
> 3. Write map
>
> **END_ALGORITHM_CATALAN_3**(n)

Beispiel:

catalan.in	catalan.out
0	0: 0
1	1: 0,
8	8: 1, 0, 1, 0, 1, 1,
15	15: 0, 2, 1, 0, 0, 0, 1, 1, 1, 1,
30	30: 4, 0, 0, 1, 1, 0, 1, 1, 0, 0, 0, 1, 1, 1, 1, 1, 1,

Programm Catalan3

```
#include <map>
#include <fstream>

using namespace std;
typedef unsigned long int INTEGER;
typedef map<INTEGER, INTEGER> TMap;
typedef pair<INTEGER, INTEGER> Int_Pair;

int isPrime(INTEGER n){
  if(n<=1) return 0;
  for(INTEGER i=2; i*i<=n; i++)
    if(0==n%i) return 0;
  return 1;
}

TMap getPrimeMap(INTEGER n){
  TMap m;
  INTEGER p = 2;
  while(p <= n){
    if(isPrime(p)){
      INTEGER aux=n/p;
      INTEGER exp=0;
      while(aux){
        exp += aux;
        aux /=p;
      }
      m.insert(Int_Pair(p, exp));
    }
```

Mehr Details finden Sie in Kapitel 7. Kombinatorik, Problem 6. Binomialkoeffizienten.

$$\binom{n}{k} = \frac{n!}{k! \cdot (n-k)!}$$

```cpp
      p++;
   }
   return m;
}

void simplify(TMap &m, TMap m1){
   TMap::iterator iter, iter1;
   for(iter1 = m1.begin(); iter1 != m1.end(); iter1++){
      iter = m.find(iter1->first);
      if(iter != m.end()){
         iter->second -= iter1->second;
      }
   }
}

TMap getBinomial(INTEGER n, INTEGER k){
   TMap m, m1;
   m  = getPrimeMap(n);
   m1 = getPrimeMap(k);
   simplify(m, m1);
   m1 = getPrimeMap(n-k);
   simplify(m, m1);
   return m;
}

TMap Catalan(INTEGER n){
   TMap m = getBinomial(2*n, n);
   n++;
   TMap::iterator iter;
   for(iter = m.begin();(n-1)&&iter!=m.end();iter++){
      INTEGER p = iter->first;
      while(n%p==0){n/=p; iter->second--;}
   }
   return m;
}

void writeMap(TMap& m, ofstream &out){
   INTEGER p=2;
   if(m.size() < 1){out << "0" << endl; return;}
   TMap::iterator iter = m.end();
   INTEGER max = (--iter)->first;
   while(p <= max){
      if(isPrime(p)){
         iter = m.find( p );
         if(iter != m.end()){
            out << iter->second << ", ";
         } else {
            out << "0, ";
```

$$map \leftarrow \frac{map}{n+1}$$

```
      }
    }
    p++;
  }
  out << endl;
}

void process(INTEGER n, ofstream& out){
  TMap m = Catalan(n);
  out << n << ": ";
  writeMap(m, out);
}

int main(){
  INTEGER n;
  ifstream in("catalan.in");
  ofstream out("catalan.out");
  while(in && !in.eof()){
    if(in >> n)
      process(n, out);
  }
  return 0;
}
```

Aufgaben

1. Beweisen Sie, dass ein vollständiger Binärbaum mit n inneren Knoten $n+1$ Blätter hat.
2. Beweisen Sie die Gleichung (12) durch vollständige Induktion.
3. Beweisen Sie die Gleichung (2) durch die Triangulierung eines konvexen $(n+2)$-Ecks.
4. Schreiben Sie ein Programm, das eine schöne graphische Darstellung für die Probleme $P1$, $P3$, $P4$, $P9$ und $P10$ liefert.
5. Wir stellen uns vor, dass bei einer Wahl Angie a Stimmen und Gerd b Stimmen bekommt mit $a \geq b$. Zeigen sie, dass die Wahrscheinlichkeit, dass Gerd während des Zählvorgangs nie vor Angie liegt, $\frac{a+1-b}{a+1}$ ist. Wie viele Möglichkeiten der Auszählung gibt es für diesen Fall?
6. Im Programm Catalan2 könnten wir mit Formel (14) die Berechnung der Catalan-Zahlen auch so formulieren:

```
C.push_back(1);
for(i=1; i<=NMAX; i++){
  if(C[i-1]%(i+1)==0){
    C.push_back(C[i-1]/(i+1)*2*(2*i-1));
```

```
    } else{
      C.push_back(2*(2*i-1)/(i+1)*C[i-1]);
    }
}
```

Warum ist diese Variante besser? Wie viele Quadratzahlen gibt es unter den ersten 1000 Catalan-Zahlen?

7. *Ein modifiziertes Problem von der Internationalen Mathematik-Olympiade, Indien, 1996, Aufgabe 6.* Es seien die natürlichen Zahlen n, p und q gegeben, p und q sind teilerfremd, so dass $n > p + q$. Wir stellen die Folge $x_0, x_1, ..., x_n$ vor, die die Bedingungen erfüllt:

a) $x_0 = x_n = 0$

b) für jede ganze Zahl i mit $1 \leq i \leq n$ ist entweder $x_i - x_{i-1} = p$ oder $x_i - x_{i-1} = -q$.

Zeigen Sie, dass ein Paar (i, j) von Indizes mit $i < j$ und $(i, j) \neq (0, n)$ existiert, so dass $x_i = x_j$ ist. Wie viele Folgen $(x_0, x_1, ..., x_n)$ gibt es für ein gegebenes Tripel n, p, q, die die Bedingungen a) und b) erfüllen?

Blick vom Turm des Ulmer Münsters

Potenzsummen

Problembeschreibung

Es sei die natürliche Zahl $k \geq 0$ gegeben. Die Potenzsumme für n lautet:

$$S_k(n) = 1^k + 2^k + 3^k + \ldots + n^k. \qquad (1)$$

Man kann beweisen (durch vollständige Induktion mit Formel (13) unten), dass $S_k(n)$ ein Polynom $(k+1)$-ten Grades in n ist, das n rationale Koeffizienten hat, d.h. man kann $S_k(n)$ so schreiben:

$$S_k(n) = \frac{1}{M}(a_{k+1}n^{k+1} + a_k n^k + \ldots + a_1 n + a_0). \qquad (2)$$

M und $a_{k+1}, a_k, \ldots, a_1, a_0$ sind ganze Zahlen, M ist außerdem positiv. Unter diesen Bedingungen gibt es genau eine Folge $(M, a_{k+1}, a_k, \ldots, a_1, a_0)$ für die gegebene Zahl k, wenn man fordert, dass M minimal ist. Das Problem ist also die Bestimmung dieser Folge für eine gegebene natürliche Zahl k.

Eingabe: die Datei *psum.in* beinhaltet eine oder mehrere natürliche Zahlen ($0 \leq k \leq 20$).
Ausgabe: in *psum.out* soll für jede Eingabe eine Zeile mit den Werten M, $a_{k+1}, a_k, \ldots, a_1, a_0$ geschrieben werden, wobei das kleinste M gesucht ist. Beispiel:

psum.in	psum.out
2	6 2 3 1 0
5	12 2 6 5 0 -1 0 0
0	1 1 0
16	510 30 255 680 0 -2380 0 8840 0 -24310 0 44200 0 -46988 0 23800 0 -3617 0

(ACM North-Eastern European Regional Programming Contest, 1997-98)

Problemanalyse. Algebraische Modellierung.

Die ersten $S_k(n)$ lauten:

$$S_0(n) = \sum_{i=1}^{n} i^0 = n \qquad (3)$$

$$S_1(n)\sum_{i=1}^{n} i = \frac{n(n+1)}{2} = \frac{1}{2}(n^2+n) \tag{4}$$

$$S_2(n) = \sum_{i=1}^{n} i^2 = \frac{n(n+1)(2n+1)}{6} = \frac{1}{6}(2n^3+3n^2+n) \tag{5}$$

$$S_3(n) = \sum_{i=1}^{n} i^3 = \frac{n^2(n+1)^2}{4} = \frac{1}{4}(n^4+2n^3+n^2) \tag{6}$$

$$S_4(n) = \sum_{i=1}^{n} i^4 = \frac{n(n+1)(2n+1)(3n^2+3n-1)}{30} = \frac{1}{30}(6n^5+15n^4+10n^3-n) \tag{7}$$

Diese Formeln sind relativ populär. Sie können leicht durch vollständige Induktion bewiesen werden. Wir wollen jetzt $S_5(n)$ finden. Mit Hilfe der *Newton'schen Binomialformel* schreiben wir:

$$(i-1)^6 = i^6 - \binom{6}{1}i^5 + \binom{6}{2}i^4 - \binom{6}{3}i^3 + \binom{6}{4}i^2 - \binom{6}{5}i + 1 \tag{8}$$

Das ist äquivalent zu:

$$i^6 - (i-1)^6 = 6i^5 - 15i^4 + 20i^3 - 15i^2 + 6i - 1 \tag{9}$$

Durch Summenbildung von 1 bis n erhält man:

$$\sum_{i=1}^{n}(i^6-(i-1)^6) = 6\sum_{i=1}^{n} i^5 - 15\sum_{i=1}^{n} i^4 + 20\sum_{i=1}^{n} i^3 - 15\sum_{k=1}^{n} i^2 + 6\sum_{i=1}^{n} i - \sum_{i=1}^{n} 1, \tag{10}$$

Wir reduzieren auf der linken Seite die Terme:

$$n^6 = 6S_5(n) - 15S_4(n) + 20S_3(n) - 15S_2(n) + 6S_1(n) - S_0(n) \tag{11}$$

Die Gleichung (11) wird aufgelöst zu:

$$S_5(n) = \frac{n^2(n+1)^2(2n^2+2n-1)}{12} = \frac{1}{12}(2n^6+6n^5+5n^4-n^2) \tag{12}$$

Die Verallgemeinerung dieses konkreten Beispiels führt zu:

$(k+1)S_k(n) =$

$n^{k+1} + \binom{k+1}{2}S_{k-1}(n) - \binom{k+1}{3}S_{k-2}(n) + \ldots + (-1)^p \binom{k+1}{p}S_{k-p+1}(n) + \ldots + (-1)^k \binom{k+1}{k}S_1(n) + (-1)^{k+1}S_0(n)$

(13)

Von der Rekursionsgleichung zum Algorithmus

Aus (13) folgt, dass man zur Berechnung der Folge (M, a_{k+1}, a_k, ..., a_1, a_0) für k alle entsprechenden Folgen der Potenzsummen benötigt, die eine kleinere Potenz als k, nämlich 0, 1, ..., k-1, aufweisen. Alle diese Informationen werden schrittweise bestimmt und gespeichert, um zu einem späteren Zeitpunkt darauf zugreifen zu können. Wir werden ein Array M[] erzeugen, das die Werte M[0], M[1], M[2],..., M[k] aufnimmt unter der Bedingung: M[i] ist die natürliche Zahl M aus der Problembeschreibung für $S_i(n)$, $0 \leq i \leq k$.

Im zweidimensionalen Array A[][] speichern wir fortschreitend die Werte (a_{i+1}, a_i, ..., a_1, a_0) für $0 \leq i \leq k$ mit der Bedeutung, dass die Zeile i die entsprechenden Koeffizienten für $S_i(n)$ beinhaltet.

Tabellarische Visualisierung der Matrix A[][] und des Vektors M[]

A[0][0]	A[0][1]					M[0]
A[1][0]	A[1][1]	A[1][2]				M[1]
A[2][0]	A[2][1]	A[2][2]				M[2]
...	...		...			...
A[k-1][0]	A[k-1][1]	A[k1][2]	...	A[k-1][k]		M[k-1]
A[k][0]	**A[k][1]**	**A[k][2]**	**...**	**A[k][k]**	**A[k][k+1]**	**M[k]**

Mit dieser Datendarstellung und Formel (2) folgt:

$$S_k(n) = \frac{1}{M[k]}\left(A[k][k+1]n^{k+1} + A[k][k]n^k + \ldots + A[k][1]n + A[k][0]\right)$$ (14)

Nun werden wir die Rekursionsgleichung für die Folge (M[k], A[k][k+1], A[k][k], ..., A[k][1], A[k][0]) mit Hilfe der bereits bestimmten Folgen (M[i], A[i][i+1], A[i][i], ..., A[i][1], A[i][0]) für $0 \leq i < k$ berechnen. Auf den ersten Blick sieht das schwierig aus, aber wir werden sehen, dass sich durch schrittweise Transformation die Formel vereinfachen lässt. Wir erhalten sukzessive:

$(k+1)S_k(n) = n^{k+1}$

$+ \binom{k+1}{2}(\frac{1}{M[k-1]}(A[k-1][k]n^k + A[k-1][k-1]n^{k-1} + ... + A[k-1][1]n + A[k-1][0]))$

$- \binom{k+1}{3}(\frac{1}{M[k-2]}(A[k-2][k-1]n^{k-1} + A[k-2][k-2]n^{k-2} + ... + A[k-2][1]n + A[k-2][0]))$ (15)

$+...+$

$(-1)^p \binom{k+1}{p}(\frac{1}{M[k+1-p]}(A[k+1-p][k+2-p]n^{k+2-p} + ... + A[k+1-p][1]n + A[k+1-p][0]))$

$+..$

$(-1)^k \binom{k+1}{k}(\frac{1}{M[1]}(A[1][2]n^2 + A[1][1]n + A[1][0])) +$

$(-1)^{k+1}\binom{k+1}{k+1}(\frac{1}{M[0]}(A[0][1]n + A[0][0]))$

Sie ist durch die Substitution der Werte $a_0, a_1, ..., a_k$ und M in Formel (13) durch Arrays entstanden. Wir gruppieren die Terme nach den Potenzen von n in Form eines Polynoms mit Grad $(k+1)$:

$(k+1)S_k(n) = n^{k+1} +$

$n^k(\binom{k+1}{2}\frac{A[k-1][k]}{M[k-1]}) +$

$n^{k-1}(\binom{k+1}{2}\frac{A[k-1][k-1]}{M[k-1]} - \binom{k+1}{3}\frac{A[k-2][k-1]}{M[k-2]}) +$

$n^{k-2}(\binom{k+1}{2}\frac{A[k-1][k-2]}{M[k-1]} - \binom{k+1}{3}\frac{A[k-2][k-2]}{M[k-2]} + \binom{k+1}{4}\frac{A[k-3][k-2]}{M[k-3]}) +$ (16)

$...$

$n^p(\binom{k+1}{2}\frac{A[k-1][p]}{M[k-1]} - \binom{k+1}{3}\frac{A[k-2][p]}{M[k-2]} + ... + (-1)^{k+2-p}\binom{k+1}{k+2-p}\frac{A[p-1][p]}{M[p-1]})...$

$n(\binom{k+1}{2}\frac{A[k-1][1]}{M[k-1]} - \binom{k+1}{3}\frac{A[k-2][1]}{M[k-2]} + ... + (-1)^{k+1}\binom{k+1}{k+1}\frac{A[0][1]}{M[0]}) +$

$(\binom{k+1}{2}\frac{A[k-1][0]}{M[k-1]} - \binom{k+1}{3}\frac{A[k-2][0]}{M[k-2]} + ... + (-1)^{k+1}\binom{k+1}{k+1}\frac{A[0][0]}{M[0]})$

In dieser Formel (16) können die Koeffizienten, die immer aus gleichartigen rationalen Brüchen bestehen, zusammengefasst werden zu:

9 Potenzsummen

$$W[t]=(-1)^{k+1-t}\frac{\binom{k+1}{k+1-t}}{M[t]}, \text{ für alle } t \text{ mit } 0 \leq t \leq k\text{-}1 \tag{17}$$

Mit (17) wird Formel (16) zu:

$$(k+1)S_k(n) = n^{k+1} +$$
$$n^k(W[k-1]A[k-1][k]) +$$
$$n^{k-1}(W[k-1]A[k-1][k-1]+W[k-2]A[k-2][k-1]) +$$
$$n^{k-2}(W[k-1]A[k-1][k-2]+W[k-2]A[k-2][k-2]+W[k-3]A[k-3][k-2]) + \tag{18}$$
$$\ldots$$
$$n^p(W[k-1]A[k-1][p]+W[k-2]A[k-2][p]+\ldots+W[p-1]A[p-1][p]) +$$
$$\ldots$$
$$n(W[k-1]A[k-1][1]+W[k-2]A[k-2][1]+\ldots+W[0]A[0][1]) +$$
$$(W[k-1]A[k-1][0]+W[k-2]A[k-2][0]+\ldots+W[0]A[0][0])$$

Zu diesem Zeitpunkt ist alles bereits sehr vereinfacht. Wegen A[0][0]=0 fällt das Produkt W[0]A[0][0] weg. Die Koeffizienten der Potenzen von n in dieser Gleichung können in einem Array mit rationalen Brüchen F[] gespeichert werden:

$$F[p] = \begin{cases} \sum_{t=1}^{k-1} W[t]A[t][0] \text{ für } p = 0 \\ \sum_{t=p-1}^{k-1} W[t]A[t][p] \text{ für alle } p \text{ mit } 1 \leq p \leq k \\ 1 \text{ für } p = k+1 \end{cases} \tag{19}$$

Wenn wir Formel (19) in (18) einsetzen, folgt:

$$S_k(n) = \frac{1}{k+1}(F[k+1]n^{k+1} + F[k]n^k + F[k\text{-}1]n^{k\text{-}1} + \ldots F[1]n + F[0]) \tag{20}$$

Wir haben eine Formel, die der Formel aus der Problembeschreibung ähnlich ist. Nun müssen wir die Formel mit minimalem M herleiten. Das machen wir, indem wir das kleinste gemeinsame Vielfache von F[0], F[1], …, F[k], F[k+1] berechnen und es Q nennen. Damit wird aus Formel (20):

$$S_k(n) = \frac{1}{(k+1)Q}(F'[k+1]n^{k+1} + F'[k]n^k + F'[k-1]n^{k-1} + \ldots F'[1]n + F'[0]), \tag{21}$$

$F'[r] = F[r] \cdot Q, \ 0 \leq r \leq k+1$

Weil Q das kleinste gemeinsame Vielfache der Nenner der Brüche $F[]$ ist, beinhaltet $F'[]$ ganze Zahlen, und $(k+1)Q$ stellt das kleinste M für $S_k(n)$ dar.

Der Algorithmus

Aus der obigen algebraischen Manipulation folgt, dass $M[0]=1$, $A[0][1]=1$, $A[0][0]=0$. Der Algorithmus ist dann:

```
ALGORITHM_POTENZSUMMEN
    1.  Read k (0 ≤ k ≤ 20)
    2.  genCombinations( C[k+1][k+1] )
    3.  M[0]=1, A[0][1]=1, A[0][0]=0
    4.  For (p ← 1, k; step 1) Execute
        4.1. sign = 1
        4.2. For (t ← p-1, 0; step -1) Execute
                W[t] = simplify(sign * C[p+1][p+1-t]/M[t])
                sign = sign * (-1)
             End_For
        4.3. For (t ← p, 0; step -1) Execute
                F[t] = Fraction(0/1)
                For (r ← p-1, t-1; r ≥ 0; step -1) Execute
                    F[t].add (W[r]*A[r][t])
                End_For
             End_For
        4.4. F[p+1] = Fraction (1/1)
        4.5. Q      = lcmDenomin (F[], p+1)
        4.6. M[p]   = (p+1)*Q
        4.7. For (t ← p+1, 0; step -1) Execute
                fAux   = simplify(F[t]*Q)
                A[p][t] = Numerator(fAux)
             End_For
        End_For
    5.  Write M[k], A[k][k+1], A[k][k], ..., A[k][1], A[k][0]
END_ALGORITHM_POTENZSUMMEN
```

- In Schritt 2 generiert man alle Binomialkoeffizienten bis zur Zeile $k+1$ (gemäß Gleichung (13) brauchen wir die Binomialkoeffizienten von $k+1$, um $S_k(n)$ zu berechnen). Das realisiert man auch mit einem Algorithmus der dynamischen Programmierung mit Hilfe der Formeln:

$$C[i][0] = C[i][i] = 1 \text{ für } 0 \leq i \leq k+1$$
$$C[i][j] = C[i-1][j-1]+C[i-1][j] \text{ für } 1\leq i \leq k+1,\ 1 \leq j < i$$

- In Schritt 3 werden die entsprechenden Werte für $S_0(n)$ initialisiert ((2)+(14))
- Schritt 4 startet eine Schleife, in der schrittweise die Werte $A[p][0]$, $A[p][1]$, ..., $A[p][p+1]$, $M[p]$, $1 \leq p \leq k$ aufgefüllt werden, das sind die Lösungen für $1, 2,..., k$ gemäß der obigen Formeln
- 4.1 und 4.2: die Brüche $W[]$ werden nach Formel (17) berechnet. Die Methode *simplify* () gibt die gekürzte Form eines Bruches zurück. Das bewerkstelligt man durch die Bestimmung des größten gemeinsamen Teilers des Nenners und Zählers d, gefolgt von deren Division durch d
- Schritt 4.3 berechnet die Brüche $F[]$ durch die Anwendung von Formel (19) und der Methode *sum* () (die die Summe der zwei rationalen Brüche liefert)
- Ebenso wurde nach (19) in Schritt 4.5 der Bruch $F[p+1]$ mit $\frac{1}{1}$ initialisiert
- In Schritt 4.5 wird in Q das kleinste gemeinsame Vielfache der Nenner der Brüche $F[0]$, $F[1]$, ..., $F[p]$, $F[p+1]$ geschrieben. Das erledigt die Methode *lcmDenomin* ( )
- In Schritt 4.6 wird der Wert $M[p]$ gemäß (20) eingesetzt
- Ebenso werden in Schritt 4.7 mit Hilfe von (20) die Werte $A[p][p+1]$, $A[p][p]$, ..., $A[p][0]$ berechnet.

Komplexität und Genauigkeit des Algorithmus. Die Komplexität des Algorithmus ist $O(n^3)$ (Schritt 4 beinhaltet drei verschachtelte *for*-Schleifen), also ist der Algorithmus polynomial. Der Algorithmus ist genau, weil eine genaue mathematische Verarbeitung zugrunde liegt.

Wir bezeichnen mit $P(k)$ das Problem der Bestimmung der Summe für k. Wir stellen fest, dass wir in unserem Algorithmus die Probleme schrittweise lösen: $P(0)$, $P(1)$, ..., $P(k-1)$. Auf Basis dieser Teilprobleme berechnet man die Werte für $P(k)$:

$$Lösung(P_k) = Kombination(Lösung(P_0), Lösung(P_1),...,Lösung(P_{k-1}))$$

Die Lösung eines Problems $P(i)$ nimmt an der Lösung aller Probleme $P(i+1)$, $P(i+2)$, ... teil, deswegen wird die Lösung eines Problems nur einmal berechnet und gespeichert, um während der Berechnung größerer Teilprobleme darauf zugreifen zu können. Dies ist ein Algorithmus der Dynamischen Programmierung.

A[k][0]	A[k][1]	A[k][2]	A[k][3]	A[k][4]	A[k][5]	A[k][6]	M[k]	
0	1						1	← Lösung $k = 0$
0	1	1					2	← Lösung $k = 1$
0	1	3	2				6	← Lösung $k = 2$
0	0	1	2	1			4	← Lösung $k = 3$
0	-1	0	10	15	6		30	← Lösung $k = 4$
0	**0**	**-1**	**0**	**5**	6	**2**	**12**	← Lösung $k = 5$

Abhängigkeit: Für ein bestimmtes k ist jedes Element a_i abhängig von allen a_j, die in den darüber liegenden Zeilen vorhanden sind. M ist von allen diesen Elementen abhängig, es ist der Normalisierungsfaktor der Formel.

Programm

```cpp
#include <iostream>
#include <fstream>
#include <vector>

#define MAX_NO 20


class Fraction {

  public:
     Fraction(long numerator,long denominator)
          :_numerator(numerator)
          ,_denominator(denominator) {
          simplify();
     }

     Fraction():_numerator(0),_denominator(1) {
     }

     inline long numerator() {
          return _numerator;
     }

     void add(const Fraction &other){
          _numerator   = _numerator * other._denominator+
                   _denominator*other._numerator;
          _denominator = _denominator*other._denominator;
```

```
            simplify();
}

void simplify() {
    long d = _gcd(_numerator, _denominator);
    _numerator /= d;
    _denominator /= d;
    if (_denominator < 0) {
      _denominator *= -1;
      _numerator *= -1;
    }
}

Fraction multiply(long n){
        return Fraction(_numerator*n, _denominator);
}

static long lcmDenomin(std::vector<Fraction> fr, int n) {
    long gcd = 1;
    if (n == 0) {
      return 1;
    }
    gcd = fr[0]._denominator;
    for (int i = 1; i < n; i++) {
      gcd =
      _lcm(gcd, fr[i]._denominator);
    }
    return gcd;
}

private:

    static long _lcm(long a, long b) {
        return (a/_gcd(a, b))*b;
}

    static long _gcd(long a, long b) {
        while (b != 0) {
            long r = a % b;
            a = b;
            b = r;
        }
        return a;
}

long _numerator;
```

- Bestimmung des größten gemeinsamen Teilers des Nenners und Zählers *d*
- Kürzen durch *d*

Schrittweise Bestimmung des kleinsten gemeinsamen Vielfachen (*lcm*) des Nenners der Brüche *fr*[], basierend auf der Formel:

lcm (a · b · c) = *lcm* (*lcm*(a · b) · c)

(Eine andere Methode wäre die Primfaktorzerlegung der Nenner, um dann alle Faktoren zur größten Potenz zu berücksichtigen...)

Das kleinste gemeinsame Vielfache der natürlichen Zahlen *a* und *b* ist $\dfrac{a \cdot b}{\gcd(a,b)}$

Euklidischer Algorithmus (Divisionsvariante): Bestimmung des größten gemeinsamen Teilers (ggT) zweier natürlichen Zahlen

```cpp
        long _denominator;
};

int main(int numArgs,char *pArgs[] ) {

    // Generate combinations
    long C[MAX_NO+2][MAX_NO+2];
    C[0][0] = 1;
    for (int i=1; i<=MAX_NO+1; i++)
    {
      C[i][0] = C[i][i] = 1;
      for (int j = 1; j < i; j++)
        C[i][j] = C[i-1][j-1]+C[i-1][j];
    }

    std::vector<Fraction> fr(MAX_NO+2);
    std::vector<Fraction> W(MAX_NO+1);
    long M[MAX_NO+1];
    M[0] = 1;
    long A[MAX_NO+1][MAX_NO+2];

    A[0][1] = 1;
    A[0][0] = 0;
    for (int p = 1; p <= MAX_NO; p++) {
      int sign = 1;
      for (int t = p-1; t >= 0; t--) {
         W[t] = Fraction(sign*C[p+1][p+1-t], M[t]);
         sign *= -1;
      }
      for (int t = p; t >= 0; t--) {

         //reset the fraction

         fr[t] = Fraction();
         for (int r = p-1; r >= t-1 && r >= 0; r--) {
            fr[t].add(W[r].multiply(A[r][t]));
         }
      }
    }
    fr[p+1] = Fraction(1, 1);
    long Q = Fraction::lcmDenomin(fr, p+1);
    M[p] = (p+1)*Q;
    for (int t = p+1; t >= 0; t--) {
      A[p][t] = fr[t].multiply(Q).numerator();
    }
   }
}
```

Binomialkoeffizienten (rekursive Formel):

$\binom{n}{k} = 1$, wenn $k = 0$ oder $n = k$

$\binom{n}{k} = \binom{n-1}{k-1} + \binom{n-1}{k}$, $n > k$, $k \neq 0$

(Beispiel für die Anwendung der Dynamischen Programmierung)

$$S_0(n) = \sum_{i=1}^{n} i^0 = n = \frac{1}{1}(n+0)$$

$$W[t] = (-1)^{k+1-t} \frac{\binom{k+1}{k+1-t}}{M[t]}, 0 \leq t \leq k-1$$

$$F[0] = \sum_{t=k-1}^{1} W[t]A[t][0] + W[0]A[0][0],$$

$$F[p] = \sum_{t=k-1}^{p-1} W[t]A[t][p], \text{ für alle } p \text{ mit } 1 \leq p \leq k$$

$$F[k+1] = 1$$

$$S_k(n) = \frac{1}{(k+1)Q}(F'[k+1]n^{k+1} + F'[k]n^k + F'[k-1]n^{k-1} + ... F'[1]n + F'[0]),$$

$$F'[r] = F[r] \cdot Q, \ 0 \leq r \leq k+1$$

```cpp
    std::ifstream fin("psum.in");
    std::ofstream fout("psum.out");

    int k;
    while(fin && !fin.eof() && fin>>k){
        fout << M[k] << ' ';
        for (int t = k+1; t >= 0; t--) {
            fout << A[k][t]<< ' ';
        }
        fout << std::endl;
    }
}
```

Aufgaben

1. Beweisen Sie, dass für 3 beliebige natürliche Zahlen a, b, c gilt: $lcm\,(a \cdot b \cdot c) = lcm\,(lcm(a \cdot b) \cdot c)$.
2. Schreiben Sie ein entsprechendes C-Programm.
3. Wir nehmen an, dass die Potenzsummen in vereinfachter Form vorliegen:

$$S_k(n) = F_{k+1}n^{k+1} + F_k n^k + \ldots + F_1 n + F_0,$$

   wobei $F_{k+1}, F_k, \ldots, F_0$ gekürzte Brüche sind, z.B.:

$$S_0(n) = \sum_{i=1}^{n} i^0 = n$$

$$S_1(n) = \sum_{i=1}^{n} i = \frac{1}{2}n^2 + \frac{1}{2}n$$

$$S_2(n) = \sum_{i=1}^{n} i^2 = \frac{1}{3}n^3 + \frac{1}{2}n^2 + \frac{1}{6}n$$

   Passen Sie die algebraische Modellierung an diese vereinfachte Notation an und schreiben Sie das entsprechende Programm.
   Beispiel:

psum.in	psum.out
2	1/3 1/2 1/6 0
5	1/6 1/2 5/12 0 -1/12 0 0
0	1 0

4. Beweisen Sie die folgenden Aussagen:
   a) $S_3(x) = (S_1(x))^2$
   b) Für ungerade $k \geq 1$ gilt: Das Polynom $S_k(x)$ ist durch $S_1(x)$ teilbar und

$$S_k(x) = S_k(-1-x) \tag{22}$$

c) Für gerade $k \geq 1$ gilt: Das Polynom $S_k(x)$ ist durch $S_2(x)$ teilbar und

$$S_k(x) = -S_k(-1-x) \tag{23}$$

d) Für ungerade $k \geq 3$ gilt: Das Polynom $S_k(x)$ ist durch $S_3(x)$ teilbar.

e) In $S_k(n) = a_{k+1}n^{k+1} + a_k n^k + ... + a_1 n + a_0$ gilt $a_{k-2} = a_{k-4} = ... = 0$.

Hinweis: Sie können die Beziehung zwischen $S_k(x)$ und $S_k(-x)$ mit Hilfe von (22) und (23) ermitteln.

Häuser in Nürnberg

Algorithmische Geometrie

10

Die algorithmische Geometrie ist ein ca. 25 Jahre alter Zweig der Informatik. Sie beschäftigt sich mit der Analyse von geometrischen Aufgabenstellungen und der Entwicklung von leistungsfähigen Algorithmen, mit denen die Aufgaben gelöst werden sollen. Die einfachen Objekte der geometrischen Probleme sind u.a. Punkte, Geraden, Kreise und Polygone. Die algorithmische Geometrie erhält großen Schub daraus, dass viele Fragestellungen aus realen Problemen aus verschiedenen Anwendungsbereichen entstehen.

Stellen Sie sich zum Beispiel den Betreiber eines Bilderdienstes im Internet vor, der seinen Benutzern ermöglicht, Fotos mit genauer Angabe des Aufnahmeortes hochzuladen. Beim Abspeichern des Fotos auf der Webseite gibt der Anwender zusätzlich den vom GPS-Empfänger angezeigten Längen- und Breitengrad an. Der Betreiber möchte seinen Dienst dahingehend erweitern, dass zu jedem Foto auch das geografisch naheste Foto angezeigt werden kann. Das ist nicht weiter schwer, für jedes Foto berechnet man den Abstand zu allen anderen und merkt sich das Foto mit der kleinsten Distanz. Hier kommt die algorithmische Geometrie ins Spiel, deren Aufgabe ja gerade darin besteht, effiziente Lösungen zu finden. Sie kennt einen Algorithmus, der das Foto mit dem kleinsten Abstand viel schneller ermittelt als der beschriebene Ansatz.

Weitere Anwendungsbereiche, die von der algorithmischen Geometrie profitieren, sind Computergrafik, *Computer Aided Design* (CAD), geographische Informationssysteme, Robotik und der Bau von hochintegrierten Schaltungen.

Grundlagen

1. Darstellung der Punkte, Quadranten

Ein Punkt wird in der Ebene durch zwei Koordinaten beschrieben, nämlich durch seine Abszisse (x-Koordinate) und seine Ordinate (y-Koordinate). Die x-Achse und die y-Achse teilen die Ebene in vier Bereiche auf, die man Quadranten nennt. Ein Punkt $P(x, y)$ befindet sich im ersten Quadranten, wenn $x>0$ und $y>0$ ist, im zweiten, wenn $x<0$ und $y>0$ ist, im dritten, wenn $x<0$ und $y<0$ ist, und im vierten, wenn $x>0$ und $y<0$ ist.

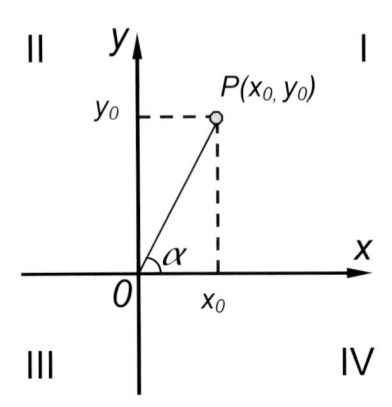

Winkel und Quadranten

x	y	$\cos \alpha$	$\sin \alpha$	Winkel α (in Grad)	Quadrant
> 0	> 0	> 0	> 0	(0, 90)	I
< 0	> 0	< 0	> 0	(90, 180)	II
< 0	< 0	< 0	< 0	(180, 270)	III
> 0	< 0	> 0	< 0	(270, 360)	IV

2. Abstand zwischen zwei Punkten

Es seien zwei Punkte $M_1(x_1, y_1)$ und $M_2(x_2, y_2)$ so in der Ebene gegeben, dass die Strecke M_1M_2 weder zur x- noch zur y-Achse parallel ist.

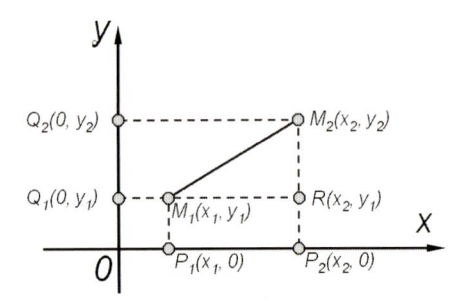

Berechnung des Abstands

Gemäß dem Satz des Pythagoras im rechtwinkligen Dreieck RM_1M_2 errechnet sich der Abstand so:

$$M_1M_2 = \sqrt{(x_2 - x_1)^2 + (y_2 - y_1)^2} \qquad (1)$$

Das gilt auch für die Fälle

10 Algorithmische Geometrie

- $M_1 = M_2$
- $M_1 \neq M_2$ und M_1M_2 parallel zur x-Achse
- $M_1 \neq M_2$ und M_1M_2 parallel zur y-Achse

Die Koordinaten für den Mittelpunkt $M(x, y)$ der Strecke M_1M_2 sind:

$$x = \frac{x_1 + x_2}{2}, \quad y = \frac{y_1 + y_2}{2}. \qquad (2)$$

3. Gerade in der Ebene

Eine Gerade g lässt sich durch eine Geradengleichung (eine Gleichung ersten Grades mit den Unbekannten x und y) eindeutig beschreiben: $ax + by + c = 0$ mit $a, b, c \in \mathbb{R}$ und der Bedingung, dass a und b nicht gleichzeitig Null sein dürfen ($a^2 + b^2 \neq 0$).

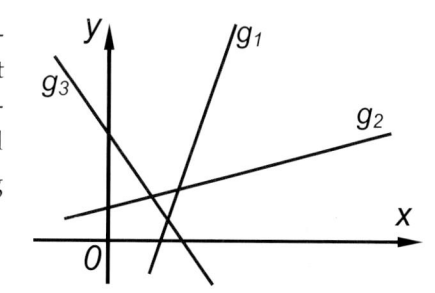

Geraden in der Ebene

Formal:

$g = \{P(x, y) \mid (x, y) \in \mathbb{R}^2 \text{ und } ax + by + c = 0, a^2 + b^2 \neq 0\}$ oder g: $ax + by + c = 0$. (3)

Wir bezeichnen die obere Hälfte des Einheitskreises ($y \geq 0$) mit s. Die zu g parallele Gerade, die durch den Nullpunkt geht, schneidet den Halbkreis s im Punkt P. A sei der Schnittpunkt von s mit der x-Achse mit $x>0$. Der Winkel $\sphericalangle AOP$ ist ebenso groß wie der Winkel, den die Gerade g mit der x-Achse einschließt. Wir bezeichnen ihn mit $\sphericalangle(g, x\text{-Achse})$, und seine Größe geben wir im Bogenmaß mit $\alpha \in [0, \pi[$ an. Der Winkel α heißt Steigungswinkel der Geraden g. Wenn $\alpha \neq \dfrac{\pi}{2}$ ist, dann sagen wir, dass die Gerade g die Steigung $m = \tan \alpha$ hat.

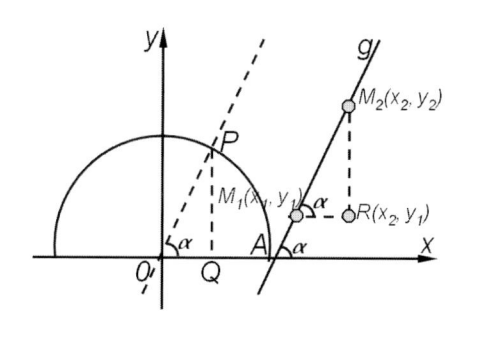

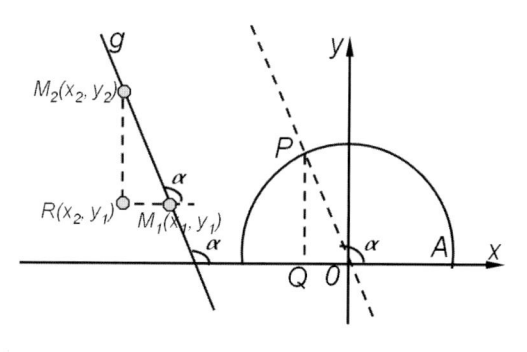

Steigungswinkel α in den Fällen spitzwinklig und stumpfwinklig

Satz 1. Sei g eine Gerade, die nicht vertikal, also nicht parallel zur y-Achse verläuft. Zwei verschiedene Punkte $M_1(x_1, y_1)$ und $M_2(x_2, y_2)$ liegen auf g. Dann gilt für die Steigung der Geraden:

$$m = \frac{y_2 - y_1}{x_2 - x_1}, \quad x_1 \neq x_2. \tag{4}$$

Beweis. Weil das Dreieck ΔOQP dem Dreieck ΔM_1RM_2 ähnlich ist, folgt:

$$m = \tan \alpha = \frac{QP}{OQ} = \frac{RM_2}{M_1R} = \frac{y_2 - y_1}{x_2 - x_1}. \square$$

Satz 2. Die nicht vertikalen Geraden g_1 und g_2 mit den Steigungen m_1 und m_2 sind dann und nur dann parallel zueinander, wenn $m_1 = m_2$.

Satz 3. Die nicht vertikalen Geraden g_1 und g_2 mit den Steigungen m_1 und m_2 stehen dann und nur dann senkrecht aufeinander, wenn $m_1 \cdot m_2 = -1$.

Satz 4. Es sei g eine Gerade mit der Steigung m, die durch den Punkt $P_0(x_0, y_0)$ verläuft. Der Punkt $P(x, y)$ liegt dann und nur dann auf der Geraden g, wenn:

$$y - y_0 = m(x - x_0).$$

Bemerkung: Eine andere Form der Geradengleichung ist also $y - y_0 = m(x - x_0)$: „die Menge aller Punkte in der Ebene $(x, y) \in \mathbb{R}^2$ mit $y - y_0 = m(x - x_0)$". Das lässt sich in

$$y = mx + t \tag{5}$$

überführen, wobei m die Steigung und t der Achsenabschnitt auf der y-Achse $t = y_0 - mx_0$ ist.

Satz 5. Zwei verschiedene Punkte $M_1(x_1, y_1)$ und $M_2(x_2, y_2)$ bestimmen eindeutig eine Gerade. Alle Punkte $M(x, y)$ auf dieser Geraden erfüllen

$$\begin{vmatrix} x & y & 1 \\ x_1 & y_1 & 1 \\ x_2 & y_2 & 1 \end{vmatrix} = 0. \tag{6}$$

Drei Punkte $P_i(x_i, y_i)$ mit $i = 1, 2, 3$ sind kollinear (d.h. sie liegen auf einer Geraden) dann und nur dann, wenn

10 Algorithmische Geometrie

$$\begin{vmatrix} x_1 & y_1 & 1 \\ x_2 & y_2 & 1 \\ x_3 & y_3 & 1 \end{vmatrix} = 0. \qquad (7)$$

<u>Satz 6.</u> Eine Gerade g: $ax + by + c = 0$ mit $a, b, c \in \mathbb{R}$ und $a^2 + b^2 \neq 0$ erzeugt drei Bereiche in der Ebene:

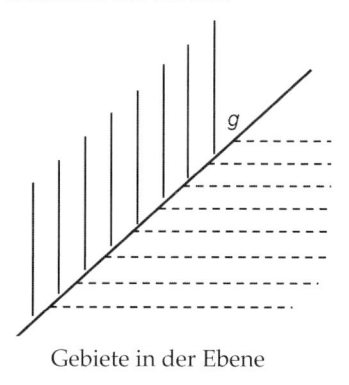

- Eine der beiden offenen Halbebenen. Offen bedeutet, dass die Punkte, die auf der Geraden liegen, nicht der Halbebene zugerechnet werden. Alle Punkte der Halbebene erfüllen:
  $ax + by + c < 0$
- Die andere offene Halbebene mit den Punkten:
  $ax + by + c > 0$
- Die Gerade selbst, mit ihren Punkten:
  $ax + by + c = 0$

Gebiete in der Ebene

4. Abstand eines Punktes zu einer Geraden, Fläche eines Dreiecks

Eine Gerade g: $ax + by + c = 0$ mit $a, b, c \in \mathbb{R}$ und $a^2 + b^2 \neq 0$ und ein Punkt $P_1(x_1, y_1)$ sind gegeben. Die Projektion von P_1 auf g erzeugt den Punkt P_0 (man errichtet eine Senkrechte auf der Geraden, so dass sie durch den Punkt P_1 verläuft). Die Länge der Strecke P_0P_1 nennt man den Abstand zwischen dem Punkt P_1 und der Geraden g und dafür schreibt man $d(P_1, g)$.

<u>Satz 7.</u> Der Abstand des Punktes $P_1(x_1, y_1)$ von der Geraden g: $ax + by + c = 0$ mit $a, b, c \in \mathbb{R}$ und $a^2 + b^2 \neq 0$ ist

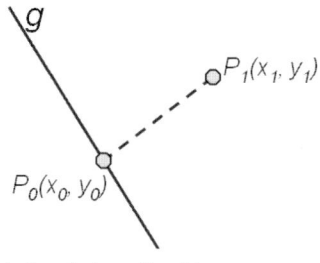

$$d(P_1, g) = \frac{|ax_0 + by_0 + c|}{\sqrt{a^2 + b^2}}. \qquad (8)$$

Abstand eines Punktes
zu einer Geraden

Satz 8. Gegeben sind zwei verschiedene Punkte $P_2(x_2, y_2)$ und $P_3(x_3, y_3)$ und die durch sie verlaufende Gerade P_2P_3: $\begin{vmatrix} x & y & 1 \\ x_2 & y_2 & 1 \\ x_3 & y_3 & 1 \end{vmatrix} = 0$. Wenn $P_1(x_1, y_1)$ ein Punkt in der Ebene ist, bezeichnen wir den Wert der Determinante $\begin{vmatrix} x_1 & y_1 & 1 \\ x_2 & y_2 & 1 \\ x_3 & y_3 & 1 \end{vmatrix}$ mit Δ. Dann gilt

$$d(P_1, P_2P_3) = \frac{|\Delta|}{\sqrt{(x_3 - x_2)^2 + (y_3 - y_2)^2}},$$ und die Fläche des Dreiecks $P_1P_2P_3$ ist

$$A(P_1P_2P_3) = \frac{1}{2}|\Delta|. \tag{9}$$

Satz 9 (Satz des Heron). Um die Fläche eines Dreiecks zu berechnen, kann man auch den bereits in Kapitel 6 (Ebene Geometrie, Trigonometrie) vorgestellten Satz des Heron verwenden:

$$A = \sqrt{s(s-a)(s-b)(s-c)},$$

wobei $s = \dfrac{a+b+c}{2}$ (a, b und c sind die Seitenlängen). (10)

5. Die Ellipse

Definition. Es seien a und c reelle positive Zahlen mit $a>c$ und F_1 und F_2 feste Punkte in der Ebene mit der Eigenschaft $F_1F_2=2c$. Die Menge aller Punkte P in der Ebene mit der Eigenschaft $PF_1+PF_2=2a$ heißt Ellipse. Die Punkte F_1 und F_2 heißen Brennpunkte.

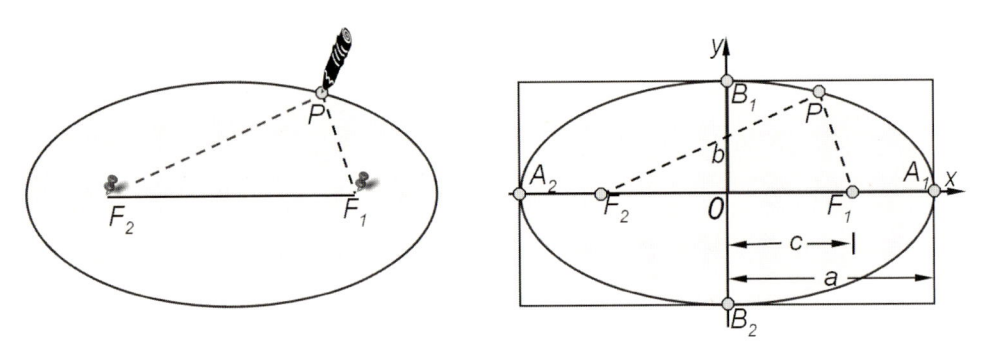

Ellipse: Konstruktionsverfahren; Scheitel und Achsen

Die Punkte A_1 und A_2 auf der Ellipse mit dem größten Abstand zum Mittelpunkt O bezeichnet man als Hauptscheitel. Die Strecke A_1A_2 heißt Hauptachse und ist in die beiden großen Halbachsen OA_1 und OA_2 aufgeteilt. Dementsprechend gibt es die Nebenscheitel B_1 und B_2, die Nebenachse und die beiden kleinen Halbachsen OB_1 und OB_2. Im Bild kennzeichnet a die Länge der großen und b die Länge der kleinen Halbachsen:

$$OA_1 = OA_2 = a \text{ und } OB_1 = OB_2 = b.$$

<u>Satz 10 (Ellipsengleichung – kartesische Koordinaten).</u> Ein Punkt $P(x, y)$ gehört dann und nur dann der Ellipse E an, wenn:

$$\frac{x^2}{a^2} + \frac{y^2}{b^2} = 1, \text{ wobei } b = \sqrt{a^2 - c^2}. \quad (11)$$

<u>Satz 11 (Ellipsengleichung – Parameterform).</u> Die Ellipse E ist die Menge aller Punkte in der Ebene mit der Eigenschaft:

$$\begin{cases} x = a\cos\theta \\ y = b\sin\theta \end{cases}, \quad \theta \in [0, 2\pi[. \quad (12)$$

6. Das Außenprodukt

Es seien $P(x_0, y_0)$, $Q(x_1, y_1)$ und $R(x_2, y_2)$ drei Punkte in der Ebene. Wenn wir die Strecken PQ und PR als Vektoren betrachten, dann lautet das Außenprodukt der beiden Vektoren

$$PQ \times PR = (x_1 - x_0)(y_2 - y_0) - (x_2 - x_0)(y_1 - y_0) \quad (13)$$

(andere Notation: $[PQ, PR]$).

Wenn dieses Produkt positiv ist, liegt PQ im Uhrzeigersinn nach PR, und QR ändert die Richtung relativ zu PQ nach links. Wenn das Außenprodukt negativ ist, liegt PQ im Gegenuhrzeigersinn nach PR, und QR ändert die Richtung relativ zu PQ nach rechts. Q ist der Punkt, in dem die Richtung geändert wird.

Mehr darüber findet man z. B. in [Cor04] und [Stu66].

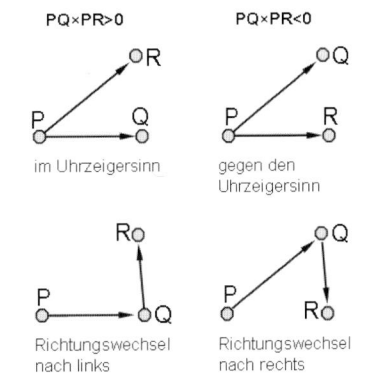

7. Die Fläche eines Polygons, Punkt im Inneren eines Polygons

Wenn ein Polygon konvex ist, berechnet man seine Fläche dadurch, dass man das Polygon in Dreiecke zerlegt. Dafür gibt es zwei Möglichkeiten. Entweder man zieht von einer beliebigen Ecke des Polygons Diagonalen zu allen nicht benachbarten Ecken. Oder man verbindet einen beliebigen Punkt innerhalb des Polygons mit allen Ecken.

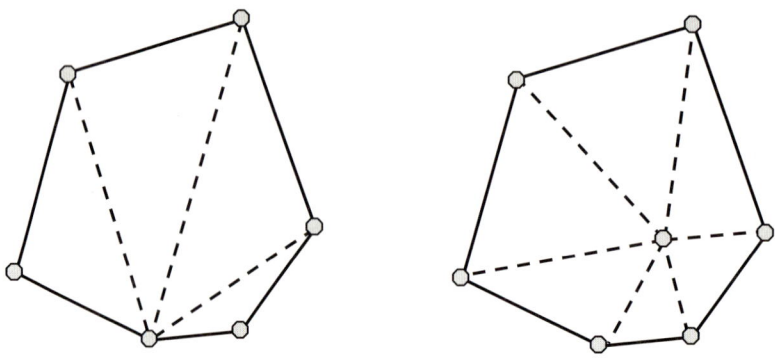

Die Fläche eines konvexen Polygons entspricht der Summe der Dreiecksflächen

Von nun an kennzeichnen wir die Ecken eines Polygons gegen den Uhrzeigersinn mit $P_1, P_2, ..., P_n$. Für die Fläche eines konvexen Polygons gilt die Formel:

$$A(konvexes\_Polygon) = \sum_{i=2}^{n-1} A(P_1 P_i P_{i+1}) \qquad (14)$$

Wenn kein konvexes Polygon vorliegt, wird die Flächenbestimmung komplizierter. Wieder errechnet man die Gesamtfläche mit Hilfe der Fläche von Dreiecken. Allerdings werden auch Dreiecke erzeugt, die komplett oder zumindest teilweise außerhalb des Polygons liegen (siehe Dreieck $P_1P_2P_3$ im nächsten und Dreieck $P_1P_5P_6$ im übernächsten Polygon). Die Fläche des Dreiecks $P_1P_iP_{i+1}$ wird bei der Ermittlung der Gesamtfläche addiert, wenn der Vektor P_iP_{i+1} seine Richtung relativ zum Vektor P_1P_i nach links ändert. Sie wird subtrahiert, wenn P_iP_{i+1} seine Richtung relativ zu P_1P_i nach rechts ändert.

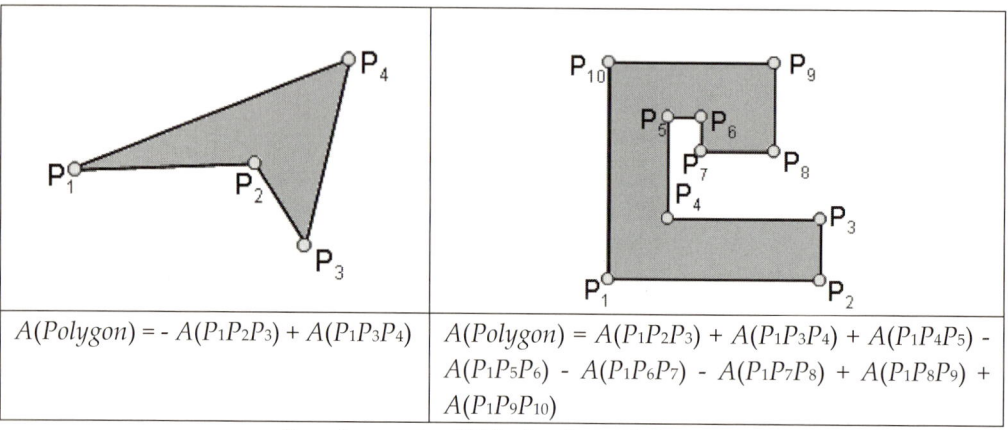

$A(Polygon) = - A(P_1P_2P_3) + A(P_1P_3P_4)$	$A(Polygon) = A(P_1P_2P_3) + A(P_1P_3P_4) + A(P_1P_4P_5) - A(P_1P_5P_6) - A(P_1P_6P_7) - A(P_1P_7P_8) + A(P_1P_8P_9) + A(P_1P_9P_{10})$

Berechnung der Fläche konkaver Polygone

10 Algorithmische Geometrie

Die Fläche eines beliebigen Polygons kann mit der folgenden Formel berechnet werden:

$$A(Polygon) = \left|\sum_{i=2}^{n-1} \text{sign}(i) \cdot A(P_1 P_i P_{i+1})\right|, \text{ wobei}$$

$$\text{sign}(i) = \begin{cases} -1, \text{wenn } P_i P_{i+1} \text{ im Uhrzeigersinn nach } P_1 P_i \text{ liegt} \\ 0, \text{ wenn die Vektoren } P_i P_{i+1} \text{ und } P_1 P_i \text{ kollinear sind} \\ +1, \text{ wenn } P_i P_{i+1} \text{ im Gegenuhrzeigersinn nach } P_1 P_i \text{ liegt} \end{cases} \quad (15)$$

Eine andere Formel für den Flächeninhalt eines Polygons mit den Ecken $P_1(x_1, y_1)$, $P_2(x_2, y_2)$, ..., $P_n(x_n, y_n)$ (wiederum unter der Bedingung, dass die Ecken des Polygons gegen den Uhrzeigersinn mit $P_1, P_2, ..., P_n$ bezeichnet sind) ist

$$A(Polygon) = \frac{1}{2}\left|\sum_{i=1}^{n}\begin{vmatrix} x_i & y_i \\ x_{i+1} & y_{i+1} \end{vmatrix}\right| = \frac{1}{2}\left|\sum_{i=1}^{n}(x_i y_{i+1} - y_i x_{i+1})\right|, \quad (16)$$

wobei der Eckpunkt mit den Koordinaten (x_{n+1}, y_{n+1}) der Ecke P_1 entspricht.

Ein Punkt befindet sich dann und nur dann innerhalb eines beliebigen Polygons, wenn eine durch den Punkt verlaufende horizontale Gerade links und rechts vom Punkt eine ungerade Anzahl von Schnittpunkten mit dem Polygon aufweist. Wenn das Polygon konvex ist, liegt ein Punkt dann und nur dann darin, wenn zu beiden Seiten des Punktes genau ein solcher Schnittpunkt existiert.

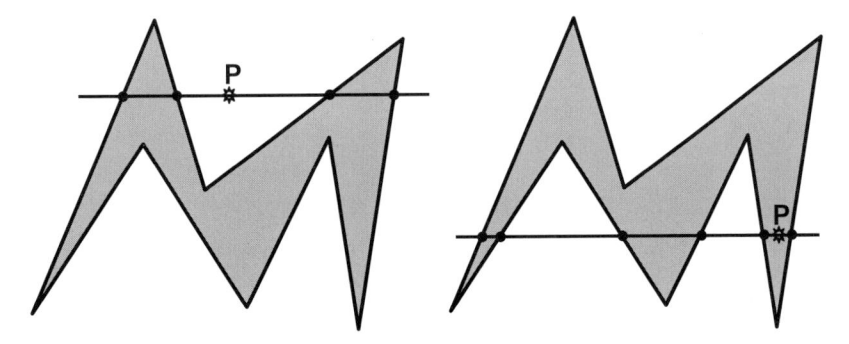

Punkt außerhalb und innerhalb eines konkaven Polygons

8. Nächstes Paar

Es sei eine Menge P von n Punkten in der Ebene gegeben:

$$P = \{P_i(x_i, y_i) \mid 1 \leq i \leq n,\ x_i, y_i \in \mathbb{R}\}.$$

Gesucht ist ein Punktepaar (P_k, P_l) aus P, dessen (euklidischer) Abstand minimal ist. Dieses Paar nennt man nächstes Paar:

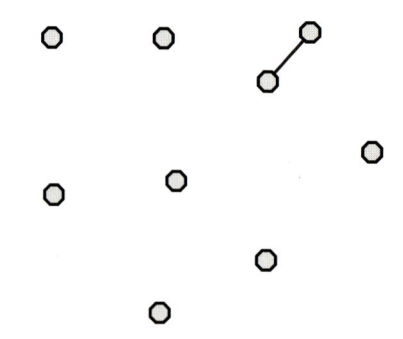

$$\text{dist}(P_k, P_l) = \min\{\text{dist}(P_i, P_j) \mid P_i, P_j \in P,\ P_i \neq P_j\}.$$

Nächstes Paar aus einer Menge von Punkten

Eine erste Möglichkeit bestünde darin, mit einer *Brute-Force*-Suche alle $\dfrac{n(n-1)}{2}$ Abstände zu berechnen, und danach den kleinsten Abstand und ein zugehöriges Paar auszugeben. Die Komplexität dieser Methode ist $O(n^2)$:

```
ALGORITHM_NAIVE_CLOSEST_PAIR(Points P₁, P₂, ..., Pₙ)
  d ← dist (P₁, P₂)
  Q ← P₁;  R ← P₂
  For (i ← 1; i ≤ n; step 1)
    For (j ← i+1; j ≤ n; step 1)
      If (dist(Pᵢ, Pⱼ) < d) Then
        d ← dist (Pᵢ, Pⱼ)
        Q ← Pᵢ;  R ← Pⱼ
      End_If
    End_For
  End_For
  return Q, R
END_ ALGORITHM_NAIVE_CLOSEST_PAIR(Points P₁, P₂, ..., Pₙ)
```

10 Algorithmische Geometrie

Wir können jedoch einen besseren Algorithmus entwickeln, z. B. mit Hilfe einer virtuellen vertikalen Geraden, die von links nach rechts durch die Punktmenge wandert. Zu jedem Zeitpunkt kennen wir ein bisher gefundenes nächstes Paar mit dem Abstand d. Der Bereich W (eine sogenannte Vertikalstruktur), der sich zusammen mit der virtuellen Geraden von links nach rechts bewegt, beinhaltet die Punkte, von denen jeder zusammen mit einem Punkt auf der Geraden evtl. als neues nächstes Paar in Frage kommt. Das bedeutet, dass alle links von der Geraden liegenden Punkte, deren Abstand zur Geraden größer als das aktuelle d ist, nicht dem Bereich W angehören, weil sich mit ihnen kein besseres nächstes Paar bilden lässt.

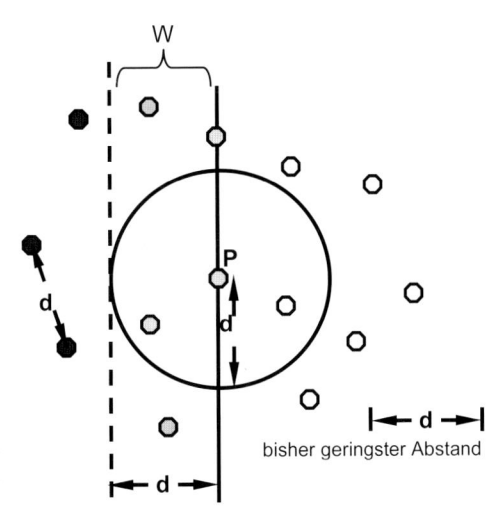

Nächstes-Paar-Algorithmus

Der Algorithmus mit der mittleren Komplexität $O(n \log n)$ in Pseudocode:

```
ALGORITHM_VER_CLOSEST_PAIR(Points P₁, P₂, ..., Pₙ)
  Sort P₁, P₂, ...., Pₙ            // lexikographisch nach x-Werten
  W.add(P₁), W.add(P₂)
  Q ← P₁;  R ← P₂
  d ← dist(P₁, P₂)
  For (i ← 3; i ≤ n; step 1)       // vertikale Gerade geht durch Pᵢ.x
    For (all points M from W)
      If (Pᵢ.x – M.x > d) Then W.delete(M)
      Else
        If(dist(Pᵢ, M)<d) Then
          Q ← M;   R ← Pᵢ
          d ← dist (M, Pᵢ)
        End_If
    End_For
    W.add(Pᵢ)
  End_For
  return Q, R
END_ ALGORITHM_VER_CLOSEST_PAIR(Points P₁, P₂, ..., Pₙ)
```

9. Die konvexe Hülle

Stellen Sie sich eine Pinnwand vor, in der mehrere Nadeln stecken. Wenn Sie alle Nadeln mit einem Faden einfassen, erzeugen Sie damit ein konvexes Polygon. Ein Teil der Pinnadeln bildet die Ecken des Polygons. So ein Polygon bezeichnet man als konvexe Hülle einer Punktmenge. Es ist das konvexe Polygon mit der kleinsten Fläche, das alle Punkte beinhaltet.

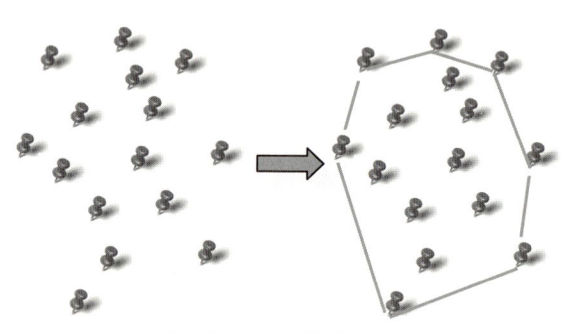

Die konvexe Hülle

Es gibt mehrere Algorithmen, um die konvexe Hülle von n Punkten zu bestimmen:
- *Graham Scan*. Man definiert den unteren linken Punkt als Bezugspunkt. Alle anderen Punkte sortiert man relativ zum Bezugspunkt gegen den Uhrzeigersinn. Inkrementell bestimmt man mit einem Kellerspeicher die konvexe Hülle.
- Der *Hill*-Algorithmus besitzt ebenfalls einen inkrementellen Aufbau. Die Punkte werden lexikographisch sortiert, zuerst nach der Ordinate und dann nach der Abszisse. Mit Hilfe eines Stacks werden die Punkte sukzessive durchlaufen, und dabei wird der Stack aktualisiert. Am Ende befindet sich die konvexe Hülle im Stack.
- Mit *Teile-und-Herrsche*. Die Punkte werden lexikographisch sortiert, und man berechnet rekursiv die konvexen Hüllen für die Mengen $\{P_1, P_2, ..., P_{\lfloor \frac{n}{2} \rfloor}\}$ und $\{P_{\lfloor \frac{n}{2} \rfloor + 1}, ..., P_n\}$. Am Ende vereinigt man beide Hüllen zu der gesamten konvexen Hülle.
- *Jarvis's Wrap* (Methode des Einwickelns; bekannt auch als „gift wrapping", also der Verpackung eines Geschenks). Wie bei den Nadeln einer Pinnwand wickelt man eine Schnur um die Punktmenge.

Mehr darüber können Sie z.B. in [Cor04], [Gär96] oder [Pre93] nachlesen.
Wir sehen uns den *Hill*-Algorithmus für 15 Punkte im Detail an.
Die Punkte werden zuerst aufsteigend nach ihrer Ordinate sortiert. Wenn zwei Punkte in ihren y-Koordinaten übereinstimmen, sortiert man als nächstes aufsteigend nach

10 Algorithmische Geometrie

den x-Koordinaten (siehe P_{10} und P_{11}). Die Komplexität für das Sortieren beträgt $O(n \log n)$. Weil P_1 der unterste linke und P_{15} der oberste rechte Punkt ist, folgt, dass sich diese beiden Punkte auf der konvexen Hülle befinden müssen. Der *Hill*-Algorithmus baut die konvexe Hülle in zwei Phasen, beginnend mit P_1, sukzessive gegen den Uhrzeigersinn auf, bis man wieder beim Punkt P_1 angelangt ist. In der ersten Phase werden alle Punkte aufsteigend (P_1 bis P_{15}; *direction*=1) verarbeitet (siehe unten), gefunden wird jedoch nur die rechte Seite der konvexen Hülle inklusive des untersten und obersten Punktes. Die zweite Phase, die die linke Seite der konvexen Hülle aufbaut, verarbeitet all die Punkte absteigend (*direction*=-1), die in der ersten Phase nicht als Teil der konvexen Hülle identifiziert wurden, mit Ausnahme von P_1. Das heißt, dass die zweite Phase P_{13}, P_{12}, P_{11}, P_{10}, P_9, P_7, P_6, P_5, P_4, P_2 und P_1 verarbeitet und P_{15}, P_{14}, P_8 und P_3 nicht. Während der schrittweisen Verarbeitung wird jeder Punkt in einen Stack aufgenommen. Ist ein Punkt nicht Teil der konvexen Hülle, wird er in einem späteren Schritt wieder aus dem Stack entfernt. Wenn der Algorithmus vollständig durchlaufen ist, werden nur die Punkte im Stack übrig sein, die die komplexe Hülle ausmachen (das doppelte P_1 wird gelöscht). Sie sehen, dass in unserem Beispiel mit den 15 Punkten die meisten gleich zweimal in den Stack kommen, und viele dort auch wieder entfernt werden.

Nun beschreiben wir die Verarbeitung. Am Anfang initialisiert man den Stack mit den beiden Punkten P_1 und P_2. Der aktuelle Punkt ist nun P_3. Allgemein führt man für den aktuellen Punkt P_i das Folgende aus: Man prüft, wie der Vektor, der aus dem letzten im Stack enthaltenen Punkt und P_i besteht, seine Richtung gegenüber dem Vektor ändert, der aus dem vorletzten und dem letzten Punkt des Stacks besteht. Wenn sich die Richtung nicht (die beiden Vektoren sind kollinear) oder nach rechts ändert, wird der letzte Punkt im Stack gelöscht und die Prüfung (und ggfs. das Löschen) wiederholt. Wenn die Richtung nach links wechselt oder nur noch ein Element im Stack enthalten ist, fügt man P_i dem Stack hinzu, und P_{i+1} wird der aktuelle Punkt. Da die Punkte sortiert worden sind, kann P_i unmöglich auf der Verbindungsstrecke des letzten und vorletzten Punktes liegen, die Richtung kann also stets ermittelt werden.

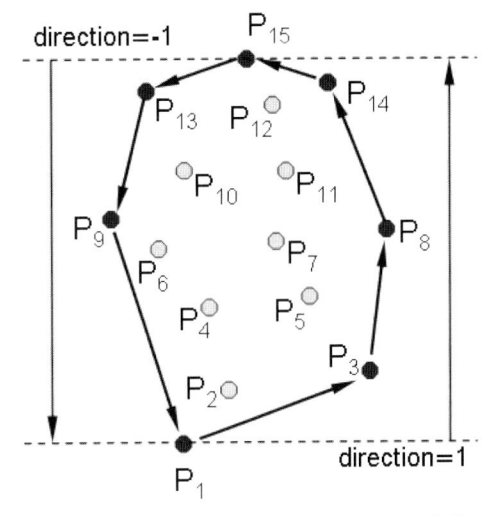

Die Komplexität dieser Prozedur ist linear $O(n)$. Der gesamte Algorithmus (Sortierung und Hüllenaufbau) hat also die Komplexität $O(n \log n)$.

Hier der Algorithmus in Pseudocode für n Punkte:

ALGORITHM_HILL_CONVEX_HULL(Points $P_1, P_2, \ldots, P_n$)
Stack S
For ($i \leftarrow 1$; $i \leq n$; step 1) **Execute** $mark[P_i] \leftarrow false$
Sort $P_1, P_2, \ldots, P_n$ // lexikographisch (y, x)!
$S.push(P_1, P_2)$ // P_1P_2 ist eine mögliche Seite der konvexen Hülle
$mark[P_1] \leftarrow true$, $mark[P_2] \leftarrow true$
$i \leftarrow 1$, $dir \leftarrow 1$
While ($i>1$) **Do**
   While ($i>1$ AND $mark[i]$) **Do**
     $i \leftarrow i + dir$
   End_While
   $S.top(\&M_1, \&M_2)$ // M_1 ist der letzte Punkt im Stack S und M_2 der vorletzte
   While ($M_1 \rightarrow P_i$ doesn't change direction or turns right relative to $M_2 \rightarrow M_1$) **Do**
     $S.pop()$ // lösche das letzte Element (M_1) aus dem Stack
     $mark[M_1] \leftarrow false$ // M_1 gehört in dieser Phase nicht zur konvexen Hülle
     $S.top(\&M_1, \&M_2)$
   End_While
   $S.push(P_i)$ // füge den Punkt P_i dem Stack S hinzu
   $mark[Pi] \leftarrow true$ // P_i gehört in dieser Phase zur konvexen Hülle
   If ($i=n$) **Then** $dir=-1$; **End_If**
End_While
$S.pop()$ // doppelten Punkt P_1 entfernen
return S // Stack S beinhaltet die konvexe Hülle
END_ ALGORITHM_HILL_CONVEX_HULL (Points $P_1, P_2, \ldots, P_n$)

Aufgaben

1. Zeigen Sie, dass die Punkte $A(0, -2)$, $B(1, 1)$ und $C(2, 4)$ auf einer Geraden liegen.
2. Es seien a, b und c reelle Zahlen. Zeigen Sie, dass die Punkte $A(a, 2a-1)$, $B(b, 2b-1)$ und $C(c, 2c-1)$ auf einer Geraden liegen.
3. Berechnen Sie Umfang, Fläche und Höhe des Dreiecks mit den Ecken $A(-2, -1)$, $B(1, 2)$ und $C(0, 5)$.
4. Es seien die Punkte $A(5, 6)$, $B(13, 6)$, $C(11, 2)$ und $D(1, 2)$ gegeben. Weisen Sie nach, dass $ABCD$ ein Trapez ist, und berechnen Sie die Größe der Innenwinkel.
5. Gegeben ist das Dreieck mit den Ecken $A(-1, 3)$, $B(2, -1)$ und $C(3, 6)$. Bestimmen Sie die Gleichungen für:

a) die Gerade *AC*
b) die Gerade, die *B* beinhaltet und parallel zu *AC* ist
c) die Mittelsenkrechte der Strecke *BC*
d) die Seitenhalbierende von *C*
e) die Höhe von *C*.

6. Es seien die Punkte $A\left(-\frac{4}{5},2\right), B\left(\frac{2}{5},4\right)$ und $C(1, 5)$ gegeben. Finden Sie die Gleichung der Geraden *AB*, und prüfen Sie danach, ob *C* auf der Geraden liegt.

7. Finden Sie die Koordinaten der Ecken des Dreiecks, das durch die folgenden Geraden beschrieben wird: g_1: 4x-y+2=0, g_2: x-4y-8=0, g_3: x+4y-8=0.

8. Es seien die Punkte $A(1, -1)$ und $B(3, 2)$ gegeben. Finden Sie die Gleichung der Geraden, auf der die beiden Punkte liegen. Finden Sie den Abstand des Punktes $C(-1, 3)$ zu dieser Geraden und außerdem die Gleichung der zur Strecke *AB* parallel verlaufenden Geraden, auf der *C* liegt.

9. Ermitteln Sie die Längen und Gleichungen der Höhen des Dreiecks mit den Ecken $A(2, 1)$, $B(6, -1)$ und $C(4, 4)$.

10. Zeichnen Sie die drei beschriebenen Ellipsen und finden Sie ihre Gleichungen:
    - Brennpunkte $F_1(-1, 0)$ und $F_2(1, 0)$. Länge *a* der großen Halbachsen ist 5
    - Brennpunkt $F(1, 1)$, Mittelpunkt $M(1, 3)$. Länge *a* der großen Halbachsen ist 10
    - Mittelpunkt $M(2, 1)$, Hauptscheitel $A(2, 6)$, Nebenscheitel $B(1, 1)$.

11. Bestimmen Sie die Brennpunkte und Längen der kleinen und großen Halbachsen für die Ellipsen $E_1: \frac{x^2}{9}+\frac{y^2}{4}=1$ und $E_2: 3x^2+2y^2=12$.

12. Berechnen Sie die Fläche eines Quadrats, von dem zwei benachbarte Ecken mit den Brennpunkten der Ellipse $E: \frac{x^2}{25}+\frac{y^2}{16}-1=0$ übereinstimmen.

Problem 1. Nächstes Paar

Maximal 10000 Punkte in der Ebene mit reellen Koordinaten zwischen -1000 und 1000 sind gegeben. Finden Sie zwei Punkte in dieser Menge, deren Abstand minimal ist. Beispiel:

punkte.in	paar.out
-2 0.5 0 0 0.5 3.5 -1 -0.5 0.5 -1.5 1 1 0 3	Kuerzester Abstand: P7: 0, 3 P3: 0.5, 3.5

Problemanalyse und Entwurf der Lösung

Wir verwenden wieder eine Vertikalstruktur wie in Abschnitt 8 der Grundlagen.

Die Methode *std::sort()* aus der Headerdatei *<algorithm>* sortiert die Punkte lexikographisch. Der dritte Parameter der Methode ist das Binärprädikat *isPointSmaller()*, das die korrekte Anordnung liefert. Sehen Sie sich die Implementierung des Algorithmus in der Methode *getNearestPair(std::vector<Point*> v)* an. Das Resultat von *getNearestPair* ist ein nächstes Paar, das in einem Element des Typs *std::pair<Point*, Point*>* zurückgegeben wird.

Programm

```
#include <fstream>
#include <vector>
#include <algorithm>
#include <cmath>

typedef struct{
  double x, y;
  int idx;
}Point;

inline double sqr(double x){
  return x*x;
}

inline double dist(Point* p1, Point* p2){
  return
    sqrt(sqr(p1->x-p2->x)+sqr(p1->y-p2->y));
}

inline bool isPointSmaller(Point *p1, Point* p2){
  if(p1->x!=p2->x) return p1->x-p2->x<0;
  return p1->y - p2->y <= 0;
}

std::pair<Point*, Point*> getNearestPair(
  std::vector<Point*> v){
    std::pair<Point*, Point*> paar ;
    std::vector<Point*> w;
    std::vector<Point*>::iterator vIt, wIt;
    Point *p1, *p2;
    double d;
    if(v.size()<2) return paar;
    std::sort(v.begin(), v.end(), isPointSmaller);
    w.push_back(v[0]); p1=v[0];
```

```
    w.push_back(v[1]); p2=v[1];
    d=dist(v[0], v[1]);
    for(vIt=v.begin()+2; vIt<v.end(); vIt++){
      for(wIt=w.begin(); wIt<w.end(); wIt++){
        if((*vIt)->x -(*wIt)->x >= d){
          w.erase(wIt);
          continue;
        }
        if(dist(*vIt, *wIt)<d){
          p1=*wIt; p2=*vIt;
          d=dist(p1, p2);
        }
      }
      w.push_back(*vIt);
    }
    paar.first = p1;
    paar.second=p2;
    return paar;
}
```

Diese zwei **for**-Schleifen könnten auch so geschrieben werden (ohne Iteratoren):

```
    for(i=2; i<v.size(); i++){
      for(j=0; j<w.size(); j++){
        if(abs(w[j]->x - v[i]->x) >= d){
          w.erase(w.begin()+j); j--;
          continue;
        }
        if(dist(v[i], w[j])<d){
          p1=w[j]; p2=v[i];
          d=dist(v[i], w[j]);
        }
      }
      w.push_back(v[i]);
    }
```

```
int main(){
  std::ifstream in("punkte.in");
  std::ofstream out("paar.out");
  std::vector<Point*> v;
  Point *p1, *p2;
  double x, y;
  int cont=1;
  while(in && !in.eof() && in>>x>>y){
    p1 = new Point();
    p1->x = x; p1->y = y; p1->idx=cont++;
    v.push_back(p1);
  }
  if(v.size()<2) return 0;
  std::pair<Point*, Point*> paar = getNearestPair(v);
  p1=paar.first; p2=paar.second;
  out << "Kuerzester Abstand: " << std::endl;
  out << " P" << p1->idx << ": "
      << p1->x << ", " << p1->y << std::endl;
  out << " P" << p2->idx << ": "
      << p2->x << ", " << p2->y << std::endl;
  return 0;
}
```

Aufgabe

Implementieren Sie auch die naive Methode (rechts ein Beispiel für diese Methode ohne Iteratoren) mit Verwendung von Iteratoren. Generieren Sie mehrere große Punktmengen für das Problem, und vergleichen Sie die Gesamtlaufzeiten der beiden Algorithmen.

```
std::pair<Point*, Point*>
 getNaiveNearestPair(std::vector<Point*> v){
...
d=dist(v[0], v[1]);
  p1=v[0]; p2=v[1];
  for(i=0; i<v.size(); i++)
    for(j=i+1; j<v.size(); j++)
      if(dist(v[i], v[j])<d){
        d=dist(v[i], v[j]);
        p1=v[i]; p2=v[j];
      }
...
```

Problem 2. Quadrätchen im Kreis

Ein Kreis mit dem Durchmesser 2*n*-1 Einheiten zentriert auf einem Brett mit 2*n*×2*n* (0 < *n* < 201) Einheiten ist gegeben. Beispiel für *n*=3:

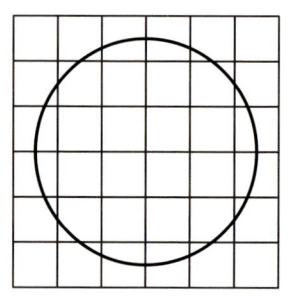

Schreiben Sie ein Programm, das die Anzahl der Quadrate auf dem Brett berechnet, die unter der Kreislinie liegen, und die Anzahl der Quadrate, die komplett innerhalb des Kreises sind. In der Eingabedatei finden Sie Werte für *n*. Beispiel:

quadrate.in	quadrate.out
3	20 12
7	52 112
200	1596 124284
6	44 76

(http://acm.uva.es/p/v3/356.html)

Problemanalyse und Entwurf der Lösung

Ein Kreis teilt das Brett in drei Gebiete:
- auf der Kreislinie befinden sich die Punkte, die die folgende Gleichung erfüllen:

$$(x - x_0)^2 + (y - y_0)^2 = R^2$$

- im Inneren des Kreises (auf der Kreisscheibe) befinden die Punkte, für die gilt:

$$(x - x_0)^2 + (y - y_0)^2 < R^2$$

- außerhalb des Kreises befinden sich folgende Punkte:

$$(x - x_0)^2 + (y - y_0)^2 > R^2$$

Der Mittelpunkt des Kreises ist (x_0, y_0) und sein Radius ist R.

Wir nehmen an, dass der Mittelpunkt des Kreises (und des Bretts) die Koordinaten (0, 0) hat. Damit erhalten wir für die Ecken des Bretts: $(-n, -n)$, $(-n, n)$, $(n, -n)$, (n, n). Weil die ganze Figur symmetrisch ist, genügt es, die inneren Quadrate und die Quadrate, die von der Kreislinie durchzogen werden, nur zu einem Viertel zu berechnen (Quadrant I). Für ein Quadrat, dessen unterer linker Eckpunkt die Koordinaten (x, y) hat, sind die Koordinaten seines oberen rechten Eckpunkts $(x+1, y+1)$. Die Methode *isIn()* erhält als Parameter die Koordinaten eines unteren linken Eckpunkts eines Quadrats, das in Quadrant I liegt, und liefert *true* zurück, wenn sich das Quadrat innerhalb des Kreises befindet (es ist ausreichend zu prüfen, ob sich der obere rechte Eckpunkt des Quadrats innerhalb des Kreises befindet). Für den Parameter der Methode *isOn()* gilt das gleiche wie bei Methode *isIn()*. *isOn()* liefert *true*, wenn sich das Quadrat unterhalb der Kreislinie befindet. Das bedeutet, dass der untere linke Eckpunkt des Quadrats entweder innerhalb des Kreises oder auf der Kreislinie liegt und der obere rechte Eckpunkt des Quadrats entweder auf der Kreislinie oder außerhalb des Kreises. Der Radius des Kreises ist $n - \frac{1}{2}$.

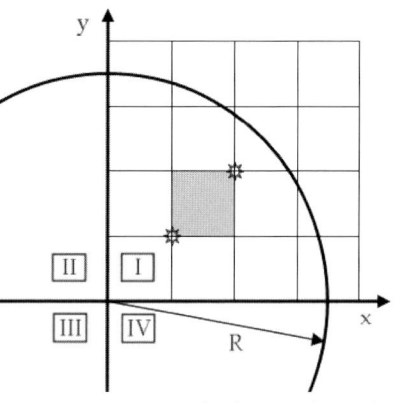

Programm

```
#include <fstream>

struct TPoint{
   int x, y;
};

inline double sqr(double x){
```

```
    return x*x;
}

bool isIn(TPoint p, int n){
  TPoint q;
  q.x=p.x+1; q.y=p.y+1;
  double r=n-(1./2.);
  if(sqr(q.x)+sqr(q.y)<sqr(r))
    return true;
  return false;
}

bool isOn(TPoint p, int n){
  TPoint q;
  q.x=p.x+1; q.y=p.y+1;
  double r=n-(1./2.);
  if(sqr(p.x)+sqr(p.y)<=sqr(r) && sqr(q.x)+sqr(q.y)>=sqr(r))
    return true;
  return false;
}

int main(){
  int n, x, y;
  TPoint p;
  long int n_On, n_In;
  std::ifstream in("quadrate.in");
  std::ofstream out("quadrate.out");
  while(in && !in.eof() && in>>n){
    n_In=0; n_On=0;
    for(x=0; x<n; x++)
      for(y=0; y<n; y++){
        p.x=x; p.y=y;
        if(isIn(p, n)) n_In++;
        if(isOn(p, n)) n_On++;
      }
    out<< 4*n_On<<" "<<4*n_In<<std::endl;
  }
  return 0;
}
```

Prüfe für alle Quadrate des ersten Quadranten, ob sie im Kreis sind oder unter der Kreislinie.

Aufgaben

1. Das Programm arbeitet mit einer *naiven* Methode: Alle Quadrate in Quadrant I werden nacheinander getestet. Finden Sie eine mathematische Formel für die Anzahl der Quadrate, die komplett innerhalb des Kreises sind.

2. Was passiert, wenn der Kreismittelpunkt nicht mehr im Zentrum des Brettes ist? Und was, wenn der Durchmesser nicht mehr abhängig von n ist? Schreiben Sie ein Programm, das auch den Mittelpunkt des Kreises (er muss sich auf dem Brett befinden) und seinen Radius ($0<R<n$) als reelle Zahlen einliest.

3. *Punkte in Figuren.* Gegeben sind eine Liste mit Figuren (Rechtecke, Kreise und Dreiecke) und eine Liste mit Punkten in der x-y-Ebene. Bestimmen Sie für jeden Punkt, in welchen Figuren er sich befindet. Er darf auch außerhalb aller Figuren liegen. Wenn ein Punkt genau auf einer Figurgrenze liegt, betrachten wir ihn als außerhalb dieser Figur liegend.

Eingabe: Es gibt $n \leq 10$ Figurbeschreibungen, eine pro Zeile. Der erste Buchstabe gibt an, um welche geometrische Form es sich handelt. Ein r kennzeichnet ein Rechteck, ein c einen Kreis und ein t ein Dreieck. Danach folgen Werte, die die Form beschreiben. Ein Rechteck wird durch vier *double*-Werte bestimmt, die die x-y-Koordinaten der oberen linken und der unteren rechten Ecke angeben. Die drei *double*-Werte eines Kreises kennzeichnen die x-y-Koordinaten seines Mittelpunktes und seinen Radius. Für ein Dreieck sind sechs *double*-Werte erforderlich, die die x-y-Koordinaten seiner Ecken beschreiben. Die restlichen Zeilen beinhalten die x-y-Koordinatenangaben der Punkte (ein Punkt pro Zeile), für die man prüfen soll, in welchen Figuren sie sich befinden.

Ausgabe:
Geben Sie für jeden zu prüfenden Punkt die richtige Antwort aus:
- „Punkt *i* liegt in Figur *j*" für jede Figur, die diesen Punkt beinhaltet.
- „Punkt *i* liegt in keiner Figur", wenn der Punkt außerhalb aller Figuren liegt.

Punkte und Figuren werden in der Reihenfolge ihres Erscheinens in der Eingabe nummeriert. Beispiel:

input.in	output.out
r 8.5 17.0 25.5 -8.5	Punkt 1 liegt in Figur 4
c 20.2 7.3 5.8	Punkt 1 liegt in Figur 9
t -1.0 -1.0 10.1 2.2 .4 1.4	Punkt 2 liegt in Figur 4
r 0.0 10.3 5.5 0.0	Punkt 2 liegt in Figur 7
c -5.0 -5.0 3.7	Punkt 2 liegt in Figur 9
t 20.3 9.8 10.0 -3.2 17.5 -7.7	Punkt 3 liegt in Figur 7
r 2.5 12.5 12.5 2.5	Punkt 3 liegt in Figur 8
c 5.0 15.0 7.2	Punkt 3 liegt in Figur 9
t -10.0 -10.0 10.0 25.0 30.0 -10.0	Punkt 4 liegt in keiner Figur
2.0 2.0	Punkt 5 liegt in Figur 1

4.7 5.3	Punkt 5 liegt in Figur 2
6.9 11.2	Punkt 5 liegt in Figur 6
20.0 20.0	Punkt 5 liegt in Figur 9
17.6 3.2	Punkt 6 liegt in Figur 5
-5.2 -7.8	Punkt 6 liegt in Figur 9

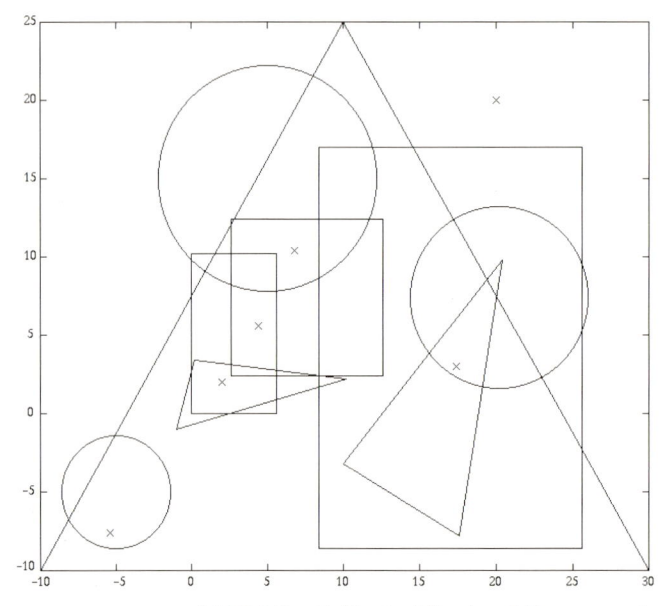

(ACM South Central Regional Programming Contest, 1990)

Problem 3. Wie sicher sind die Bürger?

Wir betrachten ein Spiel mit Polizisten, Räubern und Bürgern einer Stadt. Alle repräsentieren wir durch Punkte in einer zweidimensionalen Ebene. In diesem Spiel gilt ein Bürger als *sicher*, wenn er sich auf einem Dreieck befindet, das von drei Polizisten erzeugt wird. Als *gefährdet* wird ein Bürger angesehen, wenn er nicht sicher ist, und sich auf einem Dreieck aufhält, das von drei Räubern erzeugt wird. Wir legen fest, dass ein Bürger am Rand eines Dreiecks sich auch auf dem Dreieck befindet. Schließlich kann ein Bürger noch den Status *neutral* annehmen, wenn er weder sicher noch gefährdet ist.

In der folgenden Abbildung symbolisiert ein Kreis einen Polizisten, ein Quadrat einen Räuber und ein Dreieck einen Bürger. Die Bürger *A* und *B* sind sicher, *C* ist gefährdet, und *D* befindet sich auf neutralem Boden.

10 Algorithmische Geometrie

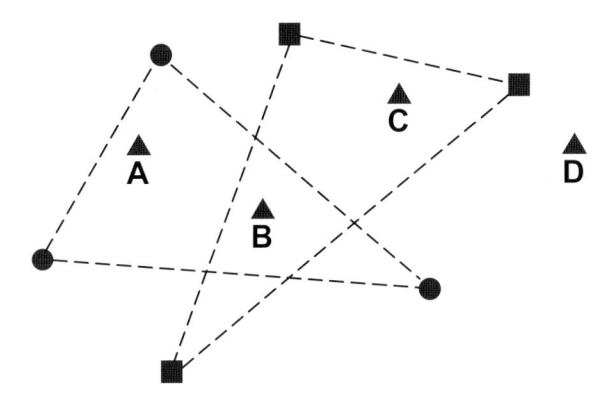

Gegeben sind Angaben über Polizisten, Räuber und Bürger, und Sie sollen auf effiziente Art und Weise den Sicherheitsstatus jedes Bürgers ermitteln. *Eingabe:* Die erste Zeile in der Datei *buerger.in* besteht aus den drei nichtnegativen Ganzzahlwerten p, r und b: der Anzahl der Polizisten, Räuber und Bürger. Für p, r und b gelten Höchstwerte von 200. In den nächsten p Zeilen finden sich die x-y-Koordinaten der Polizisten, anschließend die x-y-Koordinaten der Räuber in r Zeilen und in den letzten b Zeilen die x-y-Koordinaten der Bürger. Die Koordinatenangaben sind ganze Zahlen, die zwischen -500 und 500 liegen.

Ausgabe: Die Ausgabe erfolgt in die Datei *buerger.out*. In die erste Zeile geben Sie den gesamten Flächeninhalt aus, der für die Bürger sicheres Terrain bieten würde. Danach schreiben Sie für jeden Bürger eine Zeile mit seiner Nummer, seinen Koordinaten und seinem Status in die Ausgabedatei. Die Bürger werden gemäß ihrem Erscheinen im jeweiligen Eingabefall nummeriert. Beispiel:

buerger.in	buerger.out
3 3 2 0 0 10 0 0 10 20 20 20 0 0 20 5 5 15 15	Sichere Gesamtflaeche: 50 Buerger 1 bei (5, 5) ist sicher. Buerger 2 bei (15, 15) ist gefaehrdet.
3 3 1 0 0 10 0 0 10 20 20 20 0	Sichere Gesamtflaeche: 50 Buerger 1 bei (40, 40) ist neutral.

0 20 40 40	
4 3 6 5 9 0 0 10 0 0 10 20 20 20 0 0 20 4 4 15 17 7 5 10 5 10 10 7 8	Sichere Gesamtflaeche: 70 Buerger 1 bei (4, 4) ist sicher. Buerger 2 bei (15, 17) ist gefaehrdet. Buerger 3 bei (7, 5) ist sicher. Buerger 4 bei (10, 5) ist neutral. Buerger 5 bei (10, 10) ist gefaehrdet. Buerger 6 bei (7, 8) ist neutral.

(*http://acm.uva.es/p/v3/361.html*, modifiziert)

Problemanalyse und Entwurf der Lösung

Eine erste Lösungsmöglichkeit wäre, für jeden Bürger zu prüfen, ob er sich in einem Dreieck von Polizisten oder Räubern befindet. Dieser Ansatz ist aber zeitaufwändig. Eine bessere Lösung ist es, die konvexe Hülle aller Punkte zu berechnen, die Ordnungshüter markieren. Diese Hülle schließt das sichere Gebiet ein. Auch die konvexe Hülle der Punkte mit Räubern ermitteln wir, also die Gefahrenzone. Wenn beides erledigt ist, finden wir heraus, in welchen Hüllen sich die Bürger aufhalten.

Wir definieren die Klasse *Point* mit den privaten Attributen x und y (den Koordinaten eines Punktes) und den folgenden Methoden:
Konstruktor, Destruktor, *getX()*, *getY()*, *setXY()*,
dist(cx, cy) – berechnet den euklidischen Abstand zu einem anderen Punkt,
toTheRight(p1, p2) – prüft mit Formel (13), ob der Vektor *p1p2* seine Richtung gegenüber dem Vektor, der aus dem aktuellen Punkt und *p1* besteht, nicht oder nach rechts ändert,
operator>(p) – Überladung des Operators > (zuerst y und dann x).

Die Methode *doConvexHull(vector<Point *> a, vector<Point *>& b)* bestimmt die konvexe Hülle der Punktmenge aus dem Vektor *a* und liefert sie im Ausgabeparameter *b* als Vektor mit Elementen vom Typ *Point** zurück. Zuerst sortiert sie allerdings den Vektor *a* mit Hilfe der Methode *std::sort* aus der Headerdatei *<algorithm>*. Die Parameter von *std::sort* sind Anfang und Ende der Folgen und das binäre Prädikat *compare()*, das

10 Algorithmische Geometrie

zwei aufeinander folgende Punkte korrekt in die Folge einsortiert. Anschließend implementieren wir den *Hill*-Algorithmus, wie er in den Grundlagen dargestellt wurde.

Die Methode *areaTriangle()* ermittelt die Fläche eines Dreiecks mit der Heronschen Formel (10). Die Fläche eines konvexen Polygons bestimmt die Methode *areaConvexPolygon()* mit der Formel (16).

Die Methode *isInConvexPolygon(Point* P, vector<Point*>& T)* stellt fest, ob ein Punkt im Inneren eines konvexen Polygons liegt. Dazu prüft sie für alle i von 0 bis $n-1$, ob sich die Richtung des Vektors PT_{i+1} gegenüber dem Vektor T_iP nicht oder nach rechts ändert. Wir nehmen an, dass $T_n=T_0$ ist und dass die Punkte in $T[]$ gegen den Uhrzeigersinn nummeriert sind.

Programm

```
#include <algorithm>
#include <cmath>
#include <fstream>
#include <vector>

using namespace std;

class Point{
    int x, y;
public:
    Point(int cx = 0, int cy = 0)
      {x = cx; y = cy;}
    ~Point(){};
    int getX(){ return x;}
    int getY(){ return y;}
    inline void setXY(int cx, int cy) {x = cx; y = cy;}
    double dist(Point* p);
    int toTheRight(Point* p1, Point* p2);
    bool operator>(Point &);
};

inline double Point::dist(Point* p){          Euklidischer Abstand
    return
        sqrt((double)(p->getX()-x)*(p->getX()-x)+
        (p->getY()-y)*(p->getY()-y));
}

int Point::toTheRight(Point* p1, Point *p2){
    int prod;
    prod = (p1->getX() - x) * (p2->getY() - y);
```

```cpp
    prod -= (p2->getX() - x) * (p1->getY() - y);
    return (prod <= 0);
}

inline bool Point::operator>(Point& q){
    return (y>q.y || y==q.y && x > q.x);
}

bool compare(Point* p1, Point* p2){
    return (bool)(*p1>*p2);         Binäres Prädikat für die std::sort Methode
}

void doConvexHull(vector<Point *> a,  vector<Point *>& b){
    int i, n=(int)a.size();
    if(n<=0) return;
    b.clear();
    if(n<=2){
        for(i=0; i<n; i++) b.push_back(a[i]);
        b.push_back(a[0]);return;
    }
    vector<int> st;
    int dir = 1;
    sort(a.begin(), a.end(), compare);
    vector<bool> v(a.size(), false);
    st.push_back(0); st.push_back(1);
    v[1] = v[0] = true;
    int k;
    i=1;
    while(i>0){
        while(i+1 && v[i]) i+=dir;
        if(i<=-1) break;
        k=(int)st.size()-1;
        while((k>0) && (a[st[k-1]]->toTheRight(a[st[k]], a[i]))){
            v[st[k]]=false;
            k--;
            st.pop_back();
        }
        st.push_back(i);
        v[i]=true;
        if(n-1==i) dir=-1;
    }
    for(i=0; i<(int)st.size(); i++) b.push_back(a[st[i]]);
    b.push_back(b[0]);
}

double areaTriangle(Point *A, Point *B, Point *C){
    double a, b, c;
    double p;
```

```cpp
  a = B->dist(C);
  b = A->dist(C);
  c = A->dist(B);
  p = (a + b + c)/2;
  return sqrt( p*(p-a)*(p-b)*(p-c) );
}

double areaConvexPolygon(vector<Point*>& a){
  if(a.size()<=0) return 0;
  double s = 0;
  a.push_back(a[0]);
  int n=(int)a.size();
  for(int i=0; i<n-1; i++)
    s += a[i]->getX()*a[i+1]->getY()-
         a[i]->getY()*a[i+1]->getX();
  s /= 2;
  a.pop_back();
  return s;
}

int isInConvexPolygon(Point* p, vector<Point*>& T){
  bool ok=true;
  if(T.size()<1) return -1;
  T.push_back(T[0]);
  int n=(int)T.size();
  for(int i=0; ok && i<n-1; i++)
    ok = ok && T[i]->toTheRight(p, T[i+1]);
  T.pop_back();
  return ok;
}

void readSet(vector<Point*>& a, int n, ifstream& in){
  int x, y;
  a.clear();
  for(int i=0; i<n; i++){
    Point *p = new Point();
    in >> x >> y;
    p->setXY(x, y);
    a.push_back(p);
  }
}

void read(vector<Point*>& vP,
          vector<Point*>& vH,
          vector<Point*>& vC){
  ifstream in("buerger.in");
  int nP, nH, nC;
  in >> nP >> nH >> nC;
```

```
    readSet(vP, nP, in);
    readSet(vH, nH, in);
    readSet(vC, nC, in);
}

int main(){
  vector<Point*> vP, vC, vH;
  vector<Point*> vAux;
  int i, n, vState[300];
  double S;
  read(vP, vH, vC);
  n=(int) vC.size();
  for(i=0; i<n; i++) vState[i]=0;
  doConvexHull(vP, vAux);
  S = areaConvexPolygon(vAux);
  for(i=0; i<n; i++)
    if(isInConvexPolygon(vC[i], vAux)) vState[i]=1;
  doConvexHull(vH, vAux);
  for(i=0; i<n; i++)
    if(isInConvexPolygon(vC[i], vAux) && 0==vState[i])
      vState[i]=2;
  ofstream out("buerger.out");
  out << "Sichere Gesamtflaeche:   " << S << endl;
  for(i=0; i<n; i++){
    out<<"Buerger "<<i+1<<" bei ("
       <<vC[i]->getX()<<", "<<vC[i]->getY();
    switch(vState[i]) {
      case 0: out<<") ist neutral.";      break;
      case 1: out<<") ist sicher.";       break;
      case 2: out<<") ist gefaehrdet.";   break;
    }
    out<<endl;
  }
  return 0;
}
```

Aufgaben

1. Prüfen Sie mit einer *Brute-Force*-Methode, ob ein Bürger sicher, neutral oder gefährdet ist (ob sich der Punkt innerhalb der Dreiecke befindet). Geben Sie aus, in welchen Dreiecken (Polizisten- und Räuberdreiecke) sich ein Bürger aufhält.
2. Gehen Sie den Hill-Algorithmus für die drei Beispiele des Problems (*punkte.in*) auf dem Papier durch.
3. Schreiben Sie ein entsprechendes C-Programm.

4. Implementieren Sie die Methode *isInConvexPolygon()* anders. Wenn sich ein Punkt innerhalb eines konvexen Polygons befindet, schneidet eine durch den Punkt verlaufende horizontale Gerade das Polygon links und rechts vom Punkt genau einmal.
5. Wenden Sie andere Vorgehensweisen für die Methoden *areaTriangle()* (berechnet eine Dreiecksfläche) und *areaConvexPolygon()* (bestimmt die Fläche eines konvexen Polygons) an.
6. Implementieren Sie die Methode *doConvexHull()* mit Hilfe des Graham-Algorithmus, indem Sie die Punkte gegen den Uhrzeigersinn relativ zum unteren linken Punkt sortieren und danach inkrementell die konvexe Hülle bestimmen.
7. *Dreiecke in der Obstplantage.* Ein Gärtner pflanzt auf jedem Punkt der Ebene mit ganzzahligen Koordinaten einen Baum. In der Ebene befinden sich auch Dreiecke, deren Eckpunkte Koordinaten aus reellen Zahlen [0, 100] haben. Die Abbildung zeigt zwei mögliche Dreiecke.

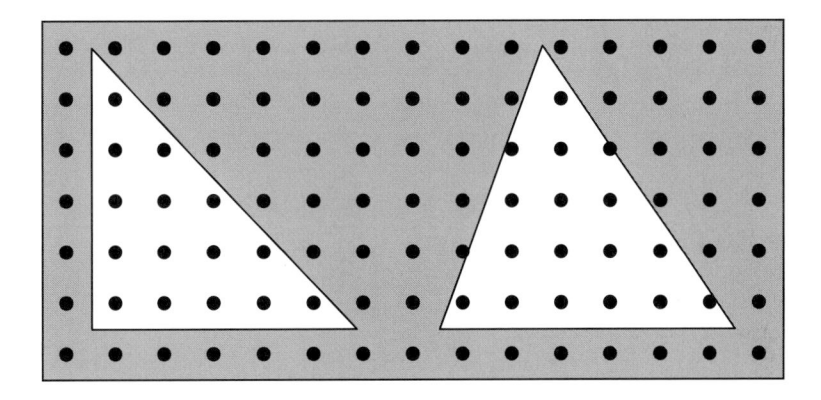

Schreiben Sie ein Programm, das die Anzahl der Bäume bestimmt, die in einem gegebenen Dreieck gedeihen. Wir nehmen an, dass die Größe eines Baumes nur einen Punkt im Koordinatensystem belegt. Außerdem vereinbaren wir, dass sich ein Baum noch innerhalb eines Dreiecks befindet, wenn er genau auf der Begrenzungslinie dieses Dreiecks wächst.

Eingabe: Jede Zeile der Eingabedatei *plantage.in* beinhaltet sechs Gleitpunktzahlen, die die Koordinaten eines Dreiecks darstellen. *Ausgabe:* Geben Sie für jedes Dreieck aus der Eingabedatei eine Zeile mit der Anzahl der Bäume, die sich darin befinden, in *plantage.out* aus. Beispiel:

plantage.in	plantage.out
1.5 1.5 1.5 6.8 6.8 1.5 10.7 6.9 8.5 1.5 14.5 1.5	15 17

(ACM, North Western European Regionals, 1992)

8. *Satz von Pick (nach dem österreichischen Mathematiker Georg Alexander Pick, 1859-1942).* Die Fläche eines Polygons, dessen Ecken Gitterpunkte sind (ganzzahlige Koordinaten), ist: $I + \frac{R}{2} - 1$, wobei I die Anzahl der Gitterpunkte im Inneren des Polygons und R die Anzahl der Gitterpunkte auf dem Rand des Polygons sind. Schreiben Sie ein Programm, das die Fläche eines derartigen Polygons errechnet, wenn die Koordinaten der Ecken im Uhrzeigersinn gegeben sind.

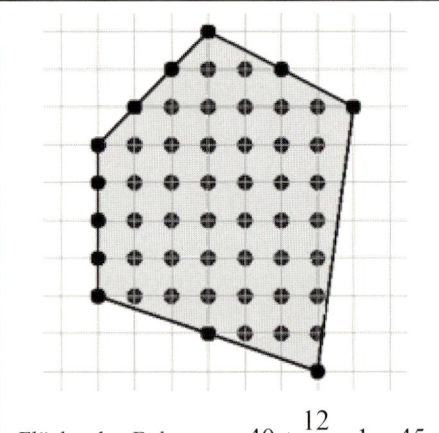

Fläche des Polygons: $40 + \frac{12}{2} - 1 = 45$

9. *Strecke und Rechteck.* Schreiben Sie ein Programm, das herausfindet, ob sich eine gegebene Strecke und ein gegebenes Rechteck schneiden.

In diesem Beispiel tun sie das offensichtlich nicht:

Strecke:	Startpunkt	(4,9)
	Endpunkt	(11,2)
Rechteck:	obere linke Ecke	(1,5)
	untere rechte Ecke	(7,1)

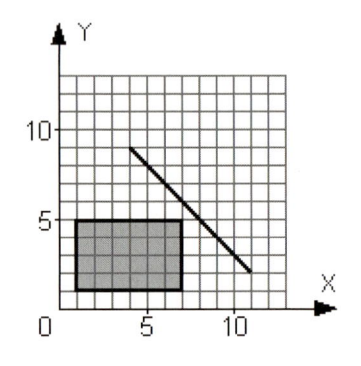

Eine Strecke und ein Rechteck schneiden sich dann, wenn sie mindestens einen gemeinsamen Punkt haben. Wir vereinbaren, dass die gegebenen Koordinatenangaben für Strecken und Rechtecke ganzzahlig sind. Schnittpunkte der beiden Objekte sind natürlich nicht nur auf das Integer-Gitter beschränkt.

Eingabe: Jede Zeile der Eingabedatei *schnitt.in* enthält Koordinaten, die eine Strecke und ein Rechteck beschreiben. Die benötigten acht ganzzahligen

10 Algorithmische Geometrie

Werte sind durch Leerzeichen voneinander getrennt. Die ersten beiden Werte bezeichnen den Startpunkt der Strecke, die nächsten beiden deren Endpunkt. Die folgenden beiden Werte stellen die obere linke Ecke des Rechtecks dar und die letzten beiden Werte seine untere rechte Ecke. *Ausgabe:* Geben Sie für jeden Eingabefall eine Zeile in *schnitt.out* aus, die besagt, ob sich die Strecke und das Rechteck schneiden. Beispiel:

schnitt.in	schnitt.out
4 9 11 2 1 5 7 1	Sie schneiden sich nicht
4 9 6 2 1 5 7 1	Sie schneiden sich
4 9 4 1 1 5 7 1	Sie schneiden sich

(*http://acm.uva.es/p/v1/191.html*, modifiziert)

Bemerkung: Eine Methode, die bestimmt, ob sich zwei Strecken schneiden, finden Sie z. B. in [Cor04].

Schiffe in Lübeck

Schiffe in Bergen, Norwegen

Graphen

Grundlagen

1. Einführende Begriffe

<u>Definition 1.</u> Ein Graph ist ein Paar $G=(V, E)$, wobei V eine nicht leere, endliche Menge von Knoten (Ecken, engl. *vertices*) ist und E eine Menge von Paaren aus $V \times V$, die man Kanten (Bögen, engl. *edges*) nennt.

<u>Definition 2.</u> Der Graph $G=(V, E)$ heißt ungerichtet, wenn jedes zu einer Kante gehörige Eckenpaar ungeordnet ist: $e=(u, v)$ ist eine Kante und u und v sind ihre Endpunkte. Der Graph $G=(V, E)$ ist gerichtet, wenn die Paare mit den Ecken geordnet sind.

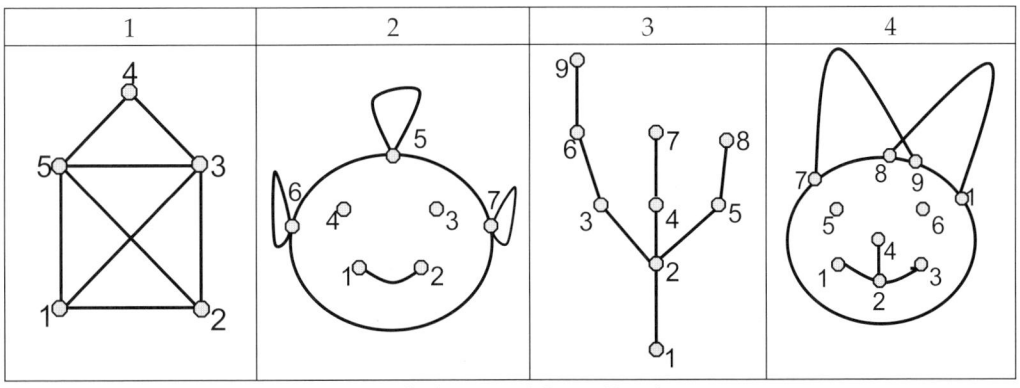

Beispiele für ungerichtete Graphen

<u>Definition 3.</u> Eine Kante (x, x) heißt Schlinge (siehe Kanten für die Knoten 5, 6 und 7 in Bild 2 und 6).

<u>Definition 4.</u> Es sei $G=(V, E)$ ein Graph und $e=(u, v) \in E$ eine Kante. Dann heißen u und e und auch v und e inzident (u und v sind inzident in der Kante e) und u und v heißen adjazent (benachbart).

5	6	7	8

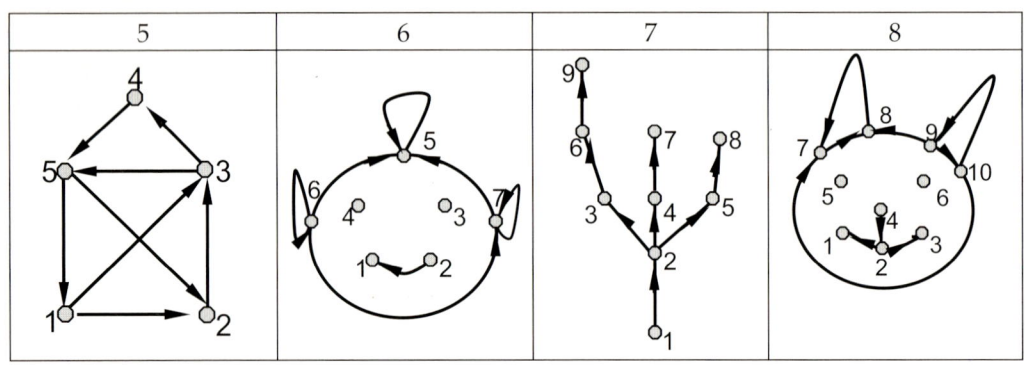

Beispiele für gerichtete (orientierte) Graphen

<u>Definition 5.</u> Der Grad (die Valenz) eines Knotens x entspricht der Anzahl der mit x inzidenten Kanten (Schlingen werden doppelt gezählt), und wird mit $d(x)$ bezeichnet.

<u>Definition 6.</u> Der Knoten x ist isoliert, wenn $d(x)=0$. Beispiele sind die Knoten 3 und 4 in Bild 2 und 6 und die Knoten 5 und 6 in Bild 4 und 8.

<u>Satz 1.</u> Wenn der Graph $G=(V, E)$ m Kanten hat, dann gilt: $\sum_{v \in V} d(v) = 2m$.

<u>Definition 7.</u> Sei $G=(V, E)$ ein gerichteter Graph. Den Eingangsgrad des Knotens v bezeichnet man mit $d_{G^-}(v)$. Er gibt die Anzahl der Kanten wieder, die v als Endknoten besitzen (die in v ankommen). Mit $d_{G^+}(v)$ bezeichnet man den Ausgangsgrad des Knotens v, also die Anzahl der Kanten, die v als Startknoten haben (die aus v entspringen). Für den Knoten 5 in Bild 6 gilt: $d_{G^-}(5) = 3$ und $d_{G^+}(5) = 1$.

<u>Satz 2.</u> Wenn der Graph $G=(V, E)$ m Kanten hat, dann gilt:
$$\sum_{v \in V} d_{G^-}(v) = \sum_{v \in V} d_{G^+}(v) = m.$$

2. Weg, Pfad, Zyklus und Kreis

<u>Definition 8.</u> Es sei $G=(V, E)$ ein Graph mit der Knotenmenge $V=\{v_1, v_2, v_3, ..., v_n\}$. Ein Weg $W=[v_{i_1}, v_{i_2}, v_{i_3}, ..., v_{i_k}]$ in G ist eine Folge von Knoten, für die gilt: (v_{i_1}, v_{i_2}), $(v_{i_2}, v_{i_3}), (v_{i_3}, v_{i_4}), ..., (v_{i_{k-1}}, v_{i_k}) \in E$ (sind Kanten in G). Den Knoten v_1 nennt man Startknoten von W und v_n Endknoten von W. Falls in W alle Ecken paarweise verschieden sind, ist W ein Pfad. Falls im Weg W der Start- und Endknoten identisch sind, heißt W Zyklus. Falls in W nur der Start- und Endknoten identisch sind, aber sonst keine weiteren Ecken, nennt man W einen Kreis.

11 Graphen   251

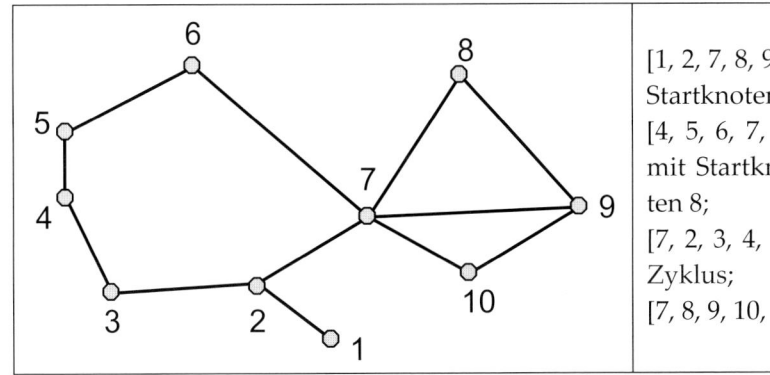

[1, 2, 7, 8, 9, 7, 6] ist ein Weg mit Startknoten 1 und Endknoten 6;
[4, 5, 6, 7, 10, 9, 8] ist ein Pfad mit Startknoten 4 und Endknoten 8;
[7, 2, 3, 4, 5, 6, 7, 8, 9, 7] ist ein Zyklus;
[7, 8, 9, 10, 7] ist ein Kreis.

Beispiele für Weg, Pfad, Zyklus und Kreis

3. Vollständige und bipartite Graphen

<u>Definition 9.</u> Der Graph $G=(V, E)$ heißt vollständig, wenn es für alle $u, v \in V$ mit $u \neq v$ eine Kante $(u, v) \in E$ gibt. Für $|V|=n$ wird der vollständige Graph mit K_n bezeichnet.

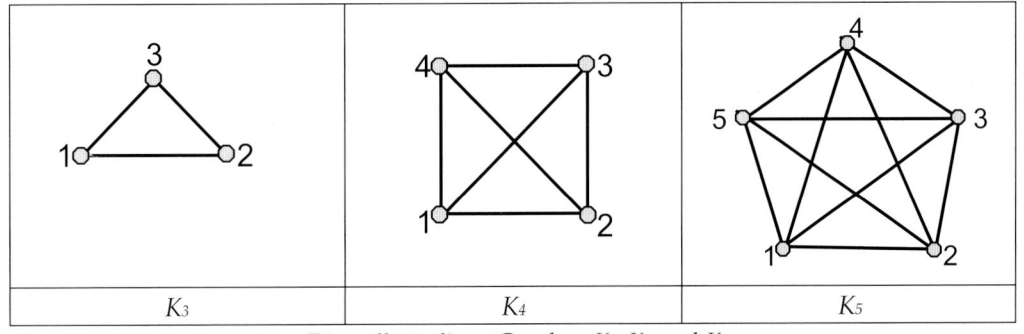

| K_3 | K_4 | K_5 |

Die vollständigen Graphen K_3, K_4 und K_5

<u>Definition 10.</u> Der Graph $G=(V, E)$ heißt bipartit, wenn es zwei nicht leere Mengen A und B gibt, so dass $V=A \cup B$ und $A \cap B = \emptyset$ gelten, und jede Kante aus E einen Endpunkt in A und einen in B hat. Der Graph G heißt vollständig bipartit, wenn es für jedes Element u aus A und jedes Element v aus B eine Kante (u, v) in E gibt.

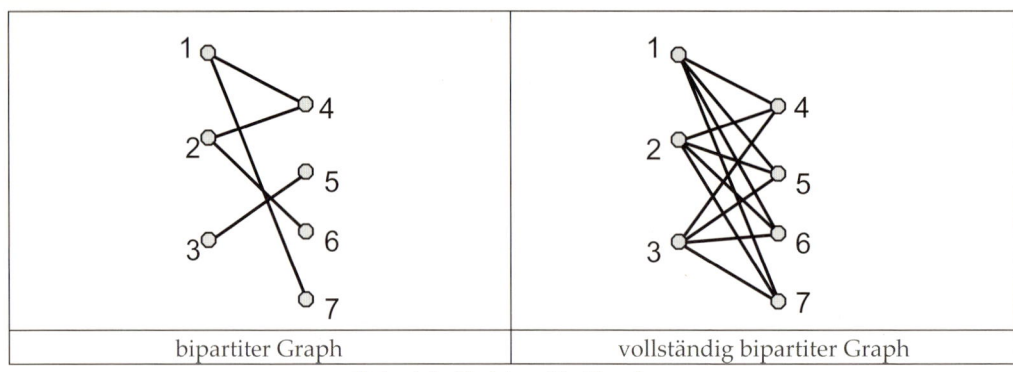

| bipartiter Graph | vollständig bipartiter Graph |

Beispiele für bipartite Graphen

4. Darstellung der Graphen

Es gibt mehrere Möglichkeiten dafür, einen Graphen G=(V, E) in einem Programm zu repräsentieren. Welche Variante man wählt, hängt von der Aufgabenstellung und vom Algorithmus ab, mit dem man die Lösung erzielen will.

<u>Definition 11.</u> Die Adjazenzmatrix eines Graphen G=(V, E) mit V = {v_1, v_2, ..., v_n} ist eine $n \times n$-Matrix $A = (a_{ij})_{n \times n}$ mit der Eigenschaft:

$$a_{ij} = \begin{cases} 1, \text{wenn } (v_i, v_j) \in E \\ 0, \text{wenn } (v_i, v_j) \notin E \end{cases}$$

Beispiele:

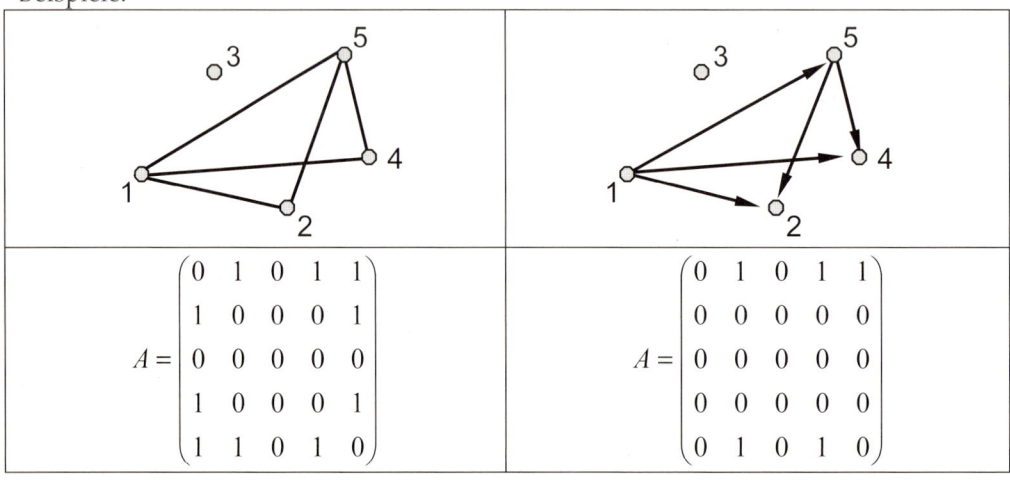

$$A = \begin{pmatrix} 0 & 1 & 0 & 1 & 1 \\ 1 & 0 & 0 & 0 & 1 \\ 0 & 0 & 0 & 0 & 0 \\ 1 & 0 & 0 & 0 & 1 \\ 1 & 1 & 0 & 1 & 0 \end{pmatrix}$$

$$A = \begin{pmatrix} 0 & 1 & 0 & 1 & 1 \\ 0 & 0 & 0 & 0 & 0 \\ 0 & 0 & 0 & 0 & 0 \\ 0 & 0 & 0 & 0 & 0 \\ 0 & 1 & 0 & 1 & 0 \end{pmatrix}$$

11 Graphen

Bemerkungen:
1. Die Adjazenzmatrix eines ungerichteten Graphen ist symmetrisch: $a_{ij} = a_{ji}$ für alle $i, j = 1, 2, \ldots, n$. Wenn der Graph gerichtet ist, ist die Matrix meist nicht symmetrisch.
2. In einem ungerichteten Graphen ist der Grad eines Knotens i für alle $i=1, 2, \ldots, n$ gleich der Summe der Elemente der Zeile i in der Adjazenzmatrix (und gleich der Summe der Elemente der Spalte i).
3. In einem gerichteten Graphen entspricht die Summe der Elemente der Zeile i bzw. Spalte i in der Adjazenzmatrix dem Ausgangsgrad bzw. Eingangsgrad des Knotens i für alle $i=1, 2, \ldots, n$.

Basierend auf der Adjazenzmatrix kann man die Pfadmatrix konstruieren.

<u>Definition 12.</u> Die Pfadmatrix für einen Graphen $G=(V, E)$ mit $V = \{v_1, v_2, \ldots, v_n\}$ ist eine $n \times n$-Matrix $M = (m_{ij})_{n \times n}$ mit der Eigenschaft:

$$m_{ij} = \begin{cases} 1, \text{ wenn es einen Pfad von } v_i \text{ zu } v_j \text{ gibt} \\ 0, \text{ wenn es keinen Pfad von } v_i \text{ zu } v_j \text{ gibt} \end{cases}$$

Wenn $m_{ii}=1$ ist, bedeutet das, dass es einen Zyklus für den Knoten v_i gibt.

Ein einfacher Algorithmus, der die Pfadmatrix aufbaut, ist der *Floyd-Warshall*-Algorithmus (auch als *Warshall*-Algorithmus bekannt):

```
ALGORITHM_FLOYD_WARSHALL(G)
  Initialize matrix M with adjacency matrix A
  For (k←1, n; step 1) Execute
   For (i←1, n; step 1, i≠k) Execute
    For (j←1, n; step 1, i≠k) Execute
     If(M[i][j]=0 AND M[i][k]=1 AND M[k][j]=1) Then
      M[i][j] ← 1
     End_If
    End_For
   End_For
  End_For
  return M
END_ALGORITHM_FLOYD_WARSHALL(G)
```

Diesen Algorithmus kann man auch verwenden, um den kürzesten Pfad zwischen zwei gegebenen Knoten zu bestimmen (siehe Problem 2).

Definition 13. Adjazenzlisten ermöglichen die Repräsentation eines Graphen in einem Programm, indem für jeden Knoten eine Liste mit all seinen Nachfolgern aufgebaut wird. Man erzeugt also für jedes $i=1, 2, ..., n$ die Liste L_i, die alle j mit $j=1, 2, ..., n$ und der Eigenschaft $(v_i, v_j) \in E$ beinhaltet. Beispiele:

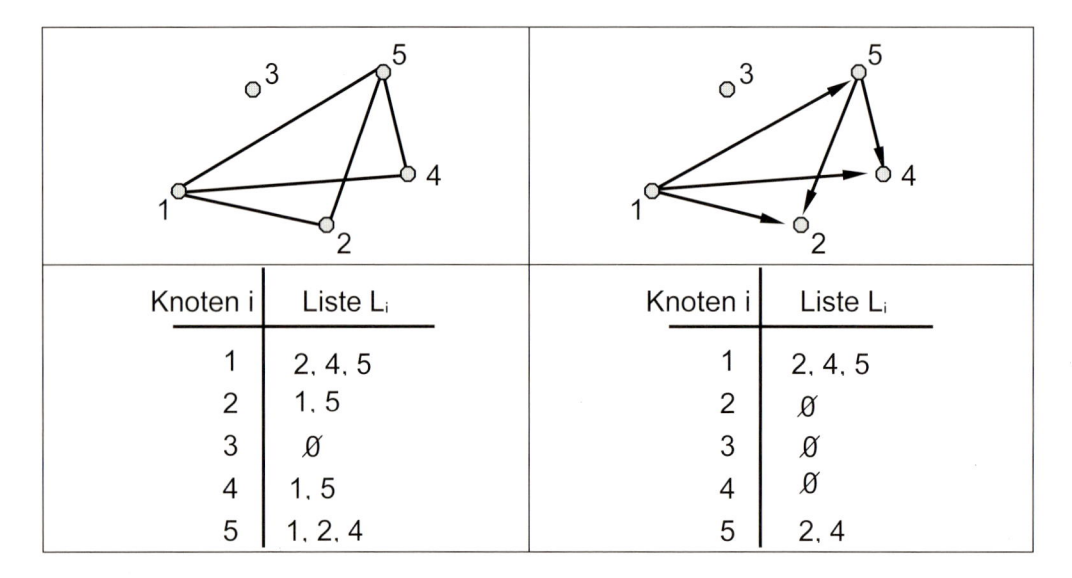

Knoten i	Liste L_i	Knoten i	Liste L_i
1	2, 4, 5	1	2, 4, 5
2	1, 5	2	Ø
3	Ø	3	Ø
4	1, 5	4	Ø
5	1, 2, 4	5	2, 4

Die Adjazenzlisten kann man zum Beispiel mit Hilfe von Arrays, Vektoren oder verketteten Listen implementieren.

5. Traversieren von Graphen (*BFS* und *DFS*)

Einen Graphen zu traversieren bedeutet, dass man von einem gegebenen Knoten aus alle erreichbaren Knoten so durchläuft bzw. durchsucht, dass jeder Knoten nur einmal besucht wird.

Breitensuche (*Breadth First Search - BFS*). Dieser Algorithmus traversiert den Graphen in der Breite. Zuerst besucht man den Startknoten, danach all dessen unbesuchte Nachfolger, und nun für jeden gefundenen Nachfolger wieder alle unbesuchten Nachfolger usw. Um den Algorithmus zu implementieren, benutzt man eine Warteschlange (*Queue*).

11 Graphen

```
ALGORITHM_BFS(Graph G, Vertex y)
  Initialize Queue Q with {y}
  While (Q NOT Null) Do
    k ← Q.pop()              // erstes Element in Q löschen und zurückgeben
    If (k not marked) Then
      MarkAndProcess k
      Q.push(all not marked Successors from k)
    End_If
  End_While
ALGORITHM_BFS(Graph G, Vertex y)
```

Beispiel:

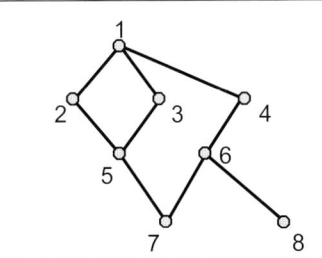

(Graph mit Knoten 1, 2, 3, 4, 5, 6, 7, 8)	Wenn wir die Nachfolger eines Knotens aufsteigend durchsuchen, ergibt die mit 1 beginnende Breitensuche: 1, 2, 3, 4, 5, 6, 7, 8
	Wenn wir die Nachfolger eines Knotens absteigend durchsuchen, ergibt die mit 1 beginnende Breitensuche: 1, 4, 3, 2, 6, 5, 8, 7

Tiefensuche (*Depth First Search - DFS*). Die Tiefensuche traversiert den Graphen in die Tiefe. Ausgehend vom gegebenen Knoten besucht man dessen ersten noch unbesuchten Nachfolger, danach dessen ersten noch unbesuchten Nachfolger, usw. Wenn ein besuchter Knoten keinen Nachfolger mehr hat, kehrt man zu seinem Vorgänger zurück und sucht bei dessen nächstem unbesuchten Nachfolger weiter. Für diesen Algorithmus verwendet man einen Kellerspeicher (*Stack*).

```
ALGORITHM_DFS(Graph G, Vertex y)
  Initialize Stack S with {y}
  While (S NOT Null) Do
    k ← S.top()    // erstes Element in S ohne Löschen zurückgeben
    MarkAndProcess k
    j ← first not visited neighbour for k
    If (j exists) Then
      MarkAndProcess j
      S.push(j)
    End_If
    Else S.pop() End_Else        // lösche letztes Element aus S
  End_While
ALGORITHM_DFS(Graph G, Vertex y)
```

Beispiel:

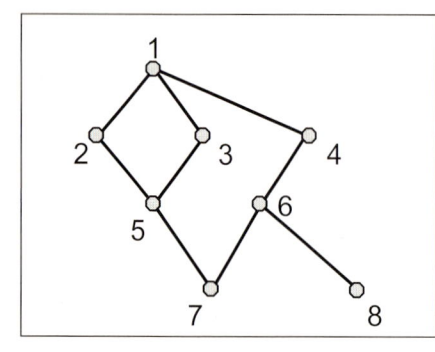

Wenn wir die Nachfolger eines Knotens aufsteigend durchsuchen, ergibt die mit 1 beginnende Tiefensuche: 1, 2, 5, 3, 7, 6, 4, 8

6. Zusammenhang

<u>Definition 14.</u> Ein nichtleerer Graph G=(V, E) heißt zusammenhängend, wenn für je zwei Knoten u und v aus V ein Weg in G existiert, der die beiden Knoten enthält. Wenn so ein Weg für ein Knotenpaar nicht gefunden wird, nennt man G unzusammenhängend.

<u>Definition 15.</u> Ein Teilgraph des Graphen G=(V, E) ist ein Graph H=(Y, F) mit der Eigenschaft, dass $Y \subseteq V$ gilt, und F all die Kanten aus G beinhaltet, die beide Endknoten in Y haben.

<u>Definition 16.</u> Sei G=(V, E) ein Graph. Ein maximaler zusammenhängender Teilgraph von G heißt Komponente.

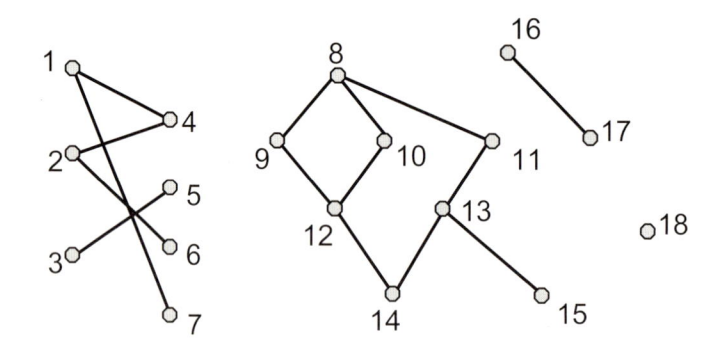

Ein Graph mit 18 Knoten und 4 Komponenten

Um alle Komponenten eines Graphen zu bestimmen, kann man entweder den oben beschriebenen *BFS*- oder den *DFS*-Algorithmus verwenden.

7. Hamiltonsche und eulersche Graphen

Sir William Rowan Hamilton

Definition 17. Sei $G=(V, E)$ ein Graph. Ein Hamiltonkreis des Graphen G ist ein Kreis, der alle Ecken des Graphen enthält (benannt nach dem irischen Astronom und Mathematiker Sir William Rowan Hamilton, 1805-1865).

Definition 18. Man nennt einen Graphen einen hamiltonschen Graphen, wenn er einen Hamiltonkreis enthält.

Satz 3. Der vollständige Graph K_n ist hamiltonsch für alle $n \geq 1$.

Satz 4 (G. A. Dirac 1952). Wenn $G=(V, E)$ ein ungerichteter Graph mit mindestens drei Knoten ist (Knotenanzahl $n \geq 3$) und für den Grad jeder Ecke $v \in V$ gilt, dass $d(v) \geq \dfrac{n}{2}$ erfüllt ist, dann ist G ein hamiltonscher Graph.

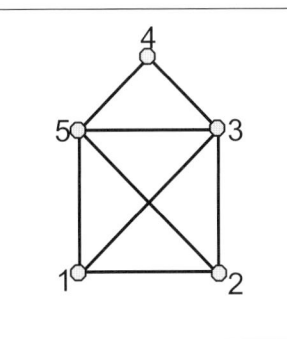

	Der Graph ist hamiltonsch, weil [1, 2, 3, 4, 5, 1] einen hamiltonschen Kreis bildet.

Definition 19. Sei der Graph $G=(V, E)$ gegeben. Eine Eulertour (ein Eulerkreis) ist ein Zyklus, der über alle Kanten des Graphen läuft (nach dem schweizer Mathematiker Leonhard Euler, 1707-1783).

Definition 20. Ein Graph, der eine Eulertour beinhaltet, heißt eulerscher Graph.

Satz 5. Ein ungerichteter Graph $G=(V, E)$ ohne isolierte Ecken ist dann und nur dann ein eulerscher Graph, wenn er zusammenhängend ist, und alle Ecken einen geraden Grad aufweisen.

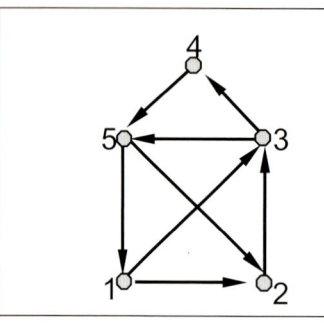 (Graph mit Knoten 1,2,3,4,5)	Der Graph ist eulersch, weil [1, 2, 3, 5, 1, 3, 4, 5, 1] eine Eulertour ist.

8. Bäume und Wälder

<u>Definition 21.</u> Sei $G=(V, E)$ ein Graph. Wenn der Graph G keine Kreise enthält, sagt man, dass G ein Wald ist.

<u>Definition 22.</u> Ein zusammenhängender Wald ist ein Baum. Ein Wald ist also ein Graph, dessen Komponenten Bäume sind.

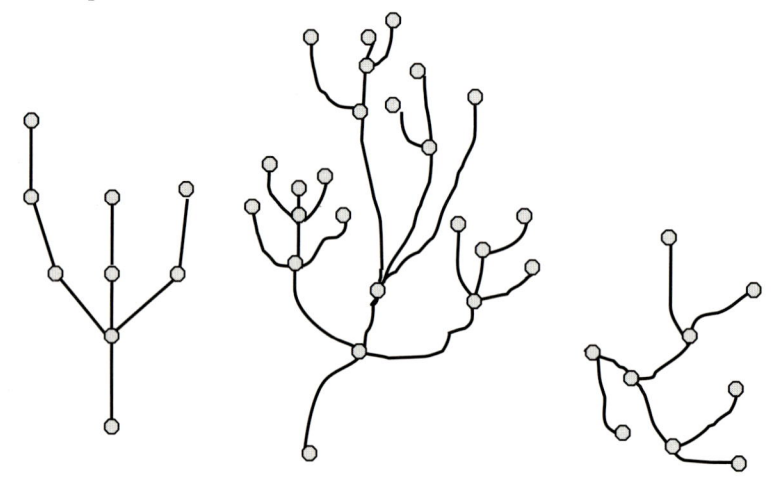

Ein Wald mit drei Bäumen

<u>Satz 6.</u> Sei $G=(V, E)$ ein ungerichteter Graph. Die folgenden Aussagen sind äquivalent:
   a) G ist ein Baum;
   b) G ist minimal zusammenhängend (wenn man eine beliebige Kante $e \in E$ entfernt, ist der resultierende Graph nicht mehr zusammenhängend);
   c) G ist maximal kreislos (wenn man eine beliebige Kante hinzufügt, ist der entstehende Graph nicht mehr kreislos);
   d)   zwischen je zwei Knoten enthält G genau einen Weg.

11 Graphen

Satz 7. Ein Baum mit mindestens zwei Ecken beinhaltet mindestens zwei Knoten mit Grad 1 (Blattknoten).

Satz 8. Ein Baum mit n Knoten hat n-1 Kanten.

9. Minimaler Spannbaum

Definition 23. Ein Untergraph des Graphen $G=(V, E)$ ist ein Graph $H=(V, F)$ mit der Eigenschaft, dass $F \subseteq E$ gilt (H hat alle Knoten, aber nicht alle Kanten des Graphen G).

Definition 24. Sei $G=(V, E)$ ein Graph. Eine Funktion $c: E \to \mathbb{R}$, die jede Kante e aus E auf eine positive reelle Zahl abbildet, nennt man Gewichtsfunktion des Graphen G.

Definition 25. Sei $H=(V, F)$ ein Untergraph des Graphen $G=(V, E)$. Mit dem Gewicht des Untergraphen H bezeichnet man die Summe der Gewichte seiner Kanten: $c(H) = \sum_{e \in F} c(e)$.

Definition 26. Ein Untergraph $H=(V, F)$ des Graphen $G=(V, E)$, der alle Knoten von G beinhaltet und auch ein Baum ist, heißt Spannbaum.

Definition 27. Einen Spannbaum, der von allen Spannbäumen des Graphen G minimales Gewicht hat, nennt man minimalen Spannbaum.

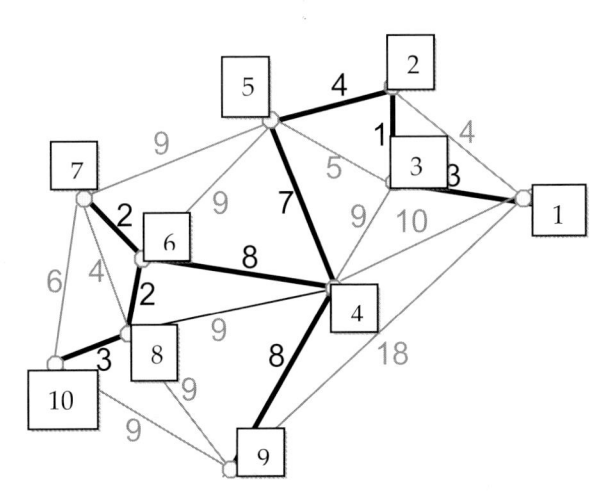

Ein minimaler Spannbaum

Die meistverwendeten Algorithmen zur Suche nach minimalen Spannbäumen sind die von Kruskal und Prim.

Algorithmus von Kruskal (1956).
Sei der Graph $G=(V, E)$ mit n Knoten und die Gewichtsfunktion $c: E \rightarrow \mathbb{R}$ gegeben.
Man beginnt mit dem Untergraphen $H=(V, \emptyset)$, der n Komponenten hat. Hieraus soll ein Baum mit n Ecken und n-1 Kanten entstehen. Zuerst fügen wir die Kante mit dem minimalen Gewicht H hinzu. Dadurch erhalten wir einen Untergraphen mit n-1 Komponenten. Sukzessive wählen wir nun immer die Kante mit minimalem Gewicht aus E aus, die keinen Zyklus mit den bereits ausgewählten Kanten erzeugt. Das heißt, wir entscheiden uns für die Kante mit minimalem Gewicht, deren Endpunkte in verschiedenen Komponenten liegen, und fügen diese Kante H hinzu. Dadurch vermindert sich die Anzahl der Komponenten um 1. Der Algorithmus endet, wenn man n-1 Kanten ausgewählt hat.

```
ALGORITHM_KRUSKAL(Graph G)
  Sort(e₁, e₂, ..., eₘ)
  For (i←1, n; step 1) Execute
    K[i] ← i                          // die Komponenten bezeichnen
  End_For
  weight ← 0
  selEdges ← 0
  While (selEdges<n-1) Do
    (u, v) ← nextEdge(E)
    While (K[u] = K[v]) Do
      (u, v) ← nextEdge(E)
    End_While
    H.add((u, v))
    weight ← weight+c(u, v)
    selEdges ← selEdges+1
    max ← max(K[u], K[v])
    min ← min(K[u], K[v])
    For (i←1, n; step 1) Execute      // zwei Komponenten vereinigen
      If( K[i]=max) Then K[i] ← min End_If
    End_For
  End_While
  return H, weight
END_ALGORITHM_KRUSKAL(Graph G)
```

11 Graphen

Aufgaben

1. Es sei G ein ungerichteter Graph mit n Knoten und m Kanten, für den $m > \dfrac{(n-1) \cdot (n-2)}{2}$ gilt. Zeigen Sie, dass kein Knoten von G isoliert ist.

2. Zeigen Sie, dass jeder ungerichtete Graph mit mehr als einem Knoten mindestens zwei Knoten mit demselben Grad beinhaltet.

3. Finden Sie heraus, ob es einen ungerichteten Graphen gibt, dessen Knoten die folgenden Grade aufweisen: 1, 1, 1, 3, 3, 3, 4, 6, 7 und 9.

4. Berechnen Sie die Anzahl:
    a) der ungerichteten/gerichteten Graphen mit n Knoten;
    b) der Teilgraphen eines ungerichteten/gerichteten Graphen mit m Kanten;
    c) der bipartiten Graphen mit n Knoten.

5. *Berühmtheitsproblem.* In einer Gruppe von Personen nennen wir eine Person eine Berühmtheit, wenn sie allen anderen Personen bekannt ist, aber sie selbst niemanden kennt. Identifizieren Sie die Berühmtheit in einer Gruppe mit n Personen dadurch, dass Sie die Fragen: „Kennen Sie die Person x?" stellen. Die Anzahl der Fragen soll minimal sein. Können zwei Personen einer Gruppe berühmt sein?

6. *Komplementärer Graph (Komplement, Komplementgraph).* Ein Graph $G=(V, E)$ ist gegeben. Der komplementäre Graph $\overline{G}$ von G besitzt dieselbe Knotenanzahl wie G und weist überall dort eine Kante zwischen zwei Knoten auf, wo die Kante in G fehlt. $\overline{G}$ hat also genau die Kanten, die G nicht hat. Zeigen Sie, dass $\overline{G}$ zusammenhängend ist, wenn G nicht zusammenhängend ist, und umgekehrt.

7. Sei G ein ungerichteter Graph mit n Knoten, m Kanten und p Komponenten. Zeigen Sie, dass $m \leq \dfrac{(n-p+1)(n-p)}{2}$ gilt.

8. *Das König-Artus-Problem.* König Artus hat $2n$ Ritter zu Hofe geladen, von denen jeder mit maximal $n-1$ anderen Rittern verfeindet ist. Zeigen Sie, dass es dem Magier Merlin gelingt, eine Sitzordnung für einen runden Tisch zu finden, die es jedem Ritter erspart, neben einem oder zwischen zwei Feinden sitzen zu müssen.

9. Zeigen Sie, dass für die Anzahl der hamiltonschen Kreise im vollständigen ungerichteten Graphen K_n mit $n \geq 3$ gilt: $\dfrac{(n-1)!}{2}$.

10. Bestimmen Sie alle eulerschen Graphen mit 4 und 5 Knoten.
11. Simulieren Sie den Kruskal-Algorithmus von Hand für einen beliebigen Graphen mit 10 Knoten.

Problem 1. Breiten- und Tiefensuche (*BFS* und *DFS*)

Schreiben Sie ein Programm, das alle Knoten eines gegebenen Graphen mit einer Breiten- und Tiefensuche auflistet. *Eingabe:* Die Eingabedatei *graph.in* beschreibt einen ungerichteten Graphen. In der ersten Zeile steht die Anzahl n ($n \leq 100$) der Knoten und der Startknoten für die Suche. In den nächsten Zeilen steht die Adjazenzmatrix. *Ausgabe:* Schreiben Sie in die Ausgabedatei *bfsdfs.out* die ensprechenden *BFS*- und *DFS*-Sequenzen, die mit dem gegebenen Startknoten anfangen. Beispiel:

graph.in	bfsdfs.out
8 1	Breitensuche (BFS) 1:
0 1 1 1 0 0 0 0	1 2 3 4 5 6 7 8
1 0 0 0 1 0 0 0	Tiefensuche (DFS) 1:
1 0 0 0 1 0 0 0	1 2 5 3 7 6 4 8
1 0 0 0 0 1 0 0	
0 1 1 0 0 0 1 0	
0 0 0 1 0 0 1 1	
0 0 0 0 1 1 0 0	
0 0 0 0 0 1 0 0	

Problemanalyse und Entwurf der Lösung

Wir schreiben ein C-Programm, das Arrays verwendet, weil wir damit die Indizes der Knoten, die Warteschlange und den Stack besser veranschaulichen können.

BFS. Wir definieren das Array *mark*[], das die Elemente 0 und 1 beinhaltet (*mark*[i]=0 bedeutet, dass i ist noch unbesucht ist; *mark*[i]=1 bedeutet, dass i bereits durchlaufen wurde). Das Array *Q*[] enthält die Warteschlange. Bei der Verarbeitung des Elements v werden alle Nachbarn von v, die bislang noch nicht bearbeitet wurden, in die Warteschlange aufgenommen. Am Anfang setzen wir v auf den Startknoten i und *mark*[i] auf 1.

DFS. Wir definieren wieder das Array *mark*[] mit derselben Bedeutung wie bei der Breitensuche. Anstatt der Warteschlange *Q* verwenden wir dieses Mal den Stack *S*, der uns erlaubt, das zuletzt in *S* geschriebene Element zu verarbeiten und anschließend dessen ersten unbesuchten Nachbarknoten usw. Der „Stackzeiger" *ps* zeigt auf das letzte Element in *S*. Wenn ein bislang unbesuchter Nachbar für das letzte Element gefunden wird, fügt man ihn im Stack ein und erhöht *ps* um 1. Wenn man keinen findet, vermindert man *ps* um 1 (das letzte Element wird gelöscht).

11 Graphen

```
ALGORITHM_BFS(G, i)
   For (j ← 1, n; step 1) Execute
      mark[j] ← 0                        //markiere alle Knoten als unbesucht
   End_For
   Q[1] ← i,  mark[i] ← 1    //füge i in die Warteschlange Q ein und markiere es als besucht
   first ← 1;
   last ← 1;                             //setze erstes und letztes Element in der Warteschlange
   While (first ≤ last) Do
      v ← Q[first];
      For(all not visited neighbours j from v) Execute
         last  ← last+1;
         Q[last] ← j;                    //füge den Knoten j der Warteschlange hinzu
         Process j                       // bearbeite den Knoten k
         mark[j] ← 1;                    //markiere Knoten j als besucht
      End_For
      first ← first+1;                   //gehe zum nächsten Element in Q
   End_While
END_ALGORITHM_BFS(G, i)
```

```
ALGORITHM_DFS(G, i)
   For (j ← 1, n; step 1) Execute
      mark[j] ← 0                        //markiere alle Knoten als unbesucht
   End_For
   S[1] ← i, mark[i] ← 1    // füge i dem Stack S hinzu und markiere es als besucht
   ps ← 1                                // S beinhaltet ein Element
   While (ps≥1) Do
      j ← S[ps];
      k ← first not visited neighbour for j
      If(k doesn't exist) Then ps ← ps-1;  End_If    //das letzte Element in S löschen
      Else
         Process k                       // bearbeite den Knoten k
         mark[k] ← 1                     //markiere Knoten k als besucht
         ps ← ps +1                      //den Stackzeiger inkrementieren
         S[ps] ← k                       //k im Stack einfügen
      End_Else
   End_While
END_ALGORITHM_DFS(G, i)
```

Programm in C

```c
#include <stdio.h>
#include <memory.h>

FILE *fin, *fout;

void BFS(int a[][100], int n, int i){
  int v, j, first, last;
  int mark[100], Q[100];
  Q[0]=i;
  memset(mark, 0, sizeof(mark));
  first=0; last=0; mark[0]=1;
  while(first<=last){
    v=Q[first];
    for(j=0; j<n; j++)
      if(0==mark[j] && 1==a[v][j]){
        Q[++last]=j; mark[j]=1;
      }
    first++;
  }
  fprintf(fout, "Breitensuche (BFS) %d: \n", i+1);
  for(j=0; j<n; j++) fprintf(fout, " %d ", Q[j]+1);
}

void DFS(int a[][100], int n, int i){
  int mark[100], S[100];
  int j, k, ps, found;
  memset(mark, 0, sizeof(mark));
  fprintf(fout, "\nTiefensuche (DFS) %d: \n", i+1);
  S[0]=i; ps=0; mark[i]=1;
  fprintf(fout, " %d ", i+1);
  while(ps>=0){
    j=S[ps]; found=0;
    for(k=0; !found && k<n; k++)
      if(a[j][k] && !mark[k]) found=1;
    if(!found) ps--;
    else{
      fprintf(fout, " %d ", k);
      mark[k-1]=1;
      S[++ps]=k-1;
    }
  }
}

int main(){
  int i, iStart, j, n, a[100][100];
  fin = fopen("graph.in", "r");
```

```
fout = fopen("bfsdfs.out", "w");
if(!fin) return 1;
fscanf(fin, "%d %d", &n, &iStart);
for(i=0; i<n; i++)
   for(j=0; j<n; j++)
      fscanf(fin, "%d", &a[i][j]);
BFS(a, n, iStart-1); DFS(a, n, iStart-1);
fclose(fin); fclose(fout);
return 0;
}
```

Der Algorithmus, der ein Stack verwendet, könnte man so beschreiben:

> **ALGORITHM_DFS(G, y)**
>   Intialize *stack S* with $\{y\}$
>   **While** (*S* NOT *Null*) **Do**
> $k \leftarrow S.top()$ // *letztes Element in S*
>   MarkAndProcess *k*
> $j \leftarrow$ first not visited neighbour for *k*
>   **If** (*j* exists) **Then**
>   MarkAndProcess *j*
>   *S.push(j)*
>   **End_If**
>   **Else** *S.pop()* **End_Else**   // *lösche letztes Element aus S*
>   **End_While**
> **END_ALGORITHM_DFS(G, y)**

Wir modellieren diesen Algorithmus mit Hilfe des Container-Adapters *std::stack*. Sehen Sie sich die Verwendung der Stack-spezifischen Methoden *push()*, *pop()* und *top()* und der Methode *find()* aus dem Header *<algorithm>* an.

Programm DFS in C++

```
#include <stack>
#include <fstream>
#include <vector>
#include <algorithm>

int main(){
  std::ifstream in("graph.in");
  std::ofstream out("dfs.out");
  short n, k, a[100][100];
```

```cpp
  std::stack<short> st;
  std::vector<short> v;
  in >> n >> k;
  st.push(k-1);
  for(short i=0; i<n; i++)
    for(short j=0; j<n; j++)
      in >> a[i][j];
  while(!st.empty()){
    short t = st.top();
    for(short i=n; i>=0; --i)
      if(a[t][i] &&
         find(v.begin(), v.end(), i)==v.end()
        ){
          st.push(i);
      }
    if(find(v.begin(), v.end(), t)==v.end()){
      v.push_back(t);
    } else st.pop();
  }
  for(short i=0; i<v.size(); i++)
    out << v[i]+1 << " ";
  return 0;
}
```

Der Algorithmus, der eine *Queue* verwendet, könnte man so beschreiben:

> **ALGORITHM_BFS(G, y)**
>   Initialize Queue Q with {y}
>   **While** (Q NOT *Null*) **Do**
>   k ← Q.pop()   // return and delete first element in Q
>   **If** (k not marked) **Then**
>   MarkAndProcess k
>   Q.push(all not marked Successors from k)
>   **End_If**
>   **End_While**
> **ALGORITHM_BFS(G, y)**

Wir modellieren diesen Algorithmus mit Hilfe des Container-Adapters *std::queue*. Beachten Sie, wie die *Queue*-spezifischen Methoden *push()*, *pop()* und *front()* und die Methode *find()* aus dem Header *<algorithm>* angewendet werden.

11 Graphen

Programm BFS in C++

```cpp
#include <queue>
#include <fstream>
#include <vector>
#include <algorithm>

using namespace std;

int main(){
  std::ifstream in("graph.in");
  std::ofstream out("bfs.out");
  std::queue<short> qu;
  std::vector<short> v;
  short n, k, t;
  in >> n >> k;
  qu.push(k-1);
  std::vector<std::vector<bool> >
      a(n, vector<bool>(n, true));
  for(short i=0; i<n; i++)
    for(short j=0; j<n; j++){
      in >> t;
      a[i][j] = t ? true : false;
    }
  while(!qu.empty()){
    short t = qu.front();
    for(short i=0; i<n; ++i)
      if(a[t][i] &&
         find(v.begin(), v.end(), i)==v.end()
        ){
          qu.push(i);
      }
    if(find(v.begin(), v.end(), t)==v.end()){
      v.push_back(t);
    } else qu.pop();
  }
  for(size_t i=0; i<v.size(); i++)
  out << v[i]+1 << " ";
  return 0;
}
```

Wie Sie feststellen, sind die Unterschiede bezüglich des letzten Programm klein. Der erste Unterschied ist, dass der Header *<queue>* anstatt *<stack>* am Anfang inkludiert wird. Die Methoden *push()*, *pop()* und *empty()* haben dieselbe Signatur und Bedeutung wie bei *stack*. Die Methode *front()* greift auf das erste Element des Containers zu. Zur

Abwechselung, stellen wir das zweidimensionale Array als Vektor von Vektoren mit Elementen des Typs *bool* dar, die bei der Deklaration mit *true* initialisiert werden.

Aufgaben
1. Schreiben Sie das entsprechende C++-Programm mit *std::vector*, *vector<bool>* und C++-Eingabe- und Ausgabestreams.
2. Simulieren Sie die beiden Algorithmen auf dem Papier mit ein paar Beispielen.

Problem 2. Die kürzesten Pfade

Es sei ein ungerichteter Graph G=(V, E) mit *n* Knoten, *n* kleiner gleich 100, gegeben. Schreiben Sie ein Programm, das eine abgewandelte Form der in den Grundlagen definierten Pfadmatrix wie im Beispiel ausgibt. Die Elemente der hier verwendeten $n \times n$-Pfadmatrix *B* sind für alle *i, j* = 1, 2, ..., *n* so definiert:

$$b_{ij} = \begin{cases} \text{die Länge des kürzesten Pfades von } v_i \text{ zu } v_j, \text{ sofern es einen gibt} \\ 0, \text{ wenn es keinen Pfad von } v_i \text{ zu } v_j \text{ gibt oder i = j ist} \end{cases}$$

graph.in	minpfade.out
8	
0 1 1 1 0 0 0 0	0 1 1 1 2 2 3 3
1 0 0 0 1 0 0 0	1 0 2 2 1 3 2 4
1 0 0 0 1 0 0 0	1 2 0 2 1 3 2 4
1 0 0 0 0 1 0 0	1 2 2 0 3 1 2 2
0 1 1 0 0 0 1 0	2 1 1 3 0 2 1 3
0 0 0 1 0 0 1 1	2 3 3 1 2 0 1 1
0 0 0 0 1 1 0 0	3 2 2 2 1 1 0 2
0 0 0 0 0 1 0 0	3 4 4 2 3 1 2 0

Problemanalyse und Entwurf der Lösung

Dafür verwenden wir den *Floyd-Warshall*-Algorithmus, der auf dem Verfahren der Dynamischen Programmierung beruht (der dargestellte Algorithmus ist eine andere Variante des in den Grundlagen vorgestellten Algorithmus):

> **ALGORITHM_FLOYD_WARSHALL(G)**
> $b \leftarrow$ adjacency matrix (G)
> For $(k \leftarrow 1, n;$ step $1)$ **Execute**
>   For $(i \leftarrow 1, n;$ step $1, i \neq k)$ **Execute**
>   For $(j \leftarrow 1, n;$ step $1, j \neq k$ AND $j \neq i\,)$ **Execute**
>   If$(b[i][j] > b[i][k] + b[k][j] \,\,||\,\, b[i][j] == 0)$ **Then**
> $b[i][j] \leftarrow b[i][k] + b[k][j]$
> **END_ALGORITHM_FLOYD_WARSHALL(G)**

Aufgrund der drei verschachtelten *for*-Schleifen liegt die Komplexität $O(n^3)$ vor. Man kann den Algorithmus auch für gerichtete Graphen anwenden und ebenso dafür, in kantengewichteten Graphen nach minimalen Pfaden zu suchen.

Programm

```cpp
#include <fstream>

void getTrails(int a[][100], int n){
  int i, j, k;
  for(k=0; k<n; k++)
    for(i=0; i<n; i++)
      for(j=0; j<n; j++)
        if(a[i][k]>0&&a[k][j]>0)
          if(a[i][j]>a[i][k]+a[k][j] || a[i][j]==0)
            a[i][j] = a[i][k]+a[k][j];
}

int main(){
  int i, j, n, a[100][100];
  std::ifstream fin("graph.in");
  std::ofstream fout("minpfade.out");
  fin>>n;
  for(i=0; i<n; i++)
    for(j=0; j<n; j++)
      fin>>a[i][j];
  getTrails(a, n);
  for(i=0; i<n; i++){
    fout<<std::endl;
    for(j=0; j<n; j++)
      fout<<a[i][j]<<" ";
  }
  return 0;
}
```

Aufgaben

1. Warum basiert dieser Algorithmus auf der Dynamischen Programmierung?
2. Erweitern Sie den Algorithmus so, dass zusätzlich zur Matrix eine Zeile mit jedem Pfad ausgegeben wird.
3. Es sei auch eine Gewichtsfunktion für den Graphen G gegeben. Berücksichtigen Sie das im Programm.
4. Ein Greedy-Algorithmus, der auch die minimalen Pfade in einem Graphen findet, ist der Dijkstra-Algorithmus. Lösen Sie das Problem damit.
5. Bestimmen Sie mit Hilfe der Pfadmatrix die Komponenten eines gegebenen Graphen.

Problem 3. Das Alphabet der fremden Sprache

Ein Antiquar entdeckt eines Tages auf einem Flohmarkt ein altes Buch, das in einer fremdartigen Sprache geschrieben ist. Er kauft es ohne lange Überlegung. Schnell bemerkt er, dass sich diese Sprache auch der Groß- und Kleinbuchstaben von A-Z bedient. Das Buch hat am Ende auch einen Index bzw. ein Stichwortverzeichnis. Die Einträge darin sind anders sortiert, als man es vom Alphabet her erwarten würde, aber die Sortierung unterscheidet nicht zwischen Groß- und Kleinbuchstaben. Mit Hilfe dieses Index versucht der Händler, die richtige Reihenfolge der Buchstaben in der fremden Sprache zu bestimmen. Beendet hat er sein Vorhaben aber nicht, weil er sich auch um sein Geschäft kümmern muss.

Schreiben Sie ein Programm, um seine Arbeit abzuschließen. Die *Eingabe* für das Programm in der Datei *index.in* besteht aus Auszügen des Stichwortverzeichnisses (ohne Seitenangaben) des alten Buches. Ein Stichwort ist maximal 20 Zeichen lang (ein Stichwort pro Zeile). In einem Auszug müssen nicht alle Buchstaben vorkommen, aber die, die enthalten sind, können damit in eine eindeutige Reihenfolge gebracht werden. *Ausgabe:* Geben Sie in *alphabet.out* die Buchstaben in Großschreibung in einer Zeile aus, so dass sie dort gemäß dem Alphabet der fremden Sprache sortiert sind.

index.in	alphabet.out
iOn anA AdONIA dOiNA DoINN DdaN dDAO	IANOD
XWY	XZYW

ZX	
ZXY	
ZXW	
YWWX	

(ACM Programming Contest, Final, 1990, modifiziert)

Problemanalyse und Entwurf der Lösung

Das ist ein Anwendungsbeispiel für die topologische Sortierung, die Sie nicht mit dem eigenständigen mathematischen Gebiet Topologie verwechseln sollten. Die topologische Sortierung dient dazu, Objekte in eine Reihenfolge zu bringen, wobei gewisse Bedingungen, die für die Objekte untereinander gelten, eingehalten werden müssen. Es kann sein, dass sich mit den gegebenen Bedingungen keine Reihenfolge finden lässt, in diesem Fall gibt es dann also keine topologische Sortierung. Es kann auch mehrere Reihenfolgen geben, wenn es die Bedingungen zulassen.

Stellen Sie sich vor, sie bauen einen Kleiderschrank auf. Die Objekte sind der Boden, die Rückwand, die linke und rechte Seitenwand, das Oberteil, die beiden Türen, die Einlegeböden und die Kleiderstange. Zwischen den Objekten können hinsichtlich des Aufbaus Abhängigkeiten bestehen, müssen aber nicht.
Beispiele:
Die Seitenwände können Sie erst dann aufstellen, wenn der Boden steht. Aber ob Sie zuerst die linke oder die rechte Wand aufstellen, ist nicht festgelegt.
Erst wenn der Boden, die Seitenwände und die Rückwand stehen, können Sie das Oberteil aufsetzen. Und das alles muss erledigt sein, bevor Sie die Türen einsetzen.
Anstelle der Türen könnten Sie jetzt ebenso gut die Kleiderstange und die Einlegeböden einsetzen (egal, was zuerst) und danach die Türen einhängen.
Sie erkennen, dass sich unter den gegebenen Bedingungen für den Schrankaufbau mehrere Reihenfolgen finden lassen.

Aber nun zurück zu unserem Problem. Auf Basis der Eingabedaten bauen wir einen gerichteten Graphen mit n Knoten (n entspricht der Buchstabenanzahl des Alphabets). Wenn der Buchstabe v_i lexikographisch kleiner als der Buchstabe v_j ist, fügen wir eine gerichtete Kante vom Knoten i zum Knoten j ein. Aus dem Graphen leiten wir das geordnete Alphabet *result* wie folgt ab:

Schritt 1. Wir initialisieren *result* mit $\emptyset$.
Schritt 2. Wenn der Graph nicht leer ist, suchen wir den Knoten, in dem keine Kante ankommt (es gibt sicher einen und weil wir eine Ordnung haben, genau einen) und

fügen ihn am Ende des vorläufigen Alphabets *result* ein. Wenn der Graph leer ist, fahren wir mit Schritt 4 fort.

Schritt 3. Wir löschen den in Schritt 2 gefundenen Knoten und die von ihm ausgehenden Kanten aus dem Graphen und kehren zu Schritt 2 zurück.

Schritt 4. Das Alphabet steht in *result*.

Für das erste Beispiel bauen wir den Graphen:

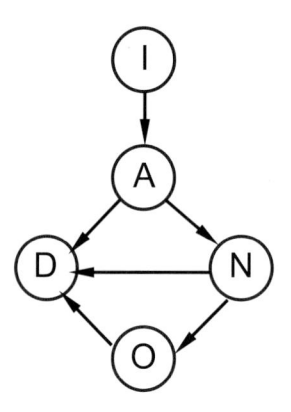

Das geordnete Alphabet leiten wir nun aus dem Graphen ab.

1	2
Der einzige Knoten, in dem keine Kante ankommt, ist I I	*Der einzige Knoten, in dem keine Kante ankommt, ist A* IA
3	4
Der einzige Knoten, in dem keine Kante ankommt, ist N	*Der einzige Knoten, in dem keine Kante ankommt, ist O*

11 Graphen   273

![Graph: N→D, N→O, O→D] IAN	![Graph: O→D] IANO
5	6
Der einzige Knoten, in dem keine Kante ankommt, ist D (D) IANOD	Der Graph ist leer, das Alphabet steht fest. IANOD

Im Programm definieren wir die folgenden globalen Variablen:
- das Array *letters*[26], dessen Elemente den Wert 1 oder 0 annehmen können: *letters*[i]=1, wenn der i-te Buchstabe aus A bis Z im Stichwortverzeichnis vorkommt; *letters*[i]=0, wenn er nicht vorkommt;
- das zweidimensionale Array *a*[26][26], das die Adjazenzmatrix des Graphen speichert: *a*[i][j]=1 dann und nur dann, wenn es eine Kante von ‚$A'+i$ zu ‚$A'+j$ gibt; *a*[i][j]=0, wenn es die Kante nicht gibt;
- die Variable k, die die Länge des resultierenden Alphabets kennzeichnet (k wird mit 0 initialisiert);
- das Array *result*[] für das resultierende Alphabet;
- die Variable f für den Umgang mit den Dateien.

Bemerkung: Im Programm bilden wir die Buchstaben A, B, ..., Z auf die ganzen Zahlen 0, 1, 2, ..., 25 ab.

Folgende Funktionen finden Sie im Programm:
- *addToLetters(char s[26])*: setzt im Array *letters*[] die Elemente für die Buchstaben auf 1, die sich in der Zeichenkette *s* befinden;
- *isInLetters(short i)*: prüft, ob sich ein Buchstabe im Array *letters*[] befindet;
- *isColumnNull(short i)*: liefert 0 zurück, wenn mindestens ein Element in der Spalte i der Adjazenzmatrix *a*[][] nicht Null ist, und 1, wenn die Spalte nur aus Nullen besteht;
- *firstLetter()*: prüft, in welcher Spalte der Adjazenzmatrix *a*[][] nur Nullen stehen, und gibt den zugehörigen Buchstaben aus dem Array *letters*[] zurück.

Das Hauptprogramm initialisiert die Adjazenzmatrix mit Nullen und liest die Wörter aus der Eingabedatei. Für je zwei Wörter (Wort 1 mit Wort 2, Wort 2 mit Wort 3, ...) findet es ein geordnetes Buchstabenpaar an der ersten Position von links, an der sich die Buchstaben in den beiden Wörtern erstmalig unterscheiden (für die Wörter DoINN und DdaN wäre es das Paar o, d an der zweiten Position). Für dieses Paar trägt das Hauptprogramm eine gerichtete Kante in die Adjazenzmatrix ein. Danach wird die Methode *firstLetter()* aufgerufen, solange der Graph nicht leer ist.

Programm in C

```c
#include <stdio.h>
#include <string.h>
#include <ctype.h>

short letters[26];
short a[26][26];
short k=0;
short result[26];
FILE *f;

void addToLetter(char s[21]){
  unsigned int i;
  for(i=0; i<strlen(s); i++)
    letters[toupper(s[i])-'A']=1;
}

int isInLetters(short i){
  return letters[i];
}

int isInColumnNull(int i){
  int j;
  for(j=0; j<26; j++)
    if(a[j][i]) return 0;
  return 1;
}

int firstLetter(){
  int i, j;
  for(i=0; i<26; i++)
    if(isInLetters(i) && isInColumnNull(i)){
      result[k++]=i;
      letters[i]=0;
      for(j=0;j<26;j++)a[i][j]=0;
      return 1;
    }
  return 0;
}

int main(){
```

```
    char s_old[21], s_new[21];
    short l1, l2, i, j;
    f = fopen("index.in","r");
    if(!f) return 0;
    for(i=0; i<26; i++)
      for(j=0; j<26; j++)
        a[i][j]=0;
    if(f){ fscanf(f, "%s\n", s_old); addToLetter(s_old);}
    while(f && !feof(f) && fscanf(f, "%s\n", s_new)){
      addToLetter(s_new);
      i=0;
      l1 = (short)strlen(s_old);
      l2 = (short)strlen(s_new);
      while(toupper(s_old[i])==toupper(s_new[i])&&i<l1&&i<l2)
        i++;
      if (i<l1 && i<l2)
        a[toupper(s_old[i])-'A'][toupper(s_new[i])-'A'] = 1;
      strcpy(s_old, s_new);
      fscanf(f, "%s\n", s_new);
    }
    fclose(f);
    f = fopen("alphabet.out","w");
    while(firstLetter()){};
    for(i=0; i<k; i++)
    fprintf(f, "%c",'A'+result[i]);
    fclose(f);
    return 0;
}
```

Aufgaben

1. Schreiben Sie einen auf Tiefensuche (*DFS*) basierenden Algorithmus, der das Problem löst.
2. Erweitern Sie das Programm so, dass es mehrere Eingabefälle auf einmal verarbeiten kann. Das Ende eines Falles ist durch das Zeichen # gekennzeichnet. Beispiel:

index1.in	alphabet1.out
xwy	xzyw
zx	qa
zxy	rofg
zxw	
ywwx	
#	
q	
a	
#	

frog	
forg	
fgro	
gorf	
gfor	
#	

Problem 4. Markus besucht seine Freunde

Pünktlich zum 18. Geburtstag erhält Markus von seinen Eltern den Schlüssel zu seinem neuen Auto. Den Führerschein hat er bereits, und weil ihm das Autofahren großen Spaß macht, beschließt er, alle seine Freunde in der kleinen Stadt zu besuchen. Er hat viele Freunde, und wie es der Zufall so will, wohnt in jeder Straße der Stadt einer. Weil Benzin teuer ist, denkt er darüber nach, wie er seine Fahrt so kurz wie möglich gestalten kann. Schnell gelangt er zu der Erkenntnis, dass es das Beste wäre, nur einmal durch jede Straße zu fahren. Und natürlich möchte er am Ende seines Ausfluges wieder daheim ankommen.

Die Straßen in seiner Stadt sind mit ganzen Zahlen von 1 bis n ($n < 1995$) benannt. Unabhängig davon sind die Kreuzungen ebenfalls mit ganzen Zahlen von 1 bis m ($m \leq 44$) gekennzeichnet. Die Enden jeder Straße münden in zwei Kreuzungen, die nicht zwangsläufig verschieden sein müssen.

Markus schafft es nicht, auch nur eine einzige Rundreise zu finden. Helfen Sie ihm, indem Sie ein Programm entwerfen, das die kürzeste Fahrt ermittelt. Alle Straßen sind in beiden Richtungen befahrbar. Allerdings sind sie auch sehr schmal, weswegen man in ihnen nicht wenden kann. Wir nehmen an, dass Markus selbst direkt an einer Kreuzung wohnt.

Eingabe: Die Datei *tour.in* enthält Informationen über die Straßen und Kreuzungen einer Stadt. In einer Zeile stehen die drei ganzzahligen Werte x, y und z. Die Enden der Straße z münden in die Kreuzungen x und y. Markus wohnt an der mit der kleineren Nummer versehenen Kreuzung der Straße mit der Nummer 1. *Ausgabe:* Geben Sie in die Datei *tour.out* die Folge der Straßennummern aus, die Markus den Weg weist. Die Nummern werden durch ein Leerzeichen voneinander getrennt. Wenn es mehrere Touren gibt, dann wählen Sie die, deren Nummernfolge lexikographisch am kleinsten ist. Und wenn keine Rundreise gefunden werden kann, geben Sie „Es gibt keine Rundreise" aus.

`tour.in`	`tour.out`
1 2 1 2 3 2 3 3 3 4 1 4	Es gibt keine Rundreise
1 2 1 2 3 2 3 1 6 1 2 5 2 3 3 3 1 4	1 2 3 5 4 6

(*ACM Central European Regional, 95/96, modifiziert*)

Problemanalyse und Entwurf der Lösung

Man könnte die Eingabedaten in einem Graphen speichern, in dem die Knoten die Straßen darstellen. Dann müsste man einen hamiltonschen Kreis mit einem *Backtracking*-Algorithmus darauf bauen. Die Laufzeit wäre exponentiell, und weil bis zu 1994 Straßen in der Eingabedatei stehen dürfen, ist diese Variante ungeeignet für das Problem.

Wir entscheiden uns für eine andere Lösungsmöglichkeit und bilden die Kreuzungen auf die Knoten und die Straßen auf die Kanten eines Graphen ab, für den wir eine Eulertour finden müssen. Wir definieren die Struktur *TSI* mit den ganzzahligen Feldern *str* (engl. *street*) und *in* (engl. *intersection*) für eine Straße und eine der beiden Kreuzungen, in die die Straße mündet. Die Straßenkarte der Stadt speichern wir im zweidimensionalen Array $v[][]$, das maximal 44 Zeilen und 1996 Spalten groß werden kann. Die Zeile i des Arrays beschreibt die Kreuzung i, und in das Element in Spalte 0 tragen wir die Anzahl der Elemente ein, die sich in der i-ten Zeile befinden, also die Anzahl der Straßen, die in die Kreuzung i münden (inzident sind). Die Elemente in den weiteren Spalten der Zeile i sind die Paare (*str*, *in*), für die die Kreuzungen i und *in* von der Straße *str* verbunden werden. Die Funktion *read()* erzeugt die Matrix $v[][]$ auf Basis der Eingabedaten. Für das gelesene Tripel x, y, z (x und y sind die Kreuzungen, in die die Straße z mündet) fügen wir in Zeile x das Paar (z, y) und in Zeile y das Paar (z, x) hinzu. Wir müssen diese Werte um 1 vermindern, weil in C/C++ die Elemente eines Arrays ab 0 gezählt werden.

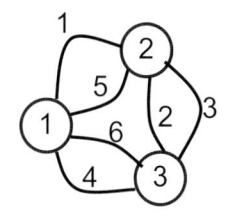

Der Graph für das zweite Beispiel

Im Programm sind u.a. die folgenden Funktionen implementiert:
- *searchIntersections(int street, int &i1, int &i2)*: gibt in *i1* und *i2* die Kreuzungen zurück, die durch die Straße *street* verbunden werden;

- *isInSolution(int str)*: prüft, ob die Straße *str* schon Teil der vorläufigen Lösung ist (die in diesem Moment *k* Elemente beinhaltet);

- *minStreet(int in, int &i1)*: bestimmt die Straße mit der kleinsten Nummer, die in die Kreuzung *in* mündet und noch nicht in der vorläufigen Lösung enthalten ist und gibt die Kreuzung am anderen Ende der Straße in *&i1* zurück. Wenn es keine solche Straße gibt, wird 1996 zurückgeliefert;

- *buildSolution()*. Diese Funktion baut die Lösung des Problems schrittweise im Array *vSol[]* auf.
    - Schritt 1: Ermittle die beiden Kreuzungen an den Enden der Straße Nr. 1
    - Schritt 2: Speichere die kleinere der beiden gefundenen Kreuzungen (das ist die Kreuzung, an der Markus wohnt) in *curIntersection*
    - Schritt 3: Suche Straße mit der kleinsten Nummer, die von der Kreuzung *curIntersection* abgeht und noch nicht besucht wurde
    - Schritt 4: Speichere die gefundene Straße in *vSol[]* und die der Straße gegenüberliegende Kreuzung in *curIntersection*
    - Schritt 5: Wiederhole für Kreuzung *curIntersection* die Schritte 3 und 4 solange, bis alle Straßen hinzugefügt wurden, oder für die aktuelle Kreuzung keine unbesuchte Straße gefunden wird.
    - Schritt 6: Nur wenn alle Straßen durchlaufen wurden, prüfe, ob die aktuelle Kreuzung *curIntersection* die ist, an der Markus wohnt. Wenn nicht, erhält *curIntersection* den Wert 45, dann gibt es also keine Rundreise.

Programm

```c
#include <stdio.h>

typedef struct{
  int str;
  int in;
}TSI;

int n, m;
TSI v[44][1996];
int x, y, z;
int vSol[1995], k;
int curIntersection;
```

11 Graphen

```
void read(){
  for(int i=0; i<44; i++)
    v[i][0].in = 0;
  int nr;
  FILE *f = fopen("tour.in", "r");
  n = 0;
  m = 0;
  while(f && !feof(f)){
    fscanf(f, "%d %d %d", &x, &y, &z);
    nr = ++v[x-1][0].in;
    v[x-1][nr].in = y-1;
    v[x-1][nr].str = z-1;
    nr = ++v[y-1][0].in;
    v[y-1][nr].in = x-1;
    v[y-1][nr].str = z-1;
    if( x > m ) m = x;
    if( y > m ) m = y;
    n++;
  }
  fclose(f);
}

void searchIntersections(int street, int &i1, int &i2){
  i1 = -1;
  i2 = -1;
  for(int i=0; i<m; i++)
    for(int j=1; j<=v[i][0].in; j++)
      if(v[i][j].str == street)
        { i1 = i; i2 = v[i][j].in; return;}
}

int isInSolution(int str){
  for(int i=0; i<=k; i++)
    if( vSol[i] == str ) return 1;
  return 0;
}


int minStreet(int in, int &i1){
  int a = 1996;
  for(int i=1; i<=v[in][0].in; i++)
    if (v[in][i].str < a && !isInSolution(v[in][i].str))
      {a = v[in][i].str; i1 = v[in][i].in ;}
  return a;
}

void buildSolution(){
```

```cpp
    int i1, i2, s1;
    int iStart;
    k = -1;
    searchIntersections(0, i1, i2);
    if(i2<i1) i1=i2;
    iStart=i1;
    curIntersection=i1;

    while(curIntersection != 45 && k<n-1){
        s1 = minStreet(curIntersection , i1);
        if(s1!= 1996){
           vSol[++k] = s1;
           curIntersection = i1;
        }else
             curIntersection = 45;
     }
       if(curIntersection != 45 && curIntersection!=iStart){
           curIntersection = 45;
       }
}

void write(){
   FILE *f = fopen("tour.out", "w");
   if(curIntersection != 45 )
      for(int i=0; i<=k; i++)
         fprintf(f, "%d ", vSol[i] + 1);
   else
      fprintf(f, "Es gibt keine Rundreise");
}

void main(){
   read();
   buildSolution();
   write();
}
```

Aufgaben

1. Erweitern Sie das Programm so, dass keine globalen Variablen verwendet werden.
2. Schreiben Sie ein Programm, bei dem die Straßen die Knoten des Graphen darstellen.
3. Entwickeln Sie ein Programm, das alle Möglichkeiten lexikographisch auflistet, die Straßen zu durchlaufen.

Problem 5. Das Haus des Nikolaus

Seit Generationen zeichnen die Kinder (und auch manche Erwachsene) das Haus des Nikolaus. Ohne mit dem Stift abzusetzen und ohne eine Linie zweimal zu durchlaufen, muss das Haus gemalt werden. Nur wenn man in einer unteren Ecke des Hauses beginnt, gelingt es.

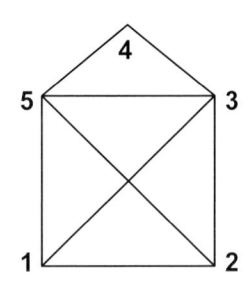

Sie sollen das Haus mit einem Programm bauen, das alle Möglichkeiten ausgibt, wenn man in der unteren linken Ecke anfängt. Die Ecken werden wie in der nebenstehenden Figur nummeriert. Eine mögliche Ausgabe wie „153125432" bedeutet, dass man in der Ecke 1 beginnt, einen Strich zu Ecke 5 zieht, dann zu Ecke 3 ...

Die *Ausgabe* der lexikographisch sortierten und nummerierten Lösungen erfolgt in die Datei *nikolaus.out*. Beispiel:

```
              nikolaus.out
Loesung 1:  1 2 3 1 5 3 4 5 2
.................
Loesung 26: 1 3 5 2 3 4 5 1 2
.....................
Loesung 44: 1 5 4 3 5 2 3 1 2
```

Problemanalyse und Entwurf der Lösung

Das Haus des Nikolaus bilden wir auf einen ungerichteten Graphen ab, in dem wir alle Eulertouren finden müssen. Dafür setzen wir einen rekursiven *Backtracking* Algorithmus ein. Wir bauen die Lösung sukzessive im Array $b[]$ auf, und wenn ein Wert für $b[k]$ bestimmt wurde, entfernen wir die soeben „gezeichnete" Kante ($b[k-1]$, $b[k]$). Nach dem rekursiven Aufruf fügen wir diese Kante wieder hinzu.

Programm

```cpp
#include <fstream>

short a[5][5]={0,1,1,0,1,
               1,0,1,0,1,
               1,1,0,1,1,
               0,0,1,0,1,
               1,1,1,1,0};
```

```cpp
int b[9];
int sol=0;
std::ofstream out("nikolaus.out");

void writeSol(){
  out<<"Loesung " << ++sol << ": ";
  for(int i=0;i<9;i++)
    out<<b[i]+1<<" ";
  out<<std::endl;
}

void back(int k){
  int i;
  if(9==k) writeSol();
  else
    for(i=0;i<5;i++)
      if(a[i][b[k-1]]==1 && i!=b[k-1]){
        b[k]=i;
        a[i][b[k-1]]=0;
        a[b[k-1]][i]=0;
        back(k+1);
        a[i][b[k-1]]=1;
        a[b[k-1]][i]=1;
      }
}

int main(){
  b[0]=0;
  back(1);
  return 0;
}
```

Aufgaben

1. Modifizieren Sie das Programm so, dass keine globalen Variablen mehr verwendet werden.
2. Schreiben Sie ein iteratives Programm für das Problem.
3. Entwerfen Sie auch für die folgenden Figuren Programme, um sie wie beim Nikolaus-Problem in einem Zug zu konstruieren. Bei der zweiten Figur beginnt man bei Knoten 4 und bei der dritten bei Knoten 1.

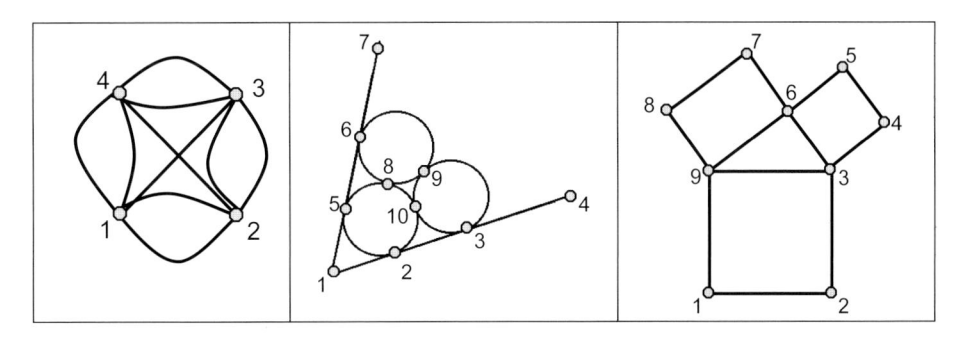

Problem 6. Minimaler Spannbaum (Kruskal-Algorithmus)

Es sei ein Graph *G* mit einer Gewichtsfunktion gegeben. Finden Sie einen minimalen Spannbaum von *G*.

Eingabe: In der Datei *kruskal.in* befindet sich die Beschreibung eines ungerichteten Graphen: in der ersten Zeile die Anzahl *n* der Knoten ($1 \leq n \leq 200$) und in den nächsten *n* Zeilen die quadratische Matrix, die die Gewichte der Kanten darstellt. Ist $c[i][j]>0$, entspricht das dem Gewicht der Kante (i, j). Ist $c[i][j]=0$, gibt es keine Kante (i, j). Die Werte $c[i][j]$ sind positive reelle Zahlen. Die Eingabedaten sind so gewählt, dass mindestens ein minimaler Spannbaum existiert. *Ausgabe*: Geben Sie in die Datei *kruskal.out* für jede Kante des Spannbaums eine Zeile mit den beteiligten Knoten und dem jeweiligen Gewicht aus. Abschließend berechnen Sie noch das Gesamtgewicht. Beispiel:

kruskal.in	kruskal.out
10	(2, 3) -> 1.0
0 4 3 10 0 0 0 0 18 0	(6, 7) -> 2.0
4 0 1 0 5 0 0 0 0 0	(6, 8) -> 2.0
3 1 0 9 5 0 0 0 0 0	(1, 3) -> 3.0
10 0 9 0 7 8 0 9 8 0	(8, 10) -> 3.0
0 4 5 7 0 9 9 0 0 0	(2, 5) -> 5.0
0 0 0 8 9 0 2 2 0 0	(4, 5) -> 7.0
0 0 0 0 9 2 0 4 0 6	(4, 6) -> 8.0
0 0 0 9 0 2 4 0 9 3	(4, 9) -> 8.0
18 0 0 8 0 0 0 9 0 9	-------------------
0 0 0 0 0 0 6 3 9 0	Gewicht: 39.0

Problemanalyse und Entwurf der Lösung

Um den Graphen und den Spannbaum zu speichern, brauchen wir eine Datenstruktur, in der die Kanten aufsteigend nach den Gewichten sortiert sind. Wir verwenden den Container *std::multimap* aus <map>, deren Elemente automatisch nach dem

Schlüssel sortiert bleiben. Die Kantengewichte stellen die Schlüssel dar, und weil mehrere Kanten dasselbe Gewicht haben können, weisen wir den Schlüsseln eine Liste zu.

```
multimap<double, int> E, H;
```

Wenn *n* die Anzahl der Knoten des Graphen ist, repräsentiert *i**n+*j* die Kante (*i*, *j*) (um *i* und *j* basierend auf einer Kodierung einer Kante *k* zu bestimmen: $i \leftarrow k\ div\ n, j \leftarrow k\ mod\ n$). Weil die Gewichtsmatrix symmetrisch zur Hauptdiagonale ist, speichern wir nur den Teil über der Hauptdiagonale:

```
for(short i=0; in && !in.eof() && i<n; i++)
    for(short j=0; in && !in.eof() && j<n; j++){
       in >> aux;
       if(i<j && aux)
          E.insert(TPair(aux, i*n+j));
    }
```

Sehen Sie sich im Programm die Implementierung des Kruskal-Algorithmus und die Verwendung von *std::multimap, std::pair*, der Iteratoren und der Methoden *insert()* und *erase()* an.

Programm

```
#include <fstream>
#include <vector>
#include <map>

using namespace std;

typedef pair<double, int> TPair;

int main(){
  ifstream in("kruskal.in");
  ofstream out("kruskal.out");
  multimap<double, int> E, H;
  double aux;
  short n;
  if(in && !in.eof() && in>>n){
    for(short i=0; in && !in.eof() && i<n; i++)
      for(short j=0; in && !in.eof() && j<n; j++){
         in >> aux;
         if(i<j && aux)
            E.insert(TPair(aux, i*n+j));
      }
```

```cpp
  }
  H.clear();
  vector<short> C;
  for(short i=0; i<n; i++) C.push_back(i);
  while(H.size() < n-1){
    short idx=0;
    short uu, vv;
    multimap<double, int>::iterator it;
    it = E.begin();
    uu = (it->second)/n; vv = (it->second)%n;
    while(C[uu]==C[vv]){
      it++;
      uu = it->second/n;
      vv = it->second%n;
    };
    H.insert(TPair(it->first, it->second));
    E.erase(it);
    short mi = min(C[uu], C[vv]);
    short ma = max(C[uu], C[vv]);
    for(short i=0; i<n; i++)
      if(C[i]==ma) C[i]=mi;
  }

  multimap<double, int>::const_iterator it;
  double cost = 0;
  for(it=H.begin(); it!=H.end(); it++){
    out << "(" << it->second/n+1 << ", " << it->second%n+1
        << ") -> " << it->first << endl;
    cost += it->first;
  }
  out << "--------------------" << endl
      << "Cost: " << cost;

  return 0;
}
```

Augaben

1. Schreiben Sie sich auf einem Blatt Papier die Inhalte der Variablen nach jedem Schritt auf.
2. Auch mit dem Algorithmus von Prim findet man einen minimalen Spannbaum. Entwerfen Sie ein Programm, das mit diesem Algorithmus arbeitet.
3. Schreiben Sie ein entsprechendes C-Programm.

Bäume in Ottawa

Greedy

Grundlagen

Greedy-Algorithmen (engl. *greedy* = gierig) sind dadurch gekennzeichnet, dass sie immer den aktuell besten Nachfolger auswählen. Daher müssen sie vorher alle zur Verfügung stehenden Nachfolger bewerten, und dazu wenden sie das Gradientenverfahren an. Die gierigen Algorithmen arbeiten recht schnell und finden meist eine gute Lösung. Das heißt aber auch, dass es meist nicht die beste Lösung ist. Das erkennt man recht leicht, wenn man die klassischen Probleme für diesen Algorithmus betrachtet, nämlich das diskrete Rucksackproblem und das Problem des Handlungsreisenden. Der *Greedy*-Algorithmus findet dafür eine relativ gute Lösung, aber die optimale Lösung kann nur gefunden werden, wenn man *Backtracking*-Algorithmen anwendet, und damit steigt der Aufwand beträchtlich. Die beiden Probleme sind NP-vollständig, und sowohl der *Greedy*- als auch der *Backtracking*-Algorithmus bauen die Lösung schrittweise auf, aber nur bei *Backtracking* geht man auch wieder zurück zu einem Vorgänger, und das erklärt auch die enormen Laufzeitdifferenzen der beiden Methoden.

Hier eine allgemeine Form des Greedy-Algorithmus:

```
ALGORITHM_Greedy( S)
    S₁ ← S
    SOL ← ∅
    While (NOT STOP-Condition) Do
        x ← a locally optimal element from S₁
        S₁ ← S₁ \ {x}
        If (SOL ∪ {x} satisfy conditions) Then
            SOL ← SOL ∪ {x}
        End_If
    End_While
END_ALGORITHM_Greedy( S)
```

Die Methode kann erfolgreich auf diverse Probleme angewendet werden: Suche des kürzesten Weges in Graphen (Dijkstra), Aufstellen eines minimalen Spannbaums (Prim, Kruskal), das fraktionale Rucksackproblem, Huffman-Kodierungen.

Problem 1. Rucksackproblem

Das folgende Problem ist das fraktionale Rucksackproblem. Wir haben einen Rucksack mit der Kapazität M und n Objekte mit gegebenen Werten bzw. Gewichten. Finden Sie eine Möglichkeit, den Rucksack so mit Objekten zu füllen, dass er am wertvollsten ist. Wir nehmen an, dass die Objekte beliebig aufgeteilt werden können und dass die Werte der Objekte positiv sind. *Eingabe:* In der Datei *objects.in* befindet sich in der ersten Zeile die Gewichtskapazität M des Rucksacks, gefolgt von Paaren *(Gewicht, Wert)* für jedes Objekt, ein Paar pro Zeile. *Ausgabe:* Schreiben Sie in die Ausgabedatei *rucksack.out* eine bzw. die teuerste Füllung des Rucksacks, wie im Beispiel:

`objects.in`	`rucksack.out`

`41`
`12.34 123.99`
`23.45 600.54`
`12.78 90.67`
`9.34 45.32`
	`Objekt  2: 23.45 600.54 - vollstaendig`
	`Objekt  1: 12.34 123.99 - vollstaendig`
	`Objekt  3: 12.78  90.67 - 5.21kg`

Problemanalyse und Entwurf der Lösung

Die Objekte werden absteigend nach dem Verhältnis Wert/Gewicht sortiert und danach in dieser Reihenfolge in den Rucksack getan. Das letzte Objekt wird vermutlich nur teilweise in den Rucksack wandern. Wir werden ein C-Programm schreiben, das den Typ *TObject* als *struct* der drei Elemente eines Objekts (*Gewicht*, *Wert* und *Index* in der Eingabedatei) erklärt. Das Binärprädikat *compare()* vergleicht zwei Wert/Gewicht-Verhältnisse, und die Bibliotheksmethode *qsort()* sortiert die Objekte. Danach werden die Objekte schrittweise in den Rucksack eingebracht, so lange noch Platz darin ist. Wenn das letzte Objekt nicht komplett in den Rucksack passt, dann speichern wir die Menge, die wir in den Rucksack stecken können, in M, aber mit negativem Vorzeichen ($M < 0$ bedeutet, dass die Abbruchbedingung erreicht ist). Die Komplexität des Algorithmus ist $O(n \log n)$, weil sie von der Sortiermethode *qsort()* abhängig ist.

Programm in C

```c
#include <stdio.h>
#include <stdlib.h>

typedef struct{
  float g, v;
  int idx;
} TObject;

void readData(TObject *a, int *n, float *M){
  FILE *fin = fopen("objects.in", "r");
  float g, v;
  *n=0;
  if(fin) fscanf(fin, "%f", M);
  while(fin && fscanf(fin, "%f%", &g) == 1){
    fscanf(fin, "%f%", &v);
    a[*n].g   = g;
    a[*n].v   = v;
    a[*n].idx = *n;
    (*n)++;
  }
}

int compare(const void *a, const void *b){
  TObject *o1 = (TObject*) a;
  TObject *o2 = (TObject*) b;
  return ((o2->v/o2->g - o1->v/o1->g)>0);
}

int main(){
  int n, i, j;
  TObject a[50];
  float M;
  FILE *fout;
  fout = fopen("rucksack.out", "w");
  readData(a, &n, &M);
  qsort((void*)a, n, sizeof(TObject), compare);
  i=0;
  while(M>0){
    if(M>=a[i].g){
      M -= a[i].g;
      i++;
    } else {
      M = -M;
    }
  }
  for(j=0; j<i; j++){
```

```cpp
      fprintf(fout, "Objekt %2d: %4.2f %4.2f - vollstaendig\n",
         a[j].idx+1, a[j].g, a[j].v);
   }
   if(M<0){
      fprintf(fout, "Objekt %2d: %4.2f %4.2f - %4.2fkg\n",
         a[i].idx+1, a[i].g, a[i].v, -M);
   }
   return 0;
}
```

Programm 1 in C++

```cpp
#include <fstream>
#include <vector>
#include <algorithm>

using namespace std;

class Object{
   float g, v;
   short idx;
 public:
   static short cont;
   inline float const getG(){ return g;}
   bool operator<(Object&);
   friend istream& operator>>(istream&, Object&);
   friend ostream& operator<<(ostream&, Object);
};

short Object::cont = 0;

inline bool Object::operator<(Object& other){
   return v/g < other.v/other.g;
}

istream& operator>>(istream& is, Object& ob){
   is >> ob.g >> ob.v;
   ob.idx = ++Object::cont;
   return is;
}

ostream& operator<<(ostream& os, Object ob){
   os << "Obiect " << ob.idx << ": ";
   os << ob.g << " " << ob.v;
   return os;
}
```

```cpp
void readData(vector<Object>& v, float& M){
  ifstream in("obiecte.in");
  Object ob;
  v.clear();
  if(in && !in.eof()) in>>M;
  while(in && !in.eof() && in>>ob){
    v.push_back(ob);
  }
}

void processAndWrite(vector<Object>& v, float& M){
  std::ofstream out("rucsac.out");
  sort(v.begin(), v.end());
  size_t i=v.size()-1;
  while(i>=0 && M>0){
    if(M>=v[i].getG()){
      M -= v[i].getG();
      --i;
    } else{
       M = -M;
    }
  }
  for(size_t j=v.size()-1; j>i; --j){
    out << v[j] << " - complet" << std::endl;
  }
  if(i>=0 && M<0){
    out << v[i] << " - " << -M << " kg";
  }
}

int main(){
  vector<Object> v;
  float M;
  readData(v, M);
  processAndWrite(v, M);
  return 0;
}
```

Wenn man zur Klasse Object einen Destruktor hizufügt, der eine Nachricht anzeigt, merkt man, dass sehr viele Objekte erzeugt werden. Das passiert deswegen, weil die Vewaltung mit Hilfe von Vektoren viele Kopien erzeugt. Analysieren Sie auch die nächste Implementierung, die *std::priority_queue* benutzt und nicht mehr unter diesem Nachteil leidet.

Programm 2 in C++

```cpp
#include <queue>
#include <fstream>

class Object{
    float g, v;
    short idx;
public:
    Object(float gewicht, float wert,short index=0)
      :g(gewicht),v(wert),idx(index){
    }
    inline float getG()const { return g;}
    inline float getV()const { return v;}
    inline short getIdx()const { return idx;}
    inline bool operator<(const Object& other) const {
      return v/g < other.v/other.g;
    }
};

class ObjectLessComparator{    // functor for operator<
public:
    inline bool operator()(const Object* pLeft,
                           const Object* pRight) const
      {return (*pLeft)<(*pRight);}
};

typedef std::priority_queue<Object*,std::vector<Object*>,
                    ObjectLessComparator>
        ObjectsPriorityQueue;


std::ostream& operator<<(std::ostream& os, const Object &rObj){
    os << "Object " << rObj.getIdx()<< ": ";
    os << rObj.getG() << " " << rObj.getV();
    return os;
}

void readData(ObjectsPriorityQueue &v, float& M){
    std::ifstream in("objects.in");
    float g,val;
    short idx=0;
    if(!in.eof()) in>>M;
    while(!in.eof() && (in>>g) && (in >> val) ){
      v.push(new Object(g,val,++idx));
    }
}
```

```cpp
void processAndWrite(ObjectsPriorityQueue &v, float M){
  std::ofstream out("rucksack.out");
  while(!v.empty()) {
    Object *pObj = v.top();
    if(M>0){
      float g = pObj->getG();
      out << (*pObj);
      M -= g;
      if(M>=0){
        out << " - vollstaendig" << std::endl;
      } else{
        out << " - " << M+g<< std::endl;
      }
    }
    v.pop();
    delete pObj;
  }
}

int main(){
  ObjectsPriorityQueue v;
  float M;
  readData(v, M);
  processAndWrite(v, M);
  return 0;
}
```

Aufgabe

Beim diskreten Rucksackproblem können Objekte nur vollständig in den Rucksack eingepackt werden. In diesem Fall liefert den *Greedy*-Algorithmus nicht mehr die optimale Lösung. Finden Sie ein Beispiel dafür.

Problem 2. Kartenfärbung

Es seien eine Anzahl n ($2 \leq n \leq 20$) von Ländern und die dazugehörige Landkarte als Matrix $a[][]$ gegeben, in der $a[i][j] = 1$ ist, wenn die Ländern i und j Nachbarn sind, andernfalls ist $a[i][j] = 0$. Finden Sie eine Möglichkeit, die Karte mit einer minimalen Anzahl von Farben einzufärben, wobei zwei Länder, die aneinander grenzen, unterschiedliche Farben haben müssen. In die Ausgabedatei geben Sie aufsteigend die zugewiesenen Farbnummern für Land 1 bis Land n aus. Beispiel:

map.in	colors.out
7 0 1 1 1 0 0 1 1 0 1 1 0 0 0	1 2 3 4 1 2 5

1 1 0 1 1 0 1 1 1 1 0 1 0 1 0 0 1 1 0 1 1 0 0 0 0 1 0 1 1 0 1 1 1 1 0	

Problemanalyse und Entwurf der Lösung

Das Problem löst man optimal mit Hilfe der *Backtracking*-Methode, aber der Algorithmus ist exponentiell. Eine *Greedy*-Methode liefert zwar eine akzeptable Anzahl von Farben, aber nicht immer die minimale Anzahl. Wir färben das erste Land mit 0 und dann sukzessive alle Länder mit der ersten verfügbaren Farbe (es darf keine gleichfarbigen Nachbarländer geben).

Programm

```
#include <fstream>

int main(){
  std::ifstream fin("map.in");
  std::ofstream fout("colors.out");
  int n, i, j, k;
  int a[50][50], col[50];
  bool ok;
  fin>>n;
  for(i=0; i<n; i++)
    for(j=0; j<n; j++)
      fin>>a[i][j];
  col[0]=0;
  for(i=1; i<n; i++){
    j=-1;
    do{
      j++; ok=true;
      for(k=0; ok && k<i; k++)
        if(1==a[k][i] && col[k]==j)
          ok=false;
    }while(!ok);
    col[i]=j;
  }
  for(i=0; i<n; i++)
    fout<<col[i]+1<<" ";
  return 0;
}
```

- col[0] ← 0
- suche schrittweise nach der ersten verfügbaren Farbe für das Land *i* (wenn es ein „kleineres" Nachbarland mit Index *k* und derselben Farbe, also
  1==a[k][i] && col[k]==j, gibt, dann ok ← 0)

Aufgabe

Zeichnen Sie auf dem Papier für das gegebene Beispiel den zugehörigen Graphen und finden Sie eine Färbung mit 4 Farben. Die Knoten des Graphen stellen die Länder dar und zwei Nachbarländer verbindet man mit einer Kante.

Problem 3. Springer auf dem Schachbrett

Schreiben Sie ein Programm, das für einen Springer auf einem $m \times n$-Schachbrett ($4 \leq m$, $n \leq 100$) einen Weg findet, auf dem er alle Felder genau einmal betritt. *Eingabe:* In der Datei *springer.in* finden sich in der ersten Zeile die Größenangaben m, n und in der zweiten Zeile die Startkoordinaten *(row, column)* des Springers. *Ausgabe:* Schreiben Sie in die Datei *springer.out* den gefundenen Weg, wobei das Schachbrett als Matrix dargestellt wird, die Startposition mit 1 markiert ist und die Züge ab 1 hochgezählt werden. Wenn es keine Lösung gibt, dann geben Sie „*Keine Loesung!*" aus. Beispiel:

springer.in	springer.out				
5 5	19	12	7	2	21
2 2	6	**1**	20	17	8
	11	18	13	22	3
	14	5	24	9	16
	25	10	15	4	23
5 5	Keine Loesung!				
2 3					

Problemanalyse und Entwurf der Lösung

Wir wenden die Warnsdorff-Regel an, um den Algorithmus aufzubauen. H.C. Warnsdorff hat 1823 eine Regel erarbeitet, die die Aufgabe sehr schnell löst und meist zu einer Lösung führt. Bevor man mit dem Springer zu einem von mehreren möglichen Feldern springt, untersucht man für jedes Folgefeld, wie viele Folgefelder dafür existieren. Damit sollen Sackgassen vermieden werden, denn man wählt das bzw. ein Folgefeld, das die geringste Anzahl von neuen Zugmöglichkeiten aufweist. Die Erklärung ist, dass ein Nachfolgefeld mit der kleinsten Anzahl von weiteren möglichen Zügen am besten geeignet ist. Denn wenn man es nicht beim nächsten Zug betritt, hat es schlechtere Chancen zukünftig betreten zu werden, weil es ja nur von seinen wenigen Nachfolgefeldern auf einem anderen Weg erreicht werden könnte.

Das Schachbrett wird in einer Matrix $a[][]$ gespeichert. Die acht relativen Sprungkoordinaten des Springers werden zusammengenommen von den Arrays $dx[]$ und $dy[]$ definiert (siehe Programm). Wenn wir uns im Feld (x, y) befinden, dann sind die neuen acht Möglichkeiten $x+dx[i]$, $y+dy[i]$ mit $i=0,...,7$. Die Methode *nrAllowedSteps()* liefert die Anzahl der Schritte zurück, die von einer gegebenen Stelle (x, y) aus zugelassen sind (auf dem Brett und noch unberührt). Den besten Nachfolger für ein gegebenes Feld findet die Methode *findBestSucc()*: alle möglichen Folgefelder werden geprüft und ein bzw. das Feld mit der minimalen Anzahl von weiteren Zügen wird zurückgegeben. Die Methode liefert *true*, wenn es mindestens einen Nachfolger gibt und *false*, falls es keinen Nachfolger gibt. Falls es einen Nachfolger gibt, so ist der beste Nachfolger (mit minimaler Anzahl von weiteren Zügen) durch seine Koordinaten x und y gegeben. Im Hauptprogramm werden wir in einer *while*-Schleife die Zugfolge des Springers bestimmen, indem wir die Methode *findBestSucc()* aufrufen. Die Variable *ctr* zählt die Züge des Springers.

Programm

```
#include <fstream>
#include <iostream>

const short dx[8]    = {-2, -2, -1, -1, 1, 1, 2, 2};
const short dy[8]    = {-1, 1, -2, 2, -2, 2, -1, 1};
const short DIM_MAX = 100;

bool onTheTable(int x, int y, int m, int n){
  return
      (0<=x && x<m) &&
      (0<=y && y<n);
}

short nrAllowedSteps(short a[][DIM_MAX], int m, int n,
                     short x, short y)
{
  int nr=0;
  short xn, yn;
  for(int i=0; i<8; i++){
    xn=x+dx[i]; yn=y+dy[i];
    if(onTheTable(xn, yn, m, n)&&!a[xn][yn])nr++;
  }
  return nr;
}

bool findBestSucc(short a[][DIM_MAX], int m, int n,
                  short& x, short& y)
{
  int aux=INT_MAX;
  short xn, yn, xx, yy;
  for(short i=0; i<8; i++){
    xn=x+dx[i]; yn=y+dy[i];
    if(onTheTable(xn, yn, m, n) &&
```

```cpp
        nrAllowedSteps(a,m, n, xn, yn)<aux && !a[xn][yn]){
        aux=nrAllowedSteps(a, m, n, xn, yn);
        xx=xn; yy=yn;
      }
    }
    if(aux<INT_MAX){
      x=xx; y=yy;
      return true;
    }
    return false;
}

int main(){
  short i, j, l=3, c=3, m=4, n=4;
  short a[DIM_MAX][DIM_MAX];
  std::ifstream in("springer.in");
  std::ofstream out("springer.out");
  in>>m>>n>>l>>c; l--; c--;
  for(i=0; i<m; i++)
    for(j=0; j<n; j++)
      a[i][j]=0;
  bool flag=true;
  a[l][c]=1;
  short ctr=1;
  while(flag){
    if(findBestSucc(a, m, n, l, c))
      a[l][c]=++ctr;
    else flag=false;
  }
  if(ctr==m*n){
    for(int i=0; i<m; i++){
      out << std::endl;
      for(int j=0; j<n; j++){
        out.width(4);
        out << a[i][j] <<" ";
      }
    }
  } else {
    out<<"Keine Loesung!";
  }
  return 0;
}
```

Aufgabe

Schreiben Sie eine rekursive Methode für dieses Problem.

Problem 4. Huffman-Kodierung

Wir wollen einen 262 Buchstaben langen Text in kompakter Form speichern. Der Text beinhaltet die sechs unterschiedlichen Zeichen *p, q, r, x, y,* und *z,* wobei *p* 100 mal, *q* 17 mal, *r* zweimal, *x* 58 mal, *y* 80 mal und *z* fünfmal vorkommen.

Üblich ist, Informationen im Computer mit den Bits 0 und 1 zu repräsentieren. Wir suchen für den gegebenen Text eine Darstellung im Binärcode, die jedem Zeichen eine eindeutige Bitsequenz zuweist. Wenn wir einen *Code mit fester Länge* wählen würden, wären mindestens drei Bits für jeden der sechs Buchstaben nötig. Beispiel: *p*=000, *q*=001, *r*=010, *x*=011, *y*=100, *z*=101. Insgesamt belegt der Text 262 · 3 = 786 Bits Platz.

Eine Alternative ist ein *Code mit beliebiger Länge*, mit dem man deutlich Speicherplatz einsparen kann, weil die sehr oft auftauchenden Zeichen möglichst kurz in binärer Form dargestellt werden. Beispiel für unseren Text: *p*=0, *q*=1101, *r*=11000, *x*=111, *y*=10, *z*=11001. Die Gesamtanzahl der Bits lautet dafür: 100·1 + 17·4 + 2·5 + 58·3 + 80·2 + 5·5 = 537. Das sind 68,3 Prozent von 786, anders gesagt haben wir gegenüber des Codes mit fester Länge 31,7 Prozent Platz gespart.

Code mit fester und beliebiger Länge für einen Text mit 262 Zeichen
Die Buchstaben *p, q, r, x, y, z* mit ihren Häufigkeiten

	p	*q*	*r*	*x*	*y*	*z*	Bits gesamt
Häufigkeit	100	17	2	58	80	5	-
Feste Länge	000	001	010	011	100	101	**786**
Variable Länge	0	1101	11000	111	10	11001	**537**

Der Code mit beliebiger Länge aus dem Beispiel ist gültig, weil keine binäre Kodierung eines Buchstabens Präfix der anderen Kodierungen ist. So einen Code nennt man Präfixcode, er vereinfacht sowohl die Kodierung (Kompaktierung) als auch die Dekodierung. Das Binärwort 1011000110010111 wird beispielsweise eindeutig zu *yrzpx* dekodiert.

David Albert Huffman (1925-1999) hat 1952 (in *Proceedings of the I.R.E.*, S. 1098-1102) einen Präfixcode vorgestellt. Huffman verwendet einen Binärbaum, dessen Blätter die gegebenen Zeichen symbolisieren. Die Kodierung für ein Zeichen findet man, indem man den Baum von der Wurzel bis zum Blatt durchläuft und eine 0 aufschreibt, wenn man im Baum nach links geht, und eine 1, wenn man nach rechts geht. Huffman-

Bäume sind vollständig (jeder Knoten hat keinen oder zwei Teilbäume) aber weil die Blätter unsortiert sind und die inneren Knoten keine Schlüssel für die Zeichen enthalten, sind sie keine Suchbäume.

Wenn wir Zeichenmenge mit C bezeichnen, hat der Baum $|C|$ Blätter (eines für jeden Buchstaben) und $|C|-1$ Innenknoten. Wenn $f(c)$ die Häufigkeit des Buchstaben c ist und $h(c)$ seine Tiefe im Baum (die Anzahl der Bits seiner Kodierung), dann braucht man für den Text $\sum_{c \in C} f(c) \cdot h(c)$ Bits und diese Zahl bezeichnet man als das Gewicht des Baumes.

Der von Huffmann ersonnene Algorithmus ist einen *Greedy* Algorithmus: Man fängt mit einer Menge von $|C|$ Blattknoten an und führt schrittweise $|C|-1$ Verschmelzungsoperationen aus um schließlich einen Binärbaum zu erhalten. In jedem Schritt sucht man zwei Bäume A_1 und A_2 mit minimalem Gewicht aus, die zu einem neuen Baum verschmolzen werden, der A_1 und A_2 als Unterbäume hat und dessen Gewicht die Summe der Gewichte von A_1 und A_2 ist.

Schreiben Sie ein Programm, das eine Huffman-Kodierung aufbaut, wenn die Buchstaben eines Textes und ihre Häufigkeit darin gegeben sind. *Eingabe*: In der Datei *huffman.in* steht in jeder Zeile ein Paar (Buchstabe, Häufigkeit). Die Buchstaben sind Zeichen des lateinischen Alphabets, die Häufigkeiten sind natürliche Zahlen zwischen 1 und 1000. *Ausgabe*: Geben Sie die Kodierung jedes Buchstabens in die Datei *huffman.out*, wie im Beispiel:

huffman.in	huffman.out
p 100	p 0
q 17	y 10
r 2	r 11000
x 58	z 11001
y 80	q 1101
z 5	x 111

Problemanalyse und Entwurf der Lösung

Wir zeigen, wie der Huffman-Algorithmus schrittweise arbeitet. Anfangs haben wir die sechs Blattknoten:

r:2   z:5   q:17   x:58   y:80   p:100

Wir vereinigen die beiden Bäume mit minimalem Gewicht und kommen zu:

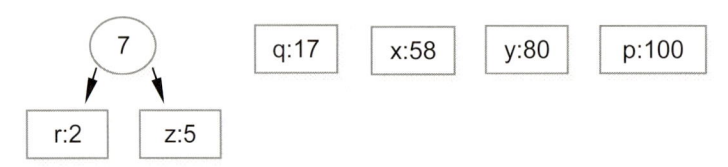

```
        (7)          q:17    x:58    y:80    p:100
       /   \
     r:2   z:5
```

Jetzt verschmelzen wir die Bäume mit den Gewichten 7 und 17:

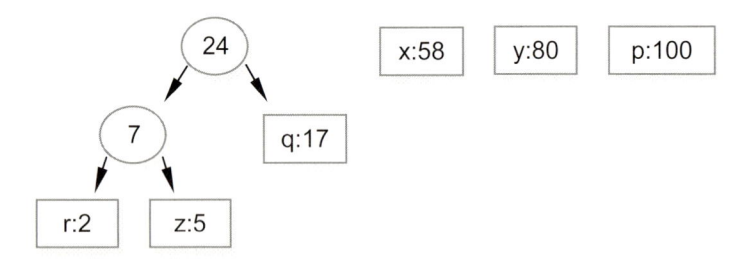

```
          (24)           x:58    y:80    p:100
         /    \
       (7)    q:17
      /   \
    r:2   z:5
```

Nun die Bäume mit den Gewichten 24 und 58:

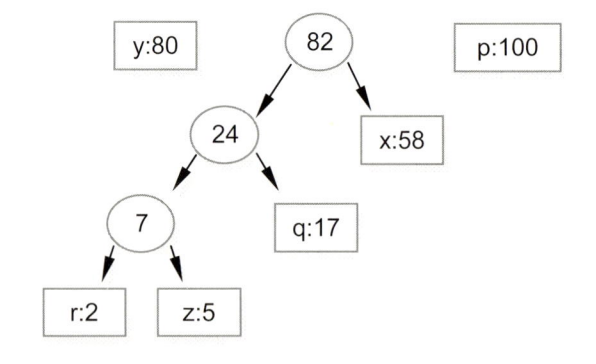

```
    y:80       (82)       p:100
              /    \
           (24)    x:58
          /    \
        (7)    q:17
       /   \
     r:2   z:5
```

Die Bäume mit den Gewichten 100 und 162:

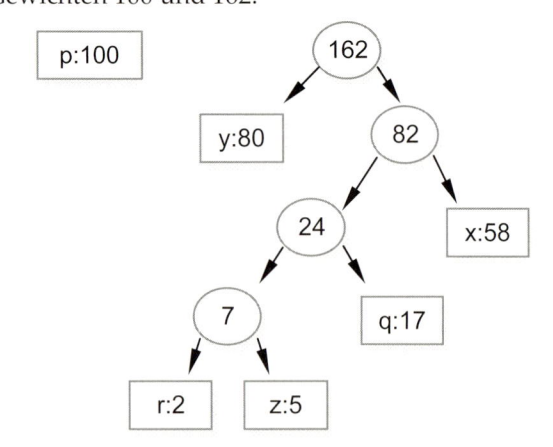

```
    p:100            (162)
                    /     \
                 y:80     (82)
                         /    \
                      (24)    x:58
                     /    \
                   (7)    q:17
                  /   \
                r:2   z:5
```

Und nach dem letzten Verschmelzen steht der Baum fest, in dem wir gleich die Kanten mit 0 und 1 markieren.

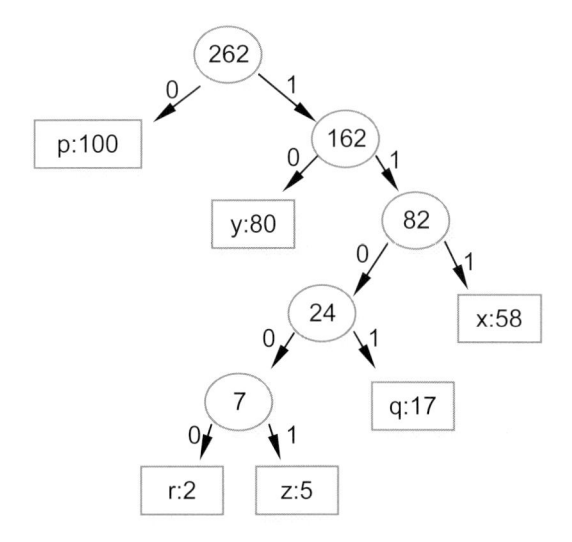

```
                    262
                0 /     \ 1
            p:100      162
                    0 /     \ 1
                   y:80      82
                          0 /    \ 1
                          24     x:58
                       0 /  \ 1
                        7    q:17
                     0 / \ 1
                    r:2   z:5
```

Aus diesem vollständigen Binärbaum können wir die Huffman-Kodierung jedes Zeichens ableiten, wenn wir die Markierungen von der Wurzel bis zum jeweiligen Blatt ablesen.

Der Algorithmus in Pseudocode:

ALGORITHM_HUFFMAN(C)
$M \leftarrow$ UrsprünglicheBlattbäume(C)
While (M mehr als ein Baum hat) **Do**
  $A_1, A_2 \leftarrow$ MinimaleBäume(M),
  M.remove (A_1, A_2)
  $A \leftarrow$ VerschmolzeneBaum(A_1, A_2)
  M.add(A)
End_While
return Kodierungen(M)
END_ ALGORITHM_HUFFMAN(C)

Die Komplexität des Algorithmus ist $O(n \log n)$ aufgrund der Suchoperation nach den minimalen Bäumen. Der Huffmann-Algorithmus führt zu einer optimalen Kodierung, weil die Teilprobleme eine optimale Struktur aufweisen. Beweise dafür findet man z. B. in [Cor04] und [Knu97].

Wir schreiben die Klasse *Node*. Ein Objekt dieser Klasse enthält Informationen über einen Binärbaum, und zwar sein Gewicht, Referenzen zu den beiden Teilbäumen, und, wenn es sich um ein Blatt handelt, das entsprechende Zeichen. Wir bewahren die Bäume in einer sortierten Struktur *s* vom Typ *std::multimap* auf, wobei die Schlüssel die Gewichte darstellen (die Gewichte zweier Bäume können auch gleich sein). Die natürliche Ordnung innerhalb dieser Struktur wird durch den Operator ‚<' der Klasse *Node* bestimmt, deswegen wird er implementiert. In jedem Schritt verschmelzen wir die beiden ersten Bäume der *multimap s*. Im Programm machen wir das allerdings so, dass wir aus den beiden Bäumen mit minimalem Gewicht zuerst einen neuen Baum konstruieren (Konstruktor *Node(Node* pLeftChild, Node* pRightChild)*), und sie dann aus der *multimap s* löschen.

Programm

```
#include <map>
#include <vector>
#include <fstream>

class Node{
  unsigned int _cost;
  char _ch;
  Node *_nLeft, *_nRight;
public:
  Node(unsigned cost, char ch)
    :_cost(cost),_ch(ch),_nLeft(NULL),_nRight(NULL){}
  Node(Node* pLeftChild,Node* pRightChild)
    :_cost(pLeftChild->_cost+pRightChild->_cost)
    ,_ch(0),_nLeft(pLeftChild),_nRight(pRightChild){}
  ~Node(){};
  inline unsigned int getCost()const {return _cost;}

  inline bool operator <(const Node &other) const{
    return _cost < other._cost;
  }
  void writeCosts(std::ofstream& out,
              std::vector<bool> &rPathPrefix);
};

void Node::writeCosts(std::ofstream& out,
              std::vector<bool> &rPathPrefix){
  if(_nLeft==NULL || _nRight==NULL ) {         //nod frunză
    out << _ch <<"\t";
    for(std::vector<bool>::const_iterator it=rPathPrefix.begin()
        ;it!=rPathPrefix.end();it++) {
      out << (*it ? 1:0);
    }
```

```cpp
    out<<std::endl;
  }
  else {                                           //nod interior
    rPathPrefix.push_back(false);
    _nLeft->writeCosts(out,rPathPrefix);
    rPathPrefix[rPathPrefix.size()-1] = true;
    _nRight->writeCosts(out, rPathPrefix);
    rPathPrefix.pop_back();
  }
}

int main(){
  std::ifstream in("huffman.in");

  unsigned cost; char ch;
  std::multimap<int, Node*> s;
  while(in && !in.eof() && in>>ch>>cost){
    s.insert(std::pair<int, Node*>(cost, new Node(cost, ch)));
  }

  if(s.empty()) {
    return 0;
  }

  while(s.size()>1){
    std::multimap<int, Node*>::iterator it = s.begin();
    Node *pFirstNode = it->second;
    s.erase(it);
    it = s.begin();
    Node *pSecondNode = it->second;
    s.erase(it);
    Node *pNewNode = new Node(pFirstNode, pSecondNode);
    s.insert(std::pair<int,Node*>(pNewNode->getCost(), pNewNode));
  }

  s.begin()->second->writeCosts(std::ofstream("huffman.out"),
                                std::vector<bool>());

  return 0;
}
```

Aufgaben

1. Zeichnen Sie die Huffman-Bäume für die Kodierungen der Wörter *BANANA*, *ABRACADABRA* und *MISSISSIPPI*.
2. Beweisen Sie, dass der Huffman-Algorithmus zu einer optimalen Kodierung führt.

3. Erweitern Sie das Programm so, dass es auch ausgibt, wie viel Platz in Prozent die Huffman-Kodierung gegenüber einer Kodierung mit fester Länge spart.
4. Modifizieren Sie das Programm so, dass es einen Text verarbeiten kann, der in der Eingabedatei angegeben ist.
5. Beweisen Sie, dass ein vollständiger Binärbaum mit n inneren Knoten $n+1$ Blätter hat.

Schloss Höhenried

Rekursion

Vollständige Induktion

Man muss oft in der Mathematik Aussagen nicht nur für endliche Mengen beweisen, sondern für unendliche. Die natürlichen Zahlen ℕ bilden eine unendliche Menge. Um eine Aussage über ℕ zu beweisen, kann man sie nicht nacheinander für alle natürlichen Zahlen beweisen, weil der Prozess kein Ende hätte.

Wir werden nun die Menge ℕ der natürlichen Zahlen axiomatisch mit den 5 Sätzen des italienischen Mathematikers Giuseppe Peano beschreiben (Peanosche Axiome):

Giuseppe Peano
(1858-1932)

P I: 0 ist eine natürliche Zahl.
P II: Jede natürliche Zahl *n* hat genau einen Nachfolger, der ebenfalls eine natürliche Zahl ist.
P III: 0 ist Nachfolger keiner natürlichen Zahl
P IV: Zwei verschiedene natürliche Zahlen haben verschiedene Nachfolger
P V: (Induktionsaxiom): Eine Menge X enthält alle natürlichen Zahlen, wenn sie die Zahl 0 und mit jeder natürlichen Zahl auch stets deren Nachfolger enthält.

Das Induktionsaxiom ist die Basis für das mathematische Beweisverfahren der vollständigen Induktion. Die vollständige Induktion („Schluss von *n* auf *n*+1") verwendet man normalerweise, um Aussagen für natürliche Zahlen zu beweisen. Sie kann aber auch für andere Fälle eingesetzt werden.

Die Schritte der vollständigen Induktion:

Induktionsanfang IA (Schritt 1): Zuerst zeigt man, dass die Aussage für den Basisfall (z. B. für $n=0$ oder $n=1$) wahr ist.

Induktionsvoraussetzung IV (Schritt 2): Man geht davon aus, dass die Aussage $A(n)$ für eine natürliche Zahl n aus $\mathbb{N}$ wahr ist.

Induktionsschluss IS (Schritt 3): Nun muss man zeigen, dass auch $A(n+1)$ gültig ist, wenn $A(n)$ wahr ist. Anders gesagt muss man zeigen, dass eine Aussage, die für n gilt, auch für dessen Nachfolger gilt.

Nun weiß man, dass

$A(0)$ wahr ist (Schritt 1) und die Folgerung „wenn $A(n)$, dann $A(n+1)$" wahr ist (Schritt 3).

Wir erkennen, dass eine Aussage somit für alle natürlichen Zahlen gilt. Wir haben sie für die 0 bewiesen und aufgrund der Folgerung ist die Aussage auch für die 1 zutreffend, für die 2 auch, usw.

Zu beachten:

- Auch wenn man nicht den Induktionsanfang verifiziert hat, kann der Induktionsschluss erfolgreich sein. Aber dann hat man die Aussage nicht für den Basisfall nachgewiesen. Induktionsanfang und –schluss müssen bewiesen werden.
- Der Basisfall muss nicht $n=0$ sein. Es gibt Aussagen, die erst für Zahlen größer 0 zutreffend sind. Dafür muss der Induktionsanfang (Basisfall) bei der kleinstmöglichen Zahl erfolgen. Es kann auch mehrere Basisfälle geben.
- n ist nur eine Variable, die natürlich anders heißen kann. Bei Aussagen mit mehreren Variablen muss man sich überlegen, welche Variable für die vollständige Induktion verwendet wird.

<u>Problem 1.</u> *Summenformel.* Zeigen Sie, dass $\sum_{k=1}^{n} \frac{1}{k(k+1)} = \frac{n}{n+1}$ für alle $n \geq 1$. (1)

Direkter Beweis. Diese Formel könnte man auch direkt beweisen, indem man die Summe expandiert:

13 Rekursion

$$\sum_{k=1}^{n}\frac{1}{k(k+1)} = \sum_{k=1}^{n}\left(\frac{1}{k} - \frac{1}{k+1}\right) = \frac{1}{1} - \frac{1}{2} + \frac{1}{2} - \frac{1}{3} + \ldots + \frac{1}{n} - \frac{1}{n+1} = 1 - \frac{1}{n+1} = \frac{n}{n+1}.$$ ❏

Beweis durch vollständige Induktion. Wir bezeichnen mit $A(n)$ die Aussage $\sum_{k=1}^{n}\frac{1}{k(k+1)} = \frac{n}{n+1}$ und müssen beweisen, dass sie wahr ist für alle $n \geq 1$.

Induktionsanfang (IA): $A(1)$ ist wahr: $\frac{1}{1 \cdot 2} = \frac{1}{2}$.

Induktionsvoraussetzung (IV): $A(n)$: $\sum_{k=1}^{n}\frac{1}{k(k+1)} = \frac{n}{n+1}$ ist wahr.

Induktionsschluss (IS): Wir müssen zeigen, dass $A(n+1)$ auch wahr ist.

Die Aussage $A(n+1)$ lautet: $\sum_{k=1}^{n+1}\frac{1}{k(k+1)} = \frac{n+1}{n+2}$. Wir berechnen jetzt den linken Teil der Gleichung:

$$\sum_{k=1}^{n+1}\frac{1}{k(k+1)} = \frac{1}{(n+1)(n+2)} + \sum_{k=1}^{n}\frac{1}{k(k+1)} = \frac{1}{(n+1)(n+2)} + \frac{n}{n+1} =$$

$$= \frac{1 + 2n + n^2}{(n+1)(n+2)} = \frac{(n+1)^2}{(n+1)(n+2)} = \frac{n+1}{n+2}.$$

Gemäß dem Prinzip der vollständigen Induktion folgt, dass die Aussage $A(n)$ für alle natürlichen Zahlen n mit $n \geq 1$ wahr ist. ❏

<u>Problem 2.</u> *Teilbarkeit durch eine Primzahl.* Beweisen Sie, dass die Aussage „Ist p eine Primzahl und n eine natürliche Zahl, so ist $n^p - n$ durch p teilbar" wahr ist.

Beweis durch vollständige Induktion: Wir bezeichnen die Aussage mit $A(n)$.

Induktionsanfang (IA): $A(0)$ und $A(1)$ sind wahr: $n^p - n = 0$ und 0 ist durch p teilbar.

Induktionsvoraussetzung (IV): $A(n)$: „$n^p - n$ durch p teilbar" ist wahr.

Induktionsschluss (IS): Wir müssen zeigen, dass auch *A(n+1)* wahr ist.

Mit Hilfe des Binomischen Lehrsatzes schreiben wir $(n+1)^p - (n+1)$ in der folgenden Form:

$$(n+1)^p - (n+1) = (n^p + \binom{p}{1}n^{p-1} + \binom{p}{2}n^{p-2} + \ldots + \binom{p}{p-1}n + 1) - (n+1) =$$

$$= (n^p - n) + \binom{p}{1}n^{p-1} + \binom{p}{2}n^{p-2} + \ldots + \binom{p}{p-1}n. \tag{2}$$

Weil *p* prim ist, folgt, dass die Zahlen $\binom{p}{1}, \binom{p}{2}, \ldots, \binom{p}{p-1}$ durch *p* teilbar sind. Aus der Induktionsvoraussetzung wissen wir, dass auch $n^p - n$ durch *p* teilbar ist. Somit sind alle Summanden des letzten Teils der Formel (2) durch *p* teilbar, und *A(n+1)* ist wahr.

Gemäß dem Prinzip der vollständigen Induktion folgt, dass die Aussage *A(n)* für alle natürlichen Zahlen wahr ist. ☐

<u>Problem 3.</u> *Die Cauchy-Schwarz-Ungleichung (Schwarzsche Ungleichung).* Wir stellen hier eine nützliche Ungleichung vor, die in vielen Bereichen der Mathematik verwendet wird: Lineare Algebra (Vektoren), Analysis (unendliche Reihen), Wahrscheinlichkeitstheorie, Integration von Produkten. Wenn $a_1, a_2, \ldots, a_n, b_1, b_2, \ldots, b_n$ reelle Zahlen sind, dann gilt für jede natürliche Zahl $n \geq 1$:

$$(a_1^2 + a_2^2 + \ldots + a_n^2)(b_1^2 + b_2^2 + \ldots + b_n^2) \geq (a_1b_1 + a_2b_2 + \ldots + a_nb_n)^2. \tag{3}$$

Direkter Beweis. Zuerst werden wir einen sehr schönen Beweis liefern, der mit Hilfe einer Gleichung zweiten Grades erfolgt. Wir betrachten die folgende Gleichung mit der Unbekannten *x*:

$$(a_1x + b_1)^2 + (a_2x + b_2)^2 + \ldots + (a_nx + b_n)^2 = 0 \tag{4}$$

Die Gleichung (4) hat maximal eine Wurzel (der Teil links vom Gleichheitszeichen ist immer größer oder gleich 0 für alle reellen Zahlen *x*) und könnte in folgender äquivalenten Form geschrieben werden:

$$(a_1^2 + a_2^2 + \ldots + a_n^2)x^2 + 2(a_1b_1 + a_2b_2 + \ldots + a_nb_n)x + (b_1^2 + b_2^2 + \ldots + b_n^2) = 0. \quad (5)$$

Weil diese quadratische Gleichung maximal eine Wurzel hat, ist ihre Diskriminante D kleiner oder gleich 0:

$$D = 4(a_1b_1 + a_2b_2 + \ldots + a_nb_n)^2 - 4(a_1^2 + a_2^2 + \ldots + a_n^2)(b_1^2 + b_2^2 + \ldots + b_n^2) \leq 0 \quad (6)$$

und (6) ist äquivalent zu (3). ◻

Beweis durch vollständige Induktion. Wir bezeichnen (3) mit $A(n)$.

Induktionsanfang (IA): $A(1)$ ist wahr: $a_1^2 b_1^2 \geq (a_1 b_1)^2 = a_1^2 b_1^2$ für alle $a_1, b_1 \in \mathbb{R}$.

Induktionsvoraussetzung (IV): $A(n)$ ist wahr.

Induktionsschluss (IS): Wir müssen zeigen, dass $A(n+1)$ auch wahr ist.

$A(n+1)$: $(a_1^2 + a_2^2 + \ldots + a_{n+1}^2)(b_1^2 + b_2^2 + \ldots + b_{n+1}^2) \geq (a_1 b_1 + a_2 b_2 + \ldots + a_{n+1} b_{n+1})^2$

$$\Leftrightarrow \begin{cases} (a_1^2 + a_2^2 + \ldots + a_n^2)(b_1^2 + b_2^2 + \ldots + b_n^2) + a_{n+1}^2(b_1^2 + b_2^2 + \ldots + b_n^2) + \\ + b_{n+1}^2(a_1^2 + a_2^2 + \ldots + a_n^2) + a_{n+1}^2 b_{n+1}^2 \geq (a_1 b_1 + a_2 b_2 + \ldots + a_{n+1} b_{n+1})^2 \end{cases} \quad (7)$$

Aus der *Induktionsvoraussetzung* folgt:

$$\sqrt{a_1^2 + a_2^2 + \ldots + a_n^2} \cdot \sqrt{b_1^2 + b_2^2 + \ldots + b_n^2} \geq a_1 b_1 + \ldots + a_n b_n$$

$$\Rightarrow 2a_{n+1} b_{n+1}(a_1 b_1 + \ldots + a_n b_n) \leq 2a_{n+1} b_{n+1} \sqrt{a_1^2 + a_2^2 + \ldots + a_n^2} \cdot \sqrt{b_1^2 + b_2^2 + \ldots + b_n^2} \leq$$

$a_{n+1}^2(b_1^2 + \ldots + b_n^2) + b_{n+1}^2(a_1^2 + \ldots + a_n^2)$ (8) Letztere Ungleichung gilt wegen $2xy \leq x^2 + y^2$ für alle $x, y \in \mathbb{R}$

$(\Leftrightarrow (x-y)^2 \geq 0)$

Wir haben also
$(a_1^2 + a_2^2 + \ldots + a_n^2)(b_1^2 + b_2^2 + \ldots + b_n^2) \geq (a_1 b_1 + a_2 b_2 + \ldots + a_n b_n)^2$
$a_{n+1}^2(b_1^2 + \ldots + b_n^2) + b_{n+1}^2(a_1^2 + \ldots + a_n^2) \geq 2a_{n+1} b_{n+1}(a_1 b_1 + \ldots + a_n b_n)$
$a_{n+1}^2 b_{n+1}^2 = a_{n+1}^2 b_{n+1}^2$

Wenn wir diese drei Relationen addieren, erhalten wir:

$$(a_1^2 + a_2^2 + ... + a_n^2 + a_{n+1}^2)(b_1^2 + b_2^2 + ... + b_n^2 + b_{n+1}^2) \geq (a_1 b_1 + a_2 b_2 + ... + a_n b_n + a_{n+1} b_{n+1})^2,$$

und das ist $A(n+1)$.
Gemäß dem Prinzip der vollständigen Induktion folgt, dass die Aussage $A(n)$ für alle natürlichen Zahlen $n \geq 1$ wahr ist. ❑

Aufgaben

1. Beweisen Sie die folgenden Aussagen durch vollständige Induktion und schreiben Sie passende Programme, die allgemein die Resultate prüfen:

    a) $\displaystyle\sum_{k=1}^{n} \frac{k}{(2k-1)(2k+1)(2k+3)} = \frac{n(n+1)}{2(2n+1)(2n+3)}$ für alle $n \geq 1$.

    b) $\displaystyle\sum_{k=1}^{n} \frac{k^4}{(2k-1)(2k+1)} = \frac{n(n+1)(n^2+n+1)}{6(2n+1)}$ für alle $n \geq 1$.

2. Finden Sie die allgemeinen Formeln für die beiden Ausdrücke und beweisen Sie sie:

    a) $\displaystyle S_n = 1 \cdot 1! + 2 \cdot 2! + ... + n \cdot n! = \sum_{k=1}^{n} k \cdot k!$ für alle $n \geq 1$.

    b) $\displaystyle P_n = \left(1 - \frac{1}{4}\right) \cdot ... \cdot \left(1 - \frac{1}{n^2}\right) = \prod_{k=2}^{n}\left(1 - \frac{1}{k^2}\right)$ für alle $n \geq 2$.

3. Sei x eine reelle Zahl und $x \neq \pm 1$. Beweisen Sie für alle $n \in \mathbb{N}$:

    $$\frac{1}{1+x} + \frac{2}{1+x^2} + ... + \frac{2^n}{1+x^{2^n}} = \frac{1}{x-1} + \frac{2^{n+1}}{1-x^{2^{n+1}}}.$$

4. Zeigen Sie, dass für jede natürliche Zahl $n \geq 1$ und alle $\alpha \in \mathbb{R}$ gilt:

    a) $\displaystyle \cos\alpha \cdot \cos 2\alpha \cdot ... \cdot \cos 2^n \alpha = \frac{\sin 2^{n+1}\alpha}{2^{n+1}\sin\alpha}$

    b) $\displaystyle \sin\alpha + \sin 2\alpha + ... + \sin n\alpha = \frac{\sin\frac{n+1}{2}\alpha}{\sin\frac{\alpha}{2}} \sin\frac{n\alpha}{2}$.

5. *Bernoullische Ungleichung.* Beweisen Sie, dass für ein reelles x mit $x > -1$ und $n \in \mathbb{N}$ gilt: $1 + nx \leq (1+x)^n$.
6. Beweisen Sie, dass für alle natürlichen Zahlen $n \geq 1$ die Aussagen gelten:
   a) $11^{n+2} + 12^{2n+1}$ ist durch 133 teilbar;
   b) $4^n + 15n - 1$ ist durch 9 teilbar;
   c) $3 \cdot 5^{2n+1} + 2^{3n+1}$ ist durch 17 teilbar;
   d) $2^{7n+3} + 3^{2n+1} \cdot 5^{4n+1}$ ist teilbar durch 23.
7. Die Fibonacci-Folge ist wie folgt für alle $n \geq 2$ definiert: $F(0) = 0$, $F(1) = 1$, $F(n) = F(n-1) + F(n-2)$. Zeigen Sie:
   a) $F(n+m) = F(m+1) \cdot F(n) + F(m) \cdot F(n-1)$ für alle $m, n \in \mathbb{N}\setminus\{0\}$.
   b) $F(n \cdot k)$ ist teilbar durch $F(n)$ für alle $n, k \in \mathbb{N}\setminus\{0\}$.
   c) Für alle $n, k \in \mathbb{N}\setminus\{0\}$ gelten: $F(kn-1) \equiv F^k(n-1) \,(\bmod\, F^2(n))$ und $F(kn-2) \equiv (-1)^{k+1} F^k(n-2) \,(\bmod\, F^2(n))$.
   d) $F(n \cdot F(n))$ ist durch $F^2(n)$ für alle $n \in \mathbb{N}\setminus\{0\}$ teilbar.
   e) $F(n \cdot F^m(n))$ ist für alle $m \in \mathbb{N}$ und $n \in \mathbb{N}\setminus\{0\}$ durch $F^{m+1}(n)$ teilbar.

Rekursion: Grundlagen

Der Begriff Rekursion (aus dem lateinischen *recurrere* = zurücklaufen) deutet an, dass etwas „mit Bezug auf sich selbst" verwendet wird. Rekursion ist für die Informatik das, was die vollständige Induktion für die Mathematik ist. Wir nennen eine Struktur rekursiv, wenn Bestandteile der Struktur denselben Aufbau besitzen wie die ganze Struktur, z. B. sind Bäume und Listen rekursive Datenstrukturen. Ein Algorithmus ist dann rekursiv, wenn in seinem Inneren Teilprobleme dadurch gelöst werden, dass der Algorithmus selbst wieder aufgerufen wird. Das bekannte Problem der „Türme von Hanoi" lässt sich rekursiv sehr elegant formulieren. Iterative Algorithmen kann man in rekursive Algorithmen umwandeln (für eine Schleife erzeugt man eine rekursive Methode) und umgekehrt (man verwendet einen Kellerspeicher-*Stack*).

Um eine rekursive Methode zu entwerfen, ist es ausreichend zu bestimmen, was die Methode für einen bestimmten Wert erledigen soll, denn alle anderen Werte verarbeitet sie genauso. Sehr wichtig ist die *Abbruchbedingung* (wir müssen sicher sein, dass der Algorithmus endet!), d.h. wir brauchen eine Bedingung, die dafür sorgt, dass die Methode nicht mehr aufgerufen wird. Ohne Abbruchbedingung geraten wir in eine so genannte *Endlosschleife*.

Es gibt mehrere Arten von Rekursionen, die man beispielsweise nach der erwarteten Anzahl rekursiver Aufrufe abhängig von der Größe der Kontrollvariablen klassifizieren kann:
- *lineare Rekursion:* jeder Aufruf der rekursiven Funktion löst *höchstens einen weiteren Aufruf* aus, die Anzahl rekursiver Aufrufe hängt linear von der Größe der Kontrollvariablen ab. Beispiele: Fakultätsfunktion, Quersummen-Funktion, Transformation einer Zahl in ein anderes Zahlensystem.
- *verzweigte Rekursion („fat recursion"):* jeder Aufruf der rekursiven Funktion löst unmittelbar zwei oder mehr weitere Aufrufe aus. In diesem Fall müssen wir sehr vorsichtig sein, dass wir nicht denselben Wert mehrere Male berechnen, denn sonst würde die Laufzeit gewaltig steigen (Beispiele: Fibonacci-Zahlen, Binomialkoeffizienten). Wir können das nur durch die *Dynamische Programmierung* effizient lösen.
- *verschachtelte Rekursion („compound recursion"):* das Argument für den rekursiven Aufruf ruft selbst wieder die rekursive Methode auf. Dadurch entstehen sehr viele Selbstaufrufe (Beispiele: Ackermann, Manna-Pnueli)
- *offene (nicht monotone) Rekursion:* das Kontrollargument wird *nicht immer* in Richtung der *Abbruchbedingung* verändert (Beispiel: (3n+1)-*Folge* oder Collatzfunktion).

Nach dem Aufruftyp könnte man Rekursionen so einordnen:
- *direkte Rekursion:* eine Methode ruft sich selbst direkt auf
- *indirekte Rekursion*: mindestens zwei Methoden, die einander aufrufen.

Problem 1. Quersumme und Spiegelung einer natürlichen Zahl

Schreiben Sie rekursive Methoden, die die Quersumme und Spiegelung einer natürlichen Zahl n (n>0) ausgeben. Eine Zahl spiegelt man, indem man die Reihenfolge der Ziffern umkehrt. Beispiel:

Tastatur	Bildschirm
n= 34690213776	sumDigits(n)= 48
	reverse(n)= 67731209643

Problemanalyse und Entwurf der Lösung

Wir schreiben die rekursiven Methoden *sumDigits()*, *noDigits()*, *pow()* und *reverse()*, um die Aufgabe zu lösen. Lesen Sie die Erklärungen in den Kästchen für die ersten drei Methoden. Die natürliche Zahl *n* spiegelt man wie folgt:
- man nimmt die letzte Ziffer und fügt rechts von ihr Nullen hinzu. Die Anzahl der Nullen ist die Zahl der Ziffern minus 1 (*(n mod 10)*pow(10,noDigits(n)-1)*),
- dann addiert man die umgekehrte Zahl ohne der letzten Ziffer (*n div 10*):
$$((n\ mod\ 10)*pow(10,noDigits(n)-1)+reverse(n\ div\ 10)).$$

Programm

```
#include <iostream>

unsigned long long sumDigits(unsigned long long n){
   return n==0
          ? n
          : n%10+sumDigits(n/10);
}
```
Die Quersumme einer natürlichen Zahl *n* ist die Summe ihrer letzten Ziffer (*n mod 10*) und der Quersumme der Zahl ohne diese Ziffer (*n **div** 10*).

```
unsigned long long noDigits(unsigned long long n){
   return n==0
          ? 0
          : 1+noDigits(n/10);
}
```
Die Anzahl der Ziffern einer natürlichen Zahl ist *1* plus die Anzahl der Ziffern der Zahl ohne die letzte Ziffer (*n **div** 10*).

```
unsigned long long pow(short b, short exp){
   return exp==0
          ? 1
          : b*pow(b, exp-1);
}
```
$$b^n = \begin{cases} 1, \text{wenn } n=0 \\ b \cdot b^{n-1}, \text{wenn } n>0 \end{cases}$$

```
unsigned long long reverse(unsigned long long n){
   return n==0
          ? 0
          : (n%10)*pow(10, (short)noDigits(n)-1)+reverse(n/10);
}

int main(){
   unsigned long long n;
   std::cout << "n= "; std::cin >> n;
   std::cout << "sumDigits(n)= " << sumDigits(n) << std::endl;
   std::cout << "reverse(n)= " << reverse(n);
   return 0;
}
```

Aufgaben

1. Schreiben Sie für das Beispiel die Schritte des Programms auf ein Blatt Papier.
2. Implementieren Sie auch iterative anstelle der rekursiven Methoden *sumDigits()*, *noDigits()*, *pow()* und *reverse()*.
3. Schlagen Sie die Methode *pow()* aus dem Problem 6. „Kätzchen in Hüten" im Kapitel „Arithmetik und Algebra" nach. Wenden sie die Schnelle Potenzierung auch im obigen Programm an.
4. Erstellen Sie iterative und rekursive Methoden, die die Werte $n! = 1\cdot 2\cdot\ldots\cdot n$ und $S(n) = 1 + 2 + \ldots + n$ berechnen.
5. Entwickeln Sie eine iterative und eine rekursive Methode, die die Summe $S(m, n) = m + (m+1) + \ldots + n$ berechnen (wenn $m>n$ ist, dann geben Sie 0 aus).

Problem 2. Die Zahl 4

Die Zahl *Vier* steht sinnbildlich für die vier Himmelsrichtungen, für die vier Jahreszeiten und für die vier Elemente.

Wir wollen nun beweisen, dass man aus der Zahl vier jede andere natürliche Zahl durch geeignete Operationen erzeugen kann. Die folgenden Operationen sind dafür geeignet:

A) man fügt am Ende die Ziffer 4 hinzu;
B) man fügt am Ende die Ziffer 0 hinzu;
C) man teilt sie durch 2 (wenn die Zahl gerade ist).

Zum Beispiel erhält man 2524, wenn man auf die Zahl 4 die Operationen *CCBCBACA* sukzessive ausführt. Schreiben Sie ein Programm, das für die Zahlen in der Datei *nr4.in* zeigt, wie sie schrittweise aus der Zahl 4 durch Anwendung der obigen Operationen entstehen, und speichern sie die Ergebnisse in *nr4.out*. Beispiel:

nr4.in	nr4.out
2524	4->2->1->10->5->50->504->252->2524
564	4->44->22->224->112->56->564
12	4->2->24->12
3	4->2->24->12->6->3

(inspiriert durch das sowjetische Magazin Kwant, Autor: A.K. Tolpigo)

Problemanalyse und Entwurf der Lösung

Wir werden den Weg zu einer Zahl n finden, indem wir den umgekehrten Weg von n zu 4 bestimmen. Dazu wenden wir auf n die umgekehrten Operationen an:

A') man entfernt die Ziffer 4, wenn sie am Ende steht;
B') man entfernt die Ziffer 0, wenn sie am Ende steht;
C') man multipliziert die Zahl mit 2.

Beweis, dass man von jeder natürlichen Zahl n mit diesen Operationen zu der Zahl 4 gelangen kann. Man könnte n nach der letzten Ziffer klassifizieren und für jede Kategorie den Beweis führen. Es genügt aber auch, wenn man zeigt, dass aus jedem geraden $n \geq 4$ eine kleinere gerade Zahl entstehen kann. Wenn n ungerade ist, dann kann man es durch Multiplikation mit 2 in eine gerade Zahl transformieren. Die letzte Ziffer einer geraden Zahl kann fünf Werte aufweisen:

i) $10k \rightarrow k$;
ii) $10k + 2 \rightarrow 20k + 4 \rightarrow 2k$;
iii) $10k + 4 \rightarrow k \rightarrow 2k$;
iv) $10k + 6 \rightarrow 20k + 10 + 2 \rightarrow 40k + 20 + 4 \rightarrow 4k + 2$;
v) $10k + 8 \rightarrow 20k + 10 + 6 \rightarrow 40k + 30 + 2 \rightarrow 80k + 60 + 4 \rightarrow 8k + 6$. □

Dafür implementieren wir die rekursive Methode *numberFour()*.

Programm

```
#include <fstream>

void numberFour(int n, std::ofstream &out){
  if(n-4){
    switch(n%10){
      case 0:  numberFour(n/10, out); break;
      case 4:  numberFour(n/10, out); break;
      default: numberFour(n*2, out);
    }
    out << "->" << n;
  }
}

int main(){
  int n;
  std::ifstream in("nr4.in");
  std::ofstream out("nr4.out");
  while(in && !in.eof() && in>>n){
```

```
    out << "\n4";
    numberFour(n, out);
  }
  return 0;
}
```

Aufgaben

1. Notieren Sie alle Schritte für die Zahlen aus *nr4.in* auf Papier.
2. Schreiben Sie auch eine iterative Methode dafür.

Problem 3. Rest großer Potenzen

Berechnen Sie den Wert $R = B^P \mod M$, wenn B, P und M natürliche Zahlen sind, mit $0 \leq B, P \leq 200.000.000$ und $0 \leq M \leq 50.000$. *Eingabe:* In der Datei *bigmod.in* befinden sich mehrere Eingabefälle als Tripel, ein Tripel pro Zeile. Ausgabe: In die Ausgabedatei *bigmod.out* schreiben Sie für jedes Tripel (B, P, M) den Wert $R = B^P \mod M$. Beispiel :

bigmod.in	bigmod.out
3 18132 17	13
17 1765 3	2
2374859 3029382 36123	13195

(http://acm.uva.es/p/v3/374.html)

Problemanalyse und Entwurf der Lösung

Satz. Für alle $a, b, c \in \mathbb{N}\setminus\{0\}$, gilt $(a \cdot b) \mod c = ((a \mod c) \cdot (b \mod c)) \mod c$.
Beweis. Gemäß dem Euklid'schen Restsatz bekommen wir sukzessive:

$$\exists R \in \{0,...,c-1\} \text{ so dass } a \cdot b = Q \cdot c + R \rightarrow$$
$$R = (a \cdot b) \% c = a \cdot b - Q \cdot c \tag{1}$$

$$\exists R_1 \in \{0,...,c-1\} \text{ s.d. } a = Q_1 \cdot c + R_1, R_1 = a\%c$$
$$\exists R_2 \in \{0,...,c-1\} \text{ s.d. } b = Q_2 \cdot c + R_2, R_2 = b\%c$$
$$\Rightarrow a \cdot b = Q_3 \cdot c + R_1 \cdot R_2 \Rightarrow$$

$$\Rightarrow (a \cdot b)\%c = (R_1 \cdot R_2)\%c = (a\%c \cdot b\%c)\%c . \square$$

Wir werden eine rekursive Methode *bigMod()* schreiben, die auf diesem Satz basiert:

13 Rekursion

$$BigMod(B, P, M) = \begin{cases} a) \ 1, \text{wenn } P = 0 \\ b) \ 0, \text{ wenn nicht a) gilt und } B = 0 \\ c) \ B\%M, \text{ wenn nicht a) oder b) gilt und } (B = 0 \text{ oder } P = 1) \\ d) \ (BigMod(B, P/2, M)^2)\%M, \text{ wenn nicht a), b) oder c)} \\ \quad \text{gilt und } P \text{ gerade ist} \\ e) \ (BigMod(B, P\text{-}1, M) \cdot (B \% M))\%M, \text{ wenn nicht} \\ \quad a), b), c) \text{ oder d) gilt und } P \text{ ungerade ist} \end{cases}$$

Programm

```
#include <fstream>
using namespace std;

unsigned long int bigMod(long int B, long int P, long int M){
  if(0==P) return 1;
  if(0==B) return 0;
  if(1==B || 1==P) return B%M;
  if(1==M) return 0;
  if(0==P%2){
    unsigned long int aux;
    aux = bigMod(B, P/2, M);
    return (aux*aux)%M;
  } else
    return (bigMod(B, P-1, M) * (B%M))%M;
}

int main(){
  unsigned long int B, P, M;
  ifstream in("bigmod.in");
  ofstream out("bigmod.out");
  while(in && !in.eof() && in>>B>>P>>M)
    out << bigMod(B, P, M) << endl;
  return 0;
}
```

Aufgaben

1. Schreiben Sie eine iterative Variante für das Problem.
2. Beweisen Sie den obigen Satz mit dieser Vorgehensweise: $n \bmod c = n - c(n \text{ div } c)$, $((a \bmod c) \cdot (b \bmod c)) \bmod c = ((a-c(a \text{ div } c)) \cdot (b-c(b \text{ div } c))) = \ldots$

3. Man liest n natürliche Zahlen a_1, a_2, ..., a_n, jede kleiner als 2.000.000 und eine positive Zahl c<50.000. Schreiben Sie ein Programm, das den Wert $(a_1 \cdot a_2 \cdot ... \cdot a_n)$ mod c berechnet.

Problem 4. Die Torte (lineare Rekursion)

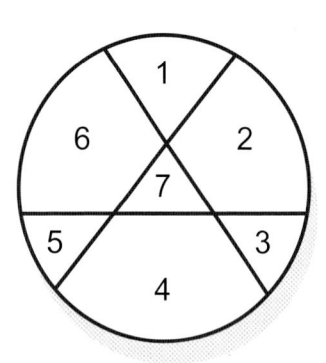

Auf einer Party muss man Stücke aus einer Torte schneiden, die unterschiedlich groß sein dürfen. Mit drei Schnitten könnte man 7 Stücke bekommen, wie man in der Abbildung sieht. Wie viele Stücke könnte man maximal mit n Schnitten bekommen? (Wie viele Gebiete lassen sich in einer Ebene maximal erzeugen, wenn man n Geraden anlegen kann?) *Eingabe:* In der Datei *tart.in* steht zeilenweise die Anzahl der gegebenen Schnitte ($0 \leq n \leq 2.000$). *Ausgabe:* Schreiben Sie in *tart.out* die maximale Anzahl der Tortenstücke, die man mit den gegebenen Schnitten erhalten kann, wie im Beispiel:

tart.in	tart.out
0	0 Schnitte -> 1 Stuecke!
1	1 Schnitte -> 2 Stuecke!
2	2 Schnitte -> 4 Stuecke!
9	9 Schnitte -> 46 Stuecke!
10	10 Schnitte -> 56 Stuecke!
2000	2000 Schnitte -> 2001001 Stuecke!
678	678 Schnitte -> 230182 Stuecke!

Problemanalyse und Entwurf der Lösung

Wenn die maximale Anzahl der Gebiete für $n-1$ sich schneidende Geraden $S(n-1)$ ist, dann kommen durch eine neue Gerade n Gebiete dazu:

$S(0) = 1$ (kein Schnitt → es bleibt ein Stück: die ganze Torte)
$S(n) = n + S(n-1)$, für alle $n>0$ \hfill (5)

Die Formel (5) ist eine rekursive Formel, und wir implementieren damit die Methode $S()$.

13 Rekursion

Programm 4.1.

```cpp
#include <fstream>

int S(int n){
  if(n<1)return 1;
  else
    return n + S(n-1);
}

int main(){
  int n;
  std::ifstream in("tart.in");
  std::ofstream out("tart.out");
  while(in && !in.eof() && in>>n){
    out.width(4);
    out << n << " Schnitte -> ";
    out.width(7);
    out << S(n) << " Stuecke!" << std::endl;
  }
  return 0;
}
```

Wir bemerken, dass das Program für größere n den Wert $S(n)$ nicht berechnen kann, weil die Methode sich zu oft selbst aufruft. Aus Formel (5) folgt, dass

$$S(n) = n + S(n\text{-}1) = n + (n\text{-}1) + S(n\text{-}2) = \ldots = 1 + \frac{n \cdot (n+1)}{2}. \tag{6}$$

Programm 4.2.

```cpp
#include <fstream>

int main(){
  long n;
  std::ifstream in("tart.in");
  std::ofstream out("tart.out");
  while(in && !in.eof() && in>>n && n >=0){
    out.width(8);
    out << n << " Schnitte -> ";
    out.width(10);
    out << 1 + n*(n+1)/2
        << " Stuecke!" << std::endl;
  }
  return 0;
}
```

Aufgabe

Das umgekehrte Problem. Es sei die maximale Anzahl der Gebiete gegeben, und die Anzahl der Schnitte ist gesucht. Alle Zahlen in *reg.in* sind in der Form $1+\frac{n(n+1)}{2}$ gegeben. Beispiel:

reg.in	cuts.out
56	10
2001001	2000
230182	678

Problem 5. Die Ackermannfunktion

(Verschachtelte Rekursion, "*compound recursion*")

Es gibt mehrere mathematische Funktionen, die als Ackermannfunktion bezeichnet werden. Ursprünglich hat Wilhelm Ackermann 1926 eine Funktion erfunden, die extrem schnell wächst. Die Ackermannfunktion ist hilfreich bei der Bestimmung von Grenzen der theoretischen Informatik. So kann man damit zum Beispiel Benchmarktests für rekursive Funktionsaufrufe erstellen.

Die Ackermannfunktion ist für $m, n \in \mathbb{N}$ wie folgt definiert:

$$Ack(n,m) = \begin{cases} m+1, \text{ wenn } n = 0 \\ Ack(n-1, 1), \text{ wenn } m = 0 \\ Ack(n-1, Ack(n, m-1)), \text{ wenn } m \neq 0 \text{ und } n \neq 0 \end{cases}$$

Die Ackermannfunktion wächst sehr schnell: *Ack*(3, 4)=125, aber *Ack*(4, 2) besitzt bereits 19729 Dezimalstellen! Schreiben Sie ein Programm, das die Ackermannfunktion für Paare (*n*, *m*) berechnet, deren Funktionswerte *Ack*(*n*, *m*) in *unsigned long long* passen. Beispiel:

ack.in	ack.out
0 2	Ack(0, 2) = 3
2 0	Ack(2, 0) = 3
3 4	Ack(3, 4) = 125
3 5	Ack(3, 5) = 253
3 2	Ack(3, 2) = 29

13 Rekursion

Problemanalyse und Entwurf der Lösung

Die mathematisch rekursive Definition der Funktion wird durch die Methode *ack()* implementiert.

Programm

```
#include <fstream>

unsigned long long ack(short n, short m){
  if(0==n) return m+1;
  else if(0==m) return ack(n-1, 1);
  else return ack(n - 1, ack(n, m - 1));
}

int main(){
  short m, n;
  std::ifstream in("ack.in");
  std::ofstream out("ack.out");
  while(in && !in.eof() && in>>n>>m){
    out << "Ack(" << n << ", " << m
        << ")= "   << ack(n, m) << std::endl;
  }
  return 0;
}
```

Aufgabe

Manna-Pnueli. Entwickeln Sie ein Programm, das für eine ganze Zahl x mit -1000 $\leq x \leq$ 1000 den Wert der wie folgt definierten „Manna-Pnueli"-Funktion $f(x)$ berechnet:

$$f: \mathbb{Z} \to \mathbb{Z}, \quad f(x) = \begin{cases} x-1, \text{ wenn } x \geq 12 \\ f(f(x+2)), \text{ wenn } x < 12 \end{cases}$$

Beispiel:

mp.in	mp.out
12	Manna-Pnueli(12)= 11
34	Manna-Pnueli(34)= 33
56	Manna-Pnueli(56)= 55
-123	Manna-Pnueli(-123)= 11
98	Manna-Pnueli(98)= 97
678	Manna-Pnueli(678)= 677
-234	Manna-Pnueli(-234)= 11

Problem 6. Rekursive Zahlenumwandlung

(Dezimalsystem in System mit Basis *p*)

Schreiben Sie eine rekursive Methode, die eine gegebene Zahl *n* ($0 \leq n \leq 9.000.000$) aus dem Dezimalsystem in das Zahlensystem mit Basis *p* ($2 \leq p \leq 10$) umwandelt. Beispiel:

baseP.in	baseP.out
324123534 2	324123534 in base 2 = 10011010100011011101110001110
324539 9	324539 in base 9 = 544158
654789045 6	654789045 in base 6 = 144550222433
675432 4	675432 in base 4 = 2210321220
9000000 8	9000000 in base 8 = 42252100
3 2	3 in base 2 = 11
8 6	8 in base 6 = 12

Problemanalyse und Entwurf der Lösung

Wenn N die Darstellung $\overline{a_k a_{k-1} \ldots a_1 a_0}$ im Zahlensystem mit der Basis *p* hat, dann gilt:

$$N = \overline{a_k a_{k-1} \ldots a_1 a_0} = a_k p^k + a_{k-1} p^{k-1} + \ldots + a_1 p + a_0, \quad a_k, a_{k-1}, \ldots, a_0 \in \{0, 1, \ldots, p-1\}$$

also $N = p(a_k p^{k-1} + a_{k-1} p^{k-2} + \ldots + a_1) + a_0$.

Daraus folgt der rekursive Algorithmus:

> **doTransformBase10ToP(*n*, *p*)**
>   If (*n*>0) Execute
>   doTransformBase10ToP(*n* div *p*, *p*)
>   Write (*n* % *p*)
>   End_If
> **End_ doTransformBase10ToP(*n*, *p*)**

Programm

```cpp
#include <fstream>

using namespace std;

void transfBase10ToP(unsigned long long n,
                     short p, ofstream &out){
  if(n){
```

```
      transfBase10ToP(n/p, p, out);
      out << n%p;
   }
}

int main(){
   unsigned long long n;
   short p;
   ifstream  in("baseP.in");
   ofstream out("baseP.out");
   while(in && !in.eof() && in>>n>>p){
      out.width(10);
      out << n << " in base " << p
         << " = ";
      transfBase10ToP(n, p, out);
      out << endl;
   }
   return 0;
}
```

Aufgaben

1. Schreiben Sie einen nicht-rekursiven Algorithmus, der das Problem löst.
2. Implementieren Sie das Programm (rekursive und iterative Variante) für den umgekehrten Weg der Umwandlung. Gegeben ist ein Paar (N_P, P), und Sie sollen die Zahl N_P aus dem Zahlensystem mit der Basis P in eine Dezimalzahl transformieren. Beispiel:

baseP10.in	baseP10.out
42252100 8	9000000
11 2	3
12 6	8

Betrachten Sie diese Implementierung:

```
unsigned long long getBasePTo10(string np, short p){
   if(np.length()){
      short aux = np[np.length()-1]-'0';
      return aux +
         p*getBasePTo10(np.substr(0, np.length()-1), p);
   }else
      return 0;
}
```

Die *ASCII*-Werte von '0', '1', ..., '9' liegen hintereinander und deswegen ist der Wert von *(np[np.length()-1]-'0')* die entsprechende Zahl 0, 1, 2, ..., 9.

3. Schreiben Sie mindestens zwei Varianten für die Umwandlung einer natürlichen Zahl in eine Binärzahl unter Verwendung der Bit-Operatoren für Integer. Analysieren Sie diese Variante:

```
cin >> n; cout << n << " in base 2 = ";
short SIZ_INT = sizeof(unsigned long)*8;
for(short i=SIZ_INT-1; i>=0; i--)
    cout << (n>>i&1);                    //das i-te Bit in n
```

Problem 7. Summe zweier Wurzeln (verzweigte Rekursion)

Es sei die Gleichung $x^2 - Sx + P = 0$ mit $S, P \in \mathbb{R}$ gegeben. x_1 und x_2 seien die Wurzeln der Gleichung, und Sie sollen den Wert $T_n = x_1^n + x_2^n$ für $n \in \mathbb{N}$ berechnen. T_n wird bestimmt, ohne die Wurzeln x_1 und x_2 zu ermitteln. Die natürliche Zahl n ($0 \leq n \leq 20$) und die reellen Zahlen S, P mit $-500 \leq S, P \leq 500$ und sind in der Eingabedatei, und T_n ist gefragt. Beispiel:

equation.in	equation.out
5 6.54 3.22	7799.79
0 3 4	2
1 3.45 6.78	3.45

Problemanalyse und Entwurf der Lösung

Weil x_1 und x_2 die Wurzeln der Gleichung sind, folgt $x^2 - Sx + P = (x - x_1)(x - x_2)$. Also gilt $x_1 + x_2 = S$ und $x_1 \cdot x_2 = P$ (die Vieta-Relationen). Die Formel für T_n ist dann:

$$T_n = \begin{cases} 2, \text{ wenn } n = 0 \\ x_1 + x_2, \text{ wenn } n = 1 \\ ST_{n-1} - PT_{n-2}, \text{ wenn } n > 1 \end{cases} \quad (1)$$

Programm

```
#include <fstream>

double Sum(short n, double S, double P){
    if(0==n) return 2;
    if(1==n) return S;
    return
```

```
    S*Sum(n-1, S, P)-P*Sum(n-2, S, P);
}

int main(){
  short n;
  double S, P;
  std::ifstream in("equation.in");
  std::ofstream out("equation.out");
  while(in && !in.eof() && in>>n>>S>>P){
    out.precision(6);
    out << Sum(n, S, P) << std::endl;
  }
  return 0;
}
```

Aufgaben

1. Beweisen Sie die Formel (1) direkt und durch vollständige Induktion.
2. *Verallgemeinerung.* Berechnen Sie für die Gleichung k-ten Grades $x^k - S_1 x^{k-1} + ... + (-1)^k S_k = 0$ mit den Wurzeln $x_1, x_2, ..., x_k$ den Wert $T_n = x_1^n + x_2^n + ... + x_k^n$.

Hinweis: Die rekursive Formel lautet $T_n = S_1 T_{n-1} - S_2 T_{n-2} + ... + (-1)^{k-1} \cdot S_k \cdot T_{n-k}$.

Problem 8. Collatz-Funktion (nicht-monotone Rekursion)

Die Collatz-Funktion ist definiert wie folgt:

$$f(n) = \begin{cases} 1, \text{ wenn } n = 1 \\ f\left(\dfrac{n}{2}\right), \text{ wenn } n \text{ gerade} \\ f(3 \cdot n + 1), \text{ wenn } n \text{ ungerade} \end{cases}$$

und hat die Eigenschaft, dass sie gegen 1 „konvergiert". Zum Beispiel wird für n=12 die generierte Sequenz: 12, 6, 3, 10, 5, 16, 8, 4, 2, 1 und sie hat die Länge 9, weil man in 9 Schritten die Eins erreicht. Schreiben Sie eine rekursive Funktion, die diese Sequenz generiert und am Ende soll auch die Anzahl der Schritte ausgegeben werden. Beispiel:

collatzSeq.in	collatzSeq.out
1	1 [1] STOP<0>
12	
67	12 6 3 10 5 16 8 4 2 1 [1] STOP<9>
1003	
234	67 202 101 304 152 76 38 19 58 29 88 44 22 11 34

	17 52 26 13 40 20 10 5 16 8 4 2 1 [1] STOP<27>
	1003 3010 1505 4516 2258 1129 3388 1694 847 2542 1271 3814 1907 5722 2861 8584 4292 2146 1073 3220 1610 805 2416 1208 604 302 151 454 227 682 341 1024 512 256 128 64 32 16 8 4 2 1 [1] STOP<41>
	234 117 352 176 88 44 22 11 34 17 52 26 13 40 20 10 5 16 8 4 2 1 [1] STOP<21>

Problemanalyse und Entwurf der Lösung

Wir werden die rekursive Methode *fCollatz()* implementieren, die durch den Parameter *l* auch die Anzahl ihrer Aufrufe zählt.

Programm

```
#include <fstream>

using namespace std;

void fCollatz(unsigned long n, int& l, ofstream &out){
  out << n << " ";
  if(n!=1){
    l++;
    if(n%2){
      fCollatz(3*n+1, l, out);
    } else {
        fCollatz(n/2, l, out);
    }
  } else {
      out << "[1] STOP";
  }
}

int main(){
  unsigned long n;
  int l;
  ifstream in("collatzSeq.in");
  ofstream out("collatzSeq.out");
  while(in && !in.eof() && in>>n){
    l=0; fCollatz(n, l, out);
    out << "<" << l << ">" << endl << endl;
  }
  return 0;
}
```

Aufgaben

1. Schreiben Sie auch eine iterative Variante für das Problem.
2. Wir bezeichnen mit A die „Halbieren"-Operation und mit B die „$3n+1$"-Operation. Erweitern Sie das Programm so, dass auch die benötigten A- und B-Operationen mitgezählt werden. Für $n=12$ braucht man z. B. 7 A- und 2 B-Operationen; für $n=1003$ braucht man 29 A- und 12 B-Operationen.
   Implementieren Sie ein Programm, das die natürlichen Zahlen aus einem gegebenen Intervall bestimmt, für die die nötigen Schritte der Collatz-Funktion maximal werden (z. B. findet sich im Intervall [45; 459] die Zahl 327, für die 143 Schritte nötig sind). Liefern Sie auch alle Zahlen aus diesem Intervall, für die die Anzahl von A- bzw. B-Operationen maximal wird.

Problem 9. Quadrate und Quadrätchen

Ein Quadrat, dessen Seiten parallel zu den Koordinatenachsen liegen, ist geometrisch eindeutig durch seinen Mittelpunkt und seine Seitenlänge bestimmt. Wir sagen, dass ein Quadrat mit der Seitenlänge $2k+1$ die Größe k hat. Für eine natürliche Zahl k definieren wir die Familie der Quadrate mit folgenden Eigenschaften:

(i) das größte Quadrat hat die Größe k (seine Seitenlänge ist $2k+1$) und ist in einem Netz der Größe 1024 zentriert (dieses Netz hat die Seitenlänge 2049);

(ii) für die Größe k eines Quadrats gilt: $1 \leq k \leq 512$;

(iii) alle Quadrate, die größer als 1 sind, haben ein Quadrat der Größe k **div** 2 in jedem ihrer vier Ecken zentriert;

(iv) die obere linke Ecke des Bildschirms hat die Koordinaten (0, 0) und die untere rechte Ecke hat die Koordinaten (2048, 2048).

Für eine gegebene Zahl k können wir eine eindeutige Familie von Quadraten mit diesen Eigenschaften zeichnen. Ein Punkt auf dem Bildschirm befindet sich in keinem, einem oder mehreren Quadraten. Schreiben Sie ein Programm, das die Zahl k und die Koordinaten eines Punktes einliest und die Anzahl der Quadrate ausgibt, die den Punkt enthalten. *Eingabe:* Jede Zeile der Datei *quadrate.in* stellt einen aus den drei Werten k, x_0 und y_0 bestehenden Eingabefall dar. *Ausgabe:* Geben Sie für jeden Eingabefall in die Datei *quadrate.out* die Anzahl der Quadrate aus, in denen der entsprechende Punkt (x_0, y_0) liegt. Beispiel:

quadrate.in	quadrate.out
56 1012 1000	1
500 1000 1000	4
500 113 941	5
1100 512 512	5

(ACM European NorthWestern Regional, 1992)

Problemanalyse und Entwurf der Lösung

Eine erste Lösungsmöglichkeit wäre, rekursiv für jedes Quadrat zu prüfen, ob sich der Punkt darin befindet. Wenn das zutrifft, inkrementieren wir die Variable n. Wir schreiben die Methode *inSquare(x_0, y_0, cx, cy, k)*, die die Prüfung erledigt. Die Parameter kennzeichnen den Punkt (x_0, y_0) und das Quadrat mit dem Mittelpunkt (cx, cy) und der Größe k. Die Methode *count()* zählt, in wie vielen Quadraten der Punkt gefunden wird. Sie wird rekursiv für die vier erzeugten Quadrate der Größe $k/2$ aufgerufen.

Satz. Wenn wir die Symmetrieachsen durch den Mittelpunkt des ersten Quadrats zeichnen, dann befinden sich alle für die rechte obere Ecke generierten Quadrate im ersten Quadranten. Die Quadrate für die obere linke Ecke liegen im zweiten, für die untere linke Ecke im dritten und für die untere rechte Ecke im vierten Quadranten.

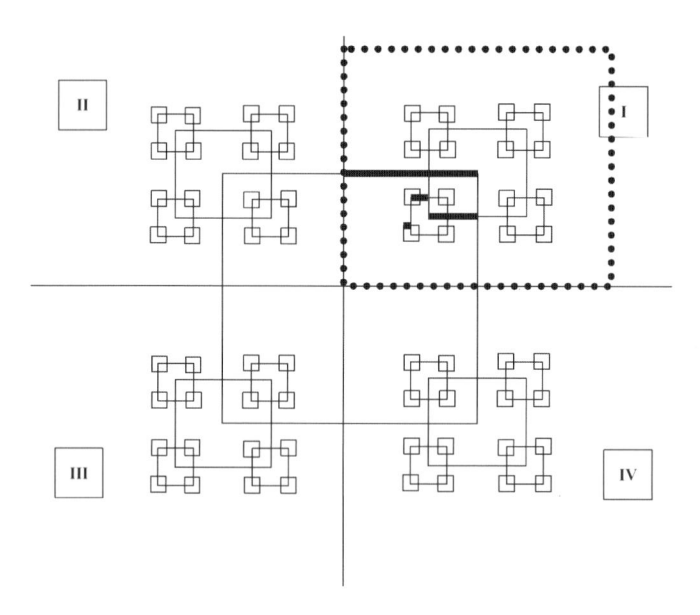

Beweis. Wenn k die Seitenlänge des gepunkteten Quadranten ist, dann sehen wir, dass sich die fett gezeichneten Segmente der Ordinate nähern und die Längen $\frac{k}{2}$, $\frac{k}{4}$, $\frac{k}{8}$, ..., $\frac{k}{2^n}$, ... haben. Das stellt eine geometrische Reihe dar, und es folgt:

$$\frac{k}{2} + \frac{k}{2^2} + \frac{k}{2^3} + \ldots + \frac{k}{2^n} = k \cdot \left(1 - \frac{1}{2^n}\right).$$

13 Rekursion

Die Folge $k \cdot \left(1 - \dfrac{1}{2^n}\right)$ für $n = 0, 1, 2, \ldots$ ist aufsteigend und konvergiert gegen k. Es folgt, dass sich alle für die obere rechte Ecke erzeugten Quadrate im ersten Quadranten befinden. Aufgrund der Symmetrie liegen die für die anderen drei Ecken generierten Quadrate in den zugehörigen Quadranten II, III und IV. ❑

Die alternative zweite Programmvariante führt den rekursiven Aufruf der Methode *count()* nur für das Quadrat durch, das den Punkt beinhaltet (und nicht mehr für alle 4 Quadrate).

Programm

```
#include <fstream>

int inSquare(int x0, int y0, int cx, int cy, int k){
  int x1 = cx - k;
  int x2 = cx + k;
  int y1 = cy - k;
  int y2 = cy + k;
  return (x1 <= x0 && x0 <= x2 &&
          y1 <= y0 && y0 <= y2);
}

void count(int x0, int y0, int cx, int cy, int k, int& n){
  int x1, x2, y1, y2;
  if(inSquare(x0, y0, cx, cy, k)) n++;
  if(k>1){
    x1 = cx - k;
    x2 = cx + k;
    y1 = cy - k;
    y2 = cy + k;
    count(x0, y0, x1,
                 y1, k/2, n);
    count(x0, y0, x1,
                 y2, k/2, n);
    count(x0, y0, x2,
                 y1, k/2, n);
    count(x0, y0, x2,
                 y2, k/2, n);
  }
}

int main(){
  int k, x0, y0, n;
  std::ifstream in("quadrate.in");
```

Die zweite Variante:
...
```
if(inSquare(x0, y0, x1, y1, k))
    count(x0, y0, x1, y1, k/2, n);
if(inSquare(x0, y0, x1, y2, k))
    count(x0, y0, x1, y2, k/2, n);
if(inSquare(x0, y0, x2, y1, k))
    count(x0, y0, x2, y1, k/2, n);
if(inSquare(x0, y0, x2, y2, k))
    count(x0, y0, x2, y2, k/2, n);
```
...

```
    std::ofstream out("quadrate.out");
    while(in && !in.eof() && in>>k>>x0>>y0){
      n=0;
      count(x0, y0, 1024, 1024, k, n);
      out<<n<<std::endl;
    }
    return 0;
}
```

Aufgabe

Berechnen Sie die Summe aller Flächeninhalte und Umfänge der Quadrate, in denen der gegebene Punkt beheimatet ist.

Problem 10. Quadrate (direkte Rekursion)

Schreiben Sie eine rekursive Applikation, die diese Abbildung erstellt.

Problemanalyse und Entwurf der Lösung

In die Ecken eines Quadrats mit der Kantenlänge L zeichnet man je ein Quadrat mit der Kantenlänge L/2 so ein, dass der Quadratmittelpunkt auf dem Eckpunkt des Ausgangsquadrats liegt. Für die vier Quadrate mit Kantenlänge L/2 zeichnet man dann 16 Quadrate mit Kantenlänge L/4 und macht so lange weiter, bis die Länge der Kanten 10 Pixel groß wird. Wir müssen natürlich grafische Elemente erzeugen und berücksichtigen, dass die C++-Grafikbibliotheken auf den diversen Betriebssystemen unterschiedlich implementiert sind. Wir werden hier zwei Varianten vorstellen. Die erste ist eine kurze, sehr verständliche Implementierung mit Borland C++ 3.1.

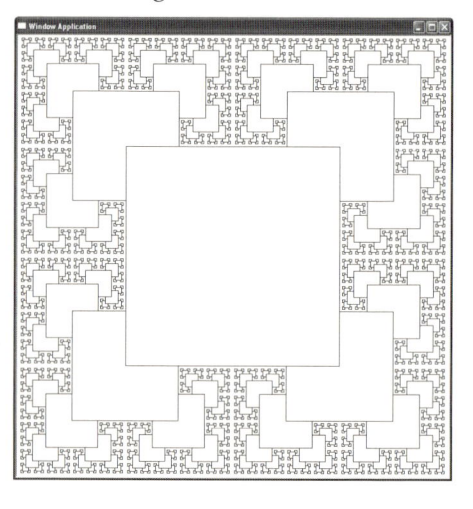

Programm 1 (*Borland C++-Variante*)

```
#include <graphics.h>
#include <iostream.h>
#include <conio.h>
#include <stdlib.h>

void initGrafix()
{
```

```
  int gdet = DETECT, gm, err;
  initgraph(&gdet, &gm, "c:\\borlandc\\BGI");
  err = graphresult();
  if(err != grOk){
    cout<< "Grafic error: "<< grapherrormsg(err)<< endl;
    cout<< "Press any key to quit.";
    getch(); exit(1);
  }
}

void drawSquare(int x, int y, int l)
{
  if(l>50){
   setcolor(14);
   drawSquare(x-l/2, y-l/2, l/2);
   drawSquare(x-l/2, y+l/2, l/2);
   drawSquare(x+l/2, y-l/2, l/2);
   drawSquare(x+l/2, y+l/2, l/2);
   rectangle(x-l/2, y-l/2, x+l/2, y+l/2);
  }
}

int main(){
  initGrafix();
  drawSquare (getmaxx()/2, getmaxy()/2, getmaxy()/2);
  getch();
  closegraph();
  return 0;
}
```

Die zweite Variante ist eine moderne Implementierung für Windows, die von der *Active Template Library* (*ATL*) Gebrauch macht. Die *ATL* ist eine auf Templates basierende Klassenbibliothek, mit der sich schnell Fenster, Dialogboxen, Steuerelemente u.a. erstellen und manipulieren lassen. Um die umständliche Windows-Programmierung zu vereinfachen, verwendet man die *ATL* mit ihren fortgeschrittenen Fähigkeiten wie Implementierungsvererbung.

Die Fensterverwaltung der *ATL* basiert auf der Klasse *CWindow*, die ein Windows-Handle (*HWND*) und nahezu alle User32 Funktionen enthält, die *HWND* als ersten Parameter erwarten. Die konventionelle Windows-Methode
    BOOL ShowWindow(HWND hWnd, int nCmdShow)
sieht mit ATL so aus:
    BOOL CWindow::ShowWindow(int nCmdShow).

Die *ATL* bietet mehrere *CWindow*-Verfeinerungen wie:
- *CWindowImpl* – stellt zusätzlich eine Registrierung für die Fensterklasse und *message handling* bereit;
- *CDialogImpl* – ermöglicht es, modale und nichtmodale Dialogfenster zu erzeugen;
- *CSimpleDialog* und *CDialogImpl* – Spezialisierung modaler Dialogfenster mit Basisfunktionalität.

Außer den speziellen Fensterklassen gibt es noch einzelne Hilfsklassen, die die Implementierung eines *ATL*-Fensterobjekts erleichtern:
- *CWndClassInfo* – bietet Registriermethoden für Informationen einer Fensterklasse;
- *CWinTraits* (oder *CWinTraitsOR*) – stellen eine einfache Methode für die Standardisierung der Merkmale eines ATL-Fensterobjekts bereit.

Um die Fensterklassen der *ATL* nutzen zu können, müssen Sie *atlwin.h* und *atlbase.h* inkludieren. Sie sollten beide einmalig im vorkompilierten Header einschließen.

Für *ATL*-Versionen älter als 7.0 ist es zwingend notwendig, eine Instanz von *CComModule*, genannt *_Module* zu deklarieren. Sie fungiert als einzelne globale Instanz, die hauptsächlich verwendet wird, um HINSTANCE der Applikation aufzunehmen. Die Applikation muss anfangs *_Module.Init(...)* aufrufen (um die *DLLMain* oder *WinMain* HINSTANCE zu erzeugen) und am Schluss *_Module.Term()* (um die Datensätze freizugeben).
Mit ATL 7.0 ist die Anwendung von *CComModule* obsolet!

Wenn Sie Ihr Programm auch mit älteren *ATL*-Versionen (z.B. mit der in Visual C++ 6.0 eingesetzten *ATL* 3.0) übersetzen wollen, können Sie das Makro *_ATL_VER* im vorkompilierten Header *stdafx.h* in dieser Form verwenden:

```
...
#include <atlbase.h>

#if _ATL_VER < 0x0700
#extern CComModule _Module
#endif

#include <atlwin.h>
...
```

Genauso sollte man mit *_Module.Init(...)* und *_Module.Term(...)* aus WinMain verfahren.

Nun folgt die zweite Lösung für unser Problem mit der *ATL*:

Der vorkompilierte Header *stdafx.h*

```
#ifndef _STDAFX_H____
#define _STDAFX_H____

#include <atlbase.h>
#include <atlwin.h>                 Schließt ATL-Unterstützung ein
#endif
```

Der Header *MainWindow.h* definiert in der abstrakten Klasse *CMainWindow* das Hauptfenster der Applikation und deklariert eine Factory-Funktion (*CreateMainWindow()*) für Implementierungen des Objekts *CMainWindow*.

Das Hauptfenster ist eine *WindowImpl*-Implementierung, dadurch erhält man Registrierung von Fensterklassen und *message handling*. Um die Fensternachricht zu verarbeiten, implementiert man *ProcessWindowMessage*. Die Aufgabe des Fensters ist es, etwas zu zeichnen, und die zugehörige Operation ist abstrakt deklariert. Die Kinder dieser Klasse ermöglichen die Implementierung der Zeichnungsoperation.

```
#ifndef _CMAINWINDOW_H_
#define _CMAINWINDOW_H_

class CMainWindow: public CWindowImpl<CMainWindow>{
public:
                                              Wird aufgerufen, wenn eine neue Nach-
                                              richt für das gegebene Fenster eintrifft.
    virtual BOOL ProcessWindowMessage         Liefert ein Flag des Typs boolean zurück,
      ( HWND hWnd, UINT uMsg,                 das anzeigt, ob die Nachricht verarbeitet
        WPARAM wParam, LPARAM lParam,         wurde. Die Implementierung reagiert auf
           LRESULT& lResult,                  zwei Arten von Nachrichten: WM_PAINT
        DWORD dwMsgMapID){                    und WM_DESTROY.
            BOOL bHandled = TRUE;
            switch(uMsg) {

            case WM_PAINT:                    Das System oder ein anderes Programm
               lResult = OnPaint();           verlangen das Zeichnen des Applikations-
            break;                            fensters.

            case WM_DESTROY:                  Das Fenster wird zerstört.
```

```
        lResult = OnDestroy();
      break;
    default:
      bHandled = FALSE;         Die anderen Nachrichten verbleiben unbearbeitet.
    }
    return bHandled;
  }

protected:

  virtual void OnPaintImpl(HDC &hdc)=0;    Das Zeichnen selbst – abstrakt.

private:
    LRESULT OnPaint() {
        PAINTSTRUCT ps;
        HDC hdc=BeginPaint(&ps);    Bereitet das Fenster zum Zeichnen vor,
        OnPaintImpl(hdc);           ruft die Zeichnen-Methode auf und
        EndPaint(&ps);              markiert das Ende der Zeichnung.
        return 0;
    };

    LRESULT OnDestroy() {
                                    Signalisiert dem System, dass der Thread
                                    irgendwann in der Zukunft verlassen
        PostQuitMessage(0);         werden soll. Die Nachrichtenschleife des
        return 0;                   Fensters terminiert und gibt die Kontrol-
    }                               le an das System zurück.

};


CMainWindow *CreateMainWindow();    Deklaration der Factory-Funktion für CmainWindow-Implementierungen.

#endif
```

MainWindowImpl.cpp - Implementierung der Klasse *CMainWindow*, die die Quadrate zeichnet:

```
#include "stdafx.h"
#include "MainWindow.h"               Gruppiert Parameter, die während des Zeichnens konstant
                                      bleiben.
class PaintInvariant {
  public:
    PaintInvariant(HDC& refHdc, int minimumL = 10):
        rHdc(refHdc),dx(0),dy(0),minL(minimumL) {
```

13 Rekursion

```
    }
```

`HDC& rHdc;`	Der Handle zum *device context* – ein Satz von Grafikobjekten für das Zeichnen.
`int dx;`	Der Platz zwischen dem linken/rechten Fensterrand und der Quadratfläche, die übermalt werden wird.
`int dy;`	Der Platz zwischen dem oberen/unteren Fensterrand und der Quadratfläche, die übermalt werden wird.
`int minL;`	Die minimale Seitenlänge eines Quadrates.

```
};
```

`class CQuadratWindow: public CMainWindow`
`{`
`  protected:`
	CMainWindow-Implementierung, die rekursiv Quadrate zeichnet.

`    virtual void OnPaintImpl(HDC &hdc);`	Zeichne Quadrate.

```
  private:
    void _drawRec(PaintInvariant &rPaintInvariant,
                  int x, int y, int l);
};
```

`CMainWindow *CreateMainWindow() {`
`    return new CQuadratWindow();`
`}`
	Implementation der Factory-Funktion für *CMainWindow*. Liefert eine neue Instanz von *CQuadratWindow*, die Funktion ist im *MainWindow.h* Header deklariert.

`void CQuadratWindow::OnPaintImpl(HDC &hdc) {`	Implementierung der Zeichnungsmethode.
`    RECT rect;` `    GetClientRect(&rect);`	Bestimmt das Gebiet, in dem wir zeichnen können.

```
        int diff = rect.right-rect.bottom;    Initialisiert die invarianten Daten
        PaintInvariant paintInv(hdc,5);       (die Variablen werden während des
        int l;                                Zeichnens nicht verändert).
        if(diff<0){
            diff *=-1;
            l = rect.right/2;
            paintInv.dx = 0;
            paintInv.dy = diff/2;
        }
        else{
            l = rect.bottom/2;
            paintInv.dx = diff/2;
            paintInv.dy=0;
        }

        _drawRec(paintInv, l, l, l);
}

void CQuadratWindow::_drawRec(PaintInvariant &rPaintInvariant,
                              int x, int y, int l){

    if(l>rPaintInvariant.minL) {                      Zeichnet ein Quadrat.

        _drawRec(rPaintInvariant, x-l/2, y-l/2, l/2);
        _drawRec(rPaintInvariant, x-l/2, y+l/2, l/2);
        _drawRec(rPaintInvariant, x+l/2, y-l/2, l/2);
        _drawRec(rPaintInvariant, x+l/2, y+l/2, l/2);
        Rectangle(rPaintInvariant.rHdc,
                  x-l/2  + rPaintInvariant.dx,
                  y-l/2  + rPaintInvariant.dy,
                  x+l/2  + rPaintInvariant.dx,
                  y+l/2  + rPaintInvariant.dy);

    }
}
```

main.cpp:

```
#include "stdafx.h"
#include "MainWindow.h"

#include <memory>              Für den std::auto_ptr – "smart pointer"
```

```
int APIENTRY _tWinMain (HINSTANCE hinst,
                        HINSTANCE hPrevInstance,
                        LPTSTR lpCmdLine,
                        int nCmdShow){
```

> Rufe *CreateMainWindow()* auf und speichere den Zeiger des Hauptfenster-Objekts in einen *smart pointer*. Warum wird der Zeiger in einem *smart pointer* abgelegt? Wenn der *auto_pointer* aus seinem Gültigkeitsbereich läuft, löscht sein Destruktor den Fensterzeiger.

```
std::auto_ptr<CMainWindow> pWndAuto(CreateMainWindow());
```

```
if(!pWndAuto.get()) {
  return -1;
}
```
> Wenn *CreateMainWindow()* kein neues Fenster erzeugen konnte (z. B. weil nicht genug Speicher vorhanden war), liefert es NULL zurück. In diesem Fall wird die Applikation beendet.

> Erzeugt das Fenster: zuerst wird die Fensterklasse registriert, wenn das bis jetzt noch nicht erfolgt ist. Das neu erzeugte Fenster wird automatisch an das Fensterobjekt angehängt.

```
pWndAuto->Create
    (0,
```
Es gibt kein Eltern-Fenster.

```
     CWindow::rcDefault,
```
Vorgegebene Fensterdimensionen

```
     __T("Rekursivitaet Beispiel"),
```
Name des Fensters

```
     WS_OVERLAPPEDWINDOW,
```
Stil des Fensters

```
     WS_EX_CLIENTEDGE
```
Erweiterter Fensterstil

```
    );
```

```
pWndAuto->CenterWindow();
```
Zentriert das Fenster auf die Bildschirmmitte.

```
pWndAuto->ShowWindow(nCmdShow);
```
Zeigt das Fenster an.

```
pWndAuto->UpdateWindow();
```
Aktualisiert die *client area* durch das Senden einer *WM_PAINT*-Nachricht an das Fenster, wenn der Aktualisierungsbereich des Fensters nicht leer ist.

```
MSG msg;
while (GetMessage(&msg,0,0,0)){
  TranslateMessage(&msg);
  DispatchMessage(&msg);
}
```
Hauptnachrichtenschleife: sie wird verlassen, wenn das Fenster *WM_DESTROY* empfängt.

```
return (int) msg.wParam;
```
Der Exitcode ist der Wert, der von der *PostQuitMessage* geliefert wird: 0 – in unserem Fall.

}

Aufgaben

1. Ändern Sie das Programm so, dass die Abbildung 1 erstellt wird. Kleinere Quadrate werden nicht mehr von größeren verdeckt.
2. Modifizieren Sie das Programm so, dass es gleichseitige Dreiecke anstatt Quadrate konstruiert (Abbildung 2). In jede Ecke eines Dreiecks zeichnet man ein Dreieck, dessen Seitenlänge halb so groß ist, wie das des Ausgangsdreiecks.

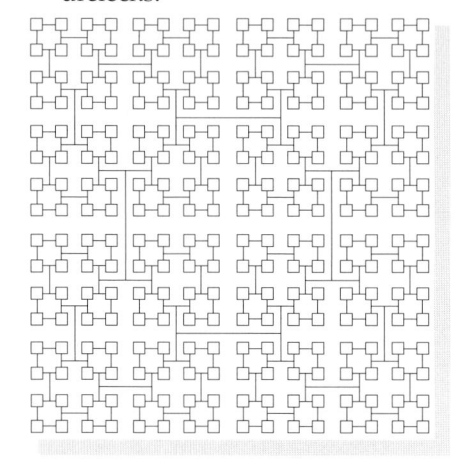

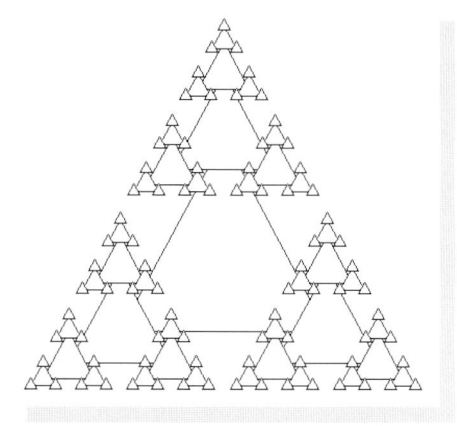

Abbildung 1   Abbildung 2

3. Wenn Sie unter Windows entwickeln, dann implementieren Sie den Grafikteil des Problems (Problem 10) mit einer Standard-Windows-Applikation, die ohne die *Active Template Library* (*ATL*) auskommt.

Problem 11. Quadrate und Kreise (indirekte Rekursion)

Schreiben Sie ein indirekt rekursives Programm, das die untenstehende Abbildung ausgibt.

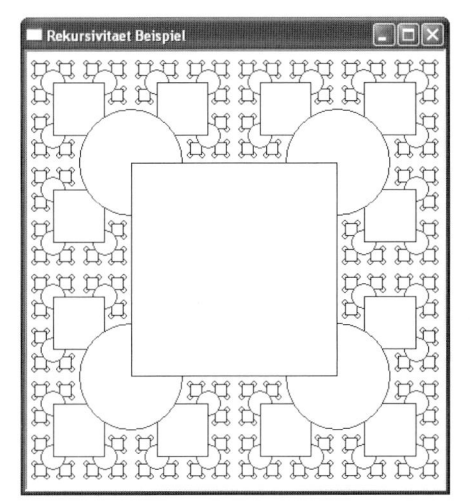

Problemanalyse und Entwurf der Lösung

In die Ecken eines Quadrats mit Seitenlänge L zeichnen wir Kreise mit Durchmesser $L/2$ ein, deren Mittelpunkte auf den Quadratecken liegen. Wir stellen uns vor, dass die Kreise als Inkreise von gedachten Quadraten dienen, die nicht sichtbar sind. Wir zeichnen nun Quadrate so in die Ecken der virtuellen Quadrate ein, dass die Seitenlänge den Kreisradien entspricht und die Mittelpunkte auf die Ecken der virtuellen Quadrate zentriert sind. Wir wiederholen alle Schritte so lange, bis die Seitenlänge 10 eines Quadrats erreicht ist. Ein einfaches Programm in Borland C++ 3.1 wäre:

Programm (*Borland C++*)

```
#include <graphics.h>
#include <iostream.h>
#include <stdlib.h>

void initGrafix()
{
  int gdet = DETECT, gm, err;
  initgraph(&gdet, &gm, "c:\\borlandc\\BGI");
  err = graphresult();
  if(err != grOk)
  {
    cout<< "Grafic error: "<< grapherrormsg(err)<< endl;
    cout<< "Press any key to quit.";
    exit(1);
  }
}
```

```
}

void drawSquare(int x, int y, int l);

void drawCircle(int x, int y, int r)
{
  if(r>25)
  {
    circle(x, y, r);
    drawSquare(x, y, r);
  }
}

void drawSquare (int x, int y, int l)
{
  if(l>10)
  {
    rectangle(x-l/2, y-l/2, x+l/2, y+l/2);
    drawCircle (x-l/2, y-l/2, l/2);
    drawCircle (x-l/2, y+l/2, l/2);
    drawCircle (x+l/2, y-l/2, l/2);
    drawCircle (x+l/2, y+l/2, l/2);
  }
}

int main()
{
  initGrafix();
  setcolor(0);
  setlinestyle(0,1, 2);
  setfillstyle(1, 15);
  bar(0, 0, getmaxx(), getmaxy());
  drawSquare(getmaxx()/2, getmaxy()/2, getmaxy()/2);
  closegraph();
  return 0;
}
```

Hier die C++-Windows-Applikation, die ähnlich aussieht wie das Programm für das vorige Problem (Problem 10. Quadrate). Wir erzeugen ein Projekt mit den Dateien *stdafx.h*, *MainWindow.h* und *main.cpp*, die sich nicht von den gleichnamigen Dateien aus Problem 10 unterscheiden. Nur die Implementierung von *MainWindowImpl.cpp* ändert sich wie folgt.

MainWindowImpl.cpp

```cpp
#include "stdafx.h"
#include "MainWindow.h"

class PaintInvariant{
public:
  PaintInvariant(HDC& refHdc, int minimumL = 10):
      rHdc(refHdc), dx(0), dy(0), minL(minimumL) {}

    HDC& rHdc;

    int dx;

    int dy;

    int minL;
  };


class CSquareCircleWindow: public CMainWindow{
  protected:

    virtual void OnPaintImpl(HDC &hdc);

  private:

    void _drawRec(PaintInvariant &rPaintInvariant,
        int x, int y, int l);
    void _drawCircle(PaintInvariant &rPaintInvariant,
        int x, int y, int l);
};


CMainWindow *CreateMainWindow() {
  return new CSquareCircleWindow();
}

void CSquareCircleWindow::OnPaintImpl(HDC &hdc) {

  RECT rect;
  GetClientRect(&rect);

  int diff = rect.right-rect.bottom;
  PaintInvariant paintInv(hdc, 10);
  int l;
  if(diff<0) {
    diff *=-1;
```

```
      l = rect.right/2;
      paintInv.dx = 0;
      paintInv.dy = diff/2;
      }
    else{
      l = rect.bottom/2;
      paintInv.dx = diff/2;
      paintInv.dy=0;
      }

    _drawRec(paintInv, l, l, l);
}

void CSquareCircleWindow::_drawRec(
                    PaintInvariant &rPaintInvariant,
                    int x, int y, int l)
{
  if(l>rPaintInvariant.minL) {
    _drawCircle(rPaintInvariant, x-l/2, y-l/2, l/2);
    _drawCircle(rPaintInvariant, x-l/2, y+l/2, l/2);
    _drawCircle(rPaintInvariant, x+l/2, y-l/2, l/2);
    _drawCircle(rPaintInvariant, x+l/2, y+l/2, l/2);
    Rectangle(rPaintInvariant.rHdc,
       x-l/2  + rPaintInvariant.dx,
       y-l/2  + rPaintInvariant.dy,
       x+l/2  + rPaintInvariant.dx,
       y+l/2  + rPaintInvariant.dy);
    }
}

void CSquareCircleWindow::_drawCircle(
                    PaintInvariant &rPaintInvariant,
                    int x, int y, int l)
{
  if(l>rPaintInvariant.minL) {
    _drawRec(rPaintInvariant, x-l/2, y-l/2, l/2);
    _drawRec(rPaintInvariant, x-l/2, y+l/2, l/2);
    _drawRec(rPaintInvariant, x+l/2, y-l/2, l/2);
    _drawRec(rPaintInvariant, x+l/2, y+l/2, l/2);
    Ellipse(rPaintInvariant.rHdc,
       x-l/2  + rPaintInvariant.dx,
       y-l/2  + rPaintInvariant.dy,
       x+l/2  + rPaintInvariant.dx,
       y+l/2  + rPaintInvariant.dy);
    }
}
```

Aufgaben

1. Errechnen Sie die sichtbare Gesamtfläche aller Kreise.
2. Entwickeln Sie ein Programm, das eine indirekte Rekursion verwendet, die so aufgebaut ist:
   - *drawSquare* ruft viermal die Methode *drawCircle* auf (zeichnet vier Kreise mit Durchmesser $L/2$, deren Mittelpunkte auf den Quadratecken liegen),
   - *drawCircle* ruft einmal *drawTriangle* auf (zeichnet und positioniert ein gleichseitiges Dreieck so, dass der von *drawCircle* erzeugte Kreis den Umkreis des Dreiecks darstellt),
   - *drawTriangle* ruft dreimal die Methode *drawSquare* auf (zeichnet drei auf die Ecken des Dreiecks zentrierte Quadrate mit Seitenlänge $L/2$).

Problem 12. Die Koch'sche Schneeflockenkurve

Die Koch-Kurve wurde 1904 von dem schwedischen Mathematiker Helge von Koch (1870-1924) eingeführt. Sie ist eines der ersten formal beschriebenen Fraktale. Die Koch-Kurve wird in einem iterativen Prozess aufgebaut. Am Anfang ist sie nur eine Strecke, und in jeder Iteration teilt man jedes Segment der Kurve in drei gleiche Teile und führt für das mittlere Stück die Konstruktion „baue gleichseitiges Dreieck" aus, wie die Abbildung zeigt:

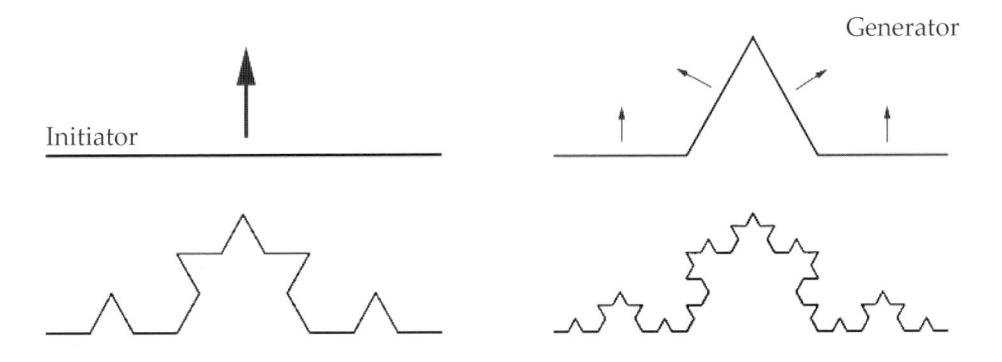

Die Konstruktion der Koch-Kurve schreitet in Stufen voran.
In jeder Stufe erhöht sich die Anzahl der Strecken um den Faktor 4.

Zur Schneeflockenkurve kommt man, wenn man den Iterationsprozess nicht mit einer Strecke, sondern mit einem gleichseitigen Dreieck startet. Schreiben Sie ein Programm, das diese Kurve für eine gegebene Iteration zeichnet. Beispiel (Eingabedatei *iteration.in*):

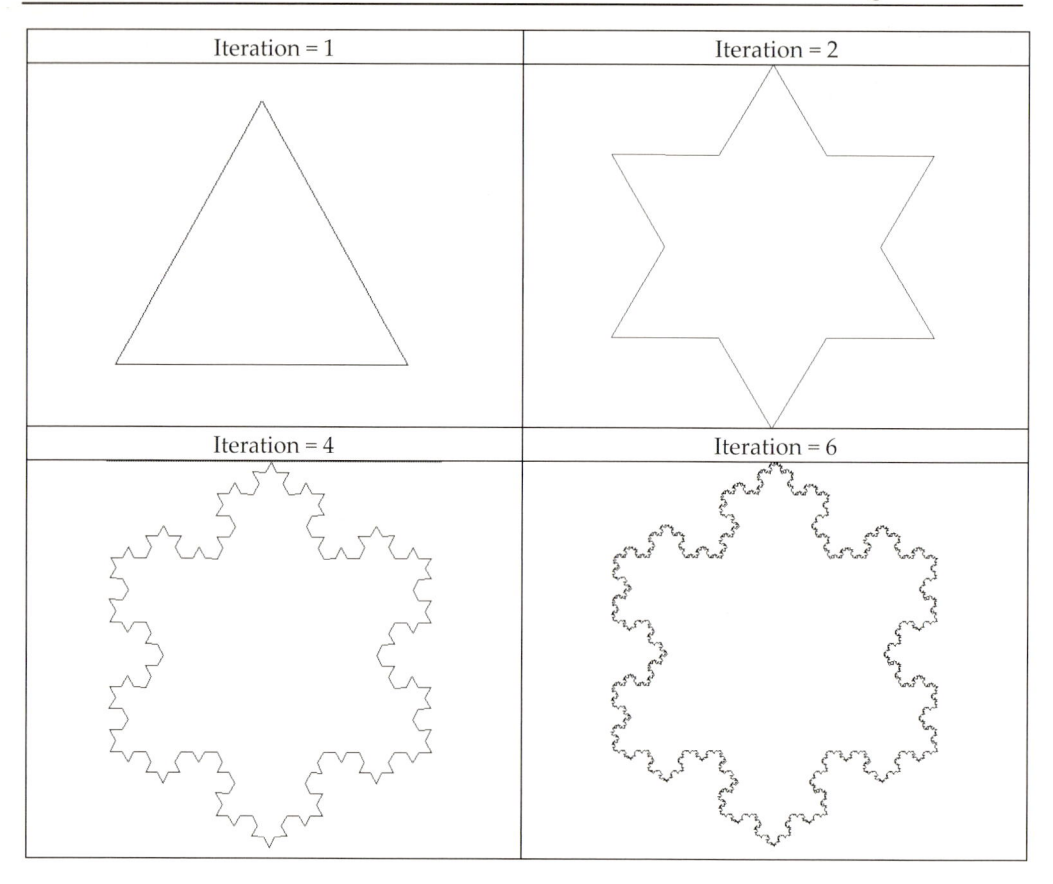

Iteration = 1	Iteration = 2
Iteration = 4	Iteration = 6

Problemanalyse und Entwurf der Lösung

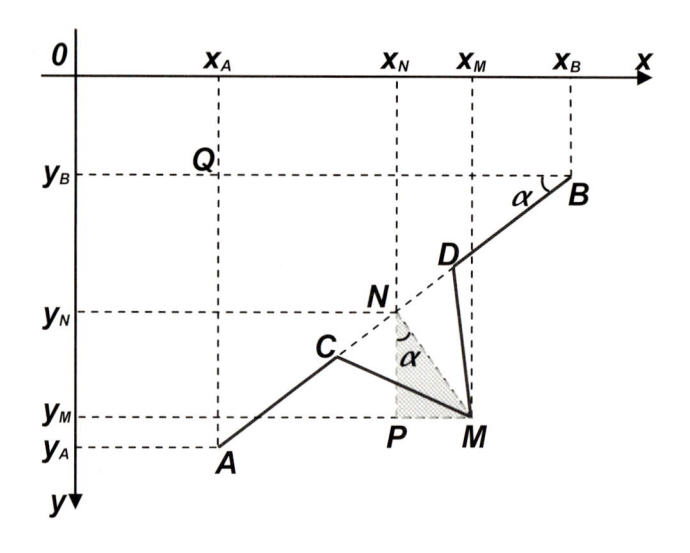

13 Rekursion

Für die gegebenen Punkte A und B in der Ebene mit den Koordinaten $A(x_A, y_A)$ und $B(x_B, y_B)$ müssen wir die Koordinaten der Punkte C, D und M finden mit den Eigenschaften:

$$C, D \in \text{Gerade}(AB),\ AC \equiv CD \equiv DB \equiv CM \equiv MD.$$

Wir bezeichnen den Mittelpunkt des Segments AB mit $N(x_N, y_N)$. Die Koordinaten dieses Punktes sind:

$$x_N = \frac{x_A + x_B}{2},\quad y_N = \frac{y_A + y_B}{2}.$$

Nun berechnen wir die Koordinaten des Punktes C. Es gilt:

$$\frac{x_C - x_A}{x_B - x_A} = \frac{1}{3} \Rightarrow 3x_C - 3x_A = x_B - x_A \Rightarrow x_C = \frac{2x_A + x_B}{3},$$

$$\frac{y_C - y_A}{y_B - y_A} = \frac{1}{3} \Rightarrow 3y_C - 3y_A = y_B - y_A \Rightarrow y_C = \frac{2y_A + y_B}{3}.$$

Auf diese Weise kommt man auch zu:

$$x_D = \frac{x_A + 2x_B}{3}\ \text{und}\ y_D = \frac{y_A + 2y_B}{3}.$$

Weil MCD ein gleichseitiges Dreieck mit der Seitenlänge $\frac{AB}{3}$ und der Höhe MN ist, folgt:

$$MN = CM \cdot \sin\frac{\pi}{3} = \frac{AB}{3} \cdot \frac{\sqrt{3}}{2} = \frac{\sqrt{3}}{6} \cdot AB.$$

Wir sehen, dass $\alpha = \sphericalangle PNM = \sphericalangle QBA$ (PN steht senkrecht auf QB und NM senkrecht auf AB: $PN \perp QB$ und $NM \perp AB$). Im Dreieck ABQ ist

$$\sin\alpha = \frac{y_A - y_B}{AB}\ \text{und}\ \cos\alpha = \frac{x_B - x_A}{AB}.$$

Das wenden wir im Dreieck NMP an:

$$dx = MN \cdot \sin\alpha = \frac{\sqrt{3}}{6} \cdot AB \cdot \frac{y_A - y_B}{AB} = \frac{\sqrt{3}}{6} \cdot (y_A - y_B)$$

und

$$dy = MN \cdot \cos\alpha = \frac{\sqrt{3}}{6} \cdot AB \cdot \frac{x_B - x_A}{AB} = \frac{\sqrt{3}}{6} \cdot (x_B - x_A).$$

Somit sind die Koordinaten des Punktes M:

$$x_M = x_N + dx = \frac{x_A + x_B}{2} + \frac{\sqrt{3}}{6} \cdot (y_A - y_B)$$

und

$$y_M = y_N + dy = \frac{y_A + y_B}{2} + \frac{\sqrt{3}}{6} \cdot (x_B - x_A).$$

Diese Lösung wurde in [Ran99] präsentiert.

Sie sehen nun eine C++-Windows-Applikation, die ähnlich aussieht wie die Programme aus den beiden vorigen Problemen (Problem 10 und 11). Wir bauen ein Projekt mit den Dateien *stdafx.h*, *MainWindow.h* und *main.cpp*, die identisch sind mit den gleichnamigen Dateien aus den beiden Vorgängerproblemen. Lediglich *MainWindowImpl.cpp* unterscheidet sich.

MainWindowImpl.cpp

```cpp
#include "stdafx.h"
#include "MainWindow.h"

#include <fstream>
#include <cmath>

class PaintInvariant {
public:
  PaintInvariant(HDC& refHdc, int minimumL = 10):
     rHdc(refHdc),dx(0),dy(0), minL(minimumL) {}

    HDC& rHdc;
    int dx;
    int dy;
    int minL;
};

class CKochWindow: public CMainWindow {
  protected:
    virtual void OnPaintImpl(HDC &hdc);
  private:
```

13 Rekursion

```
    void _drawKoch(PaintInvariant &rPaintInvariant, int n,
      int xa, int ya, int xb, int yb);
};

CMainWindow *CreateMainWindow() {
  return new CKochWindow();
}

void CKochWindow::OnPaintImpl(HDC &hdc) {

  RECT rect;
  GetClientRect(&rect);

  int diff = rect.right-rect.bottom;
  PaintInvariant paintInv(hdc, 5);
  int l;
  if(diff<0) {
    diff *=-1;
    l = rect.right/2;
    paintInv.dx = 0;
    paintInv.dy = diff/2;
  }
  else{
    l = rect.bottom/2;
    paintInv.dx = diff/2;
    paintInv.dy=0;
  }

  int n;
  std::ifstream in("iteration.in");
  if(in && !in.eof()){
    in>>n;
    double xa, ya, xb, yb, t=l;
    double aux=sqrt(3.0);
    xa=l; ya=l-t;
    xb=l-aux*t/2; yb=l+t/2;
    _drawKoch(paintInv,  n,
              (int)xa, (int)ya, (int)xb, (int)yb);
    xa=l+aux*t/2; ya=l+t/2;
    _drawKoch(paintInv,  n,
              (int)xb, (int)yb, (int)xa, (int)ya);
    xb=l; yb=l-t;
    _drawKoch(paintInv, n,
              (int)xa, (int)ya, (int)xb, (int)yb);
  }
}

void CKochWindow::_drawKoch(PaintInvariant &rPaintInvariant,
```

```
                        int n, int xa, int ya, int xb, int yb){
  double r=sqrt(3.0)/6.0;
  if(n>1){
```
$$x_M = \frac{x_A + x_B}{2} + \frac{\sqrt{3}}{6} \cdot (y_A - y_B)$$

```
    double xc, yc, xm, ym, xd, yd;
    xm=(xa+xb)/2+r*(ya-yb);
    ym=(ya+yb)/2+r*(xb-xa);
    xc=(2*xa+xb)/3; yc=(2*ya+yb)/3;
    xd=(xa+2*xb)/3; yd=(ya+2*yb)/3;
```

$$y_M = \frac{y_A + y_B}{2} + \frac{\sqrt{3}}{6} \cdot (x_B - x_A)$$

$$x_C = \frac{2x_A + x_B}{3}, \quad y_C = \frac{2y_A + y_B}{3}$$

$$x_D = \frac{x_A + 2x_B}{3}, \quad y_D = \frac{y_A + 2y_B}{3}$$

```
    _drawKoch(rPaintInvariant, n-1,
              (int)xa, (int)ya, (int)xc, (int)yc);
    _drawKoch(rPaintInvariant, n-1,
              (int)xc, (int)yc, (int)xm, (int)ym);
    _drawKoch(rPaintInvariant, n-1,
              (int)xm, (int)ym, (int)xd, (int)yd);
    _drawKoch(rPaintInvariant, n-1,
              (int)xd, (int)yd, (int)xb, (int)yb);
  } else{
    POINT p[2];
    p[0].x=xa; p[0].y=ya;
    p[1].x=xb; p[1].y=yb;

    Polygon(rPaintInvariant.rHdc, p, 2);
  }
}
```

Zeichnet das Segment *AB*. Andere Möglichkeit:
```
MoveToEx(rPaintInvariant.rHdc,
         xa, ya, NULL);
LineTo(rPaintInvariant.rHdc, xb, yb);
```

Aufgaben

1. Berechnen Sie Fläche, die die Koch'sche Schneeflocke für eine gegebene Iteration *n* einschließt. Das Ausgangsdreieck hat die Seitenlänge *L*. Wenn die Anzahl der Iterationen gegen unendlich geht, ist zwar auch die Kurvenlänge unendlich, nicht aber der durch sie begrenzte Flächeninhalt. Berechnen Sie ihn auch für diesen Fall.

2. *Sierpinski-Dreieck.* Ein beliebiges Dreieck ist gegeben. Man halbiert die Seiten und zeichnet ein neues Dreieck, dessen Ecken auf den Mittelpunkten liegen. Dadurch entstehen vier gleich große Teildreiecke. Man entfernt das mittlere Dreieck und wiederholt die Schritte für die übrig gebliebenen Teildreiecke. Schreiben Sie ein Programm, das die Figur für eine gegebene Iteration darstellt. Beispiel:

13 Rekursion

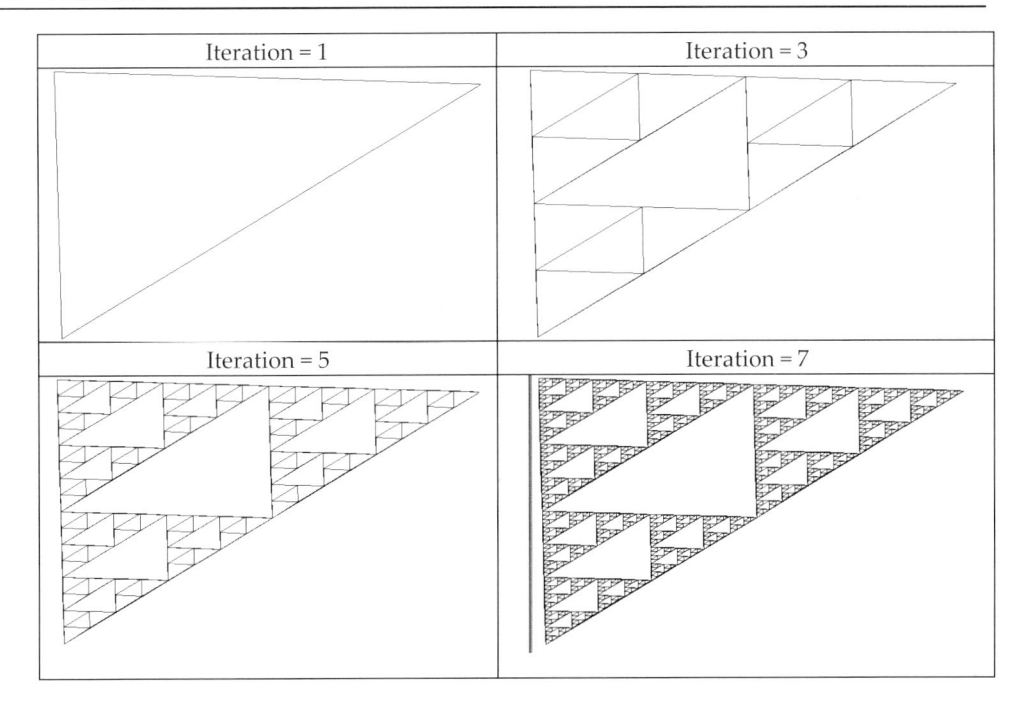

Iteration = 1	Iteration = 3
Iteration = 5	Iteration = 7

Berechnen Sie für eine gegebene Iteration n den Flächeninhalt des Sierpinski-Dreiecks. Als Ausgangsdreieck wählen Sie ein gleichseitiges Dreieck mit der Seitenlänge L. Bestimmen Sie auch den Flächeninhalt für den Fall, dass n gegen unendlich läuft.

3. *Fraktal Space-Filling.* Es sei die Menge $P(0, 1) = \{(x, y) \mid 0 < x, y < 1\}$ gegeben, d. h. die Menge aller Punkte im Inneren des Quadrats mit den Ecken $(0, 0)$, $(0, 1)$, $(1, 1)$ und $(1, 0)$. [Bar93] beschreibt und beweist eine Methode, wie eine Kurve in $P(0, 1)$ das Quadrat ausfüllen kann. Es seien die folgenden Arrays gegeben:

Index	a	b	c	d	e	f
1	0	0.5	0.5	0	0	0
2	0.5	0	0	0.5	0	0.5
3	0.5	0	0	0.5	0.5	0.5
4	0	-0.5	-0.5	0	1	0.5

Es sei K_0 eine Kurve in $P(0, 1)$. Für alle natürlichen Zahlen $i \geq 0$ wird die Kurve K_{i+1} aus der Kurve K_i gebaut, indem man jeden Punkt aus K_i durch den folgenden Punkt ersetzt: $w_n \begin{bmatrix} x \\ y \end{bmatrix} = \begin{bmatrix} a_n & b_n \\ c_n & d_n \end{bmatrix} \begin{bmatrix} x \\ y \end{bmatrix} + \begin{bmatrix} e_n \\ f_n \end{bmatrix}$ für alle $n=1, \ldots, 4$.

Es gilt also: $\begin{cases} x_{n,i+1} = a_n \cdot x_i + b_n \cdot y_i + e_n \\ y_{n,i+1} = c_n \cdot x_i + d_n \cdot y_i + f_n \end{cases}$, für alle $n=1, \ldots, 4$. Man könnte für alle i größer oder gleich 0 formal schreiben:

$K_{i+1} = \bigcup_{n=1}^{4} \{(x_{n,i+1}, y_{n,i+1}) | (x_i, y_i) \in K_i\}$.

Hier die ursprüngliche Kurve K_0:

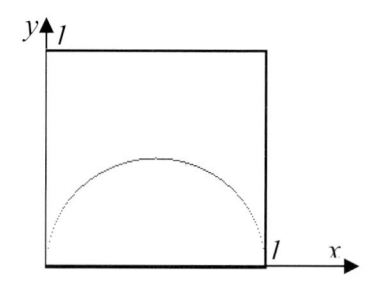

Die Kurven $K_0, K_1, \ldots, K_{11}$:

Schreiben Sie ein Programm, das verschiedene Kurven K_0 erzeugt und die ersten 12 Iterationen in der abgebildeten Art und Weise zeichnet. Über ebene Kurven kann man in [Stu67] viele zusätzliche Informationen finden.

Teile und Herrsche

14

Grundlagen

Es wird vermutet, dass der Satz Teile und Herrsche (lateinisch: *divide et impera*) von dem französischen König Ludwig XI. (1461-1483) stammt. Manche Historiker sprechen ihn auch Julius Cäsar (100 v. Chr.-44 v. Chr.) zu. Der Ausspruch soll deutlich machen, dass man seine Gegner durch das Säen von Zwist schwächen und gegeneinander ausspielen kann, um sie zu besiegen und über sie zu bestimmen.

Wir betrachten „Teile und Herrsche" aus einem wesentlich zivilisierteren Blickwinkel. Es soll uns helfen, große und komplexe Aufgaben bzw. Probleme zu bewältigen, indem wir sie in kleinere Einheiten zerlegen, die wir leichter bearbeiten und lösen können als das Gesamtproblem. Die Resultate der Teilprobleme vereinen wir schließlich zu einer Gesamtlösung. Apropos vereinen: Goethe machte sich auch Gedanken über das Herrschen: „Entzwei und gebiete! Tüchtig Wort. – Verein und leite! Bessrer Hort."

Ein Teilproblem kann wiederum in kleinere Probleme aufgespalten werden. Diese Vorgehensweise wiederholt man rekursiv, bis die Teilprobleme elementar sind und direkt gelöst werden können. Allerdings muss das Gesamtproblem auch mit der Eigenschaft ausgestattet sein, dass man es in unabhängige Teile separieren kann, die rekursiv gelöst werden können.

Die Schritte für das Lösen eines Problems mit „Teile und Herrsche":
- Teile: Zerlege das Problem rekursiv in Teilprobleme, bis die Teilprobleme so klein sind, dass sie einfach zu lösen sind;
- Herrsche: Löse die Teilprobleme;
- Herrsche: Setze die Teillösungen wieder zu einer Gesamtlösung zusammen.

Der allgemeine Algorithmus sieht so aus:

```
ALGORITHM_DivideEtImpera(P, n, S)
    If (n≤n₀) Then
        directSolve(P, n, S)
    End_If
    Else Execute
        Divide (P, n) in (P₁, n₁), (P₂, n₂), ..., (Pₖ, nₖ)
        DivideEtImpera(P₁, n₁, S₁)
        DivideEtImpera(P₂, n₂, S₂)
        ...
        DivideEtImpera(Pₖ, nₖ, Sₖ)
        Combine S₁, S₂, ..., Sₖ to obtain S
    End_Else
END_ ALGORITHM_DivideEtImpera(P, n, S)
```

Bekannte Beispiele für die Anwendung der Methode: *Türme von Hanoi, QuickSort, MergeSort*.

Problem 1. Größter gemeinsamer Teiler mehrerer Zahlen

In der Datei *numbers.in* befinden sich mehrere natürliche Zahlen (maximal 2000), die durch Leerzeichen getrennt sind. Schreiben Sie eine Methode, die den größten gemeinsamen Teiler (*ggT*) aller Zahlen der Eingabedatei liefert. Wenn *numbers.in* leer ist oder nicht existiert, dann geben Sie den Wert 0 aus.

`numbers.in`	`Bildschirm`

`45 60`
`125 345 65`
`9875 4555`
	`ggT = 5`

Problemanalyse und Entwurf der Lösung

Wir definieren den Typ *TVector*, um die Zahlen aufzunehmen. Es ist evident, dass wir den *ggT* für die erste und zweite Hälfte des Vektors berechnen können um danach die Gesamtlösung als *ggT* für die beiden Teilresultate zu erhalten. Die Abbruchbedingung ist erreicht, wenn der Vektor ein oder kein Element beinhaltet. Das folgende Programm bedarf keiner weiteren Erläuterung.

14 Teile und Herrsche

Programm

```cpp
#include <fstream>
#include <iostream>
#include <vector>

typedef std::vector<unsigned> TVector;
unsigned gcd(unsigned a, unsigned b){
  unsigned r;
  while(b){
    r = a % b;
    a = b;
    b = r;
  }
  return a;
}

unsigned Divide_et_Impera(TVector& a, int iMin, int iMax){
  if(iMin<iMax){
    int middle = (iMin+iMax)/2;
    int d1 = Divide_et_Impera(a, iMin, middle);
    int d2 = Divide_et_Impera(a, middle + 1, iMax);
    return gcd(d1, d2);
  }
  if(0<=iMin && iMin<a.size()) return a[iMin];
   else return 0;
}

int main(){
  std::ifstream f("numbers.in");
  unsigned  i, n = 0;
  TVector a;
  while(f && !f.eof() && f>>i) a.push_back(i);
  std::cout << " ggT = " << Divide_et_Impera(a, 0, a.size()-1);
  return 0;
}
```

Euklidischer Algorithmus

1. $a_1 \leftarrow a, b_1 \leftarrow b, i \leftarrow 1$
2. **While** ($b_i \neq 0$) **Do**
   - 2.1. $a_{i+1} \leftarrow b_i$
   - 2.2. $b_{i+1} \leftarrow r_i$ (=a_i **mod** b_i)
   - 2.3. $i \leftarrow i+1$

   End_While
3. $ggT(a, b) = r_{i-1}$

Aufgaben

1. Schreiben Sie ein Programm, das dieselbe Vorgehensweise anwendet, um die kleinste und größte Zahl aus *numbers.in* zu finden.
2. Schreiben Sie ein Programm, das nach einer gegeben Zahl in *numbers.in* sucht, wiederum mit der obigen Art und Weise.

Problem 2. Die Türme von Hanoi

Vermutlich hat der Franzose Edouard Lucas im Jahre 1883 eines der wohl populärsten Spiele aller Zeiten erfunden: die Türme von Hanoi. Es ist das Standardbeispiel für *Teile und Herrsche* in der Programmierliteratur. Das Spiel besteht aus drei Stäben A, B und C, auf die mehrere verschieden große Scheiben mit einem Loch in der Mitte gelegt werden. Anfangs liegen alle Scheiben auf Stab A, der Größe nach geordnet, die größte Scheibe ist unten.

Ziel des Spiels ist es, den kompletten Scheiben-Stapel von A nach C zu versetzen, wobei die Scheiben auf C so angeordnet sein sollen wie auf A.

Die Regeln des Spieles:

- es darf nur eine Scheibe pro Zug von einem Stab auf einen anderen bewegt werden
- es darf keine größere Scheibe auf eine kleinere Scheibe gelegt werden

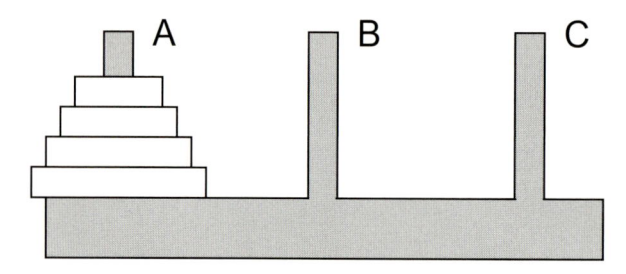

Schreiben Sie für eine natürliche Zahl n, die von der Tastatur gelesen wird, die kürzeste Sequenz von Zügen, die die Aufgabe löst, in die Datei *hanoi.out*, wie im Beispiel:

Tastatur	hanoi.out
3	(A,C) (A,B) (C,B) (A,C) (B,A) (B,C) (A,C)

Problemanalyse und Entwurf der Lösung

Die Lösung baut auf einer einfachen Bemerkung auf: Um n Scheiben von Stab A mit Hilfe des Stabs B auf den Stab C zu versetzen, muss man zuerst $n-1$ Scheiben von Stab A unter Verwendung des Stabs C auf den Stab B versetzen, dann den Zug $A \rightarrow C$ ausführen und danach $n-1$ Scheiben von Stab B mittels Stab A auf den Stab C bringen, d.h.:

$$Hanoi(n, A, C, B) = \begin{cases} A \rightarrow C, & \text{wenn } n = 1 \\ Hanoi(n-1, A, B, C), A \rightarrow C, Hanoi(n-1, B, C, A), & \text{anderenfalls} \end{cases}$$

14 Teile und Herrsche

Programm

```cpp
#include <fstream>
#include <iostream>

std::ofstream f("hanoi.out");

void write(char A, char B){
  f << "(" << A << ","<< B <<")";
}

void Hanoi(int n, char A, char C, char B){
  if (1==n) write(A, C);
  else{
    Hanoi(n-1, A, B, C);
    write(A, C);
    Hanoi(n-1, B, C, A);
  }
}

int main(){
  int n;
  std::cout << " n = ";
  std::cin >> n;
  Hanoi(n, 'A', 'C', 'B');
  return 0;
}
```

Aufgaben

1. Beweisen Sie, dass die Anzahl der Züge $2^n - 1$ ist.
2. Schreiben Sie ein Programm, das eine schöne graphische Ausgabe der Lösung erzeugt.
3. Schreiben Sie einen nicht-rekursiven Algorithmus, der das Problem mit minimaler Anzahl der Züge löst: Bewegen Sie bei jedem Zug, der an einer ungeraden Stelle in der Zugsequenz steht, die kleinste Scheibe von ihrem aktuellen Stab auf den nächsten Stab in der zyklischen Sequenz *ABCABCABC...* Bei einem „geraden" Zug verschieben Sie die Scheibe, die nicht die kleinste ist (es kommt nur eine in Frage, die man auf eine größere Scheibe verschieben kann). Entwickeln Sie ein Programm für diesen Algorithmus.
4. Das obige Programm speichert $2^n - 1$ Züge in die Ausgabedatei. Entwerfen Sie ein Programm, das für zwei gegebene Zahlen n ($0 \leq n \leq 100$) und m ($0 \leq m \leq 2^n - 1$) den m-ten Zug ausgibt.

Problem 3. Integral mit Trapezregel

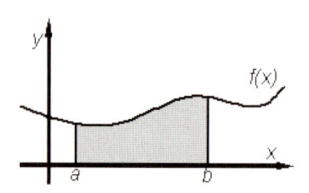

Unter einem Integral einer Funktion versteht man im zweidimensionalen Raum die Fläche zwischen der x-Achse und dem Funktionsgraphen. Wenn es sich um eine Funktion mit zwei Varia-blen handelt, kennzeichnet das Integral ein Volumen. Die sogenannte Trapezregel ist ein bekanntes mathematisches Verfahren, um das Integral einer Funktion im Intervall [a,b] (also die blaue Fläche im Bild) numerisch anzunähern. Man baut ein Trapez in den Bereich ein, der von der x-Achse und dem Graphen der Funktion in diesem Intervall aufgespannt wird, und bestimmt die Trapezfläche. Um eine bessere Annäherung zu erhalten, zerlegt man das Intervall in mehrere Teile und baut dafür separate Trapeze ein.

Berechnen Sie $\int_a^b \frac{1}{1+x^2} dx$ mit Benutzung der Trapezregel, wobei die Höhe jedes einzelnen Trapezes kleiner als *eps*=0.0001 sein soll. In der Datei *integral.in* befinden sich mehrere Paare reeller Zahlen (a, b), $-200 \leq a, b \leq 200$, $a \leq b$, die Intervalle darstellen. Schreiben Sie in die Datei *integral.out* die berechneten Werte.

integral.in	integral.out
0 1	I(0, 1) = 0.785383
90.09 123.45	I(90.09, 123.45) = 0.00299929
-45.6 23	I(-45.6, 23) = 3.07615

Problemanalyse und Entwurf der Lösung

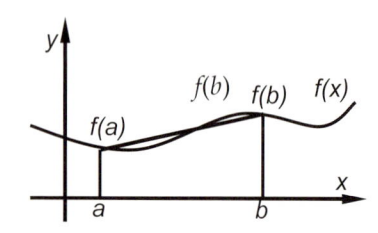

Die Fläche des Trapezes mit den Ecken (a, 0), (b, 0), ($a, f(a)$) und ($b, f(b)$) ist:

$$(b-a)\left(\frac{f(a)+f(b)}{2}\right).$$

Wir betrachten *epsilon* als Fehlerabschätzung und erhalten eine Abbruchbedingung für das Problem, wenn die Länge des gegebenen Intervalls größer oder gleich *epsilon* ist. In diesem Fall wird das Integral durch die Fläche des entsprechenden Trapezes approximiert.

Programm

```
#include <fstream>

const double eps=0.0001;
```

```cpp
using namespace std;

double f(double x){
  return 1/(1+x*x);
}

double integral(double a, double b){
  if(b-a>eps){
    double c=(a+b)/2;
    return integral(a,c) + integral(c, b);
  } else{
    return (b-a)*(f(b)+f(a))/2;
  }
}

int main(){
  double a, b;
  ifstream in("integral.in");
  ofstream out("integral.out");
  while(in && !in.eof() && in>>a>>b){
    out << "I("<< a <<", " << b <<") = ";
    out << integral(a, b) << "  " << endl;
  }
  return 0;
}
```

Aufgaben

1. Schreiben Sie eine iterative Variante für das Problem (summierte Sehnentrapezformel).
2. Benutzen Sie die Rechtecksregel und Teile-und-Herrsche, um die Integrale zu berechnen. Die Rechtecksregel besagt, dass in den Bereich zwischen der x-Achse und dem Funktionsgraphen Rechtecke eingebaut werden, um die Fläche anzunähern. Die Höhe eines Rechtecks für das Intervall $[a,b]$ ist $f((a+b)/2)$.

Problem 4. *QuickSort*

In der Datei *QSort.in* befinden sich mehrere natürliche Zahlen. Implementieren Sie die Methode *QuickSort* und geben Sie ihre Ergebnisse aufsteigend sortiert in die Datei *QSort.out* aus. Beispiel:

QSort.in	QSort.out
345 67 13 789 90 76 -45	-45 13 67 76 90 345 789

Problemanalyse und Entwurf der Lösung

QuickSort ist ein Algorithmus, den C.A.R. Hoare (geb. 1934) 1962 vorgestellt hat, um Daten zu sortieren. *QuickSort* arbeitet sehr schnell, wenn große Datenmengen sortiert werden sollen. Der Algorithmus nimmt irgendein Element aus den Daten heraus, das das Pivot-Element (den Umlenkpunkt) darstellt. Dann teilt er die Daten in zwei Bereiche auf. Die Daten im ersten Bereich sind größer oder gleich dem Pivot-Element, und die Elemente des zweiten Bereichs sind kleiner (innerhalb der Bereiche sind die Elemente noch nicht sortiert). Nun spaltet er die beiden Bereiche mit Hilfe neuer Pivot-Elemente weiter auf, und zwar so lange, bis ein Bereich aus genau einem Element besteht. Damit hat *QuickSort*, der im Durchschnitt als schnellster Sortieralgorithmus gilt, die Sortierung beendet.

In unserer Implementierung suchen wir als Pivot-Element das erste Element in der Sequenz *a[inf]*, *a[inf+1]*, ..., *a[sup]*, und wir verwenden die Zählvariablen *i* und *j*, mit denen wir uns nach rechts bzw. nach links bewegen. Nachdem die Daten in zwei Teilbereiche gegliedert wurden (Elemente des einen Bereichs größer gleich Pivot-Element, Elemente des anderen Bereichs kleiner Pivot-Element) platzieren wir das Pivot-Element dazwischen und rufen rekursiv die Methode *quickSort* für die beiden Bereiche auf. Die Abbruchbedingung ist erreicht, wenn die Dimension der Sequenz 1 ist (*inf=sup*).

Komplexität. Wenn die Aufteilung immer zwei Teilbereiche liefert, die etwa gleich lang sind, dann ist die Komplexität von *QuickSort* $O(n \log n)$. Der ungünstigste Fall ist dann gegeben, wenn die Zerlegung zwei Bereiche erzeugt, die sich in ihrer Länge immer deutlich unterscheiden. Für den schlimmsten Fall ist der Aufwand für *QuickSort* quadratisch. Aber wie schon erwähnt ist *QuickSort* im Mittel der leistungsfähigste aller bekannten Sortieralgorithmen.

Programm

```cpp
#include <fstream>
#include <vector>

using namespace std;

void readData(vector<int> &a){
  int aux;
  ifstream f("QSort.in");
  while(f && !f.eof() && f>>aux)
    a.push_back(aux);
}
```

```
void quickSort(vector<int> &a, int inf, int sup){
  if(inf<sup){
    int pivot = a[inf], aux;
    int i = inf + 1, j = sup;
    while(i<=j){
      while(i<=sup && a[i] <= pivot) i++;
      while(j>=inf && a[j]  > pivot) j--;
      if(i<j && i<=sup && j>=inf){
        aux = a[i];
        a[i] = a[j];
        a[j] = aux;
        i++; j--;
      }
    }
    i--;
    a[inf] = a[i]; a[i] = pivot;
    quickSort(a, inf, i-1);
    quickSort(a, i+1, sup);
  }
}

void write(vector<int> a){
  ofstream f("QSort.out");
  for(int i=0; i<a.size(); i++) f << a[i] << " ";
}

int main(){
  vector<int> a;
  readData(a);
  quickSort(a, 0, a.size()-1);
  write(a);
  return 0;
}
```

Aufgaben

1. Notieren Sie auf dem Papier die Schritte für das gegebene Beispiel (*QSort.in*).
2. Modifizieren Sie das obige Programm so, dass das Pivot-Element zufällig aus dem Intervall genommen wird.
3. Es sei ein Vektor mit *n* Elementen gegeben. Schreiben Sie einen Algorithmus der das *k*-te Element (0≤ *k*<*n*) des gedachten, sortierten Vektors ausgibt, ohne den Vektor zu sortieren.

Problem 5. *MergeSort* (Sortieren durch Verschmelzen)

In der Datei *MSort.in* befinden sich mehrere natürliche Zahlen. Implementieren Sie die Methode *MergeSort*, mit der Sie in die Datei *MSort.out* die Zahlen aufsteigend sortiert schreiben. Beispiel:

MSort.in	MSort.out
345 67 13 789 90 76 -45	-45 13 67 76 90 345 789

Problemanalyse und Entwurf der Lösung

MergeSort ist, genau wie *QuickSort*, ein effizientes Sortierungsverfahren. Das Vorgehen ist wie folgt: Der Vektor mit den Daten wird in zwei Teile aufgeteilt, und diese werden dann rekursiv sortiert. Anschließend werden sie zu dem sortierten Vektor verschmolzen, was mit linearer Komplexität erfolgt, weil die beiden Teile sortiert waren. Die Komplexität des Algorithmus ist stets $O(n \log n)$, die tatsächliche Laufzeit aber meist länger als bei Quicksort.

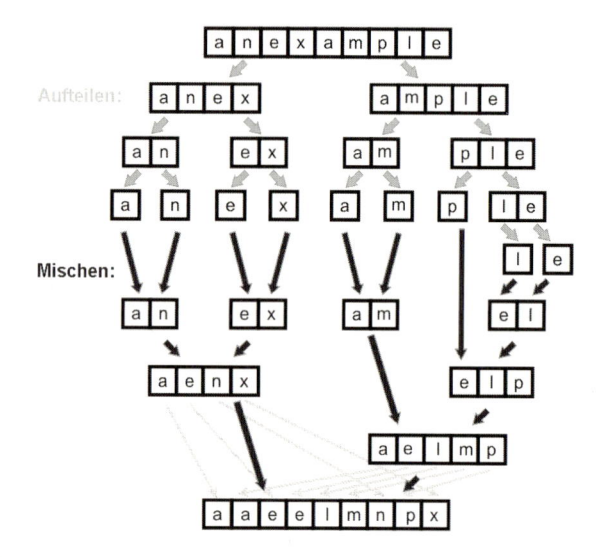

Programm

```
#include <fstream>
#include <vector>

using namespace std;
template <class C>

void mergeSort(C& v){
  if (v.size()<=1) return;
```

```
    C v1(v.size()/2);
    C v2(v.size()-v1.size());
    for (int i=0; i<v1.size(); i=i+1) v1[i]=v[i];
    for (int i=0; i<v2.size(); i=i+1) v2[i]=v[i+v1.size()];
    mergeSort(v1);
    mergeSort(v2);
    int i1=0, i2=0;
    for (int k=0; k<v1.size()+v2.size(); k=k+1)
      if ((i2>=v2.size()) || (i1<v1.size() && v1[i1]<=v2[i2])){
        v[k] = v1[i1]; i1 = i1+1;
      }
      else{
        v[k] = v2[i2]; i2 = i2+1;
      }
}

int main(){
  vector<int> v;
  int aux;
  ifstream in("MSort.in");
  ofstream out("MSort.out");
  while(in && !in.eof() && in>>aux) v.push_back(aux);
  mergeSort(v);
  for(int i=0; i<v.size(); i++) out<<v[i]<<" ";
  return 0;
}
```

Aufgabe

Modifizieren Sie das Programm so, dass die Methode *MergeSort* drei Parameter hat: *Vektor v*, *int inf* und *int sup* mit der Bedeutung, dass *inf* und *sup* die Stellen sind, zwischen denen der Vektor sortiert wird:

```
void mergeSort(C& v, int inf, int sup){...}
```

Problem 6. *Quad-Bäume*

Quad-Bäume sind Bäume, deren innere Knoten maximal vier Kinder haben dürfen. Sie werden u.a. zur Bilddarstellung eingesetzt. *Point region (pr) Quad-Bäume* sind spezielle *Quad*-Bäume, in denen jeder Knoten entweder genau vier oder gar keine Kinder hat. Wir betrachten nun einen Anwendungsfall für so einen Baum.
Der zugrunde liegende Gedanke ist der, dass man ein Bild in vier Bereiche (Quadranten) aufteilen kann. Jeder Quadrant kann wiederum in vier Teilquadranten zerlegt werden usw. In einem *point region* *Quad*-Baum wird ein Bild durch die Wurzel repräsentiert, und die vier Quadranten durch die vier Kindknoten (in einer gegebenen Rei-

henfolge). Ein einfarbiges Bild wird lediglich durch einen Knoten, der Wurzel, beschrieben. Ein Quadrant wird nur dann weiter in Subquadranten zerlegt, wenn er unterschiedliche Farben enthält. Wir sehen, dass dieser Spezialbaum nicht vollständig sein muss, d.h. die Blätter des Baumes müssen nicht alle auf derselben Tiefe liegen.

Ein Fotograf knipst Schwarzweißfotos mit je 32 Bildpunkten horizontal und vertikal. Er "addiert" zwei Bilder, um daraus ein neues zu erzeugen. Im Ergebnisbild wird ein Pixel schwarz, wenn mindestens eines der beiden Pixel in den Quellbildern schwarz war. Der Fotograf bildet sich ein, dass er ein Bild umso teurer verkaufen kann, je mehr schwarze Bildpunkte es hat. Deshalb wüsste er gerne schon, bevor er zwei Bilder vereint, wieviel Schwarzanteil das Ergebnisbild mitbringen wird.

Sie sollen ein Programm schreiben, das anhand gegebener *Quad*-Baum-Darstellungen zweier Bilder die Anzahl der schwarzen Pixel des resultierenden Bildes berechnet. In der Abbildung sehen Sie ein Beispiel, zuerst die Reihenfolge der Quadrantenzerlegung, dann die Bilder, die *point region Quad*-Bäume, die *pre-order*-Strings (wird unten erklärt) und schließlich die Anzahl der schwarzen Pixel.

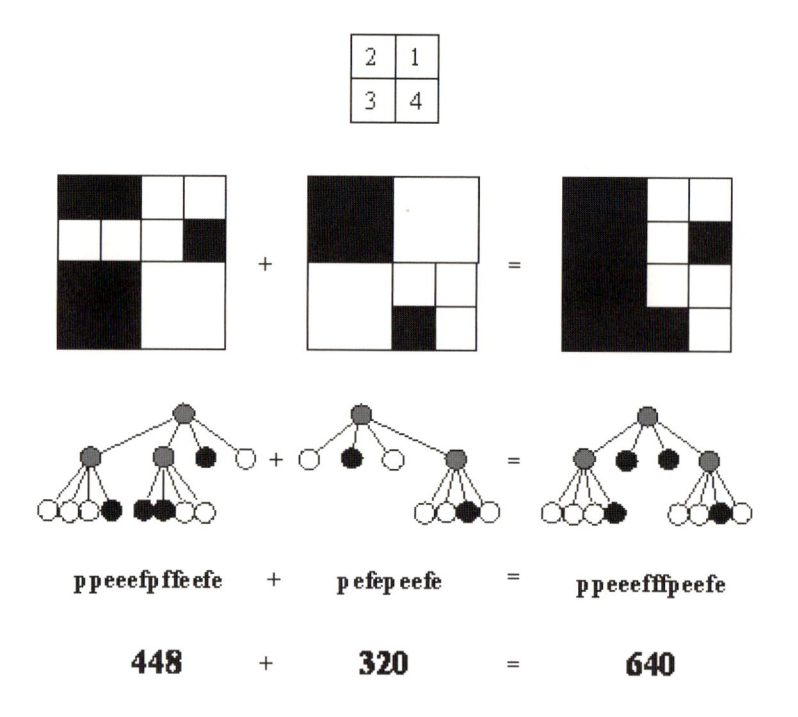

Eingabe: In der Datei *quad.in* befinden sich mehrere Paare von Quad-Bäumen, die in ihrer *pre-order*-Darstellung spezifiziert sind. Der Buchstabe *p* stellt einen Vaterknoten

14 Teile und Herrsche

dar, *f* einen schwarz gefüllten und *e* einen weiß gefüllten Kindknoten. Jeder String steht also für ein gültigen *point region* Quad-Baum. *Ausgabe:* Schreiben Sie in die Datei *quad.out* für jedes Eingabepaar die drei Zeilen, wie im Beispiel:

quad.in	quad.out
ppeeefpffeefe pefepeefe	ppeeefpffeefe + pefepeefe = ppeeefffpeefe 448 + 320 = 640 ------------------------------------
peeef peefe	peeef + peefe = peeff 256 + 256 = 512 ------------------------------------
peeef peepefefe	peeef + peepefefe = peepefeff 256 + 128 = 384 ------------------------------------
ppeeefffpeefe peepefeff	ppeeefffpeefe + peepefeff = ppeeeffff 640 + 384 = 832 ------------------------------------
e pfffe	e + pfffe = pfffe 0 + 768 = 768 ------------------------------------

(*ACM, West-European Regional, 1994-1995, modifiziert*)

Problemanalyse und Entwurf der Lösung

Wir werden ein C-Programm entwerfen, die Umwandlung in C++ ist eine Übung für Sie. Die rekursive Methode *unifyTrees()* berechnet für zwei durch *pre-order*-Strings gekennzeichnete Quad-Bäume die „Summe" (Anzahl schwarzer Pixel) in der Variablen *s*. Wenn die beiden gegebenen Bäume nicht Blätter sind, also aus mehr als einem Knoten bestehen, dann werden die Teilbäume extrahiert und die Methode wird für den Teilbaum *i* des ersten Baums und den Teilbaum *i* des zweiten Baums (*i*=1, ...,4) rekursiv aufgerufen. Um einen Teilbaum zu extrahieren, der an einer bestimmten Stelle beginnt, benutzen wir die Methode:

```
void subTree(string ss, string sr, int &t) {...}
```

wobei die Zeichenkette *ss* den Eingabebaum, *sr* den zurückgelieferten Teilbaum und *t* die Position in *ss*, bei der der Teilbaum anfängt, repräsentiert. Die gegebene Zeichenkette wird von links nach rechts erfasst. In der Variablen *n* speichern wir die Anzahl der Knoten, die noch zu lesen sind. Ist *n* Null, wissen wir, dass der Teilbaum verarbeitet wurde. Wird ein *p* eingelesen, müssen wir seine 4 Kinder lesen, d.h. wir sollten 4 zu *n* addieren. Weil *p* kein Blatt sein kann, folgt, dass *n* um 1 vermindert werden sollte. Insgesamt zählen wir deswegen 3 zu *n* hinzu. Wenn die Buchstaben *f* oder *e* eingelesen werden, vermindern wir *n* um 1.

Programm in C

```c
#include <string.h>
#include <stdio.h>

typedef char string[1366];

int k = 0;
string s, t1, t2;
int i1, i2 ;
FILE  *fIn  = fopen ("quad.in", "r");
FILE  *fOut = fopen("quad.out", "w");

int isLeaf(char c){
   return 'e'==c || 'f'==c;
}

void subTree(string ss, string sr, int &t){
   if('p'==ss[t]){
      int l = 0;
      int n = 1;
      while (n && t<strlen(ss)){
         if (isLeaf(ss[t])) n--;
         else    n += 3;
         sr[l++] = ss[t++];
      }
      sr[l] = '\0';
   }
   else {
      sr[0] = ss[t];
      sr[1] = '\0';
      t++;
   }
}

int getValue(string ss, int v){
   if ('p'==ss[0]){
      string sr;
      int t = 1, suma = 0;
      for(int i=0; i<4; i++){
         subTree(ss, sr, t);
         suma += getValue( sr, v / 4 );
      }
      return suma;
   }
   else
      if ('f'== ss[0])
         return v;
```

```
    return 0;
}

void unifyTrees(string t1, string t2){
  if ('p'== t1[0] && 'p'==t2[0]) {
    strcat(s, "p");
    int i1 = 1, i2 = 1;
    string sr1, sr2;
    for(int i=0; i<4; i++){
      subTree(t1, sr1, i1);
      subTree(t2, sr2, i2);
      unifyTrees(sr1, sr2);
    };
  }
  else
    if (t1[0]=='f' || t2[0]=='f') strcat(s, "f");
    else if ('e'==t2[0]) strcat(s, t1);
    else if ('e'==t1[0]) strcat(s, t2);
}

int read(){
  if(!feof(fIn)){
    strcpy(s, "");
    return fscanf(fIn, "%s %s\n", t1, t2);
  }
  return 0;
}

void write(){
  fprintf(fOut, "%s + %s = %s\n", t1, t2, s);
  fprintf(fOut, "%d + %d = %d\n", getValue(t1, 1024),
    getValue(t2, 1024), getValue(s, 1024));
  fprintf(fOut,"-------------------------------------\n");
}

int main(){
  while(read()){
    unifyTrees(t1, t2);
    write();
  }
  return 0;
}
```

Aufgabe

Die Kantenlänge eines (quadratischen) Fotos sei n. Berechnen Sie für einen gegebenen Quad-Baum den Flächeninhalt, den die schwarzen Pixel belegen.

Problem 7. Diskrete Fourier-Transformation (DFT)

Die Diskrete Fourier-Transformation ist das wichtigste Werkzeug der digitalen Signalverarbeitung und wird zur Kodierung und Dekodierung von Signalen auf Frequenzebene verwendet. Der bekannte MP3-Kompressionsalgorithmus nutzt sie zum Beispiel. Ein weiteres Einsatzgebiet ist die Breitbanddatenübertragung mittels OFDM, das Grundlage für ADSL, WLAN, DVB-T und DAB (Radio) ist. Schreiben Sie ein Programm, das die Diskrete Fourier-Transformation eines Koeffizientenvektors $a = (a_0, a_1, ..., a_{n-1})$ berechnet.

Es seien die $\omega_n^0, \omega_n^1, \omega_n^2, ..., \omega_n^{n-1}$ die n Wurzeln von $X^n - 1 = 0$ (Einheitswurzeln).
Wir definieren das Polynom $P(x) = \sum_{j=0}^{n-1} a_j \cdot x^j$. Die Diskrete Fourier-Transformation von a ist dann $y = (P(\omega_n^0), P(\omega_n^1), ..., P(\omega_n^{n-1}))$. Wir schreiben $y=DFT_n(a)$.

Eingabe: In der Datei *fourier.in* befindet sich der Koeffizientenvektor a, dessen Elemente als komplexe Zahlen (angegeben durch Real- und Imaginärteil in einer Zeile) gegeben sind. Die Anzahl der Elemente im Vektor a ist eine Potenz von 2. *Ausgabe:* Schreiben Sie in *fourier.out* die Diskrete Fourier- Transformation y für a.

fourier.in	fourier.out
3.45 2.1	17.47 130
0.8 7.6	52.6993 -87.8464
-5.4 3.1	-33.12 10.83
-7.4 2.1	-33.8606 -17.3687
7.6 43.21	11.35 52.82
6.54 32.1	18.8007 -22.6936
8.76 43	48.5 -12.41
3.12 -3.21	-54.2394 -36.5313

Problemanalyse und Entwurf der Lösung

Die naive Methode hat die Laufzeit $O(n^2)$. Ist n eine Zweierpotenz, lässt sich dies stark verbessern: mit lediglich $O(n \log n)$ arbeitet die *schnelle Fourier-Transformation FFT* (engl. *Fast Fourier Transformation*).

Die FFT nutzt das *Teile und Herrsche*-Prinzip. Sie arbeitet mit zwei neuen Polynomen $A_0(x)$ und $A_1(x)$ mit Gradschranke $n/2$, die aus der separaten Verwendung der Koeffizienten von $P(x)$ mit geradzahligem und ungeradzahligem Index entstanden sind:

14 Teile und Herrsche

$$A_0(x) = a_0 + a_2 x + a_4 x^2 + \ldots + a_{n-2} x^{\frac{n}{2}-1},$$

$$A_1(x) = a_1 + a_3 x + a_5 x^2 + \ldots + a_{n-1} x^{\frac{n}{2}-1}$$

Hieraus folgt: $P(x) = A_0(x^2) + x A_1(x^2)$ \hfill (1)

$P(x)$ bestimmen wir an den Stellen $\omega_n^0, \omega_n^1, \omega_n^2, \ldots, \omega_n^{n-1}$ so:

1. wir bestimmen $A_0(x)$ und $A_1(x)$ (Gradschranke $n/2$) an den Stellen $(\omega_n^0)^2, (\omega_n^1)^2, (\omega_n^2)^2, \ldots, (\omega_n^{n-1})^2$.
2. und erhalten durch (1) $P(x)$.

Der Algorithmus sieht so aus:

ALGORITHM_FFT(Vector a)

1. $n \leftarrow \text{size}(a)$
2. **If** ($n=1$) **return** a
3. $\omega_n \leftarrow \cos \dfrac{2\pi}{n} + i \sin \dfrac{2\pi}{n}$
4. $\omega \leftarrow 1$
5. $A_0 \leftarrow (a_0, a_2, \ldots, a_{n-2})$
6. $A_1 \leftarrow (a_1, a_3, \ldots, a_{n-1})$
7. $Y_0 \leftarrow Divide\_Et\_ImperaFFT(A_0)$
8. $Y_1 \leftarrow Divide\_Et\_ImperaFFT(A_1)$
9. **For** ($k \leftarrow 0$; $k \leq n/2-1$; step 1)

   $y_k \leftarrow Y_0(k) + \omega \cdot Y_1(k)$

   $y_{k+\frac{n}{2}} \leftarrow Y_0(k) - \omega \cdot Y_1(k)$

   $\omega \leftarrow \omega \cdot \omega_n$

   End_For
10. **return** y

END_ALGORITHM _FFT(Vector a)

Um die komplexen Zahlen darzustellen, schreiben wir die Klasse *Complex*, die auch die nötigen Operatoren (+, -, *, >>, <<) überlädt. Die Methode *FFT()* liefert die Diskrete Fourier-Transformation auf Basis des obigen Algorithmus zurück. Wir benötigen in unseren Berechnungen die Kreiszahl π, die wir ziemlich genau durch folgende Formeln berechnen können: $\tan\frac{\pi}{4}=1$ oder $\cos\frac{\pi}{2}=0 \Rightarrow \pi = 4\cdot\arctan 1$ oder $\pi = 2\cdot\arccos 0$.

Programm

```
#include <fstream>
#include <vector>
#include <cmath>

double const PI(4*atan(1.0));
using namespace std;
class Complex{
  private:
    double _re, _im;
  public:
    Complex (){_re=0; _im=0;};
    Complex(double re, double im){
      _re=re; _im=im;
    }
    ~Complex(){};
    Complex operator+(Complex&);
    Complex operator-(Complex&);
    Complex operator*(Complex&);
    friend istream& operator>>(istream&, Complex&);
    friend ostream& operator<<(ostream&, Complex&);
    void setRe(double re){ _re=re;};
    void setIm(double im){ _im=im;};
};

inline Complex Complex::operator+(Complex&z){
  return Complex(_re+z._re, _im+z._im);
}

inline Complex Complex::operator-(Complex&z){
  return Complex(_re-z._re, _im-z._im);
}

inline Complex Complex::operator*(Complex&z){
  return Complex(_re*z._re-_im*z._im, _re*z._im+_im*z._re);
}

istream& operator>>(istream& is, Complex& z){
  is >>z._re>>z._im;
  return is;
}
```

```
ostream& operator<<(ostream& os, Complex& z){
  os<<z._re<<" "<<z._im;
  return os;
}

vector<Complex> FFT(vector<Complex> a){
  int i, n=a.size();
  if(n<=1) return a;
  Complex wn(cos(2*PI/n), sin(2*PI/n));
  Complex w(1.0, 0.0);
  vector<Complex> a0, a1, y0, y1, y;
  for(i=0; i<n; i++){
    if(i%2==0)a0.push_back(a[i]);
    else a1.push_back(a[i]);
    y.push_back(Complex(0, 0));
  }
  y0=FFT(a0);
  y1=FFT(a1);
  for(i=0; i<n/2; i++){
    y[i]=y0[i]+w*y1[i];
    y[i+n/2]=y0[i]-w*y1[i];
    w=w*wn;
  }
  return y;
}

int main(){
  vector<Complex> a, y;
  Complex w, aux, E, res;
  ifstream in("fourier.in");
  ofstream out("fourier.out");
  while(in && !in.eof() && in>>aux){
    a.push_back(aux);
  }
  int n=a.size();
  y=FFT(a);
  for(int i=0; i<y.size(); i++)
      out <<y[i]<<endl;
  return 0;
}
```

Aufgaben

1. Erweitern Sie die Klasse *Complex* mit den Operatoren +=, *=, -= und verwenden Sie sie danach in der *FFT()* Methode.

2. Berechnen Sie mit einer naiven Methode die Diskrete Fourier-Transformation für jede beliebige Gradschranke und verwenden Sie sie im Programm. Betrachten Sie die folgende Variante:

```
vector<Complex> y;
w.setRe(1);
w.setIm(0);
for(int k=0; k<n; k++){
   Complex yk(0, 0);
   E.setRe(cos(2*pi*k/n)); E.setIm(sin(2*pi*k/n));
   w.setRe(1); w.setIm(0);
   for(int j=0; j<n; j++){
      yk = yk+a[j]*w;
      w=w*E;
   }
   y.push_back(yk);
}
```

Don Quijotes Windmühlen, Castilla la Mancha, Spanien

Pray look better, Sir... those things yonder are no giants, but windmills.
Miguel de Cervantes

Backtracking

15

Das *Backtracking*-Verfahren ist sehr bekannt, und man kann damit viele Probleme lösen. Eines dieser Probleme, das in fast jeder Lektüre über *Backtracking* erscheint, ist das *Problem der n Damen*. Jemand hat sogar einmal behauptet: „*Wenn man Backtracking sagt, dann sagt man n Damen, und wenn man n Damen sagt, dann sagt man Backtracking!*". Wir werden deswegen mit diesem berühmten, einfach zu beschreibenden, aber nicht trivial zu lösenden Problem anfangen.

Problem 1. Das Problem der *n* Damen

Geschichte. Der bayerische Schachmeister Max Bezzel (1824-1871) hat das Problem der 8 Damen 1848 in der „Berliner Schachzeitung" erstmalig vorgestellt, indem er nach der Anzahl der möglichen Lösungen fragte. Die korrekte Antwort 92 wurde im Jahre 1850 von Dr. Franz Nauck in der "Leipziger Illustrierten Zeitung" bekannt gegeben. Weil sich auch Carl Friedrich Gauß mit dem Problem befasste, wird es oft fälschlich auf ihn zurückgeführt. Nauck war es, der wissen wollte, wie viele Möglichkeiten der Aufstellung es für n Damen auf einem $n \times n$-Schachbrett gab, und damit das Problem verallgemeinerte.

Erst 1991 konnte B. Bernhardsson eine Lösung des allgemeinen Damenproblems im *ACM SIGART* Bulletin, Vol. 2, No. 7 angeben. Und 1992 stellten Demirörs, Rafraf und Tanik eine Äquivalenz zwischen *magischen Quadraten* und dem Damenproblem vor.

Problem. Es sei ein quadratisches Schachbrett mit $n \times n$ Feldern gegeben. Bestimmen Sie alle Möglichkeiten, wie man n Damen auf diesem Schachbrett positionieren kann, so dass sie sich nicht gegenseitig schlagen. Zwei Damen schlagen sich gegenseitig, wenn sie sich auf der gleichen waagrechten Reihe, senkrechten Spalte oder Diagonalen befinden. Wir nehmen an, dass $4 \leq n \leq 20$.

Eingabe: über die Tastatur geben Sie die Spaltenanzahl n des Brettes ein. *Ausgabe*: in die Datei *nQueens.out* schreiben Sie die Spaltenposition jeder Dame, wie im Beispiel. In der letzten Zeile geben Sie zuerst n und dann die Anzahl der Lösungen aus.

Tastatur	nQueens.out
n = 4	2 4 1 3 3 1 4 2 4 2
n = 8	1 5 8 6 3 7 2 4 1 6 8 3 7 4 2 5 ... 6 3 1 7 5 8 2 4 ... 8 3 1 6 2 5 7 4 8 4 1 3 6 2 7 5 8 92

Problemanalyse und Entwurf der Lösung

Wir stellen uns vor, dass $n = 4$ ist. Wir wollen alle Möglichkeiten finden, wie man vier Damen auf einem Brett mit 4×4 Feldern aufstellen kann, so dass sie sich nicht gegenseitig schlagen.

Wie können wir vorgehen? Wir platzieren eine Dame im Feld (1, 1), danach versuchen wir die zweite Dame in der zweiten Reihe zu platzieren; wir bemerken, dass die erste mögliche Position in der zweiten Reihe von links beginnend das Feld (2, 3) ist (auf den beiden Feldern davor schlagen sich die Damen). Die zweite Dame befindet sich also im Feld (2, 3), siehe Abbildung 1.

Weiter stellen wir fest, dass es nicht möglich ist, eine Dame in der dritten Reihe aufzustellen: Feld 1 wird durch die erste Dame verhindert, und aufgrund der Dame in der zweiten Reihe sind auch die Felder 2, 3 und 4 ungültig (Abbildung 2). Mit dieser Positionierung der ersten beiden Damen macht es keinen Sinn, weiter nach einer Lösung zu suchen, denn es gibt keine.

Wir kehren zur zweiten Reihe zurück und rücken die zweite Dame ein Feld nach rechts (Abbildung 3). In der dritten Reihe ist das zweite Feld geeignet, um die dritte Dame zu beherbergen (Abbildung 4). Die letzte Dame kann nicht in der vierten Reihe platziert werden, ohne eine der bereits aufgestellten Damen zu attackieren (Abbildung 5).

Wir haben schon gelernt, dass wir nun zur Vorgängerreihe aufsteigen müssen, um das nächste rechts vom „alten" Feld 2 liegende geeignete Feld zu finden. Aber wir werden in der dritten Reihe nicht fündig, weil Feld 3 und 4 durch die zweite Dame blockiert sind. Also gehen wir zu Reihe 2, befinden uns dort aber bereits ganz rechts.

Es folgt, dass wir zur ersten Reihe zurückkehren müssen und Feld 2 als nächstes geeignetes Feld identifizieren (Abbildung 6). Für die zweite Dame kommt in der zweiten

Reihe nur das letzte Feld in Frage (Abbildung 7). Die dritte Dame kann nur in das erste Feld der dritten Reihe gesetzt werden (Abbildung 8). Schließlich bleibt für die letzte Dame nur das dritte Feld in Reihe 4 (Abbildung 9). Nun sind die vier Damen platziert, und wir haben eine Lösung für das Problem.

Um eine mögliche weitere Lösung zu finden, werden wir, wie oben beschrieben, weiter machen. Nach ein paar Schritten gelangt man so zur Lösung, die in Abbildung 10 gezeigt ist. (Man sieht, dass diese Lösung eine Spiegelung der ersten Lösung ist).

Die Suche der nächsten Lösung mündet in Abbildung 11 und ein Aufsteigen in Reihe 0 ist nicht möglich. In diesem Moment endet der Algorithmus, und alle Lösungen für $n = 4$ wurden bestimmt.

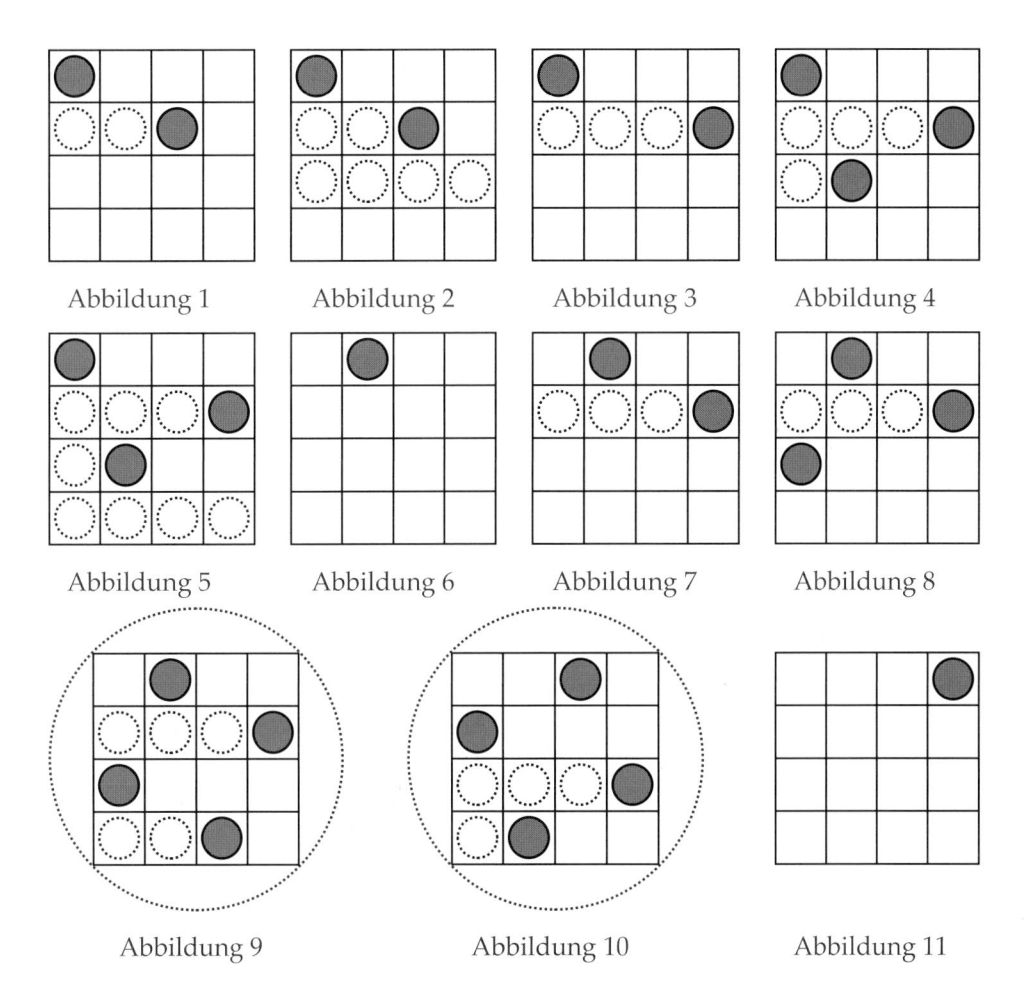

Abbildung 1

Abbildung 2

Abbildung 3

Abbildung 4

Abbildung 5

Abbildung 6

Abbildung 7

Abbildung 8

Abbildung 9

Abbildung 10

Abbildung 11

Wir stellen fest:

1. In jeder Reihe gibt es genau eine Dame.
2. In jeder Spalte gibt es genau eine Dame.
3. Wir können die Lösung als ein eindimensionales Array x[] darstellen mit der Bedeutung: x[i] ist die Spalte, in der wir die i-te Dame platzieren. Die erste Lösung kann man also als x[4] = {2, 4, 1, 3} darstellen, die zweite Lösung als x[4] = {3, 1, 4, 2}. Diese Darstellung gewährleistet, dass es auf jeder Reihe nur eine Dame gibt.
4. Eine nötige Bedingung, dass sich die Damen i und j nicht gegenseitig schlagen, ist: x[i] ≠ x[j] (die Spalten müssen unterschiedlich sein).
5. Für zwei Damen i und j, i < j, gilt eine weitere nötige Bedingung: sie dürfen sich nicht auf einer gemeinsamen Diagonalen befinden. Wir könnten eine dieser Möglichkeiten haben:

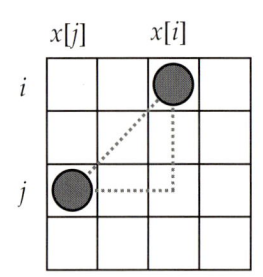

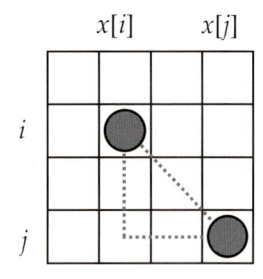

- im ersten Fall ist die Bedingung: $j - i = x[i] - x[j]$
- im zweiten Fall ist die Bedingung: $j - i = x[j] - x[i]$

Wenn wir die beiden Bedingungen vereinen, erhalten wir:
$$j - i = |x[i] - x[j]|.$$

Zusammengefasst kann der vorgestellte Algorithmus so geschrieben werden:

ALGORITHM_N_DAMEN

    $line \leftarrow 1$
    $x[1] \leftarrow 0$
    While ($line > 0$) **Execute**
        $pos \leftarrow$ erste nicht analysierte Spalte auf der Reihe *line*,
               auf der eine Dame sich nicht mit Damen von
               1,2, ..., *line*-1 schlägt
        If (*pos* existiert) **Then**
            $x[line] \leftarrow pos$
            If ($line = n$) **Then**
                $WriteSolution(x[1], x[2], ..., x[n])$
            End_If
        Else
            If ($line < n$) **Then**
                $line \leftarrow line + 1$ // Schritt nach vorne (forward)
                $x[line] \leftarrow 0$ // wir setzen die Startspalte auf 0
            End_If
            Else Execute
                $line \leftarrow line - 1$ // Schritt zurück (backward)
        End_Else
        End_If
    End_While
END_ALGORITHM_N_DAMEN

Das folgende Programm implementiert diesen Algorithmus. Die Zeilen sind nummeriert, damit wir uns bei den folgenden Problemen darauf referenzieren können. Das Programm nennen wir *BP*.

Programm *BP*

```cpp
 1: #include <fstream>
 2: #include <iostream>
 3: #include <vector>

 4: using namespace std;

 5: void writeSolution(vector<short> &x, ofstream &fout){
 6:   for(int i=0; i<x.size(); i++)
 7:     fout << x[i]+1 << " ";
 8:   fout << endl;
 9: }

10: int main(){
11:   short n, k, i, noSol=0;
12:   vector<short> x;
13:   bool flag;
14:   cout << " n = "; cin >> n;
15:   ofstream fout("nQueens.out");
16:   x.push_back(-1);
17:   while(!x.empty()){
18:     k = x.size()-1;
19:     flag = false;
20:     while(!flag && x[k]<n-1){
21:       x[k]++; flag = true;
22:       for(i=0; i<k; i++)
23:         if(x[i]==x[k]||abs(x[i]-x[k])==k-i) flag=false;
24:     }
25:     if(flag){
26:       if(k==n-1){
27:         writeSolution(x, fout);
28:         noSol++;
29:       }else
30:         x.push_back(-1);
31:     }else x.pop_back();
32:   }
33:   fout << n << " " << noSol;
34:   return 0;
35: }
```

Bemerkungen: Die *while*-Schleife in Zeile 17 wird ausgeführt, solange wir uns auf einer gültigen Reihe (zwischen 0 und *n*-1) befinden. In Zeile 20 folgt eine *while*-Schleife, die die nächst mögliche Spalte *x[k]* sucht, so dass die Dame, die in der Reihe *k* auf die Spalte *x[k]* platziert werden soll, sich nicht mit den Damen der Vorgängerreihen schlägt.

Wenn es eine „ungefährdete" Spalte $x[k]$ gibt (die *if*-Anweisung in Zeile 25 prüft das), dann befinden wir uns entweder in der letzten Reihe (Zeile 26) und haben eine komplette Lösung, oder wir sind auf einer inneren Reihe und gehen zur nächsten und Zeile 30 setzt die Spalte auf 0. Wenn in Reihe k keine „ungefährdete" Spalte gefunden werden kann, dann gehen wir eine Reihe zurück (Zeile 31).

Bei der Ausführung des Programms bemerken wir, dass die Laufzeit sehr schnell mit n wächst, die Komplexität des Algorithmus ist exponentiell.

Allgemeine Bemerkungen zum *Backtracking*-Verfahren

Obwohl *Backtracking* die vollständige Suche verbessert (beispielsweise generieren wir nicht den Vektor (1 1…1) und prüfen danach die Bedingungen, sondern wir stellen frühzeitig fest, dass (1 1…) zu keiner Lösung führen kann!), ist die Laufzeit trotzdem exponentiell. *Backtracking* verwendet man erst nachdem man verifiziert hat, dass es keine effizienteren Lösungsmöglichkeiten gibt (z.B. ein polynomieller Algorithmus). Für die Gruppe der durch *Backtracking* lösbaren Probleme gilt:

- Meistens sind für einen Eingabefall alle möglichen Lösungen gefragt.
- Eine Lösung könnte anhand eines Vektors repräsentiert werden, der nicht zwangsläufig aus einer festen Anzahl von Elementen besteht.
- Eine Lösung kann schrittweise aufgebaut werden: $x[1], x[2], …x[k]$.
- Im Moment k können wir testen, ob der zum k-ten Element zugehörige Wert $x[k]$ zu einer Problemlösung führt, wenn die Werte $x[1], x[2], …x[k-1]$ bereits bestimmt wurden.
- Wir können erkennen, ob wir eine Lösung des Problems gefunden haben.

Abhängig vom Lösungstyp kann ein *Backtracking*-Problem in mehrere Kategorien eingeordnet werden: *lineares Backtracking mit fester Länge* (n-Damen-Problem), *Backtracking mit einer beliebig langen Lösung* (die Partitionen einer natürlichen Zahl), *Backtracking in der Ebene* (alle Züge des Springers auf dem Schachbrett, Labyrinthproblem, Fotoproblem, das Ballproblem).

Wir betrachten nun einen weiteren allgemeinen Algorithmus für *Backtracking*. Wir nehmen an, dass die Elemente des Vektors $x[]$ Werte aus den Mengen $A_1, A_2, …, A_n$ annehmen können.

Der Algorithmus kann zusammengefasst werden:

ALGORITHM_Backtracking_Iterativ
$k \leftarrow 1$
While ($k \geq 1$) **Do**
   If ($\exists$(noch nicht getesteter Kandidat für $x[k]$)) **Then**
      $x[k] \leftarrow$ noch nicht getesteter Kandidat aus A_k
         für das k-te Element
      If ($x[1], x[2], \ldots, x[k]$ ist Lösung) **Then**
         process($x[1], x[2], \ldots, x[k]$)
      Else $k \leftarrow k+1$ // Schritt vorwärts
   Else $k \leftarrow k-1$ // Schritt rückwärts
End_While
END_ALGORITHM_Backtracking_Iterativ

Das *Backtracking*-Verfahren könnte auch rekursiv implementiert werden, z. B. mit einer Methode:

ALGORITHM_Backtracking_Rekursiv(k)
  For (alle mögliche Werte von $x[k]$) **Execute**
    If ($x[1], x[2], \ldots, x[k]$ zu einer Lösung führen kann) **Execute**
      If ($x[1], x[2], \ldots, x[k]$ eine Lösung ist) **Then**
        process($x[1], x[2], \ldots, x[k]$)
      Else ALGORITHM_Backtracking_Rekursiv($k+1$)
  End_For
END_ALGORITHM_Backtracking_Rekursiv(k)

Wenn wir ein Problem mit rekursivem *Backtracking* lösen, dann führen wir *back*(1) aus.

Aufgaben

1. Nennen Sie die Lösungstypen, in die man die durch *Backtracking* lösbaren Probleme einordnen kann.
2. Ändern Sie das Programm so ab, dass der Typ *stack<short>* mit den Stack-spezifischen Operationen *top*, *pop* und *push* anstatt des Vektors *vector<short>* verwendet wird.

3. Schreiben Sie ein Programm, das das Problem rekursiv löst. Beispiel für eine rekursive Methode:

```
void back(vector<short> x, short n, ofstream &fout){
  short i, xk, k=x.size();
  bool flag;
  for(xk=0; xk<n; xk++){
    flag = true;
    if(x.size()==k+1) x.pop_back();
    for(i=0; flag && i<k; i++)
      if(x[i]==xk || abs(xk-x[i])==k-i) flag=false;
    if(flag){
      x.push_back(xk);
      if(k==n-1) writeSolution(x, fout);
      else back(x, n, fout);
    }
  }
}
```

Um die Methode besser zu verstehen, notieren Sie sich die Schritte und Werte auf Papier. Warum benutzt man die Anweisung:

if(x.size()==k+1) x.pop_back(); ?

4. *Magische Quadrate.* Ein magisches Quadrat ist eine quadratische Matrix mit der Zeilen- und Spaltanzahl n, die die natürlichen Zahlen 1, 2, ..., n^2 beinhaltet und in der die Summen der Elemente jeder Zeile, Spalte und der Haupt- und Nebendiagonalen konstant sind. Zum Beispiel sehen Sie hier ein magisches Quadrat der Dimension 4:

$$A = \begin{pmatrix} 16 & 3 & 2 & 13 \\ 5 & 10 & 11 & 8 \\ 9 & 6 & 7 & 12 \\ 4 & 15 & 14 & 1 \end{pmatrix}$$

Zeigen Sie, dass für ein gegebenes n die Summe der Elemente jeder Zeile, Spalte und Diagonalen $\frac{n(n^2+1)}{2}$ ist. Schreiben Sie ein Programm, das alle magischen Quadrate der Dimension 4 in die Datei *magQuadrate.out* ausgibt. Erstellen Sie auch eine Methode, die prüft, ob eine gegebene Matrix der Dimension $n \cdot n$, $4 \leq n \leq 50$ ein magisches Quadrat darstellt.

Problem 2. Das Problem der *n* Türme

Es sei ein quadratisches Schachbrett mit den Dimensionen $n \times n$ gegeben. Bestimmen Sie alle Möglichkeiten, wie man n Türme so aufstellen kann, dass sie sich nicht gegenseitig schlagen (2 Türme schlagen sich gegenseitig, wenn sie auf der gleichen waagrechten Reihe oder senkrechten Spalte stehen). Wir stellen uns vor, dass $4 \leq n \leq 20$ ist. *Eingabe:* Über die Tastatur gibt man die Dimension n des Brettes ein. *Ausgabe:* In die Datei *nTowers.out* geben Sie die Spaltenposition jedes Turms wie im Beispiel aus, gefolgt von n und der Anzahl der Lösungen, beide Werte stehen in der letzten Zeile. Beispiel:

Tastatur	nTowers.out
n = 5	1 2 3 4 5
	1 2 3 5 4
	...
	5 4 3 1 2
	5 4 3 2 1
	5 120

Problemanalyse und Entwurf der Lösung

Das Problem ist dem *n*-Damen-Problem sehr ähnlich. Die Bedingung, dass zwei Türme sich nicht gegeneinander schlagen, ist die, dass sie nicht in derselben Reihe oder Spalte stehen dürfen. Daraus folgt, dass eine Lösung für das *n*-Damen-Problem auch eine Lösung für dieses Problem darstellt. Wir repräsentieren die Lösungen für dieses Problem mit demselben Vektor $x[]$, mit denselben Bedeutungen. Weil eine Bedingung wegfällt (eine gemeinsame Diagonale ist erlaubt) wächst die Anzahl der Lösungen. Die einzige Änderung erfolgt in der Bedingung für den Lösungskandidat $x[k]$, wenn $x[0]$, $x[1]$, ..., $x[k-1]$ fest sind: Wir brauchen nicht mehr auf eine gemeinsame Diagonale zu prüfen. Außer Zeile 15 im Programm BP, in der man einen anderen Namen für die Ausgabedatei einträgt, modifiziert man Zeile 23 wie folgt:

```
23:        if(x[i]==x[k]) flag=false;
```

(wenn der Turm *i* auf derselben Spalte wie der Turm *k* steht, folgt, dass der partielle Vektor $x[1]$, $x[2]$, ..., $x[k]$ kein Kandidat für eine Lösung ist!).

Bemerkung: Das ist in der Tat das Problem der Generierung aller Permutationen, also ist die Anzahl der Lösungen $n!$.

Aufgaben

1. Schreiben Sie eine rekursive Implementierung.
2. Die Permutationen sind lexikographisch gelistet. Ändern Sie das Programm so, dass sie antilexikographisch generiert werden.

Problem 3. Das Problem der Türme auf den ersten *m* Reihen

Finden Sie alle Möglichkeiten, eine maximale Anzahl von Türmen auf einem n dimensionalen quadratischen Schachbrett auf den ersten m Reihen zu platzieren, so dass sie sich nicht gegenseitig schlagen ($4 \leq n \leq 20$, $1 \leq m \leq n$). *Eingabe:* Die Werte n und m liest man per Tastatur ein. *Ausgabe:* Alle Lösungen werden in die Datei *nmTowers.out* geschrieben und in die letzte Zeile n, m und die Anzahl der Lösungen, wie im Beispiel:

Tastatur	nmTowers.out
n = 6	1 2 3 4
m = 4	1 2 3 5
	...
	6 5 4 2
	6 5 4 3
	6 4 360

Problemanalyse und Entwurf der Lösung

Die maximale Anzahl der Türme unter den gegebenen Bedingungen ist m. Die Änderung gegenüber dem Programm aus Problem 2 besteht darin, dass man nur die ersten m Elemente für den Vektor generiert. In Programm *BP* liest und schreibt man den neuen Parameter m, spezifiziert eine andere Ausgabedatei und ändert die beiden Zeilen:

```
23:        if(x[i]==x[k]) flag=false;
```
(ohne Diagonalen-Prüfung testen)
```
26:        if(k==m-1){
```
(Lösung gefunden, wenn m Elemente generiert sind).

Bemerkung: Das ist das Problem der Erzeugung aller Variationen n über m. Die Anzahl der Lösungen ist also $\dfrac{n!}{(n-m)!} = n(n-1)(n-2)...(n-m+1)$.

Aufgaben

1. Entwickeln Sie ein rekursives Programm.
2. Die Variationen werden lexikographisch ausgegeben. Ändern Sie das Programm so, dass sie antilexikographisch generiert werden.

Problem 4. Das Problem der aufsteigenden Türme auf den ersten *m* Reihen

Suchen Sie alle Möglichkeiten, eine maximale Anzahl von aufsteigenden Türmen auf einem $n \times n$-Schachbrett auf den ersten m Reihen so zu platzieren, dass sie sich nicht gegenseitig schlagen ($4 \leq n \leq 20$, $1 \leq m \leq n$). *Eingabe:* Die Werte n und m kommen über Tastatur. *Ausgabe:* Alle Lösungen werden in die Datei *nmATowers.out* geschrieben, und in der letzten Zeile geben Sie n, m und die Anzahl der Lösungen aus, siehe Beispiel:

tastatur	nmATowers.out
n = 6	1 2 3 4
m = 4	1 2 3 5
	...
	2 4 5 6
	3 4 5 6
	6 4 15

Definition. Wir sagen dass die Sequenz der Türme $x[1]$, $x[2]$, ..., $x[k]$ aufsteigend ist, wenn für alle $i, j \in \{1, 2, ..., k\}$, mit $i < j$, gilt: $x[i] < x[j]$. Beispiel: für $n=8$ und $m=5$ sind zwei Lösungen:

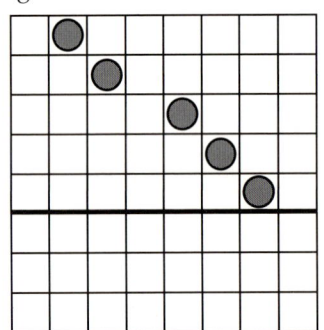

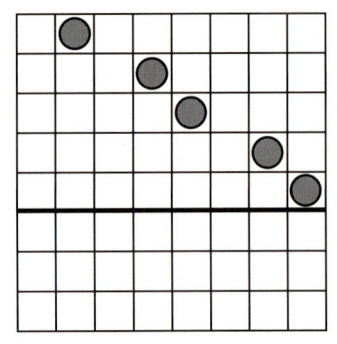

Problemanalyse und Entwurf der Lösung

Der Unterschied zum vorherigen Problem ist, dass die m Elemente aufsteigend generiert werden sollen. Es gibt zwei Möglichkeiten, wie man das erreichen kann. Bei der ersten initialisiert man $x[k]$ im Programm BP in Zeile 30 mit $x[k-1]$. Bei der zweiten Möglichkeit testet man für $k > 1$ ob $x[k-1] < x[k]$. Die beiden Änderungen im Programm BP bleiben als Übung.

Bemerkung: Das ist das Problem der Generierung aller Kombinationen n über m. Die Anzahl der Lösungen ist also $\dfrac{n!}{m!(n-m)!} = \dfrac{n(n-1)(n-2)\ldots(n-m+1)}{m!}$.

Aufgaben

1. Schreiben Sie eine rekursive Implementierung.
2. Ändern Sie lexikographische Erzeugung der Kombinationen um in eine antilexikographische.

Problem 5. Die Freundschafts-Jugendherberge

In der Freundschafts-Jugendherberge organisiert man jeden Abend ein Lagerfeuer. Am ersten Abend setzen sich alle Jugendlichen rund ums Feuer. Am zweiten Abend nehmen sie so Platz, dass die, die am ersten Abend Nachbarn waren, diesmal nicht mehr Nachbarn sind. Bestimmen Sie alle Möglichkeiten, wie sie sich am zweiten Abend setzen können. Wir nehmen an, dass sie am ersten Abend mit $1, 2, \ldots, n$ nummeriert werden. *Eingabe:* n gibt man über die Tastatur an. *Ausgabe:* Alle Sitzmöglichkeiten werden in *friends.out* geschrieben, eine pro Zeile. Die letzte Zeile nimmt n und die Anzahl der Möglichkeiten auf. Beispiel:

Tastatur	friends.out
n=5	1 3 5 2 4
	...
	3 5 2 4 1
	...
	5 3 1 4 2
	5 10

Problemanalyse und Entwurf der Lösung

Außer der Bedingung, dass alle Zahlen im Vektor $x[]$ unterschiedlich sein müssen, hat man auch zu prüfen, dass die Differenz zweier benachbarter Elemente nicht 1 im Betrag ist. Auch darf die Differenz im Betrag nicht $n-1$ sein (1 und n waren ja auch Nachbarn). Im Programm *BP* wird man die Zeilen 22 und 23 ersetzen durch:

```
if(k==n-1&&(abs(x[k]-x[0])==1||abs(x[k]-x[0])==n-1))
                                              flag=false;
if(k>0&&(abs(x[k]-x[k-1])==1||abs(x[k]-x[k-1])==n-1))
                                              flag=false;
for(i=0; i<k; i++) if(x[i]==x[k]) flag=false;
```

Aufgaben

1. Lösen Sie das Problem auch rekursiv.
2. Finden Sie eine von *n* abhängige Formel für die Anzahl der Lösungen.

Problem 6. Partitionen einer natürlichen Zahl

Jede natürliche Zahl lässt sich als Summe natürlicher Zahlen schreiben. Für alle Zahlen größer 1 gibt es dabei mehrere Möglichkeiten. Schreiben Sie ein Programm, das alle Partitionen einer gegebenen natürlichen Zahl ausgibt ($1 \leq n \leq 75$), gefolgt von der Anzahl der Lösungen. Beispiel:

n.in	nPart.out
5	1 + 1 + 1 + 1 + 1 1 + 1 + 1 + 2 1 + 1 + 3 1 + 2 + 2 1 + 4 2 + 3 5 Anzahl der Loesungen = 7
50	...24 + 26 25 + 25 50 Anzahl der Loesungen = 204226
75	...36 + 39 37 + 38 75 Anzahl der Loesungen = 8118264

Problemanalyse und Entwurf der Lösung

Wir stellen uns vor, dass eine Lösung des Problems als Vektor $x[1], x[2], ..., x[k]$ mit den Eigenschaften geschrieben werden kann:
- Die Elemente sind in aufsteigender Reihenfolge.
- Die Summe ist *n*.

Die Sequenz $x[1], x[2], ..., x[k]$ ist ein Kandidat für eine Lösung (könnte zu einer Lösung führen), wenn die Elemente aufsteigend sind und ihre Summe kleiner gleich *n* ist. Um $x[k]$ zu berechnen, initialisieren wir $x[k]$ mit $x[k-1]-1$ und verwenden einen Vektor $s[i]$, der die Summe der ersten *i* Elemente des Vektors $x[]$ beinhaltet. Wenn $s[i]=n$ ist, haben wir eine Lösung.

Programm

```cpp
#include <fstream>
#include <vector>

using namespace std;

void writeSolution(const vector<int>& x, ofstream &out){
    out << x[0];
    for(int i=1; i<x.size(); i++) out << " + " << x[i];
    out << endl;
}

int main(){
    unsigned long long noSol=0;
    int n, k;
    vector<int> x, s;
    bool isSuccessor, isCandidate;
    ifstream in("n.in");
    ofstream out("nPart.out");
    in >> n; x.push_back(0);
    while(!x.empty()){
        k=x.size();
        do{
            if(x[k-1]<n){
                isSuccessor=true; x[k-1]++;
                if(s.size()==k) s[k-1]=x[k-1];
                else s.push_back(x[k-1]);
                if(k>1) s[k-1]+=s[k-2];
                isCandidate = s[k-1]<=n;
            }else
                isSuccessor=false;
        }while(isSuccessor&&!isCandidate);
        if(isSuccessor){
            if(s[k-1]==n) {
                writeSolution(x, out);
                noSol++;
            }
            else
                x.push_back(x[k-1]-1);
        } else{
            x.pop_back();
            if(s.size()==k) s.pop_back();
        }
    }
    out << " Anzahl der Loesungen = " << noSol;
    return 0;
}
```

```cpp
// eine Lösung mit Arrays
...
int isSuccessor,
    isCandidate;
int s[500];
cout << "n = ";
cin >> n;
k = 1;
x[k] = 0;
s[0]=0;
while(k>0){
  do{
    if(x[k]<n){
      isSuccessor=1;
      x[k]++;
      s[k]=s[k-1]+x[k];
      isCandidate=s[k]<=n;
    }else
      isSuccessor=0;
  }while
(isSuccessor&&!isCandidate);
  if(isSuccessor)
   if(s[k]==n)writeSol(x, k);
   else{
     ++k;
     x[k]=x[k-1]-1;
   }
  else k--;
}
...
```

Aufgaben

1. Verwenden Sie Arrays und implementieren Sie das komplette Programm.
2. Modifizieren Sie das Programm so, dass die Partitionen in antilexikographischer Reihenfolge ausgegeben werden.

n.in	nPart.out
5	5
	2 + 3
	1 + 4
	1 + 2 + 2
	1 + 1 + 3
	1 + 1 + 1 + 2
	1 + 1 + 1 + 1 + 1
	Solution No = 7

3. Gestalten Sie das Programm so um, dass die Suche nach einem Kandidaten für x[k] mit dem iterativen Algorithmus des n-Damen-Problems (Problem 1) erfolgt (anstatt der beiden Variablen *isSuccessor* und *isCandidate* verwenden Sie nur die Variable *flag* und anstatt der *do{...}while* Anweisung eine *while{}* Anweisung etc.).
4. Schreiben Sie ein rekursives Programm.
5. Die Anzahl der Einsen aller Partitionen ist gleich der Summe der Anzahl der unterschiedlichen Zahlen in jeder Partition. Beweisen Sie diesen Satz. Beispiel für *n*=5:

Partitionen	Anzahl unterschiedlicher Zahlen
1 + 1 + 1 + 1 + 1	1
1 + 1 + 1 + 2	2
1 + 1 + 3	2
1 + 2 + 2	2
1 + 4	2
2 + 3	2
5	1

Gesamt: 12

Die Anzahl der Einsen in allen Partitionen ist auch 12. Schreiben Sie ein Programm, das den Satz für $1 \leq n \leq 40$ testet. Das Programm soll die Datei *parti.out* erzeugen in der Form:

parti.out			
2	2	2 OK	
...			
5	12	12 OK	
...			
27	11732	11732 OK	
28	14742	14742 OK	
...			
40	177970	177970 OK	

Problem 7. Erdkunde-Referate

Die Erdkunde-Lehrerin möchte, dass ihre Schüler Referate halten, und verteilt die Themen. Sie hat für die *n* Schüler *m* Themen vorbereitet, ($m \leq n$) von denen jedes mindestens einmal bearbeitet werden soll. Entwickeln Sie ein Programm, das die Referate nach den Vorstellungen der Lehrerin an die Schüler verteilt, wenn *n* und *m* gegeben sind. *Eingabe*: Über die Tastatur gibt man die Werte *n* und *m* ein. *Ausgabe*: Schreiben Sie in die Datei *referat.out* alle Verteilungsmöglichkeiten und am Ende die Anzahl der Lösungen. Beispiel:

Tastatur	referat.out
n=3 m=2	1 1 2 1 2 1 1 2 2 2 1 1 2 1 2 2 2 1 Anzahl der Loesungen = 6

Problemanalyse und Entwurf der Lösung

Def. Eine Abbildung *f*: $A \rightarrow B$ heißt surjektiv, wenn $f(A) = B$ (d.h. $\forall y \in B \; \exists x \in A: f(x)=y$).

Um diese Aufgabe zu lösen, sollten wir alle surjektiven Abbildungen von der Definitionsmenge A={1, 2, ..., *n*} auf die Zielmenge B={1, 2, ..., *m*} herstellen. Dieser Aufgabentyp verlangt erneut nach *Backtracking mit fester Länge*. Wir benutzen den Vektor *x*[] um eine Lösung aufzubauen und für *x*[*k*] generieren wir alle möglichen Werte und prüfen danach, ob *x*[1], *x*[2], ..., *x*[*k*] eine potentielle Lösung darstellt. Außerdem setzen wir den Vektor *mark*[] ein, wobei *mark*[*i*] signalisiert, dass das Element *i* aus B schon in *x*[1], ..., *x*[*k*] verwendet wurde. In der *while*-Schleife, die einen noch nicht getesteten Wert für *x*[*k*] sucht, werden wir:

- wenn noch ein anderer Wert für *x*[*k*] getestet wurde (*if*(x[k]>=0)...) die Anzahl der Werte *x*[*k*] im Vekor *vMark*[] dekrementieren (vMark[x[k]]--);
- in der nächsten *if*-Anweisung die Anzahl *noMarked* unterschiedlicher Zahlen zählen, die sich in *x*[0], *x*[1], ..., *x*[*k*] befinden;
- wenn diese Anzahl *noMarked* plus die Anzahl der noch übrigen Positionen (*n*-1-*k*) kleiner als *m* ist die Variable *flag* auf *false* setzen, denn wir können keine Lösung mit *x*[0], *x*[1], .., *x*[*k*] als erstem Elemente bauen.

Bemerkung: Die Anzahl der surjektiven Abbildungen mit der Definitionsmenge A={1, 2, ..., *n*} und der Zielmenge B={1, 2, ..., *m*} ist durch die folgende Formel gegeben:

$$S_j(n,m) = \sum_{i=0}^{m-1}(-1)^i\binom{m}{i}(m-i)^n = m^n - \binom{m}{1}\cdot(m-1)^n + \ldots + (-1)^{m-1}\cdot m \qquad (1)$$

Wenn nur die Anzahl der möglichen Verteilungen der Referate gefragt wäre, dann könnte man diese Formel oder eine rekursive Formel verwenden.

Programm

```cpp
#include <iostream>
#include <fstream>
#include <vector>

using namespace std;

void writeSolution(vector<short> &x, ofstream &fout){
  for(int i=0; i<x.size(); i++)
    fout << x[i]+1 << " ";
  fout << endl;
}

int main(){
  short n, m, k, i, noMarked;
  unsigned long long noSol=0;
  ofstream out("referat.out");
  bool flag;
  vector<short> x, vMark;
  cout << "n = "; cin >> n;
  cout << "m = "; cin >> m;
  for(i=0; i<n; i++) vMark.push_back(0);
  x.push_back(-1);
  while(!x.empty()){
    k = x.size()-1;
    flag = false;
    while(!flag && x[k]<m-1){
      if(x[k]>=0) vMark[x[k]]--;
      vMark[++x[k]]++;
      flag = true; noMarked=0;
      for(i=0; i<=k; i++)
        if(vMark[i]) noMarked++;
      if(noMarked+n-1-k<m) flag=false;
    }
    if(flag){
    if(k==n-1){
      writeSolution(x, out);
      noSol++;
      }else
        x.push_back(-1);
```

```
    }else{
      if(x[k]>=0) vMark[x[k]]--;
      x.pop_back();
    }
  }
  out << "Anzahl der Loesungen =  " << noSol;
  return 0;
}
```

Aufgaben

1. Ändern Sie das Programm so ab, dass die Lösungen in antilexikographischer Reihenfolge generiert werden.
2. Sehen Sie sich an, wie im Programm für das Problem 6 ein Kandidat für $x[k]$ gesucht wird (mit den boolschen Variablen *isCandidate* und *isSuccessor*), und verwenden Sie diese Suche im aktuellen Programm.
3. Implementieren Sie eine rekursive Variante des Programms.
4. Beweisen Sie die Formel (1), eventuell durch vollständige Induktion. Finden Sie eine rekursive Formel für die Berechnung der Anzahl der surjektiven Abbildungen zwischen der Definitionsmenge $A=\{1, 2, ..., n\}$ und der Zielmenge $B=\{1, 2, ..., m\}$. Schreiben Sie ein Programm, das diese Anzahl bestimmt. Beispiel:

nm.in	noSurj.out
3 2	6
7 4	8400

Problem 8. Alle Wege des Springers

Bestimmen Sie alle Wege eines Springers, der auf einem 5×5-Schachbrett von einer Startposition beginnend mit einer Zugfolge alle Felder genau einmal betreten soll. Die Startreihe und -spalte werden über die Tastatur eingegeben. Jede Lösung (jede Zugfolge) wird als Matrix, die das Schachbrett symbolisiert, in die Datei *springer.out* geschrieben. Die Startposition kennzeichnen wir mit 1 und die Züge des Springers werden von 2 bis 25 hochgezählt, siehe Beispiel. Schreiben Sie „*keine Loesung!*", wenn es keine Lösung gibt.

Tastatur	springer.out				
4 2	Loesung:	1			
	19	14	3	8	25
	2	9	18	13	4

15	20	5	24	7
10	1	22	17	12
21	16	11	6	23

...

Loesung: 56

23	12	7	4	21
6	17	22	13	8
11	24	5	20	3
16	1	18	9	14
25	10	15	2	19

Problemanalyse und Entwurf der Lösung

Das Problem ist ein klassisches Beispiel für *Backtracking in der Ebene*. Von einem gegebenen Feld des Bretts aus können wir höchstens auf acht Felder springen.

Wenn (*x, y*) die Koordinaten eines Feldes sind, dann könnten das die Nachfolgerpositionen sein: (*x*-2, *y*-1), (*x*-2, *y*+1), (*x*-1, *y*-2), (*x*-1, *y*+2), (*x*+1, *y*-2), (*x*+1, *y*+2), (*x*+2, *y*-1), (*x*+2, *y*+1). Wir initialisieren alle Felder des Schachbretts mit -1 und das Startfeld mit 0. Wir schreiben eine rekursive *Backtracking* Methode *back()*, deren drei Parameter die Koordinaten des Startfeldes und die Anzahl der schon betretenen Felder speichern. Wir stellen fest, ob ein Feld (*xnew, ynew*) Kandidat für eine Lösung ist, indem wir prüfen, ob sich diese Position auf dem Brett befindet und ob der Wert dort -1 ist (dieses Feld wurde noch nicht betreten). Wenn ein Feld als Kandidat identifiziert wurde, rufen wir *back(lnew, cnew, step+1)* auf.

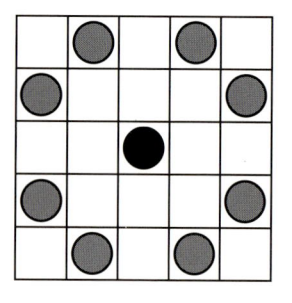

Programm

```
#include <iostream>
#include <cmath>
#include <fstream>

using namespace std;

int n;
int Table[5][5];
int nSol = 0;
ofstream f("springer.out");

writeSolution(){
  f << " Loesung: " << ++nSol << endl;
  for(int i=0; i<n; i++){
    for(int j=0; j<n; j++){
```

```
            f.width(3);
            f << Table[i][j] + 1 << "  ";
         }
         f << endl;
      }
      return 0;
}

void back(int l, int c, int step){
   if (n*n-1==step) { writeSolution(); return;}
   int dx, dy, lnew, cnew;
   for(dx = -2; dx<3; dx++)
     for(dy = -2; dy<3; dy++)
       if(abs(dx*dy)==2){
          lnew = l + dx;
          cnew = c + dy;
          if(0<=lnew && lnew<n &&
             0<=cnew && cnew<n &&
             Table[lnew][cnew]==-1){
             Table[lnew][cnew] = step+1;
             back(l+dx, c+dy, step+1);
             Table[lnew][cnew] = -1;
          }
       }
}

int main(){
   int l, c;
   n=5;
   for(l=0; l<n; l++)
      for(c=0; c<n; c++)
         Table[l][c] = -1;
   cin >> l >> c;
   Table[l-1][c-1] = 0;
   back(l-1, c-1, 0);
   if(0==nSol) f << "keine Loesung!";
   return 0;
}
```

Aufgaben

1. Modifizieren Sie das Programm so, dass es ohne globale Variablen arbeitet.
2. Schreiben Sie ein nicht rekursives Programm für das Problem.
3. Wir stellen uns vor, dass manche Felder des Bretts für den Springer gesperrt sind. Finden Sie alle Wege des Springers, so dass er alle nicht gesperrten Felder betritt, wobei die verbotenen Felder gegeben sind.

Problem 9. Das Fotoproblem

Ein Schwarzweißfoto liegt in Form einer Matrix mit Nullen und Einsen vor. Es repräsentiert mehrere Objekte. Die Zonen die zu einem Objekt gehören, sind mit Einsen gefüllt, der Hintergrund mit Nullen. Die Anzahl *noOb* der Objekte ist gesucht, ebenso eine neue Repräsentation für das Foto, so dass die verschiedenen Objekte auch verschiedene Farben haben: 2, 3, …, *noOb*+1. Zwei Einsen in der Matrix gehören dann zum selben Objekt, wenn sie nebeneinander in einer Zeile oder Spalte liegen. *Eingabe:* In der Datei *foto.in* stehen in der ersten Zeile die Anzahlen der Zeilen und Spalten der Matrix (maximal 100) und danach das Foto als binäre Matrix. *Ausgabe:* Schreiben Sie in die Datei *foto.out* zuerst die Anzahl der Objekte *noOb*, die sich im Foto befinden, gefolgt vom eingefärbten Foto, das die Objekte mit den Farben 2, 3, …, *noOb*+1 versieht, wie im Beispiel:

foto.in	foto.out
4 5	3
1 1 0 1 1	2 2 0 3 3
0 0 0 1 0	0 0 0 3 0
1 1 0 1 1	4 4 0 3 3
1 0 1 1 0	4 0 3 3 0

Problemanalyse und Entwurf der Lösung

Wir werden die rekursive Methode *color()* schreiben, die prüft, ob der als Parameter angegebene Punkt Eins ist und ob er sich innerhab des Fotos befindet. In diesem Fall färben wir alle Nachbarn mit der aktuellen Farbe ein und rufen für jeden Nachbarn die Methode erneut auf.

Programm

```
#include <fstream>

using namespace std;
int a[100][100], m, n;

color(int i, int j, int cul){
  if(0<=i && i<m && 0<=j && j<n && 1==a[i][j]){
    a[i][j]=cul;
    color(i, j-1, cul);
    color(i, j+1, cul);
    color(i-1, j, cul);
    color(i+1, j, cul);
  }
}
```

```
int main(){
  int i, j, cul;
  ifstream fin("foto.in");
  ofstream fout("foto.out");
  fin >> m >> n;
  for(i=0; i<m; i++)
    for(j=0; j<n; j++)
      fin >> a[i][j];
  cul=1;
  for(i=0; i<m; i++)
    for(j=0; j<n; j++)
      if(1==a[i][j]) color(i, j, ++cul);
  fout << --cul;
  for(i=0; i<m; i++){
    fout<<endl;
    for(j=0; j<n; j++)
      fout << a[i][j] << " ";
  }
  return 0;
}
```

Aufgaben

1. Modifizieren Sie das Programm so, dass keine globalen Variablen verwendet werden.
2. Wir nehmen nun an, dass auch zwei Punkte zum selben Objekt gehören, wenn sie auf der Diagonalen benachbart sind (ein Punkt kann damit maximal acht Nachbarn haben). Berücksichtigen Sie diese Annahme im Programm.

Problem 10. Der ausbrechende Ball

Wir betrachten eine Matrix mit den Dimensionen m und n, deren Elemente Höhenangaben (in Metern) darstellen sollen. Irgendwo platzieren wir einen Ball, der nur dann auf ein benachbartes Element rollen kann, wenn dieses einen geringeren Höhenwert hat, also „niedriger" als das aktuelle Element ist. Ein Nachbar findet sich in den vier Richtungen Nord, Ost, Süd oder West. Finden Sie alle möglichen Wege, auf denen der Ball durch sein „Herunterrollen" eine äußere Zeile oder Spalte der Matrix erreicht, dort endet sein Weg. Wir nehmen dabei an, dass die Höhenwerte der Matrix so gewählt sind, dass es immer mindestens eine Lösung gibt.

Eingabe: In der Datei *ball.in* befinden sich in der ersten Zeile die Werte m und n ($4 \leq m$, $n \leq 20$), auf den nächsten m Zeilen die Matrix mit den Höhenangaben und in der letzten Zeile die Koordinaten des Startfeldes. *Ausgabe:* Jede Zeile enthält einen möglichen Weg des Balls zur „Grenze" der Matrix, wie im Beispiel:

ball.in	ball.out
4 4	(3, 2) (2, 2) (1, 2)
1 1 0 1	(3, 2) (2, 2) (2, 3) (1, 3)
3 2 1 3	(3, 2) (3, 1)
4 5 2 3	(3, 2) (3, 3) (2, 3) (1, 3)
3 6 1 0	(3, 2) (3, 3) (4, 3)
3 2	

Problemanalyse und Entwurf der Lösung

Unsere Lösung verwendet *Backtracking in der Ebene*. Wir werden eine Position durch eine ganze Zahl abbilden: Für die Zelle *(i, j)* mit $0 \leq i < m$, $0 \leq j < n$ der Matrix assoziieren wir den Wert $k \leftarrow i*n+j$. Für einen solchen Wert k bestimmt man die zugrunde liegende Zeile und Spalte: $i \leftarrow k$ div n, $j \leftarrow k$ mod n. Anstatt mit Paaren beschreiben wir die Elemente der Matrix mit ganzen Zahlen. Wir implementieren die Hilfsmethoden *onTheBorder()* (sie testet, ob ein Feld der Matrix in einer äußeren Zeile und / oder Spalte liegt), und *onTheTable()* (sie testet, ob sich ein Feld auf der Matrix befindet). Hiermit können wir die rekursive Methode *back()* erstellen, die alle Wege findet. Die Abbruchbedingung für diese Methode ist erreicht, wenn sich das letzte Element des Vektors *x[]* im Außenbereich befindet. Wenn wir nicht auf der Grenze positioniert sind, dann wird *back()* für alle Nachbarn mit kleinerer Höhe rekursiv aufgerufen.

Programm

```
#include <fstream>
#include <vector>

using namespace std;
bool onTheBorder(int k, short m, short n){
  short l = k/n;
  short c = k%n;
  bool flag=false;
  if(0==l || m-1==l) flag=true;
  if(0==c || n-1==c) flag=true;
  return flag;
}
bool onTheTable(short line, short col, short m, short n){
  return
     (0<=line && line<m) &&
     (0<=col  &&  col<n);
}
```

```
void writeSolution(vector<int> &x, short T[][100],
                   short n, ofstream &out){
  for(int i=0; i<x.size(); i++){
    out << "(" << x[i]/n+1 << ", " << x[i]%n+1 << ") ";
  }
  out << endl;
}

void back(vector<int> x, short T[][100], short m, short n,
          ofstream &out){
  short k = x.size()-1;
  if(onTheBorder(x[k], m, n)){
    writeSolution(x, T, n, out);
    return;
  }
  short l = x[k]/n;
  short c = x[k]%n;
  short lnew, cnew, dx, dy;
  for(dx=-1; dx<2; dx++)
    for(dy=-1; dy<2; dy++)
      if(1==abs(dx+dy)){
        lnew = l+dx;
        cnew = c+dy;
        if(onTheTable(lnew, cnew, m, n)&&T[lnew][cnew]<T[l][c]){
          x.push_back(lnew*n+cnew);
          back(x, T, m, n, out);
          x.pop_back();
        }
      }
}
```

for(dx=-1; dx<2; dx++)
  for(dy=-1; dy<2; dy++)
    if(1==abs(dx+dy))...

liefert für *(dx, dy)* die Werte (-1, 0), (1, 0), (0, -1), (0, 1), d.h. die Richtungen N, S, W, O. Die benachbarten Felder sind also *(lnew, cnew)*: *(l-1, c), (l+1, c), (l, c-1), (l, c+1)*.

Wenn das neue Element auf der Matrix liegt und seine Höhe kleiner als die aktuelle ist, dann einen Schritt weiter...

```
int main(){
  ifstream in("ball.in");
  ofstream out("ball.out");
  short i, j, m, n;
  short l0, c0;
  short T[100][100];
  vector<int> x;
  in >> m >> n;
  for(i=0; i<m; i++)
    for(j=0; j<n; j++)
      in >> T[i][j];
  in >> l0 >> c0;
  l0--; c0--;
  x.push_back(l0*n+c0);
  back(x, T, m, n, out);
  return 0;
}
```

Aufgaben

1. Erweitern Sie das Programm so, dass auch die Anzahl der Lösungen in die Ausgabedatei geschrieben wird und der Ball auch diagonal rollen darf.
2. Schreiben Sie ein iteratives Programm für das Problem.

Problem 11. Olivensport

Das Spiel *Olivensport* sieht zunächst einfach aus, aber dabei wird es nicht bleiben. Zuerst nummeriert man 100 Oliven mit einer ungiftigen Tinte von 1 bis 100. Dann legt man sie alle auf einen großen Teller, und zwei Spieler müssen sie essen und sich gleichzeitig das Produkt aller von ihnen gegessenen Oliven merken, das aus den darauf stehenden Zahlen berechnet wird. Olive 1 darf nicht zusammen mit anderen Oliven verzehrt werden, d.h. ein Spieler darf sie zwar am Anfang nehmen, muss dann aber mit dem Essen aufhören. Wenn ein Spieler das Resultat 1 gemeldet hat, dann hat er also nur die Olive mit der Zahl 1 gegessen; wenn das Ergebnis größer als 1 ist, dann hat er sie sicher nicht gegessen! Nach 5 Minuten hören die Spieler auf und müssen ihre Ergebnisse (Auswertungen) nennen, also das Produkt ihrer gegessenen Oliven. Wir fordern, dass die Resultate nicht gleich sein dürfen. Der vorläufige Gewinner ist der, der die größte Zahl meldet. Vorläufig deswegen, weil jeder gelogen oder sich verrechnet haben könnte. Man kann sich vorstellen, dass es zu Kontroversen kommt, die erst aus der Welt geschafft werden müssen. Unter bestimmten Bedingungen könnte nämlich doch der Spieler mit der kleineren Auswertung gewinnen. Wir nehmen an, dass der Spieler mit der kleineren Auswertung immer dann die Wahrheit sagt, wenn sein Produkt (also sein Ergebnis) aus Faktoren aus {1, 2, ..., 100} aufgebaut werden kann. Wenn dieser Spieler die Wahrheit sagt, kann er trotz des kleineren Resultats gewinnen, wenn wir beweisen können, dass der andere Spieler gelogen hat. Dessen Lüge kann man erkennen, wenn er ein Produkt nennt, das ausschließlich aus solchen Oliven gebildet werden kann, die teilweise von dem anderen Spieler hätten gegessen werden können. Der Spieler mit dem größeren Resultat gewinnt also dann, wenn man ihn nicht der Lüge bezichtigen kann und sich sein Ergebnis auch in Faktoren aus {1, 2, ..., 100} zerlegen lässt. Anders betrachtet bedeutet das, dass der Spieler mit der kleineren Auswertung nur dann gewinnt, wenn der andere Spieler der Lüge überführt werden kann und er selbst per Definition die Wahrheit sagt. Wenn man beide Resultate nicht aus Faktoren aus {1, 2, ..., 100} aufbauen kann, dann endet das Spiel unentschieden.

Beispiel 1: Wenn der erste Spieler 343 sagt und der zweite 49, dann lügt der erste sicher: Die einzige Möglichkeit, 343 zu haben, ist die, die Oliven 7 und 49 gegessen zu haben. Die einzige Möglichkeit, auf 49 zu kommen, erfordert den Verzehr von Olive 49. Wir leiten also ab, dass der erste Spieler lügt (der zweite sagt per Definition die Wahrheit!).

Beispiel 2: Wenn der erste Spieler 194 sagt und der zweite 178, dann besteht für den ersten Spieler nur die Möglichkeit, dass er die Oliven 2 und 97 gegessen hat. Der zweite Spieler hat nur die Möglichkeit 2 und 89. Weil wir wissen, dass der zweite die Wahrheit sagt, folgt, dass der erste lügt, also gewinnt der zweite Spieler.

Beispiel 3: Gemeldete Auswertungen: 138 und 258. Um 138 zu erhalten, haben wir die Möglichkeiten (6, 23), (3, 46), (2, 69), (2, 3, 23). Wir können annehmen, dass der erste die Oliven 6 und 23 gegessen hat und der zweite die Oliven 3 und 86. Dann hat der zweite die Wahrheit gesagt und gewinnt das Spiel.

Beispiel 4: Gemeldete Auswertungen: 1236 und 100. Es gibt keine Möglichkeit, auf 1236 zu kommen, also lügt der erste Spieler. Um ein Produkt von 100 zu erzielen, hat man die Möglichkeiten (100), (5, 20), (4, 25), (2, 50) und (2, 5, 10), also sagt der zweite die Wahrheit und gewinnt.

Bedauerlicherweise haben alle, die an dieser Aktion teilgenommen haben, so viele Oliven gegessen, dass sie keine anspruchsvollen Berechnungen mehr anstellen können. Deswegen sollen Sie ein Program schreiben, das das Problem automatisch löst. *Eingabe:* In der Datei *oliven.in* befinden sich Paare von gemeldeten Auswertungen, ein Paar auf jeder Zeile. *Ausgabe:* Für jedes Paar aus der Eingabedatei schreiben Sie die zutreffende Zeile aus der folgenden Liste in die Ausgabedatei *oliven.out*:

```
Der erste Spieler gewinnt!
Der zweite Spieler gewinnt!
Der erste luegt! Der Zweite gewinnt!
Der zweite luegt! Der Erste gewinnt!
Beide luegen! Unentschieden!
```

Die ersten beiden Schlussfolgerungen entstehen, wenn beide Resultate in Faktoren von verschiedenen Zahlen von 1 bis 100 zerlegt werden können, wobei der Spieler mit der größeren Auswertung gewinnt, wenn er nicht gelogen hat. Die dritte Zeile benutzen Sie, wenn die erste Auswertung nicht als gültiges Produkt dargestellt werden kann, die zweite aber schon. Bei „Der Zweite hat sich verrechnet! Der Erste gewinnt!" verhält es sich umgekehrt. Und schließlich endet es unentschieden, wenn keine Auswertung als gültiges Produkt geschrieben werden kann. Beispiel:

oliven.in	oliven.out
110 119	Der zweite Spieler gewinnt!
294 202	Der Zweite luegt! Der Erste gewinnt!
343 49	Der zweite Spieler gewinnt!
610 3599	Der erste Spieler gewinnt!
138 258	Der zweite Spieler gewinnt!
941 2234	Beide luegen! Unentschieden!
1236 100	Der Erste luegt! Der Zweite gewinnt!
6231 1500	Der erste Spieler gewinnt!
151 127	Beide luegen! Unentschieden!
1 101	Der Zweite luegt! Der Erste gewinnt!

(inspiriert aus ACM South Central USA Collegiate Programming Contest, 1998, Gizilch)

Problemanalyse und Entwurf der Lösung

Das Problem reduzieren wir darauf, für ein gegebenes Resultat *n* alle Möglichkeiten zu finden, wie man es als Produkt von verschiedenen Zahlen aus {1, 2, ..., 100} aufbauen kann. Wenn alle Zerlegungen für die beiden Spieler identifiziert sind, vergleichen wir jede Zerlegung des Spielers mit dem größeren Resultat mit allen Zerlegungen des anderen Spielers und prüfen, ob es disjunkte Zerlegungen gibt (die Schnittmenge von je zwei verglichenen Zerlegungen ist leer).

Für eine natürliche gegebene Zahl *n* werden alle ihre Zerlegungen in verschiedene Zahlen aus {1, ..., 100} in einer Matrix gespeichert. In der Matrix beinhaltet eine Zeile eine Zerlegung und das Element [*i*][0] die Anzahl der Elemente der Zerlegung in Zeile *i*. Die Methode *divVect()* liefert alle Teiler einer natürlichen Zahl und speichert sie in einem Array. Dieses Array wird von der rekursiven *Backtracking-*Methode *back()* verwendet. *back()* füllt das Array *x*[], das den charakteristischen Vektor für die Menge der Teiler *n* aufnimmt (*x*[*k*]=1, wenn das Element *k* im Produkt, das wir konstruieren wollen, aufgenommen wird und *x*[*k*]=0, wenn es nicht aufgenommen werden soll). Die Methode funktioniert wie folgt:
- Das Produkt des aktuellen Kandidaten wird in *p* gespeichert.
- Wenn *p* = *n*, dann haben wir eine Zerlegung für *n*, die der Matrix *b*[][] hinzugefügt wird.
- Wenn *p* ≠ *n*, setzen wir *x*[*k*] zuerst auf 0 und dann auf 1.
- *x*[*k*] wird 0, d.h. der Teiler *k* wird nicht aufgenommen, und wir rufen die Methode *back()* mit *k*+1 auf.
- Anschließend setzen wir *x*[*k*] auf 1. Der Teiler *k* (*a*[*k*-1] im Programm) könnte nur dann im aktuellen Kandidaten aufgenommen werden, wenn (*p*· *a*[*k*-1]) ein Teiler von *n* ist (das könnte zu einer validen Zerlegung führen). Eine andere Bedingung ist, dass entweder $\frac{n}{p \cdot a[k-1]} = 1$ (dann wird *a*[*k*-1] der letzte Tei-

ler in dieser Zerlegung) oder $\frac{n}{p \cdot a[k-1]} > a[k-1]$ (die Elemente der Zerlegung werden aufsteigend erzeugt):

```
if((n/p)%a[k-1]==0){          //n teilbar durch p·a[k-1]
   x[k]=1;
   if((n/p)/a[k-1]==1 || (n/p)/a[k-1]>a[k-1])   {...}...
```

Wenn eine valide Zerlegung gefunden wird, dann wird sie der Matrix b[][] hinzugefügt, und die Anzahl der Zeilen der Matrix wird um 1 erhöht. Das erledigt die Methode

```
void addLine(int k, int& nr, int b[400][15]){...
```

Die vollständige Matrix für eine gegebene Zahl *n* wird mit der Methode *buildMatrix()* aufgebaut:

```
void buildMatrix(long int n, int& nr, int b[400][15]){
   divVect(n, a, m);
   back(n, 1, nr, b);
}
```

Für die eingelesenen Zahlen *n1* und *n2* werden die beiden Matrizen im Hauptprogramm aufgebaut mit:

```
buildMatrix(n1, nr1, b);
buildMatrix(n2, nr2, c);
```

nr1 ist die Anzahl der validen Zerlegungen für *n1* und *b[][]* die Matrix, in der sie gespeichert sind, *nr2* ist die Anzahl der validen Zerlegungen für *n2* und *c[][]* die Matrix, die sie beinhaltet. Die Methode *makeDecision()* entscheidet anhand dieser Matrizen, welcher bzw. ob ein Spieler gewonnen hat. *disjointLines()* prüft, ob zwei gegebene Zeilen (eine aus jeder Matrix) disjunkt sind (die beteiligten Oliven in den beiden Zerlegungen sind also verschieden!). Die Methode *disjointPoints()* verifiziert, mit Hilfe von *disjointLines()*, ob zwei Matrizen mindestens ein Paar disjunkte Zerlegungen beinhalten.

Programm

```cpp
#include <fstream>

using namespace std;
int m, a[100], x[30];
long int n1, n2;
ifstream fin("oliven.in");
ofstream fout("oliven.out");

void addLine(int k, int& nr, int b[400][15]){
  int i, t=1, aux[30];;
  for(i=1; i<k; i++)
    if(1==x[i])
      aux[t++]=a[i-1];
  b[nr][0]=t-1;
  for(i=1; i<=b[nr][0]; i++) b[nr][i]=aux[i];
  nr++;
}

void back(long int n, int k, int &nr, int b[400][15]){
  int i, j;
  long int p = 1;
  for(j=1; j<k; j++) if(x[j])p*=a[j-1];
  if(p==n) addLine(k,nr,b);
  else
    if(k<=m)
      for(i=0;i<2;i++){
        x[k]=i;
        if(!i) back(n,k+1,nr,b);
        else
          if(0==(n/p)%a[k-1]){
            x[k]=1;
            if(1==(n/p)/a[k-1] || (n/p)/a[k-1]>a[k-1])
              back(n, k+1, nr, b);
          }
      }
}

void divVect(long int n, int a[30], int &m){
  int i;
  m=0;
  for(i=2; i<=100; i++)
    if(0==n%i)
      a[m++]=i;
}
```

```
void buildMatrix(long int n, int& nr, int b[400][15]){
  divVect(n,a,m);
  back(n,1,nr,b);
}

int disjointLines(int lb, int lc, int b[400][15],
                  int c[400][15]){
  int i, j;
  for(i=1; i<=b[lb][0]; i++)
    for(j=1; j<=c[lc][0]; j++)
      if(b[lb][i]==c[lc][j]) return 0;
  return 1;
}

int disjointPoints(int nr1, int b[400][15], int nr2,
                   int c[400][15]){
  int i, j;
  for(i=0; i<nr1; i++)
    for(j=0; j<nr2; j++)
      if(disjointLines(i,j,b,c)) return 1;
  return 0;
}

void makeDecision(int nr1, int b[400][15], int nr2,
                  int c[400][15]){
  if(!nr1 && !nr2)
    fout << "Beide luegen! Unentschieden!" << endl;
  else if(!nr1)
    fout << "Der Erste luegt! Der Zweite gewinnt!" << endl;
  else if(!nr2)
    fout << "Der Zweite luegt! Der Erste gewinnt!" << endl;
  else
    if(n1<n2)
      if(disjointPoints(nr1, b, nr2, c))
        fout << "Der zweite Spieler gewinnt!" << endl;
      else
        fout << "Der erste Spieler gewinnt!" << endl;
    else
      if(disjointPoints(nr2, c, nr1, b))
        fout << "Der erste Spieler gewinnt!" << endl;
      else
        fout << "Der zweite Spieler gewinnt!" << endl;
}

int main(){
  int nr1, nr2;
  int b[400][15], c[400][15];
```

```
    while(fin && !fin.eof() && fin>>n1>>n2){
      nr1=0;
      nr2=0;
      buildMatrix(n1, nr1, b);
      buildMatrix(n2, nr2, c);
      makeDecision(nr1, b, nr2, c);
    };
    return 0;
}
```

Aufgaben

1. Erweitern Sie das Programm so, dass keine globalen Variablen deklariert werden.
2. Wenn ein Spieler gewinnt, soll auch eine gültige Möglichkeit für das Oliven-Essen ausgegeben werden (wenn möglich eine für jeden Spieler; wenn das für einen Spieler nicht möglich ist, dann schreiben Sie dafür „verrechnet" oder „luegt"). Erweitern Sie das Programm.
3. Um die Lesbarkeit zu erleichtern, haben wir in der obigen Implementierung Arrays verwendet. Die *STL*-Bibliothek bietet auch Operationen mit Mengen, die der Typ *std::set* bereitstellt (eine Zerlegung wird als *set* implementiert, alle Zerlegungen für eine gegebene Zahl werden in einem *vector<set>* gespeichert).
4. Schreiben Sie eine iterative *Backtracking*-Methode anstatt der rekursiven.
5. Schreiben Sie eine Methode, die für eine gegebene Zahl M die Anzahl aller Zerlegungen mit verschieden Faktoren aus $\{1, 2, ..., 100\}$ liefert.

Problem 12. Testmusterkompaktierung

Eine Testmustermenge T ist gegeben, und man muss sie zu einer Testmustermenge T' minimaler Mächtigkeit reduzieren, so dass es für jeden Test aus T einen kompatiblen Test in T' gibt. Ein Test ist eine Zeichenkette, die Zeichen aus der Menge $S = \{'0', '1', 'U', 'Z', 'X'\}$ enthält. Wir nennen sie *Kompaktierungsmenge*. Beispiele: X01XUZZX01, 100011ZUX1ZXXX.

Definition 1. Kompatible Zeichen. Wir sagen, dass zwei Zeichen kompatibel sind, wenn die beiden gleich sind oder mindestens eines der Zeichen ein 'X' (*don't care*) ist. Wir bezeichnen diese Relation mit '≡' und die Inkompatibilität mit '≠'. Wenn die beiden kompatiblen Zeichen gleich sind, dann verschmelzen (*merge*) sie zu einem, wenn sie nicht gleich sind, dann werden sie zu dem Zeichen vereinigt (*merge*), das nicht 'X' ist. Die Kompatibilitäts- und die *Merge*-Relation sind in Tabelle dargestellt ('*' bedeutet nicht kompatibel).

Kompatibilitäts-Merge-Tabelle

≡	0	1	U	Z	X
0	0	*	*	*	0
1	*	1	*	*	1
U	*	*	U	*	U
Z	*	*	*	Z	Z
X	0	1	U	Z	X

<u>Definition 2. Kompatible Tests.</u> Zwei Tests sind kompatibel, wenn für alle Zeichen gilt, dass je ein Zeichen des ersten Strings mit dem Zeichen, das an der gleichen Position im zweiten String steht, kompatibel ist. Aus zwei kompatiblen Tests erzeugt man den *merged* Test, indem man je zwei korrespondierende Zeichen durch ihr *merged* Zeichen ersetzt. *Beispiel:* Die Tests t_1 = *10ZX0XU* und t_2 = *X0Z10UU* sind kompatibel, weil $t_1(i) \equiv t_2(i)$, für alle $i \in \{1, 2, \ldots, 7\}$. $Merge(t_1, t_2)$ = *10Z10UU*.

Wir wollen nun für gegebene Tests eine minimale Testmustermenge finden. *Eingabe:* In der Datei *tests.in* befinden sich mehrere Tests gleicher Länge, einer pro Zeile (höchstens 40 Tests, die maximale Länge beträgt 1000 Zeichen). *Ausgabe:* Schreiben Sie in die Datei *tests.out* in die erste Zeile die Dimensionen der eingegebenen Daten (Anzahl und Länge der Tests), in die zweite Zeile die Anzahl der resultierenden Tests der Ausgabedatei und den Prozentgrad der Reduzierung, in die dritte Zeile eine Leerzeile und ab der vierten Zeile die resultierenden Tests, einen pro Zeile. Wir fordern, dass die Anzahl der resultierenden Tests minimal ist. Beispiel:

tests.in	tests.out
UU0XXZZU	15 8
XUU0XX11	5 33.3333%
XXUXZXXX	
UUU0ZZ11	UU0X1ZZU
0XX111XX	011111ZZ
XUU0XX11	U0UXZU0U
U0XXXUXU	0UUZZ11U
XXXX1XXX	UUU0ZZ11
UXXXXZZU	
011111ZZ	
0XX1XXXX	
XXUXZXXX	
U0UXZU0U	
XUUXZX1X	
0UXZX11U	

(Rolf Drechsler, Görschwin Fey, Daniel Große)

Problemanalyse und Entwurf der Lösung

Aus den Definitionen folgern wir die nächsten drei Sätze, die uns helfen, die Lösung zu vereinfachen.

Satz 1. Wenn $t_0 \not\equiv t_1$ (nicht kompatibel), $t_0 \equiv t_2$ (kompatibel) und $Merge(t_0, t_2) = t_3$, dann $t_3 \not\equiv t_1$.

Beweis. Weil t_0 und t_1 nicht kompatibel sind, folgt, dass mindestens eine Stelle k existiert, so dass $t_0[k] \neq t_1[k]$. Nach der *Merge*-Transformation $Merge(t_0, t_2) = t_3$ gilt, dass $t_3[k] = t_0[k]$, und $t_3[k] \neq t_1[k]$, weil keines von beiden 'X' ist. Es folgt, dass t_1 und t_3 nicht kompatibel sind. ❑

Satz 2. Wenn $t_0 \equiv t_1$ und $Merge(t_0, t_1) = t_2$, $t_2 \equiv t_3$ und $Merge(t_2, t_3) = t_4$, dann folgt, dass $t_0 \equiv t_4$ und $t_1 \equiv t_4$.

Beweis. Wenn ein Zeichen in t_0 'X' ist, dann ist es sowieso mit dem entprechenden Zeichen in t_4 kompatibel. Wenn es nicht 'X' ist, dann haben die *Merge*-Operationen dasselbe Zeichen in t_4 erzeugt. ❑

Satz 3. Wenn $t_0 \equiv t_1$ und $t_1 \equiv t_2$, dann folgt nicht, dass $t_0 \equiv t_2$.
Beweis. Gegenbeispiel: $t_0 = 1XU$, $t_1 = XZU$, $t_2 = 0ZX$ (siehe erste Stelle!). ❑

Um die Aufgabe zu lösen, werden wir einen rekursiven *Backtracking*-Algorithmus verwenden. Ein gegebener Vektor *V* wird für alle kompatiblen Paare so modifiziert werden, dass zwei kompatible Tests durch ihren verschmolzenen Test ersetzt werden. Der Algorithmus wird danach für den modifizierten Vektor erneut angewendet. Eine boolsche Variable *compact* prüft, ob es kompatible Paare gibt. Wenn ja, wird *compact* der Wert *false* zugewiesen (der Vektor ist noch nicht *kompakt*!). Wenn es keine kompatiblen Paare gibt, dann bleibt *compact* auf *true*, und *V* ist jetzt eine mögliche Lösung. In diesem Fall müssen wir noch prüfen, ob der Vektor *V* kürzer als der aktuelle Lösungskandidat *VOut* ist, der bislang die kleinste reduzierte Testmustermenge speichert. Wenn *V* kürzer ist, dann wird *VOut* durch *V* ersetzt.

15 Backtracking

Der Pseudocode-Algorithmus:

ALGORITHM_OPTIM_COMPACT_REC(vector V, vector& VOut)
  bool *compact*
  compact ← true
  For (i=1,size(V)-1; step 1) **Execute**
      For(j=i+1, size(V); step 1) **Execute**
          If(t_i compatible t_j) **Then**
              compact ← false
              t ← merge(t_i, t_j)
              V.delete(t_i)
              V.delete(t_j)
              V.add(t)
              ALGORITHM_OPTIM_COMPACT_REC(V, $VOut$)
          End_If
      End_For
  End_For
  If (*compact*) **Execute**
      If(size($VOut$) > size(V)) **Then**
          $VOut$ ← copy_of(V)
      End_If
      return;
  End_If
END_ALGORITHM _OPTIM_COMPACT_REC

<u>Genauigkeit des Algorithmus.</u> Der Algorithmus ist genau, weil der Vektor V so manipuliert wird (das Ersetzen der zwei kompatiblen Tests durch den verschmolzenen), dass die Eigenschaften der Kompatibilitätsbedingung gewahrt bleiben.

<u>Komplexität des Algorithmus.</u> Der rekursive Baum hat maximal die Höhe n (Anzahl der Input-Tests). Die Gesamtanzahl der Vergleiche auf Kompatibilität ist dann:

$$\frac{n(n-1)}{2} \cdot \frac{(n-1)(n-2)}{2} \cdot \frac{(n-2)(n-3)}{2} \cdot \ldots \cdot \frac{2 \cdot 1}{2} = \prod_{k=2}^{n} \frac{k(k-1)}{2} = \frac{n! \cdot (n-1)!}{2^{n-1}}.$$

Die Komplexität ist also $O(\frac{n! \cdot (n-1)!}{2^n})$. ❑

Wir werden die Methoden *compatibleChars()* (prüft, ob zwei Zeichen kompatibel sind), *compatibleLines()* (prüft, ob zwei Tests kompatibel sind), *mergeChars()* (führt die *Merge*-Operation auf zwei Zeichen aus) und *mergeLines()* (führt die *Merge*-Operation auf zwei Tests aus) implementieren.

Programm

```
#include <fstream>
#include <string>
#include <vector>

using namespace std;

bool compatibleChars(char c1, char c2){
  return(
    c1 == c2  ||
    c1 == 'X' ||
    c2 == 'X'
  );
}
```

Zwei Zeichen sind *kompatibel* wenn sie entweder gleich sind, oder mindestens eines ein 'X' (*don´t care*) ist.

```
bool compatibleLines(string str1, string str2){
  if(str1.length()!=str2.length()) return false;
  bool retValue = true;
  for(int i=0; retValue && i<str1.length(); i++)
    retValue &= compatibleChars( str1[i], str2[i] );
  return retValue;
}

char mergeChars(char c1, char c2){
  if(!compatibleChars(c1, c2)) return '*';
  char retCh;
  if('X'==c1 && 'X'==c2){
    retCh = 'X';
  } else{
    if(c1!='X') retCh = c1;
    else retCh = c2;
  }
  return retCh;
}

string mergeLines(string str1, string str2){
  if(str1.length() != str2.length()) return NULL;
  char* str =(char*) malloc(str1.length() + 1);
  for(int i=0; i<str1.length(); i++)
    str[i] = mergeChars(str1[i], str2[i]);
  str[str1.length()] = '\0';
  return str;
}

void recExactCompact(vector<string> v, vector<string>& vRet){
  bool compact = true;
  int i, j;
```

```
      string str;
      for(i=0; i<v.size()-1; i++)
        for(j=i+1; j<v.size(); j++)
          if(compatibleLines(v[i], v[j])){
            compact = false;
            str = mergeLines(v[i], v[j]);
            v.erase(v.begin()+i);
            v.erase(v.begin()+j-1);
            v.push_back(str);
            recExactCompact(v, vRet);
          }
      if(compact){
        if(vRet.size()>v.size()){
          vRet.clear();
          for(int i=0; i<v.size(); i++) vRet.push_back(v[i]);
        }
        return;
      }
    }

    double doRecExactCompact(string fIn, string fOut){
      ifstream in(fIn.c_str());
      ofstream out(fOut.c_str());
      string line;
      vector<string> v;
      int i, j;
      while(!in.eof()){
        getline(in, line);
        if(line.size()>0)v.push_back(line);
      }
      vector<string> vRet;
      for(i=0; i<v.size(); i++) vRet.push_back(v[i]);
      recExactCompact(v, vRet);
      out << v.size() << " " << v[0].size()
          << endl << vRet.size() << " "
          << vRet.size()*100.0/v.size() << "%" << endl;
      out << endl;
      for(int i=0; i<vRet.size(); i++){
        out << vRet[i] << endl;
      }
      return vRet.size()*100.0/v.size();
    }

    int main(){
      doRecExactCompact("tests.in", "tests.out");
      return 0;
    }
```

Wenn es zwei kompatible Tests (Zeilen) gibt, dann ist *v* noch nicht *kompakt*! Der verschmolzene Test wird die beiden Tests ersetzen und die Methode wird rekursiv aufgerufen.

Wenn es keine kompatiblen Tests gibt, dann ist *v kompakt*! Wir prüfen, ob seine Dimension kleiner als die Dimension der besten aktuellen Lösung *vOut* ist...

Aufgaben

1. Schreiben Sie folgende Methoden:

   a) Geben Sie die Anzahl der kompatiblen Paare in eine gegebene Datei aus. *Beispiel:* Für *test.in* aus der Problemstellung ist die Anzahl 41.

   b) Stellen Sie die Eigenschaften einer gegebenen Datei fest: Anzahl der Tests, ihre Länge und die Aufteilung der Zeichen auf jeder Spalte.

   c) Generieren Sie eine Eingabedatei, wobei die Dimensionen und der *compaction_factor* (der Grad der Kompaktierung zwischen Ein- und Ausgabe wird angenähert) vorgegeben sind. Beispiele für Eingabedateien mit *compaction_factor* 8:

5 Zeilen (Tests), 5 Spalten (Länge)	15 Zeilen (Tests), 9 Spalten (Länge)
1XUU1	XXXXZXXXX
UX1U0	X1X1ZXXXX
Z10XX	X1X1ZXX1X
000X0	X1X1Z111Z
0XZ0U	XXXXZX1XX
	XXXXZXXXX
	11X1Z111Z
	X1X1ZXX1X
	XXX1ZXX1X
	1000U0UU0
	XXXXZXXXX
	X00ZU0ZZU
	XXXXZ11XX
	XXXXZXXXX
	X1X1ZXXXX

2. Wegen seiner exponentiellen Komplexität ist der rekursive *Backtracking*-Algorithmus sehr zeitaufwändig. Deswegen kann er nur auf Dateien mit kleinen Dimensionen angewendet werden. Um eine gegebene Datei zu kompaktieren, könnte man einen *Greedy*-Algorithmus verwenden, der aber nicht immer die kleinste Kompaktierung liefern würde. Der Pseudocode für den *Greedy*-Algorithmus:

```
ALGORITHM_GREEDY_COMPACT
        vector V[1..n]
        bool compact
        compact ← false
        While (NOT compact) Execute
            If( ∃t_i, t_j: t_i compatible t_j ) Then
                (consider first (i, j) lexicographical)
                    compact ← false
                    t ← merge(t_i, t_j)
                    V.delete(t_i)
                    V.delete(t_j)
                    V.add(t)
            End_If
            Else Execute
                compact ← true
            End_Else
        End_While
END_ALGORITHM_ GREEDY_COMPACT
```

Dieser Algorithmus verarbeitet auch viel größere Eingabedateien.

a) Schreiben Sie eine Methode, die diesen Algorithmus implementiert.
b) Ergänzen Sie das obige Programm mit den Methoden von Aufgabe 1 und mit dem *Greedy*-Algorithmus.
c) Testen Sie alle diese Methoden, indem Sie zufällige Eingabedateien erzeugen und sie mit *Greedy-Compact* reduzieren. Messen Sie auch die Laufzeit der *Greedy*-Methode. Zum Beispiel können Sie automatisch Eingabedateien mit diesen Bedingungen erzeugen
- *compaction_factor* 25,
- Testanzahl von 100 bis 1000 in Schritten von 100 (*f100_xxx.txt* bis *f1000_xxx.txt*),
- Verändern Sie auch die Anzahl der Spalten (Länge der Tests) von 115 bis 915 in Schritten von 200 (*fxxx_115.txt* bis *fxxx_915.txt*).

Die Ausgabedatei *report.out* könnte so aussehen:

report.out					
file_name	#lines	#cols	#comps	comp_rate	time(sec)
f100_115.txt	**100**	**115**	**549**	**36.00%**	**1**
f100_315.txt	100	315	850	24.00%	1
f100_515.txt	100	515	1503	20.00%	1
f100_715.txt	100	715	647	28.00%	1
f100_915.txt	100	915	973	26.00%	2
...					
f600_115.txt	**600**	**115**	**35915**	**33.83%**	**82**
f600_315.txt	600	315	29436	30.33%	123
f600_515.txt	600	515	17916	29.83%	163
f600_715.txt	600	715	37335	30.17%	190
f600_915.txt	600	915	8452	26.83%	186
...					
f1000_115.txt	**1000**	**115**	**16218**	**32.80%**	**213**
f1000_315.txt	1000	315	89951	33.90%	394
f1000_515.txt	1000	515	28579	29.70%	813
f1000_715.txt	1000	715	258987	17.90%	227
f1000_915.txt	1000	915	86154	16.30%	495

(*#comps* ist die Anzahl der ursprünglichen kompatiblen Paare!)

3. Vergleichen Sie den rekursiven *Backtracking*- mit dem *Greedy*-Algorithmus, indem Sie Eingabedateien mit verschiedenen Dimensionen generieren und kompaktieren. Automatisieren Sie den Prozess, so dass mehrere Eingabedateien gemäß bestimmter Vorgaben erzeugt, kompaktiert und die Ergebnisse in die Datei *report.out* geschrieben werden. Diese Vorgaben sind z. B.: *compaction_factor* 50; Testanzahl 5 - 35 und Spaltenanzahl 5 - 9 (beides in Einerschritten) und die Ergebnisse sehen Sie unten. Markieren Sie mit „**" die Fälle, für die der *Optim_Algorithmus* eine bessere Lösung als der *Greedy_Algorithmus* liefert. Variieren Sie den *compaction_factor*, die Anzahl der Tests und deren Länge. Wann erzielt der rekursive Algorithmus erkennbar bessere Kompaktierungsgrade als der *Greedy*-Algorithmus? Wundern Sie sich, wie ich, über die Ergebnisse!

report.out								
				GREEDY_COMPACT		BACK_COMPACT		
file_name	#lin	#col	#cps	c_rate	t(s)	c_rate	t(s)	
f_5_5.txt	**5**	**5**	**3**	**60.00%**	**0**	**60.00%**	**0**	
f_5_6.txt	5	6	1	80.00%	0	80.00%	0	
f_5_7.txt	5	7	4	60.00%	0	60.00%	0	
...								
f_11_7.txt	11	7	12	54.55%	0	45.45%	0	**
f_11_8.txt	11	8	13	45.45%	0	45.45%	0	

f_11_9.txt	11	9	4	63.64%	0	63.64%	0	
f_12_5.txt	**12**	**5**	**58**	**16.67%**	**0**	**16.67%**	**0**	
...								
f_20_6.txt	20	6	48	55.00%	0	55.00%	0	
f_20_7.txt	20	7	31	35.00%	0	35.00%	3	
f_20_8.txt	20	8	61	50.00%	0	50.00%	1	
...								
f_35_5.txt	**35**	**5**	**90**	**54.29%**	**0**	**45.71%**	**395**	**
f_35_6.txt	35	6	201	40.00%	0	37.14%	3689	**
f_35_7.txt	35	7	150	40.00%	0	40.00%	2677	
f_35_8.txt	35	8	71	57.14%	0	57.14%	82	
f_35_9.txt	35	9	116	51.43%	0	51.43%	254	

4. Die Tests sind vom Typ *string*, obwohl die *Kompaktierungsmenge* {0, 1, U, X, Z} nur 5 Elemente hat (d.h. man braucht nicht 8 Bits für ein Zeichen, sondern nur 3). Verbessern Sie das Programm, indem Sie Bit-Operationen einbauen.
5. Erweitern Sie das Programm so, dass nicht immer der ganze Vektor durchlaufen wird, um die kompatiblen Tests zu finden. Sie sollen nun in einer Liste gespeichert und verarbeitet werden.

Problem 13. Sudoku

Wer hat nicht schon vom Logikspiel Sudoku gehört und Sudoku-Rätsel in Zeitschriften oder Büchern gesehen? Ein Sudoku besteht aus einem Gitter mit 9 Zeilen und 9 Spalten und, so ist es heutzutage üblich, aus 9 Teilblöcken der Dimension 3×3 (siehe Abbildung). Einige Felder sind bereits mit einer Ziffer von 1 bis 9 vorbelegt. Der Rätselfreund soll nun alle leeren Felder so ausfüllen, dass in jeder Zeile, jeder Spalte und in jedem Teilblock jede Ziffer nur einmal vorkommt (diese Bedingung nennen wir im Folgenden „Sudoku-Bedingung"). Je weniger Felder anfangs vorgegeben sind (normalerweise zwischen 22 und 36), desto schwieriger ist es, ein Sudoku zu lösen. Weil man mit den Ziffern keine Berechnungen anstellen muss, könnte man genau so gut Buchstaben oder Symbole verwenden.

Zurückführen lassen sich Sudokus übrigens auf die lateinischen Quadrate, die der Mathematiker Leonhard Euler (1707-1783) präsentierte. Die Quadrate, Euler nannte sie *carré latin*, waren aber nicht an die Größe 9 gebunden, konnten also größer oder kleiner sein und bestanden außerdem nicht aus Teilblöcken.

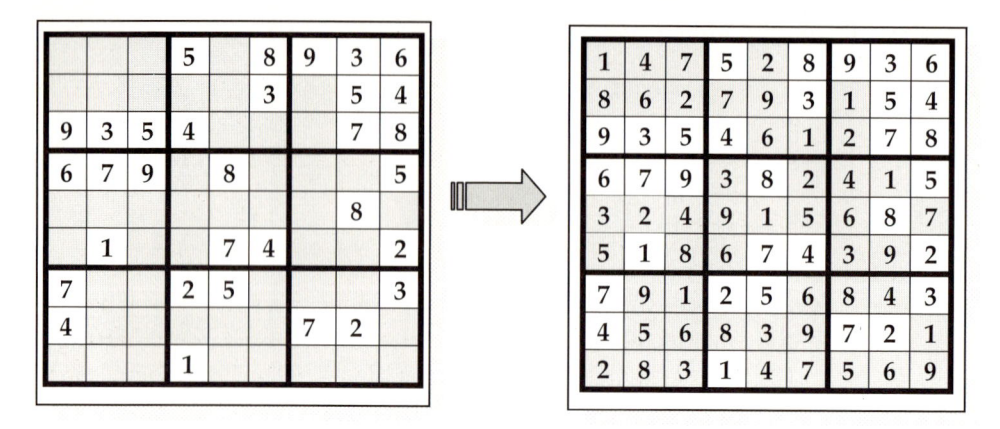

Beispiel für ein Sudoku-Rätsel

Sie sollen nun das Sudoku lösen, das durch die Datei *sudoku.in* angegeben ist. Das Zeichen ‚*' steht für ein leeres Feld. Schreiben Sie alle möglichen Lösungen in die Datei *sudoku.out* wie im Beispiel (jedes korrekt gestellte Sudoku lässt sich eindeutig lösen, es soll aber hier auch geprüft werden, ob das Sudoku wirklich richtig gestellt ist, wir hören also nicht nach der ersten gefundenen Lösung auf). Wenn es mehrere Lösungen für ein (falsch gestelltes) Sudoku gibt, dann trennen Sie sie durch eine Leerzeile. Wenn es keine Lösung gibt, bleibt die Ausgabedatei leer.

sudoku.in	sudoku.out
***5*8936	1 4 7 5 2 8 9 3 6
*****3*54	8 6 2 7 9 3 1 5 4
9354***78	9 3 5 4 6 1 2 7 8
679*8***5	6 7 9 3 8 2 4 1 5
*******8*	3 2 4 9 1 5 6 8 7
*1**74**2	5 1 8 6 7 4 3 9 2
7**25***3	7 9 1 2 5 6 8 4 3
4*****72*	4 5 6 8 3 9 7 2 1
1**	2 8 3 1 4 7 5 6 9
*1***94**	8 1 5 7 3 9 4 2 6
*74***39*	6 7 4 2 8 5 3 9 1
3*****5**	3 9 2 4 1 6 5 8 7
2***5*673	2 8 1 9 5 4 6 7 3
7***63*4*	7 5 9 8 6 3 1 4 2
628**	4 3 6 1 7 2 8 5 9
*********	9 2 3 5 4 1 7 6 8
7*235	1 4 7 6 2 8 9 3 5
568*9**1*	5 6 8 3 9 7 2 1 4

15 Backtracking

Problemanalyse und Entwurf der Lösung

Wir stellen zunächst einen naiven Ansatz vor, bei dem der Reihe nach alle leeren Felder mit Werten belegt werden, die jeweils der Sudoku-Bedingung genügen (ein klügerer Ansatz mit geschickterer Reihenfolge der Belegung findet sich in Aufgabe 2). Zunächst erläutern wir die vorkommenden Variablen:

- $v[][]$: zweidimensionales Array mit den Einträgen (erster Index: Zeilennummer, zweiter Index: Spaltennummer, von 0 bis 8 nummeriert). Wert 0 bedeutet, dass das Feld noch nicht gefüllt ist, Wert größer als Null ist der Eintrag.
- $sl[]$ und $sc[]$: eindimensionale Arrays, die die Mengen der Ziffern der Zeilen (sl = set lines) und Spalten (sc = set column) darstellen.

Zeile 1: $sl[0] = \{3, 5, 6, 8, 9\}$
Zeile 2: $sl[1] = \{3, 4, 5\}$
Zeile 3: $sl[2] = \{3, 4, 5, 7, 8, 9\}$
Zeile 4: $sl[3] = \{5, 6, 7, 8, 9\}$
Zeile 5: $sl[4] = \{8\}$
Zeile 6: $sl[5] = \{1, 2, 4, 7\}$
Zeile 7: $sl[6] = \{2, 3, 5, 7\}$
Zeile 8: $sl[7] = \{2, 4, 7\}$
Zeile 9: $sl[8] = \{1\}$

Spalte 1: $sc[0] = \{4, 6, 7, 9\}$
Spalte 2: $sc[1] = \{1, 3, 7\}$
Spalte 3: $sc[3] = \{5, 9\}$
Spalte 4: $sc[3] = \{1, 2, 4, 5\}$
Spalte 5: $sc[4] = \{5, 7, 8\}$
Spalte 6: $sc[5] = \{3, 4, 8\}$
Spalte 7: $sc[6] = \{7, 9\}$
Spalte 8: $sc[7] = \{2, 3, 5, 7, 8\}$
Spalte 9: $sc[8] = \{2, 3, 4, 5, 6, 8\}$

Im Programmverlauf werden die Mengen der Arrays komplett befüllt.

- $sb[][]$: zweidimensionales Array, das die Mengen der Ziffern jedes Blocks enthält (sb = set blocks).

(0, 0): $sb[0][0] = \{3, 5, 9\}$; (0, 0) = Linker Teilblock im oberen Drittel
(0, 1): $sb[0][1] = \{3, 4, 5, 8\}$; (0, 1) = Mittlerer Teilblock im oberen Drittel
(0, 2): $sb[0][2] = \{3, 4, 5, 6, 7, 8, 9\}$; (0, 2) = Rechter Teilblock im oberen Drittel

(1, 0): sb[1][0] = {1, 6, 7, 9}   ; (1, 0) = Linker Teilblock im mittleren Drittel usw.
(1, 1): sb[1][1] = {4, 7, 8}
(1, 2): sb[1][2] = {2, 5, 8}
(2, 0): sb[2][0] = {4, 7}
(2, 1): sb[2][1] = {1, 2, 5}
(2, 2): sb[2][2] = {2, 3, 7}

Auch die Mengen dieses Arrays werden während der Verarbeitung komplettiert.

- *ch*: in *ch* lesen wir sukzessive die Zeichen der Eingabedatei ein.

Wenn in *ch* eine Ziffer steht, nehmen wir diese in die zugehörigen Mengen *sl*, *sc* und *sb* und das Array *v* auf (dies erledigt die Methode *set*(), die gleichzeitig prüft, ob nicht schon die vorhandenen Eingaben die Sudoku-Bedingung verletzen, also die entsprechende Mengen in *sl*, *sc* oder *sb* bereits den Wert enthält). Nach jedem Einlesen aktualisieren wir die Zeilen- und Spaltenposition (beide werden mit 0 initialisiert). Wenn wir zur Spaltenposition 9 (*DIM*) gelangen, schreiten wir auf der nächsten Zeile in Spalte 0 voran (l++; c=0;).

```
if(isdigit(ch) || V==ch){
    if(V==ch) poz.push_back(TPair(l, c));
    else{
        sl[l].insert(ch-'0');
        sc[c].insert(ch-'0');
        sp[l/NR][c/NR].insert(ch-'0');
        t.push_back(ch-'0');
    }
    if(DIM==++c) {l++; c=0;}
}
```

Wir implementieren die Methode *back*(), die mit rekursivem Backtracking arbeitet: Zunächst suchen wir das nächste noch nicht gefüllte Feld (Zeile *l* und Spalte *c*, für die *v*[*l*][*c*] Null ist). Ist alles gefüllt, geben wir die Lösung aus. Wenn nicht, versuchen wir, *v*[*l*][*c*] auf die Werte von 1 bis 9 mit der Methode *set*() zu setzen. Ist die Sudoku-Bedingung nicht verletzt, findet der rekursive Aufruf statt.

Grundsätzlich lässt sich die Aufgabe auch für ein Quadrat mit N^2 Zeilen, Spalten und Blöcken (mit je *N* Zeilen und Spalten) stellen, in die jeweils N^2 verschiedene Zeichen einzufügen sind (beim normalen Sudoku ist *N*=3). Ändert man den Wert von *N* im Programm (und passt ggfs. die Eingabe- und Ausgabefunktion an), lassen sich auch Sudokus anderer Größen behandeln.

Programm

```cpp
#include <set>
#include <vector>
#include <fstream>
#include <algorithm>

using namespace std;

const char    V = '*';
const short DIM = 9;
const short  NR = 3;

set<int> sl[DIM], sc[DIM];
set<int> sp[DIM/NR][DIM/NR];

vector<short> t;
typedef pair<short, short> TPair;
vector<TPair> poz;

bool isCandidat(vector<int> v, int k){
  int ll = poz[k].first;
  int cc = poz[k].second;
  if(sl[ll].find(v[k])!= sl[ll].end()) return false;
  if(sc[cc].find(v[k])!=sc[cc].end())  return false;
  if(sp[ll/NR][cc/NR].find(v[k])!=sp[ll/NR][cc/NR].end())
                                       return false;
  return true;
}

void writeSolution(vector<int> v, ofstream& out){
  int k=0, j=0;;
  int ll=0, cc=0;
  while(ll<DIM){
    if(poz[k].first==ll && poz[k].second==cc){
      out<<v[k++]<<" ";
    }
    else out<<t[j++]<<" ";
    if(++cc==DIM){ll++; cc=0; out<<endl;}
  }
  out<<endl;
}

void back(int k, vector<int>& v, ofstream& out){
  if(k==poz.size()) { writeSolution(v, out); return;}
  for(int i=1; i<=DIM; ++i){
    v[k]=i;
    if(isCandidat(v, k)){
```

```
        sl[poz[k].first].insert(v[k]);
        sc[poz[k].second].insert(v[k]);
        sp[poz[k].first/NR][poz[k].second/NR].insert(v[k]);
        back(k+1, v, out);
        sl[poz[k].first].erase(v[k]);
        sc[poz[k].second].erase(v[k]);
        sp[poz[k].first/NR][poz[k].second/NR].erase(v[k]);
      }
   }
}

int main(){
  ifstream in("sudoku.in");
  short l=0, c=0;
  char ch;
  while(in && !in.eof() && in>>ch && l<DIM){
    if(isdigit(ch) || V==ch){
      if(V==ch) poz.push_back(TPair(l, c));
      else{
        sl[l].insert(ch-'0');
        sc[c].insert(ch-'0');
        sp[l/NR][c/NR].insert(ch-'0');
        t.push_back(ch-'0');
      }
      if(DIM==++c) {l++; c=0;}
    }
  }

  vector<int> v(poz.size(), 0);
  ofstream out("sudoku.out");
  back(0, v, out);

  return 0;
}
```

Aufgaben

1. Definieren Sie eine globale *int*-Variable, die anfangs den Wert Null hat und für jeden erfolglosen Aufruf von *back()* (d. h. bei dem die *for*-Schleife in *back()* keinen passenden Wert für *v[l][c]* finden kann, also einem Fehlversuch) um 1 erhöht wird, und geben ihren Wert bei Programmende zusätzlich in *sudoku.out* aus.

2. Die in Aufgabe 1 bestimmte Anzahl an Fehlversuchen lässt sich stark verkleinern, indem man nicht der Reihe nach die leeren Felder belegt, sondern jeweils ein Feld bestimmt, für das es die kleinstmögliche Anzahl Belegungen

gibt, die nicht die Sudoku-Eigenschaft verletzen (bei vielen leichten Sudokus lassen sich der Reihe nach alle Felder eindeutig belegen, weil es immer eines gibt, für das es jeweils nur noch eine Belegungsmöglichkeit gibt). Ersetzen Sie dazu die *do-while*-Schleife in *back*() durch eine Schleife, die für jedes freie Feld die Vereinigung der Mengen aus *sl*, *sc* und *sb* bestimmt und Zeilen- und Spaltennummer ausgibt, für die die Vereinigungsmenge die größte Anzahl von Elementen hat. Vergleichen Sie Anzahlen der Fehlversuche (vgl. Aufgabe 1) für den ursprünglichen und den verbesserten Algorithmus. *Bemerkung*: Durch geschicktere Überlegungen lässt sich die Anzahl der Versuche noch weiter stark einschränken. Eine Übersicht von Vorgehensweisen, um sehr viele Sudokus ohne jegliche Fehlversuche vollständig „logisch" lösen zu können, findet sich in http://www.sudokusolver.co.uk.

3. Implementieren Sie ein iteratives *Backtracking* für das Problem.
4. Viele Webseiten, z. B. http://www.sachsentext.de/en/index.htm und http://www.maa.org/editorial/mathgames/mathgames_09_05_05.html präsentieren Varianten von Sudoku (z. B. *Shidoku, Rokudoku, Maxi Sudoku, Irregular Sudoku*, usw.). Schreiben Sie Programme, um diese Varianten zu lösen. Versuchen Sie dabei, wenn möglich, einen allgemeinen Algorithmus zu finden, der mehrere Varianten lösen kann.

Noch 10 Probleme

1. *Korrekte Klammerung von n Klammern-Paaren.* Das Generieren aller korrekten Klammerungen mit *n* öffnenden und *n* schließenden Klammern ist ein bekanntes *Backtracking*-Problem. Die Klammerungen ()() und (()) sind korrekt und ())(und)(() sind inkorrekt. Die Anzahl der Folgen *n* öffnender und *n* schließender Klammern, die korrekt geklammert sind, ist die *n*-te Catalan Zahl $C_n = \frac{1}{n+1}\binom{2n}{n}$:

()(), (())	2 Paare → 2 Möglichkeiten
()()() , ()(()), (())(), (()()), ((()))	3 Paare → 5 Möglichkeiten
()()()(), ()()(()), ()(())(), ()(()()), ()((())), (())()(), (())(()), (()())(),((()))(), (()()(), (()(())), (()()()), (()(())), ((()))), (((())))	4 Paare → 14 Möglichkeiten

Schreiben Sie ein Programm, das alle korrekten Klammerungen von *n* Klammern-Paaren ausgibt. Beispiel:

Tastatur	klammern.out
n=3	()()() , ()(()), (())(), (()()), ((()))

2. *Kartenfärbung.* Eine Anzahl von Ländern n ($2 \leq n \leq 20$) und die dazugehörige Landkarte als Matrix $a[][]$ sind gegeben, in der $a[i][j] = 1$ ist, wenn die Länder i und j Nachbarn sind, wenn nicht, ist $a[i][j] = 0$. Finden Sie eine Möglichkeit, die Karte mit einer minimalen Anzahl von Farben einzufärben, wobei zwei Länder, die aneinander grenzen, unterschiedliche Farben haben müssen. In die Ausgabedatei geben Sie in die erste Zeile die minimale Anzahl der Farben aus. In die zweite Zeile schreiben Sie die zugewiesene Farbnummer für Land 1 bis n in dieser Reihenfolge.

karte.in	farben.out
7 0 1 1 1 0 0 1 1 0 1 1 0 0 0 1 1 0 1 1 0 1 1 1 1 0 1 0 1 0 0 1 1 0 1 1 0 0 0 0 1 0 1 1 0 1 1 1 1 0	4 1 2 3 4 1 3 2

Erzeugen Sie alle Möglichkeiten, die Karte mit minimaler Anzahl an Farben zu färben.

3. *Kartesisches Produkt.* Das kartesische Produkt von n Mengen $A_1, A_2, ..., A_n$ besteht aus allen n-Tupeln ($a_1, a_2, ..., a_n$) mit $a_i \in A_i$. Man notiert es mit $A_1 \times A_2 \times ... \times A_n$:

$$\prod_{i=1}^{n} A_i = A_1 \times A_2 \times ... \times A_n = \{(a_1, a_2, ..., a_n) | a_i \in A_i \; \forall i = 1, 2, ..., n\}$$

Die Anzahl aller Tupel ist also $|A_1| \cdot |A_2| \cdot ... \cdot |A_n|$.

Bei diesem Problem wollen wir das kartesische Produkt $\{1, 2, .., n_1\} \times \{1, 2, ..., n_2\} \times ... \times \{1, 2, ..., n_k\}$ bestimmen. In der Datei *kart.in* befinden sich die Dimensionen der Mengen. Alle k-Tupel werden in die Datei *kart.out* geschrieben, eines pro Zeile. Beispiel:

kart.in	kart.out
2 3 1 4	1 1 1 1 1 1 1 2 ...

| | 2 | 3 | 1 | 4 |

4. *Gleichung mit drei Unbekannten.* Schreiben Sie in die Datei *equation.out* alle Tripel der Menge $\{x, y, z \in \mathbb{N} \mid 2xy+xyz+4z=152\}$. Verallgemeinern Sie die Aufgabenstellung.

5. *Die Flaggen.* Wir stellen uns vor, dass sieben Farben gegeben sind: weiß, gelb, orange, rot, blau, grün und schwarz. Finden Sie alle dreifarbigen Flaggen mit drei horizontalen Bereichen, wobei der mittlere Streifen weiß, gelb oder orange sein muss. Schreiben Sie alle möglichen Flaggen in *flag.out*, eine pro Zeile:

```
                    flag.out
Gelb   Weiss Orange
...
Blau Gelb Rot
...
Weiss Orange Gelb
```

Ohne Programm, nur auf dem Papier: Wie viele Flaggen gibt es?

6. *Was macht ein Bauer mit einem Wolf?* Ein Bauer ist mit einem Wolf, einer Ziege und mit einem Kohlkopf unterwegs und will mit ihnen auf die andere Seite eines Flusses. Er findet einen Kahn, doch der ist so klein, das nur zwei hineinpassen. Er muss berücksichtigen, dass er den Wolf nicht mit der Ziege und die Ziege nicht mit dem Kohlkopf auf einer Seite des Flusses lassen kann. Denn dann würde der Wolf die Ziege oder die Ziege den Kohlkopf fressen. Finden Sie eine geeignete Repräsentation für das Problem. Lösen Sie es mit Hilfe einer *Backtracking*-Methode.

420　　　　　　　　　　　　　　Algorithmen und Problemlösungen mit C++

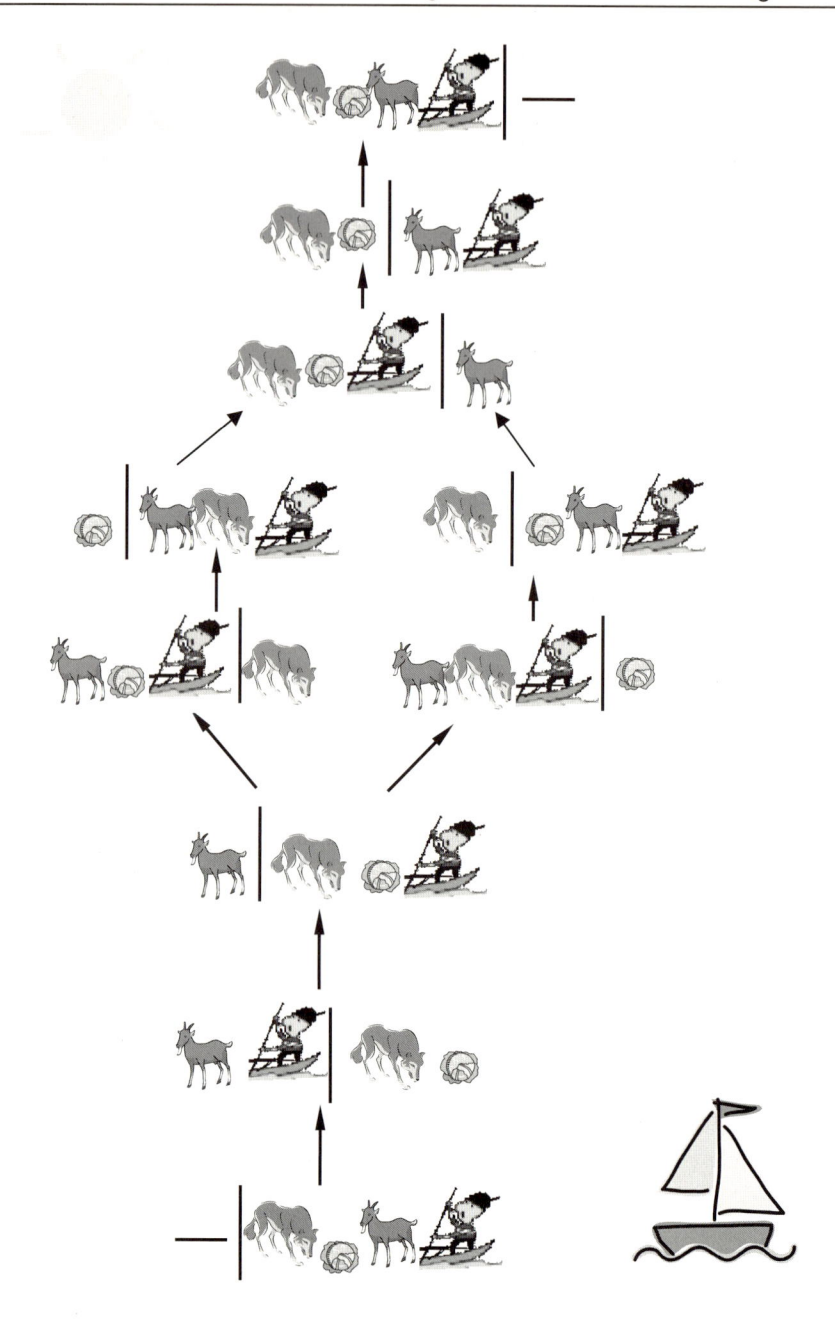

Bauer, Wolf, Ziege und Kohlkopf

7. *Wie kannst Du mir den Rest bezahlen?* Finden Sie alle Möglichkeiten, eine Summe S mit verschiedenen Münzen $m_1, m_2, ..., m_n$ zu zahlen. In der Datei *pay.in* finden sich die Summe S in der ersten Zeile und die Werte für die Münzen in der nächsten Zeile ($0 \leq S \leq 1200$, $1 \leq m_i \leq 50$). Alle Möglichkeiten geben Sie in *bezahlen.out* aus. Beispiel:

bezahlen.in	bezahlen.out

136
12 1 5 25
	Loesung 1:
	  136x1
	...
	Loesung 431:
	  1x1 + 2x5 + 5x25

8. *Das Labyrinth.* Ein Labyrinth ist durch eine $m \times n$ Matrix L beschrieben, die Nullen und Einsen beinhaltet. Die Wände sind mit 0 und die freien Plätze mit 1 kodiert. Eine Person befindet sich im Labyrinth auf einem freien Element. Finden Sie alle Wege, wie die Person aus dem Labyrinth ausbrechen kann, wobei eine Position der Matrix auf einem Weg nur einmal betreten werden darf. Diagonal darf nicht gegangen werden. Beispiel:

labyrinth.in	labyrinth.out
4 7 0 0 1 1 0 0 0 0 0 0 1 0 1 0 0 0 X 1 1 1 0 0 1 1 1 0 0 0	... Loesung 3: 0 0 1 **4** 0 0 0 0 0 0 **3** 0 1 0 0 0 **1** **2** 1 1 0 0 1 1 1 0 0 0 ...

9. *Bauern auf dem Schachbrett.* Auf einem 8×8-Schachbrett befinden sich Bauern. Die Nachbarn eines Bauern befinden sich in den direkt angrenzenden Feldern. Wir sagen, dass alle Bauern gemeinsam dann einen korrekten Verband bilden, wenn das Innere lückenlos mit Bauern gefüllt ist, und nennen sie dann Verbandsbauern. Wir definieren, dass ein Bauer auf der Grenze liegt, wenn er weniger als 8 Nachbarn hat, und nennen diese Bauern Grenzbauern. Bestimmen Sie die Anzahl der Grenz- und Verbandsbauern. *Eingabe:* Die Datei *bauern.in* beinhaltet die Konfiguration des Schachbretts: 8 Zeichenketten, jede mit 8 Zeichen, in 8 aufeinander folgenden Zeilen. Die leeren Felder sind mit ‚.' gekennzeichnet. Die Bauern werden mit ‚B' bezeichnet. *Ausgabe:* In die Datei *bauern.out* schreiben Sie:

a. wenn es exakt einen korrekten Verband gibt, in die erste Zeile das Wort „*Grenzbauern=*", danach die Anzahl der Grenzbauern und auf die nächste Zeile das Wort „*Verbandsbauern=*" gefolgt von der Anzahl der Verbandsbauern;

b. wenn es keinen korrekten Verband gibt, „*Kein Verband!*".

Beispiele:

bauern.in	bauern.out
....BB.. ...B.... .BBBBB.. BB**BBB**... BBBBB... ..B.B... .....B..	Grenzbauern=19 Verbandsbauern=21
....B... ...B.B.. ..B...B. ...B...B ....B.B. .....B..	Kein Verband!

(*Landkreisrunde der Informatik-Olympiade, Iași, Rumänien, 2000*)

10. *Versteckte Basen.* Es seien n natürliche Zahlen $a_1, a_2, ..., a_n$ ($1 \leq n \leq 30$) gegeben, die maximal 9 Stellen lang sind. Wir wissen nicht, in welchen Zahlensystemen die n Zahlen gegeben sind, aber wir fordern, dass sie in Systemen mit Basen zwischen 2 und 10 beheimatet sein sollen. Bestimmen Sie für jede Zahl x_i ein Zahlensystem mit Basis b_i, so dass Sie ein Intervall minimaler Länge erhalten, in dem sich alle dezimal umgewandelten Werte befinden. *Eingabe:* Die Eingabezahlen $a_1, a_2, ..., a_n$ stehen durch Leerzeichen getrennt in der Datei *base.in*. *Ausgabe:* In *base.out* sollen auf jede Zeile die Paare (a_i, b_i) und die Dezimaldarstellung von n geschrieben werden, wie im Beispiel. In die letzte Zeile geben Sie ein minimales Intervall aus. Beispiel:

basis.in	basis.out		
12102 34215 2314 28756 1231 1010101 23413 28457 343421	n 12102 34215 2314 28756 1231	Basis(n) 6 6 9 9 10	n Dezimal 1766 4835 1714 19572 1231

	1010101	4	4369
	23413	5	1733
	28457	9	19330
	343421	5	12361
	Intervall: [1231,19572]		

(Nationalrunde der Informatik-Olympiade, Timișoara, Rumänien, 1997, modifiziert)

Hinweis: Wir können eine rekursive *Backtracking*-Methode benutzen, z. B.:

```
void back(int k){
  if(k==n)
    processThisCombination();
  else
    for(int i=base[k];
        i<=10; i++)
    {
      x[k]=i;
      back(k+1);
    }
}
```

Wenn
- eine Basen-Konfiguration gefunden wurde (*k=n*), dann prüfen wir, ob das zugehörige Intervall kleiner als das bisher gefundene ist.
- noch keine Basen-Konfiguration gefunden wurde (*k<n*), dann setze *x*[*k*] auf alle möglichen Basen für die *k*-te Zahl (die minimale ist *base[k]*) und rufe für jeden Fall die Methode für *k*+1 auf.

Trollstiegen in Norwegen

Fjord in Norwegen

Dynamische Programierung

16

Grundlagen, Eigenschaften des Verfahrens

Richard Bellman
®IEEE History Center,
1979 IEEE Awards Reception Brochure
http://www.ieee.org/organizations/
history_center/legacies/bellman.html

1. Ursprung des Konzeptes. Die Dynamische Programmierung ist ein algorithmisches Verfahren, um Optimierungsprobleme zu lösen. Der Begriff wurde im Jahr 1940 vom amerikanischen Mathematiker Richard Bellman (1920–1984) vorgestellt. Er wurde in der Kontrolltheorie verwendet und in diesem Umfeld spricht man oft von Bellmanns Prinzip der dynamischen Programmierung.

2. Optimalitätsprinzip.
Die Dynamische Programmierung basiert auf dem Optimalitätsprinzip. Das heißt, dass das Problem in Teilprobleme zerlegt wird und manche der optimalen Lösungen der Teilprobleme verwendet werden können, um die optimale Lösung des Problems zu bestimmen. Das Optimalitätsprinzip gilt auch für die Teilprobleme.

Wir stellen uns vor, dass wir den minimalen Pfad zwischen den Knoten i und j eines Graphen bestimmen wollen. Um das zu erreichen, berechnen wir die Pfade mit minimaler Länge zwischen i und allen Nachbarknoten von j. Danach berechnen wir, auf Basis dieser Werte und den Längen der inzidenten Kanten in j, den minimalen Pfad zwischen i und j. Die Bestimmung des minimalen Pfades zwischen i und einem der Nachbarknoten von j ist also ein Teilproblem.

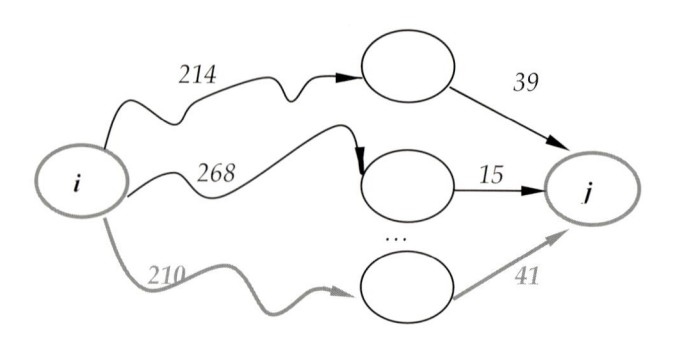

Berechnung der minimalen Pfade zwischen zwei Knoten eines Graphen

Normalerweise besteht die Lösung eines Problems mit Optimalitätsprinzip aus folgenden Schritten:

1. *Aufteilung des Problems in kleinere Probleme*
2. *Optimales Lösen der Teilprobleme auf Basis dieses 3-Schritte-Modells*
3. *Kombination der optimalen Lösungen der Teilprobleme, um die optimale Lösung des Ausgangsproblems zu berechnen*

3. **Überlappung des Problems, Speicherung der optimalen Teilproblemlösungen** (*Memoization*). Zwei andere spezifische Merkmale des Verfahrens sind die Überlappung des Problems und das Speichern der optimalen Teilproblemlösungen. Überlappung bedeutet, dass die optimale Lösung eines Teilproblems zur Berechnung der Lösung mehrerer, umfangreicherer Teilprobleme gebraucht werden kann. *Memoization* bedeutet, dass die Lösungen der Teilprobleme für einen nachträglichen Zugriff gespeichert werden, um die Laufzeit zu verbessern.

4. **Einführendes Beispiel – die Fibonacci-Folge.** Wir betrachten das Problem, die Glieder der Fibonacci-Folge zu ermitteln. Sie ist wie folgt definiert:

- $F(0) = 0, F(1) = 1$
- $F(n) = F(n-1) + F(n-2)$ für alle $n \geq 2$ \hfill (1)

Um $F(5)$ aus der Fibonacci-Folge zu berechnen, brauchen wir die Zahlen $F(4)$ und $F(3)$.
Allgemein: Um an das Ergebnis von $F(n)$ zu kommen, braucht man $F(n-1)$ und $F(n-2)$. Wenn die Zahlen unabhängig voneinander berechnet wären, z. B. mit einem rekursiven Algorithmus, müssten sie mehrere Male bestimmt werden. Nehmen wir $F(5)$:

16 Dynamische Programmierung

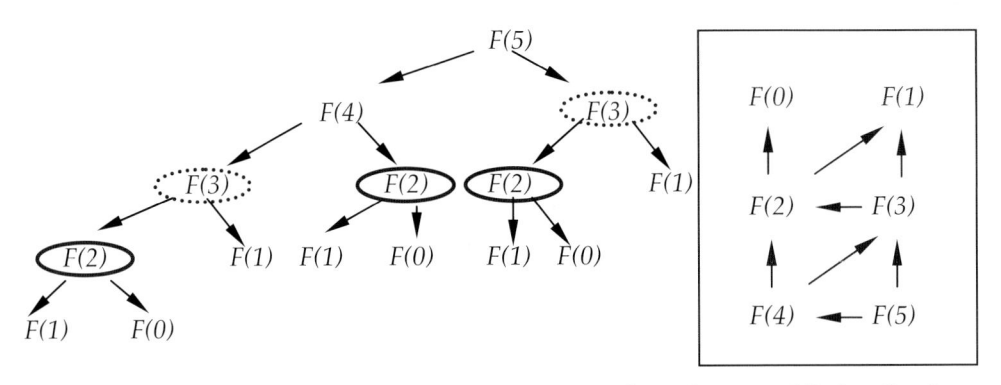

Berechnung von F(5): rekursiver Baum und gerichteter azyklischer Graph
(engl. *Directed acyclic graph, DAG*)

Im rekursiven Fall wäre F(2) dreimal berechnet und F(3) zweimal. Eine andere Methode ist die iterative Bestimmung der Werte F(2), F(3), F(4), ..., F(n), indem die Ergebnisse der schon gelösten Probleme gespeichert werden. Formal können diese beiden Varianten zusammengefasst werden:

Rekursive und iterative Algorithmen zur Berechnung der Fibonacci-Zahlen

Rekursive Bestimmung der n-ten Fibonacci-Zahl	Iterative Bestimmung der n-ten Fibonacci-Zahl (Dynamische Programmierung)

Fib(n)
  If(n==0 **or** n==1) Then
    return n
  End_If
  Else Execute
    return Fib(n-1)+Fib(n-2)
  End_Else
 End_Fib(n)
	Fib(n)
	  $F[0] \leftarrow 0$
	  $F[1] \leftarrow 1$
	  For(i=2; $i \leq n$; step 1) Execute
	    $F[n] \leftarrow F[n-1] + F[n-2]$
	  End_For
	  return $F[n]$
	 End_Fib(n)

Um die beiden Algorithmen zu vergleichen, verwenden wir ein Programm, das die Laufzeiten in Sekunden auflistet:

Vergleich der Laufzeiten für den rekursiven und iterativen Fibonacci

N	F(n)	Laufzeit rekursiver Fibonacci	Laufzeit iterativer Fibonacci
34	9227465	3	<1
35	14930352	5	<1
36	24157817	7	<1
37	39088169	11	<1
38	63245986	18	<1
39	102334155	30	<1
40	165580141	46	<1
41	267914296	76	<1
42	433494437	122	<1
43	701408733	198	<1
44	1134903170	320	<1
45	1836311903	522	<1
46	2971215073	845	<1
47	4807526976	1361	<1
48	7778742049	2211	<1
49	12586269025	3710	<1
50	20365011074	5904	<1

In dieser Tabelle sieht man, dass die Laufzeit für die rekursive Variante sehr schnell wächst, weil nämlich jede Zahl unabhängig berechnet wird. Die Komplexität dieses Algorithmus ist exponentiell: $O(2^n)$. Die zweite Variante verwendet das Optimalitätsprinzip. Jede Zahl wird nur einmal berechnet und ihr Wert in einem Vektor gespeichert, um ihn nachträglich wieder auslesen zu können. Die Komplexität dafür ist linear: $O(n)$.

5. **Bottom-up versus top-down.** Normalerweise verfolgt man bei der Dynamischen Programmierung einen der beiden folgenden Ansätze:

Bottom-up-Ansatz: Alle Problemteile, die gebraucht werden können, werden im Voraus gelöst. Danach werden diese Lösungen benutzt, um optimale Lösungen für größere Teilprobleme zu berechnen. Eine Tabelle wird mit Teillösungen aufgefüllt, und am Ende kann im Idealfall die Lösung direkt aus der Tabelle gelesen werden. Vorteile: (Eine) kontrollierte effiziente Tabellenverwaltung, die Zeit spart.

Top-down-Ansatz: Das Problem wird in kleinere Teilprobleme zerlegt, diese Probleme werden gelöst und die Lösungen für den Fall gespeichert, dass sie wieder gebraucht werden. Ein Teilproblem wird nur beim ersten Auftreten gelöst.

6. **Vergleich mit anderen Verfahren.** Anders als beim Teile-und-Herrsche-Verfahren, bei dem die Teilprobleme unabhängig voneinander sein müssen, kann es in der Dynamischen Programmierung den Fall geben, dass ein Teilproblem in der

16 Dynamische Programmierung

Zerlegung von mehr als einem umfangreicheren Problem beinhaltet ist. Ein Teilproblem sollte nur einmal gelöst und die Lösung gespeichert werden, um zu einem späteren Zeitpunkt darauf zurückgreifen zu können, anstatt sie neu berechnen zu müssen (*Memoization*).

Das Verfahren der Dynamischen Programmierung ist keine standardisierte Technik, wie z.B. *Backtracking*. Der Entwurf des Algorithmus sollte nur ein paar allgemeinen Prinzipien unterliegen. Darum ist die Anwendung der Dynamischen Programmierung keine leichte Übung, und sie setzt oft solide mathematische Kenntnisse voraus.

Weil hierbei die Lösung errechnet wird, ohne alle möglichen Fälle zu berücksichtigen, besteht Verwandtschaft mit der *Greedy*-Technik. Der Unterschied ist aber, dass die *Greedy*-Methode das lokale Optimum zu einem bestimmten Zeitpunkt wählt und die Dynamische Programmierung das Optimalitätsprinzip nutzt.

Aufgaben

1. Definieren Sie die Begriffe Optimalitätsprinzip, Überlappung des Problems, *Memoization*.
2. Wie ist die Vorgehensweise beim Dynamischen Programmieren?
3. Ein weiteres typisches Beispiel für die Anwendung der Dynamischen Programmierung ist das Berechnen der Binomialkoeffizienten:

$$\binom{n}{k} = 1, \text{ wenn } k = 0 \text{ oder } n = k$$

$$\binom{n}{k} = \binom{n-1}{k-1} + \binom{n-1}{k}, n > k, k \neq 0 \qquad (2)$$

Zeichnen Sie den rekursiven Baum und den iterativen, gerichteten, azyklischen Graphen für die Bestimmung von $\binom{4}{2}$, siehe Abbildung mit Berechnung von F(5).

Problem 1. Das Zählen der Kaninchen

Ca. 1180 wurde Leonardo Pisano, der als Fibonacci bekannt ist, in Pisa geboren. Weil sein Vater Handel mit nordafrikanischen Ländern betrieb, erlernte Fibonacci die hindu-arabischen Ziffern und die Rechenmethoden der arabischen Mathematiker. Fibonacci schrieb das Buch *"Liber Abaci"* (Buch vom Abakus), in dem er die Anwendung der hindu-arabischen Ziffern befürwortet und eindrucksvolle mathematische Probleme vorstellt, die später immer wieder von anderen Autoren aufgegriffen wurden, so z. B.:

Jemand setzt ein Kaninchenpaar in einen Garten, der von einer Mauer umgeben ist. Wie viele Kaninchenpaare werden jedes Jahr geboren, wenn man annimmt, dass jeden Monat jedes Paar ein weiteres Paar zeugt, und dass Kaninchen ab dem Alter von zwei Monaten geschlechtsreif sind?

Die Zahlenreihe, die aus diesem Problem abgeleitet werden kann, ist als Fibonacci-Folge bekannt, und wir haben sie schon im ersten Abschnitt vorgestellt: $F_0=0$, $F_1=1$ und weiter $F_{n+1}=F_n+F_{n-1}$. Die ersten Fibonacci-Zahlen sind also: 0, 1, 1, 2, 3, 5, 8, 13, 21, 34, 55, 89, 144, 233, 377,...

Schreiben Sie ein Programm, das mit Hilfe eines rekursiven und eines iterativen Algorithmus die ersten 50 Fibonacci-Zahlen ausgibt, und geben Sie die Laufzeiten für die Algorithmen in Sekunden an:

N	FibRec(N)	Zeit(FibRec(N))		FibIt(N)	Zeit(FibIt(N))	
...						
33	3524578	t1=	2	3524578	t2=	0
34	5702887	t1=	3	5702887	t2=	0
35	9227465	t1=	4	9227465	t2=	0
36	14930352	t1=	7	14930352	t2=	0
37	24157817	t1=	11	24157817	t2=	0
...						

Problemanalyse und Entwurf der Lösung

Wir werden die Methoden *fibo1()* und *fibo2()* schreiben, die beide Algorithmen implementieren. Die erste Methode berechnet unabhängig voneinander jede Fibonacci-Zahl. Die zweite baut den Vektor *v* iterativ auf, und für jeden neuen Wert *v[i]* werden die schon gespeicherten *v[i-1]* und *v[i-2]* herangezogen. Um die Zeit zu messen, benutzen

16 Dynamische Programmierung

wir die Funktion *time()* aus der Headerdatei *ctime*. Diese Funktion speichert die Zeit in einer Variablen vom Typ *time_t*, der 32 bit breit ist. Damit lassen sich Datum und Uhrzeit im Zeitbereich von 1.1.1970, 00:00 Uhr bis 18.1.2038, 00:00 Uhr in Sekunden darstellen. Die Funktion *time()* besitzt die Syntax

time_t time(time_t *Zeit_in_Sekunden)

und liefert die Systemzeit als Rückgabewert. Wenn man als Parameter die Adresse einer Variablen vom Typ *time_t* übergibt, wird die Zeit in dieser Variablen gespeichert. Wählt man als Parameter den NULL-Zeiger, so entfällt die Speicherung.

Programm

```cpp
#include <fstream>
#include <vector>
#include <ctime>

using namespace std;

const int n = 50;

unsigned long long fibo1(int n){
  if(n<=1) return n;
  return fibo1(n-1) + fibo1(n-2);
}

unsigned long long fibo2(int n){
  std::vector<long long> v;
  v.push_back(0);
  v.push_back(1);
  for(int i=2; i<=n; i++ ){
    v.push_back(v[i-1]+v[i-2]);
  }
  return v[n];
}

int main(){
  unsigned i;
  time_t start, stop;

  ofstream out("FiboReport.txt",
               ios::app);
  for(i=0; i<=n; i++){
    out << endl;
    out.width(4); out<<i;
    start = time(NULL);
    out.width(15);
    out << fibo1(i);
    stop = time(NULL);
    out << "     t1=";
    out.width(6);
    out << stop-start;
    start = time(NULL);
    out.width(15);
    out << fibo2(i);
    stop = time(NULL);
    out << "     t2=";
    out.width(6);
    out << stop-start;
  }
  return 0;
}
```

Aufgaben

1. Die durch $L_0=2$, $L_1=1$ und $L_n=L_{n-1}+L_{n-2}$ definierten Zahlen heißen Lucas-Zahlen. Oft kann man Summen von Fibonacci-Zahlen elegant mit Lucas-Zahlen aus-

drücken. Ändern Sie das Programm, um statt der Fibonacci-Zahlen die Lucas-Zahlen mit den beiden Methoden zu berechnen.

2. Zwischen den Fibonacci- und den Lucas-Zahlen gibt es viele Zusammenhänge wie z. B. $L_{2n}+2 \cdot (-1)^{n-1} = 5F_n^2$. Schreiben Sie ein Programm, das diese Gleichung für $n = 0, 1, 2, ..., 25$ prüft und die Ergebnisse in einer Datei auflistet, z. B. im Format

n	L(2n)+2(-1)^(n-1)	5F(n)^2	
0	0	0	OK!
1	5	5	OK!
2	5	5	OK!
....			
22	1568397605	1568397605	OK!
23	4106118245	4106118245	OK!
24	10749957120	10749957120	OK!
25	28143753125	28143753125	OK!

3. Die durch $G_0=0$, $G_1=1$, $G_2=2$ (und $G_3=4$) und $G_n=G_{n-1}+G_{n-2}+G_{n-3}(+G_{n-4})$ definierte Folge heißt Tribonacci-Folge (Quadranacci-Folge). Allgemein gilt für die Anfangswerte $G_i=2^{i-1}$ für $i > 0$ und $G_0 = 0$. Denken Sie sich einen Algorithmus aus, der die k-Bonacci-Folge bis zu einem gegebenen n berechnet:

$G_0=0$, $G_1=1$, ..., $G_{k-1}=2^{k-1}$

$G_n = G_{n-1} + G_{n-2}+...+G_{n-k}$ für $n \geq k$

Erzeugen Sie ein Programm, das für natürliche k und n den Wert G_n berechnet, den Sie als *unsigned long long* deklarieren. Benutzen Sie dafür die Methode der Dynamischen Programmierung. Beispiel:

kBonacci.in	kBonacci.out	
3 50	n	kBonacci(3, n)
	0	0
	1	1
	2	2
	3	3
	4	6
	...	
	47	1424681173049
	48	2620397211992
	49	4819661885417
	50	8864740270458

16 Dynamische Programmierung

```
5 57              n         kBonacci(5, n)
                  0              0
                  1              1
                  2              2
                  3              4
                  4              8
                  5             15
                 ...
                 55    7280158119874827
                 56   14312414018268228
                 57   28137465101354548
```

Schreiben Sie nun auch eine rekursive Methode und vergleichen Sie die Laufzeiten.

4. Ein anderer Klassiker der Dynamischen Programmierung ist die Berechnung der Binomialkoeffizienten $\binom{n}{k}$, die auch oben in der Formel (2) definiert sind.

Erneut wird der iterative Algorithmus wesentlich effizienter als der rekursive sein. Um das zu prüfen, implementieren Sie beide Algorithmen und lassen Sie sich die Laufzeiten für verschiedene Werte anzeigen. Erzeugen Sie auch die Datei *pascal.out*, in die die Pascalschen Dreiecke für alle Werte bis zu einem gegebenen n in einer schönen Form ausgegeben werden. Beispiel für $n = 3$:

```
0                 1
1           1     1
2        1    2      1
3     1    3      3      1
```

Problem 2. Längste aufsteigende Teilfolge

In *Das BUCH der Beweise*, Seite 154, steht folgende Behauptung von Erdős und Szekeres:

Satz (Erdős, Szekeres). In einer Folge $a_1, a_2, ..., a_{mn+1}$ von $mn+1$ verschiedenen reellen Zahlen gibt es immer eine aufsteigende Teilfolge
$$a_{i_1} < a_{i_2} < ... < a_{i_{m+1}} \quad (i_1 < i_2 < ... < i_{m+1})$$
der Länge $m+1$ oder eine absteigende Teilfolge
$$a_{j_1} > a_{j_2} > ... > a_{j_{n+1}} \quad (j_1 < j_2 < ... < j_{n+1})$$
der Länge $n+1$ oder beides. Der Beweis nutzt die Widerspruchmethode und das Schubfachprinzip und ist im BUCH der Beweise [Aig02] zu finden. □

Im nun folgenden Problem soll eine längste aufsteigende Teilfolge in einer gegebenen Folge gefunden werden. *Eingabe:* In der Datei *ascending.in* findet sich eine Folge natürlicher Zahlen. Die Anzahl der Zahlen beträgt höchstens 2000, jede ist kleiner als 20.000. *Ausgabe:* Die Datei *ascending.out* listet nochmal alle Zahlen der Eingabe und eine längste aufsteigende Teilfolge auf. Beispiel:

ascending.in	ascending.out
3 5 76 1 45 2 31 89 90 0 4 15 23 47 95 21 67 8 13 11 5 145 132 77	--- Input data: Length: 24 Elements: 3 5 76 1 45 2 31 89 90 0 4 15 23 47 95 21 67 8 13 11 5 145 132 77 --- Output data: Maximal ascending substring: 1 2 4 15 23 47 95 145 Length: 8

Problemanalyse und Entwurf der Lösung

Wir bauen den Vektor *a*[] mit der Eingabefolge und die Vektoren *vPred*[] und *v*[] auf:

$v[0] \leftarrow 1$,
$v[i] \leftarrow 1 + \max\{v[j] \mid j<i \text{ und } a[j] < a[i]\}, i = 1, ..., n\text{-}1$

$vPred[0] \leftarrow -1$ (das erste Element hat keinen Vorgänger)
Wenn $\exists jmax$ s.d. $v[jmax] = \max\{v[j] \mid j<i \text{ und } a[j] < a[i]\}$ dann $vPred[i] = jmax$
ansonsten $vPred[i] = -1$ (es gibt keinen Vorgänger)

$v[i]$ speichert die Länge der maximalen Teilfolge, in der $a[i]$ das letzte Element ist. Teilproblem: Sei die Folge $a_1, a_2, ..., a_i$ gegeben. Finde die längste aufsteigende Teilfolge dieser Folge so dass a_i das letzte Element in dieser Teilfolge ist.
$vPred[i]$ ist der Index des Vorgängers des Elements a_i in dieser längsten Teilfolge, mit a_i als letztem Element. Dieser Vektor hilft die längste Teilfolge rekursiv mit der Funktion *recoverSubstring()* aufzubauen.

Programm

```
#include <fstream>
#include <vector>

using namespace std;

vector<int> vPred;
vector<int> a, v;
int imax;
```

16 Dynamische Programmierung

```cpp
void readData(ifstream& in){
  int aux;
  while(in && !in.eof()){
    in >> aux;
    a.push_back(aux);
  }
}

void recoverSubstring(int i, ofstream& out){
  if(vPred[i]+1) recoverSubstring(vPred[i], out);
  out << a[i] << " ";
}

void process(){
  int j, i, n;
  v.push_back(1);
  vPred.push_back(-1);
  imax = 0;
  n = (int)a.size();
  for(i=1; i<n; i++){
    v.push_back(1);
    vPred.push_back(-1);
    for(j=0; j<i; j++)
      if(a[j]<a[i]&&v[j]+1>v[i])
      {
        v.pop_back();
        v.push_back(v[j]+1);
        vPred.pop_back();
        vPred.push_back(j);
      }
    if(v[i]>v[imax]) imax=i;
  }
}
```

Diese *for*-Schleife kann auch wie folgt geschrieben werden (im *if*-Block benutzen wir den Operator [] statt *push_back* und *pop_back*):

...
```cpp
if(a[j]<a[i]&&v[j]+1>v[i]){
  v[i] = v[j] + 1;
  vPred[i] = j;
}
```
...

```cpp
void writeData(ofstream& out){
  out << "--- Input data: " << endl;
  out << "Length: " << (int)a.size() << endl;
  out << "Elements: ";
  for(int i=0; i<(int)a.size(); i++)
    out << a[i] << " ";
  out << endl;
  out << "--- Output data: " << endl;
  out << " Maximal ascending substring: ";
  recoverSubstring( imax, out );
  out << endl << " Length: " << v[imax] << endl;
}
```

```
int main(){
  ifstream in("ascending.in");
  ofstream out("ascending.out");
  readData(in);
  process();
  writeData(out);
  return 0;
}
```

Aufgaben

1. Erweitern Sie das Programm so, dass auch eine längste absteigende Teilfolge ausgegeben wird:

substring.in	substring.out

3 5 76 1 45
2 31 89 90 0
4 15 23 47
95 21 67 8
13 11 5 145
132 77 -1 -2
57
	--- Input data:
	Length: 24
	Elements: 3 5 76 1 45 2 31 89 90 0 4 15 23 47
	95 21 67 8 13 11 5 145 132 77
	--- Output data:
	  Maximal ascending substring: 1 2 4 15 23 47
	95 145
	Length: 8
	--- 	
	  Maximal descending substring: 76 45 31 23 21
	13 11 5 -1 -2
	Length: 10

2. Es könnte mehrere Teilfolgen geben, die die maximale Länge haben. Ändern Sie unser Programm so ab, dass alle Teilfolgen mit maximaler Länge aufgelistet sind.
3. Schreiben Sie ein neues Programm, das den Satz von Erdős und Szekeres für mehrere Datensätze prüft. Es sollte wie folgt aufgebaut sein: P natürliche Zahlen werden zufällig generiert; finden Sie für alle m, n mit $m \leq n$ und $P = mn+1$ die längste aufsteigende und die längste absteigende Teilfolge. Verifizieren Sie dann die Behauptung.
4. *Längste gemeinsame Teilfolge.* Es seien $X = (x_1, x_2, ..., x_n)$ und $Y = (y_1, y_2, ..., y_m)$ zwei ganzzahlige Folgen mit n bzw. m Elementen. Bestimmen Sie eine längste gemeinsame Teilfolge. *Beispiel:* Für X={10, **4**, 20, **7**, 30, 55, **10**, 40, **2**, 50, **0**, 60, **5**} und Y={100, **4**, 90, **7**, 80, **10**, 70, **2**, 71, 81, **0**, **5**} ist die längste gemeinsame Teilfolge Z={4, 7, 10, 2, 0, 5} und hat die Länge 6.
5. *Passende Wörter.* In einer Datei befindet sich ein mehrzeiliger Text, der aus Wörtern besteht, die aus den Kleinbuchstaben von *a* bis *z* zusammengesetzt sind. Schreiben Sie ein Programm, das die längste Teilfolge von Wörtern aus

dem Text findet, für die gilt, dass die beiden letzten Buchstaben eines Wortes mit den beiden ersten Buchstaben des nächsten Wortes übereinstimmen.
Eingabe: In der Datei *woerter.in* befinden sich höchstens 1000 Wörter (jedes ist maximal 15 und minimal 2 Buchstaben lang), die durch Leerzeichen oder Zeilenvorschub (Return) getrennt sind.
Ausgabe: woerter.out wird das Ergebnis beinhalten. In der ersten Zeile steht die Anzahl der Wörter der längsten Teilfolge, ab der nächsten Zeile stehen die Wörter dieser Teilfolge, eines pro Zeile. Beispiel:

woerter.in	woerter.out
griul visului ultim cazu imprecis in clipa aceea de isterie iesita parca din tainite vechi si tenebroase	7 griul ultim imprecis isterie iesita tainite tenebroase

Problem 3. Zahlen-Dreieck

Wir betrachten ein Dreieck mit Zahlen wie im Beispiel und die Pfade, die von der ersten bis zur letzten Zeile gehen, und zwar so, dass man beginnend mit der ersten Zahl entweder zu einer Zahl rechts darunter oder direkt darunter wandert. Finden Sie einen Weg, für den die Summe der Zahlen darauf maximal ist.
Eingabe: In der Datei *dreieck.in* steht anfangs die Anzahl der Dreiecks-Zeilen, danach folgen natürliche Zahlen auf n Zeilen. Zuerst eine Zahl und dann in jeder Zeile eine weitere. Es gibt höchstens 100 Zeilen und jede Zahl ist kleiner oder gleich 100.
Ausgabe: In der Datei *dreieck.out* soll zu Beginn die maximale Summe ausgegeben werden, und auf den nächsten Zeilen die Positionen der Zahlen, die auf dem betreffenden Weg liegen.

dreieck.in	dreieck.out
7 **10** 82 **81** 4 6 **10** 2 14 **35** 7 41 3 **52** 26 15 32 90 11 **87** 56 23 54 65 89 32 **71** 9 31	Maximale Summe = 346 1 2 3 3 3 4 5

(IOI, Schweden, 1994)

Problemanalyse und Entwurf der Lösung

Das Auswählen der größeren der beiden zur Auswahl stehenden Zahlen auf dem Weg muss nicht zur optimalen Lösung führen. Wenn wir in unserem Beispiel die Zahl 82 auf der zweiten Zeile wählen würden, dann wären alle möglichen Summen, die damit herzustellen wären, kleiner als 346 (optimale Lösung).

Die Eingabezahlen werden in ein Array *a*[][] eingelesen, und das Array *s*[][] hat folgende Bedeutung:

s[*i*][*j*] ist die größte Summe, die auf dem Weg vom ersten Element bis zur Zeile *i*, die *a*[*i*][*j*] beinhaltet, kumuliert werden kann.

Um sich den Weg für die *s*[*i*][*j*] zu merken, verwenden wir das Array *vPred*[100][100], so dass gilt:
vPred[*i*][*j*] = –1 für das erste Element,
vPred[*i*][*j*] = 0, wenn die optimale Summe, die mit *a*[*i*][*j*] endet, mit der Zahl *a*[*i*-1][*j*-1] erreicht ist. Das entspricht einem Schritt nach rechts unten.
vPred[*i*][*j*] = 1, wenn die optimale Summe, die mit *a*[*i*][*j*] endet, mit der Zahl *a*[*i*-1][*j*] erreicht ist. Das entspricht einem Schritt direkt nach unten.
vPred[*i*][0] ist immer 1, weil dieses Element nur von einer Zahl direkt darüber erreicht werden kann (es gibt kein Element *vPred*[*i*-1][-1]!).
Der Weg wird nachträglich im Array *w*[] gespeichert, *w*[*i*] ist die Stelle der Zahl *i* in der Zeile auf diesem Weg. Wenn die Arrays *s*[][] und *vPred*[] aufgebaut wurden, befindet sich die optimale Summe in Zeile *n* des Arrays *s*[][]. Zuerst werden wir diese Stelle finden:

```
w[n-1] = 0;
for(j=1; j<=n-1; j++)
   if(s[n-1][j] > s[n-1][w[n-1]]) w[n-1]= j;
```

Danach werden wir mit Hilfe von *vPred*[][] alle nötigen Zahlen wieder finden:

```
for(i=n-2; i>=0; i--){
   if(vPred[i+1][w[i+1]] == 0) w[i] = w[i+1]-1;
                                           // Schritt nach rechts unten
   else w[i] = w[i+1];                     // Schritt direkt nach unten
}
```

16 Dynamische Programmierung

Programm

```cpp
#include <fstream>

using namespace std;

void readData(int a[][100], int &n){
  int i, j;
  ifstream in("dreieck.in");
  in >> n;
  for(i=0; i<n; i++)
    for(j=0; j<=i; j++) in >> a[i][j];
}

void process(int a[][100], int n, int s[][100],
      int vPred[][100], int w[]){
  int i, j;
  s[0][0] = a[0][0];
  vPred[0][0] = -1;
  for(i=1; i<n; i++){
    s[i][0] = a[i][0] + s[i-1][0];
    vPred[i][0] = 1;
    for(j=1; j<=i; j++){
      if(s[i-1][j-1] >= s[i-1][j]){
        vPred[i][j] = 0;
        s[i][j] = a[i][j]+s[i-1][j-1];
      }else{
        vPred[i][j] = 1;
        s[i][j] = a[i][j]+s[i-1][j];
      }
    }
  }
  w[n-1] = 0;
  for(j=0; j<=n-1; j++)
    if(s[n-1][j] > s[n-1][w[n-1]]) w[n-1]= j;
  for(i=n-2; i>=0; i--){
    if(vPred[i+1][w[i+1]] == 0) w[i] = w[i+1]-1;
    else w[i] = w[i+1];
  }
}

void writeData(int s[][100], int w[], int n){
  ofstream out("dreieck.out");
  out << " Maximale Summe = " << s[n-1][w[n-1]] << endl;
  for(int i=0; i<n; i++){
    out << w[i]+1 << endl;
  }
}
```

vPred[i][0] ist immer 1!

Die optimale Summe, die mit *a[i][0]* endet, wird immer *a[i][0]+s[i-1][0]* sein!

Für ein bestimmtes *(i, j)*, *i, j ≠ 0* gilt:
- **wenn** *s[i-1][j-1]* ≥ *s[i-1][j]*, **dann** wird die maximale Summe mit *a[i][j]* als letztem Element durch einen Schritt nach rechts unten erreicht (mit dem Element *a[i-1][j-1]*)
- **wenn nicht,** wird die maximale Summe, die mit *a[i][j]* endet, durch einen Schritt direkt nach unten erreicht (mit dem Element *a[i-1][j]*).
Für diese beiden Fälle werden *vPred[i][j]* und *s[i][j]* entsprechend berechnet!

```
int main(){
  int i, j, n;
  int a[100][100], s[100][100], vPred[100][100];
  int w[100];
  readData(a, n);
  process(a, n, s, vPred, w);
  writeData(s, w, n);
  return 0;
}
```

Aufgaben

1. Wie viele Wege gibt es eigentlich für ein bestimmtes n? Wie viele davon gehen über ein beliebiges (i, j)?
2. Es kann sein, dass es mehrere Wege mit gleicher maximaler Summe gibt. Erweitern Sie das Programm so, dass alle diese Wege ausgegeben werden.
3. Fügen Sie dem Programm die Bedingung hinzu, dass die optimalen Pfade über eine bestimmte Stelle (i, j) gehen.
4. Implementieren Sie eine rekursive Methode, um den Weg zur optimalen Summe zu finden.
5. Wir nehmen nun an, dass auch Schritte nach links unten erlaubt sind, um zur nächsten Zeile zu gelangen. Berücksichtigen Sie das im Programm!
6. Für die Darstellung der Daten benutzten wir bisher die zweidimensionalen Arrays *a*[][], *s*[][] und *vPred*[][], aber eigentlich verwendeten wir nur den Bereich unter der Hauptdiagonale. Und für jedes Array wurden immer 100×100 Elemente allokiert, obwohl eigentlich viel weniger nötig gewesen wären. Bilden Sie diese $\frac{n(n+1)}{2}$ = 1+2+...+n Elemente in einen *std::vector* ab. Modifizieren Sie das Programm so, dass man nur den Typ *std::vector* verwendet und keine Arrays mehr.

Problem 4. Domino

Es sei eine Folge von Dominosteinen gegeben. Jeden Stein darf man auch drehen. Bestimmen Sie die längste Teilfolge von Dominosteinen, in der für zwei aufeinander folgende Steine gilt: Die zweite Zahl des ersten Steines stimmt mit der ersten Zahl des zweiten Steines überein.

Eingabe: In der Datei *domino.in* finden sich maximal 200 als Zahlenpaare geschriebene Dominosteine, ein Paar auf jeder Zeile. Jedes Paar ist aus Zahlen von 0 bis 6 zusammengestellt.

16 Dynamische Programmierung

Ausgabe: In die Datei *domino.out* muss man zuerst die maximale Zahl von Steinen schreiben. In die nächsten Zeilen werden die Dominosteine als Paare ausgegeben. Beispiel:

domino.in	domino.out
5 6 1 1 2 5 3 2 1 5 6 4 5 1 5 3 2 1 1 4 5 5 5 2 3 3	6 6 5 5 2 2 3 3 5 5 5 5 2

(aus [Olt00])

Problemanalyse und Entwurf der Lösung

Wir definieren den Typ *TPiece*, der die Steine aufnimmt und bauen zwei *Arrays*:

$v[200][2]$ mit der Bedeutung:
    $v[i][0]$ = die maximale Länge einer Teilfolge von Steinen die mit dem Stein i anfängt, der nicht gedreht ist
    $v[i][1]$ = die maximale Länge einer Teilfolge von Steinen die mit dem Stein i anfängt, der gedreht ist

$vNext[200][2]$, mit der Bedeutung:
    $vNext[i][0]$ = der Nachfolger von Stein i (i ist nicht gedreht) in der maximalen Teilfolge, die mit dem Stein i beginnt.
    $vNext[i][1]$ = der Nachfolger von Stein i (i ist gedreht) in der maximalen Teilfolge, die mit dem Stein i beginnt.

Wir brauchen zwei globale Variablen:
iMax   = Startindex für die jeweilige maximale Steinfolge
bit (0 oder 1)   = Zustand des ersten Steines in der maximale Teilfolge, die von *iMax* repräsentiert wird (0, wenn nicht gedreht, und 1, wenn gedreht).

Die Methode *doProcess()* geht von rechts nach links über alle Dominosteine und berechnet die Werte $v[i][0]$ und $v[i][1]$ auf Basis der schon bestimmten Werte. Danach aktualisiert sie die globalen Variablen *iMax* und *bit*.

Die Methode *write()* überträgt die Ergebnisse in die Ausgabedatei. Sie verwendet die beiden Arrays und ebenso die globalen Variablen *iMax* und *bit*. In *aux* werden wir die zweite Zahl des jeweiligen Steines in der maximalen Teilfolge speichern, um den Zustand des folgenden Steines zu kennen (wir wissen schon durch *vNext*[][], welcher das sein wird).

Programm

```
#include <fstream>
#include <vector>
#include <utility>

using namespace std;

typedef pair<short, short> TPiece;

vector<TPiece> vP;
int iMax, bit;
int vNext[200][2], v[200][2];

void read(){
  ifstream in("domino.in");
  TPiece p;
  while(in && !in.eof()){
    in >> p.first >> p.second;
    vP.push_back( p );
  }
}

void process(){
  int i, j, auxMax;
  int n = (int)vP.size();
  v[n-1][0] = 1; vNext[n-1][0] = n;
  v[n-1][1] = 1; vNext[n-1][1] = n;
  iMax = n-1; bit = 0;
  for(i=n-2; i>=0; i--){
    v[i][0] = 1; vNext[i][0] = n;
    v[i][1] = 1; vNext[i][1] = n;
    for(j=i+1; j<n; j++){
      if(vP[j].first==vP[i].second && v[i][0]<v[j][0]+1){
        v[i][0] = v[j][0]+1;
        vNext[i][0] = j;
      }
      if(vP[j].second==vP[i].second && v[i][0]<v[j][1]+1){
        v[i][0] = v[j][1]+1;
        vNext[i][0] = j;
      }
```

16 Dynamische Programmierung

```
      if(vP[j].first==vP[i].first && v[i][1]<v[j][0]+1){
        v[i][1] = v[j][0]+1;
        vNext[i][1] = j;
      }
      if(vP[j].second==vP[i].first && v[i][1]<v[j][1]+1){
        v[i][1] = v[j][1]+1;
        vNext[i][1] = j;
      }
    }
    auxMax =  v[i][0]>v[i][1]?v[i][0]:v[i][1];
    if(auxMax > v[iMax][bit]){
      iMax = i;
      bit = v[i][0]>=v[i][1]?0:1;
    }
  }
}
```

> Wir verwenden den **bedingten Ausdruck** „?:", der eine Alternative für Konstruktionen wie „*if(A)* **then** *B* **else** *C;*" ist. Wenn *A* nicht Null ist, dann ist das Resultat *B*, andernfalls ist das Resultat *C*...

```
void write(){
  int aux;
  ofstream out("domino.out");
  out << v[iMax][bit] << endl;
  int n = (int) vP.size();
  if(0==bit){
    aux = vP[iMax].second;
    out << vP[iMax].first << " " << vP[iMax].second << endl;
  }
  else{
    aux = vP[iMax].first;
    out << vP[iMax].second << " " << vP[iMax].first << endl;
  }
  iMax = vNext[iMax][bit];
  while(iMax != n){
    if(aux == vP[iMax].first){
      out << vP[iMax].first << " " << vP[iMax].second << endl;
      aux = vP[iMax].second;
      bit=0;
    }
    else{
      out << vP[iMax].second << " " << vP[iMax].first << endl;
      aux = vP[iMax].first;
      bit=1;
    }
    iMax = vNext[iMax][bit];
  }
}

int main(){
  read();
```

```
    process();
    write();
    return 0;
}
```

Aufgaben

1. Bestimmen Sie die längste Subsequenz.
2. Verkürzen Sie die vier *if*-Anweisungen.

Problem 5. Verteilung der Geschenke

Zwei Brüder haben an Weihnachten viele Geschenke bekommen, aber keines war mit Namen versehen, sondern nur die Preise standen darauf. Als die Brüder aufwachten, wussten sie nicht, für wen welches Geschenk bestimmt war. Nehmen wir an, dass jedes Geschenk einen Wert zwischen 1 und 100 hat und dass es maximal 50 Geschenke für die Brüder gibt. Erzeugen Sie ein Programm, das die Geschenke ihrem Wert nach möglichst gerecht verteilt.

Eingabe: In *geschenke.in* befinden sich Informationen über die Geschenke: die Anzahl in der ersten Zeile und die Werte in der zweiten.

Ausgabe: In die Datei *geschenke.out* soll in die erste Zeile geschrieben werden, wie viel die Geschenke jedes Kindes wert sind, also zwei Summen. Die zweite und dritte Zeile beinhalten die Preise für die Geschenke für die beiden Brüder. Beispiel:

geschenke.in	geschenke.out
7 28 7 11 8 9 7 27	48 49 28 11 9 7 8 7 27
15 12 43 8 90 13 5 78 34 1 97 31 65 80 15 17	294 295 12 43 90 13 5 34 97 8 78 1 31 65 80 15 17

(CEOI, Ungarn, 1995)

Problemanalyse und Entwurf der Lösung

Eine erste Idee wäre, alle Teilmengen der Geschenke zu generieren und sich die beste Verteilung zu merken. Das ist aber ineffizient, denn die Komplexität ist exponentiell. Wir füllen das Array *aPresent*[] mit den Werten der Geschenke. Eine andere Lösungsmöglichkeit ist der Aufbau eines Vektors *aS*[] mit der Bedeutung:

- $aS[0] = 0$
- $aS[j] = i$, für $i \in \{1, .., n\}$, d.h. dass der letzte eingefügte Wert, um die Gesamtsumme j zu erhalten, $aPresent[i]$ ist;
- $aS[j] = 51$, wenn die Summe j nicht erreicht werden kann.

Die Variablen *sum* beinhaltet die gesamte Summe der Geschenke. Wenn das Geschenk mit dem Preis *aPresent*[*i*] in die Teilsumme von *j* eingefügt wird, dann ist der neue Gesamtwert j + *aPresent*[*i*]. Es gilt hier: $aS[j] < i$ (ein Geschenk kann nur einmal zu einer Teilsumme hinzugefügt werden und Geschenke werden nacheinander verarbeitet). Mit der Sequenz

```
for(i=0; i<=5000; i++) aS[i] = 51;
aS[0] = 0;
for(i=1; i<=n; i++)
  for(j=0; j<=sum/2-aPresents[i]; j++)
    if(aS[j]<i && aS[j+aPresents[i]]==51)
      aS[j+aPresents[i]] = i;
```

werden die Werte *aS*[] berechnet. Am Ende sind wir daran interessiert, den Wert zu finden, der der halben Gesamtsumme möglichst nahe kommt. Jetzt können wir die beiden Summen in die Ausgabedatei schreiben. Zur Verteilung der Geschenke benutzen wir die rekursive Methode *recoverPresents()*. Sie markiert im Array *a*[] die Geschenke mit 1, die einem der Brüder gehören (die Geschenke des anderen Bruders bleiben in *a*[] auf 0):

```
if(aS[i]>0){
    recoverPresents(i-aPresents[aS[i]], out);
    out << aPresents[aS[i]] << " ";
    a[aS[i]]=1;
}
```

Programm

```
#include <fstream>

using namespace std;

short aS[5001];
short aPresents[51], a[51];
short n, i;
int j, sum=0;
```

```cpp
void read(){
  ifstream in("geschenke.in");
  in >> n;
  for(i=1; i<=n; i++){
    in >> aPresents[i];
    sum += aPresents[i];
    a[i]=0;
  }
}

void recoverPresents(int i, ofstream& out){
  if(aS[i]>0){
    recoverPresents(i - aPresents[aS[i]], out);
    out << aPresents[aS[i]] << " ";
    a[aS[i]]=1;
  }
}

void write(){
  ofstream out("geschenke.out");
  for(j=sum/2; j>=0; j--)
    if(aS[j] != 51){
      out << j << " " << sum - j << endl;
      recoverPresents(j, out);
      out << endl;
      break;
    }
    for(i=1; i<=n; i++)
      if(!a[i])
        out << aPresents[i] << "  ";
}
int main(){
  read();
  for(i=0; i<=5000; i++) aS[i]=51;
  aS[0] = 0;
  for(i=1; i<=n; i++)
    for(j=0; j<= sum/2 - aPresents[i]; j++)
      if(aS[j]<i &&  51==aS[j+aPresents[i]])
        aS[j+aPresents[i]] = i;
  write();
  return 0;
}
```

Aufgabe

Modifizieren Sie das Programm so, dass keine globalen Variablen verwendet werden.

Problem 6. Ähnliche Summe

Es sei eine natürliche Zahl n und eine Menge natürlicher Zahlen M gegeben. Finden Sie eine Teilmenge U von M mit der Bedingung, dass die Summe ihrer Elemente in den letzten drei Ziffern mit den letzten drei Ziffern von n übereinstimmt. Z. B. könnte für n = 4569 und M = {45345, 65892, 78678, 111153, 190223, 675451, 543876, 23980, 99453, 990121, 656555, 432908, 12361} die Teilmenge U={23980, 675451, 190223, 78678, 65892, 45345} sein:

$$23980 + 675451 + 190223 + 78678 + 65892 + 45345 = 1079569$$

Für n = 8 und M = {65968, 65432, 65439876, 9078655, 56743, 54321, 6543298, 453129, 54321, 9999999, 567543} könnte die Teilmenge U aus {9999999, 6543298, 56743, 65968} bestehen:

$$9999999 + 6543298 + 56743 + 65968 = 16666008$$

Eingabe: In der Datei *numbers.in* findet man die natürliche Zahl n, gefolgt von den Elementen der Menge M (alle in [0, 2.000.000.000], und M hat maximal 5.000 Elemente).
Ausgabe: In der Datei *numbers.out* soll man die Zahlen einer entsprechenden Teilmenge U, die die obige Bedingung erfüllt, ausgeben. Wenn n weniger als drei Ziffern hat, dann füllen Sie von vorne ausreichend Nullen auf. Wenn es keine Lösung gibt, dann schreiben Sie: *keine Loesung!*. Beispiel:

numbers.in	numbers.out
4569 45345 65892 78678 111153 190223 675451 543876 23980 99453 990121 656555 432908 12361	23980 675451 190223 78678 65892 45345
8 65968 65432 65439876 9078655 56743 6543298 453129 54321 9999999 567543	9999999 6543298 56743 65968
45678 65432 65439876 9078655 56743 54321 6543298 453129 54321 9999999 567543	keine Loesung!

Problemanalyse und Entwurf der Lösung

Die Aufgabenstellung ist Problem 5 sehr ähnlich.

Wir bauen den Vektor *vLast* mit 1000 Elementen auf, die wir mit -1 initialisieren. Indem wir schrittweise die Werte aus der Menge *M* der Eingabedatei lesen, befüllen wir *vLast*. Den Inhalt eines Elements interpretiert man wie folgt:
- *vLast*[*xyz*] enthält -1, wenn noch keine Summe gefunden wurde, deren letzte drei Ziffern *xyz* sind;
- *vLast*[*xyz*] enthält den Index *i* des Elements der Eingabedatei, das der letzte Summand einer ermittelten Summe ist, deren letzte drei Ziffern *xyz* sind.

Wenn z. B. die erste Zahl der Menge *M* in der Eingabedatei 45345 ist, wird *vLast*[345] auf 0 gesetzt, weil wir den Index in *numbers.in* ab 0 zählen.

Wir lesen die Elemente von *M* in den Vektor *vElem* ein. Die eingelesenen Elemente werden iterativ verarbeitet (*aux* ← *vElem*[*i*], für *i*=0, 1, 2, ...):

- wenn bisher noch keine Summe gefunden wurde, die in den letzten drei Ziffern mit den letzten drei Ziffern von *aux* übereinstimmt (*vLast*[*aux*%1000]==-1), dann speichern wir den Index des aktuellen Elements *i* in *vLast*[*aux*%1000]:

```
aux = vElem[i];
if( vLast[aux%1000]==-1 ){
    vLast[aux%1000] = i;
}
```

- für alle bereits berechneten Summen *j* (*vLast*[*j*]≠-1) berechnen wir die möglichen letzten drei Ziffern der Summen, die wir erhalten können, wenn wir *aux* addieren (*sum*←(*aux*+*j*)%1000). Wenn der zu einer möglichen resultierenden Summe gehörende Eintrag in *vLast*[] noch -1 ist, aktualisieren wir ihn mit *i*:

```
for(j=0; j<1000; j++){
  if(vLast[j]!=-1 && vLast[j]!=i){
    int sum = (aux+j)%1000;
    if(vLast[sum]==-1){
      vLast[sum] = i;
    }
  }
}
```

16 Dynamische Programmierung

Sobald wir ein Element in *vLast*[] nach der Initialisierung mit -1 einmal beschrieben haben, verändern wir es nicht mehr. Mit Hilfe des Vektors *vLast*[] können wir am Ende alle Glieder einer Summe bestimmen:

```
while( vLast[i]>=0 ){
   out << " " << vElem[vLast[i]];
   j=i;
   if(i < vElem[vLast[i]]%1000){
      i = 1000+i-vElem[vLast[i]]%1000;
   }else {
      i = i-vElem[vLast[i]]%1000;
   }
   vLast[j]= -1;
}
```

Wenn *sum* = ...127 und letztes Element der Summe = ...543 (127>543), dann
sum ← ...584 (1127-543)
Wenn *sum* = ...543 und letztes Element der Summe = ...127 (127<543), dann
sum ← ...416 (543-127)

Programm

```
#include <fstream>
#include <vector>

using namespace std;

int main(){
  vector<unsigned long long>  vElem, v;
  vector<int> vLast;
  long aux;
  int start, i, j;
  ifstream in("numbers.in");
  ofstream out("numbers.out");
  in >> start;
  while(in && !in.eof()){
    in >> aux;
    vElem.push_back( aux );
  }

  for(i=0; i<1000; i++)
    vLast.push_back(-1);

  for(i=0; i<vElem.size(); i++){
    aux = vElem[i];
    if(-1==vLast[aux%1000]){
      vLast[aux%1000] = i;
    }
    for(j=0; j<1000; j++){
       if(vLast[j]!=-1 && vLast[j]!=i){
         int sum = (aux + j)%1000;
         if(-1==vLast[sum]){
```

```
                vLast[sum] = i;
            }
        }
    }
}

i=start%1000;
if(i!=0) vLast[0] = -1;
if(vLast[i] != -1){

    while(vLast[i]>=0){
        out << " " << vElem[vLast[i]];
        j=i;
        if(i<vElem[vLast[i]]%1000){
            i = 1000+i-vElem[vLast[i]]%1000;
        }else {
            i = i-vElem[vLast[i]]%1000;
        }
        vLast[j]= -1;
    }

}
else out << "keine Loesung!";
return 0;
}
```

Aufgaben

1. Wie viele Möglichkeiten gibt es, eine Summe zu erhalten, die mit n in den letzten drei Ziffern übereinstimmt? Erweitern Sie das Programm so, dass in die Ausgabedatei zuerst die Anzahl der gültigen Summen, gefolgt von einer von ihnen geschrieben wird:

numbers1.in	numbers1.out
4569 45345 65892 78678 111153 190223 675451 543876 23980 99453 990121 656555 432908 12361 65432 453219	...569: 7 23980 675451 190223 78678 65892 45345
781 65968 65432 65439876 9078655 56743 6543298 453129 54321 9999999 567543 4565 67543 45365 34546	...781: 5 567543 54321 6543298 56743 65439876

Die Indexfolge der Elemente der mit dem Programm erzeugten gültigen Summe ist, falls es noch andere gültigen Summen gäbe, lexikographisch kleiner als deren Indexfolge. Finden Sie die Summe, deren Indexfolge lexikographisch die letzte ist.

2. Erweitern Sie das Programm so, dass es die längste Summe liefert (die Summe mit maximaler Anzahl an Summanden).

3. Jedes Element darf man auch subtrahieren und nicht nur addieren. Ergänzen Sie das Programm um diese neue Eigenschaft.

4. Modifizieren Sie das Programm so, dass alle gegebenen Zahlen (inklusive n) auch negativ sein dürfen.

5. Es seien n, k und die Zahlen der Menge M gegeben (alle aus $\mathbb{N}$; $0 \leq k \leq 1000$, alle anderen größer gleich 0 und kleiner gleich $2.000.000.000$). Finden Sie eine Teilmenge U von M mit der Eigenschaft, dass die Summe der k-ten Potenzen der Elemente von U in den letzten drei Ziffern mit den letzten drei Ziffern von n übereinstimmt.

6. In einem neuen Problem ist eine Menge positiver reeller Zahlen mit maximal 3 Nachkommastellen gegeben. Wir suchen eine Teilmenge davon mit der Eigenschaft, dass die Summe ihrer Elemente eine natürliche Zahl ist. Schreiben sie ein neues Programm dafür. Beispiel:

numbers4.in	numbers4.out
0.123 6.789 **10.125** 115.117 11.03 12.12 **7511.1** **315.79** 113.02 **17.985**	10.125 7511.1 315.79 17.985

7. Man darf auch subtrahieren, und die Zahlen dürfen auch negativ sein. Passen Sie Ihr Programm an.

Problem 7. Schotten auf dem Oktoberfest

Eines Abends besucht eine Gruppe von Schotten das Oktoberfest. Weil sie dort natürlich Bier trinken wollen, haben sie sich schon seit längerem Eintrittskarten besorgt. Leider konnten sie wegen Platzmangel nicht gemeinsam in ein Zelt, sondern mussten für zwei Zelte Karten kaufen. Es handelt sich um $2n$ Schotten, und sie haben für die beiden Zelte je n Tickets. Sie müssen sich also in zwei gleich große Gruppen aufteilen. Um Streit zu vermeiden, haben sie sich dazu entschlossen, eine Münze entscheiden zu lassen, wer in welches Zelt kommt. Einer nach dem anderen wirft die Münze und geht bei „Kopf" ins erste Zelt und bei „Zahl" ins zweite. Natürlich kann man damit aufhören, wenn schon alle Tickets für ein Zelt vergeben wurden. Zuletzt sind die beiden Freunde Ian und Alistair dran, aber sie wollen unbedingt zusammen in ein Zelt, egal welches.

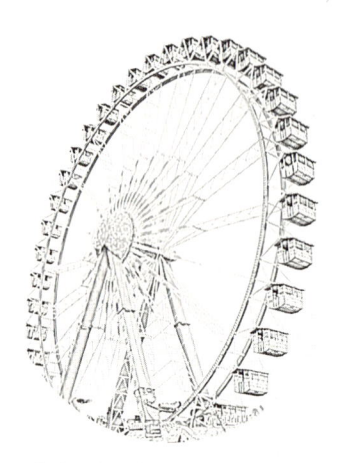

Wie groß ist die Wahrscheinlichkeit W, dass der Wunsch der Freunde in Erfüllung geht?

Aufgabe: Um die Wahrscheinlichkeit zu bestimmen, beobachten wir den „Zwischenstand" nach $2n-2$ Würfen. Sind zu diesem Zeitpunkt zwei gleiche Tickets für eines der beiden Zelte übrig?

Eingabe: In *oktoberfest.in* sind mehrere natürliche Zahlen gegeben, die zwischen 1 und 500 liegen und n repräsentieren ($2n$ Schotten gehen auf das Oktoberfest).

Ausgabe: Schreiben Sie für jeden Eingabefall eine Zeile in *oktoberfest.out*, die die Form
$$n: W$$
hat, wobei n die Hälfte der Schotten darstellt und die Wahrscheinlichkeit W auf 4 Dezimalstellen genau angegeben ist. Beispiel:

oktoberfest.in	oktoberfest.out
1	1: 0.0000
2	2: 0.5000
3	3: 0.6250
4	4: 0.6875
5	5: 0.7266
6	6: 0.7539
56	56: 0.9241
345	345: 0.9696
432	432: 0.9728
500	500: 0.9747

(nach ACM North-Western European Regionals 1996, Problem A. Burger)

16 Dynamische Programmierung

Problemanalyse und Entwurf der Lösung

Die Wahrscheinlichkeit, dass beim Wurf einer Münze der Kopf kommt, ist ½. Es ist einfacher, die Wahrscheinlichkeit p zu bestimmen, die beschreibt, dass die Freunde nicht zusammen in ein Zelt gehen. Die Wahrscheinlichkeit, dass sie zusammen in ein Zelt kommen, ist dann $1-p$. Weiter bezeichnen wir mit $P(m, q)$ die Wahrscheinlichkeit dafür, dass bei m Würfen q mal „Kopf" geworfen wird. Im Fall $q = 0$ oder $q = m$ ist $P(m, q) = 1/2^m$:

$$P(m,0) = P(m,m) = \frac{1}{2^m}$$

Das erklärt sich so: Die Wahrscheinlichkeit, dass beim ersten Werfen der Kopf oben liegt, ist ½. Sie beträgt ½ · ½, wenn auch beim zweiten Wurf der Kopf erscheint und ¼ · ½ = $1/2^3$, wenn dies auch beim dritten Wurf passiert. Diese Wahrscheinlichkeit ist identisch mit der Wahrscheinlichkeit, von allen Vektoren mit den Elementen 0 und 1 und der Länge m, den zu wählen, der nur aus Nullen besteht; es gibt nur einen und die Anzahl der Vektoren ist 2^m...). Wenn $q \neq 0$ und $q \neq m$, dann gilt die Rekursionsformel:

$$P(m,q) = \frac{1}{2}P(m-1,q) + \frac{1}{2}P(m-1,q-1)$$

Die Wahrscheinlichkeit bei m Würfen s-mal „Kopf" zu erhalten, ist entweder die,	$P(m, q) =$
eine Zahl zu werfen, wenn in den m-1 Würfen davor bereits s-mal „Kopf" auftrat	½$P(m-1, q)$
oder die,	+
„Kopf" zu werfen, wenn in den m-1 Würfen davor schon (s-1)-mal „Kopf" auftrat	½$P(m-1, q-1)$

Zusammengefasst schreiben wir:

$$P(m,q) = \begin{cases} \dfrac{1}{2^m}, \text{ wenn } q \in \{0, m\} \\ \dfrac{1}{2} \cdot P(m-1,q) + \dfrac{1}{2} \cdot P(m-1,q-1), \text{ wenn } q \in \{1, 2, \ldots, m-1\} \end{cases}$$

Wir haben schon eine rekursive Formel und können jetzt unsere Wahrscheinlichkeit berechnen: $P(2n-2, n-1)$ (als Resultat der ersten $2n-2$ Würfe erhält man $(n-1)$-mal den Kopf und ebenso oft die Zahl, d.h. die Freunde werden getrennt). Die Antwort zum Problem ist somit $1-P(2n-2, n-1)$.

Programm 1. Wir stellen eine erste rekursive Variante vor:

```
#include <iostream>

double f(int n){
  double r=1;
  for(int i=0; i<n; i++) r*=0.5;
  return r;
}

double P(int m, int q){
  if(q==0 || q==m) return f(m);
  return 0.5*P(m-1, q) + 0.5*P(m-1, q-1);
}

int main(){
  int n;
  std::cout << "Zahl Paare: ";
  std::cin  >> n;
  std::cout << "Wahrscheinlichkeit> ";
  std::cout.precision( 4 ); std::cout << 1 - P(2*n-2,n-1);
  return 0;
}
```

Diese Variante hat aber einen Nachteil: die Laufzeit! Wir werden sehen, wie die Laufzeit für $n > 12$ deutlich wächst. Das passiert, weil man Werte (wie oben bei der Fibonacci-Folge) mehrere Male berechnen muss. Hier ist der rekursive Baum für $P(5, 3)$:

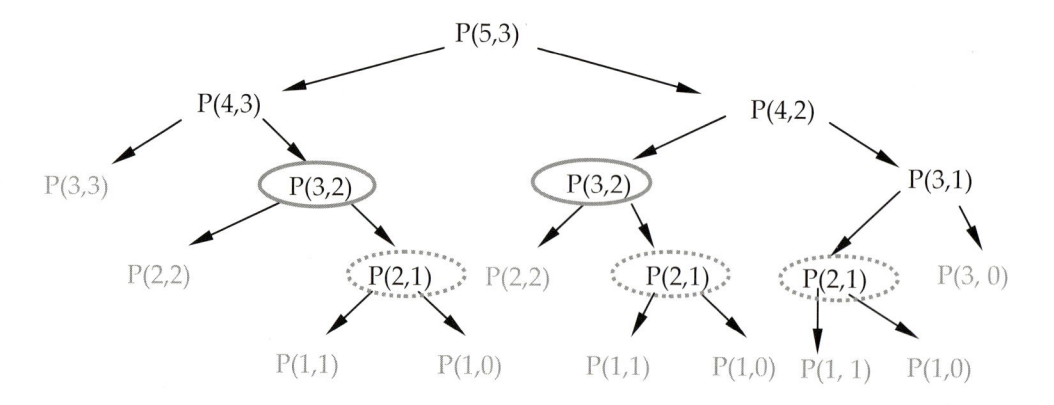

16 Dynamische Programmierung

Dieser Algorithmus zeigt wieder einmal, dass die Anwendung einer rekursiven Methode nicht immer die beste Wahl ist.

Wir müssen für unser Problem eine andere Variante finden, weil n ja bis 500 wachsen kann. Dazu bauen wir ein zweidimensionales Array $p[0..m][0..m]$ auf, so dass $p[i][j]$ die Wahrscheinlichkeit dafür ist, dass aus i Würfen j mal der Kopf der Münze hervor geht.

```
p[0][0]
p[1][0]   p[1][1]
p[2][0]   p[2][1]   p[2][2]
p[3][0]   p[3][1]   p[3][2]   p[3][3]
..................................
p[m][0]   p[m][1]   p[m][2]   ......p[m][m]
```

Programm 2

```cpp
#include <fstream>

const int NMAX = 500;
using namespace std;

int main(){
  int n, i, j;
  float p[2*NMAX+1][2*NMAX+1];
  ifstream fin("oktoberfest.in");
  ofstream fout("oktoberfest.out");
  p[0][0] = 1;
  p[1][0] = p[1][1] = 0.5;
  for(i=2; i<=2*NMAX-2; i++){
    p[i][0] = p[i][i] = p[i-1][0]*0.5;
    for(j=1; j<i; j++)
      p[i][j]=0.5*p[i-1][j]+0.5*p[i-1][j-1];
  }
  while(fin && !fin.eof()){
    fin >> n;
    fout.width(3);
    fout << n << ":";
    fout.precision(4);
    fout.flags(ios::fixed);
    fout << 1-p[2*n-2][n-1] << endl;
  }
  return 0;
}
```

Am Anfang wird der Bereich unter der Hauptdiagonalen des Arrays *p*[][] zeilenweise aufgefüllt, indem man jeweils auf Werte der Vorgängerzeile zugreift. Diese Methode hat nun zwar keine schlechte Laufzeit mehr, dafür benötigt sie aber viel Platz für den Stack. Beim Ausführen des Programms kann einen Fehler auftreten, der in etwa so aussieht: *„Unhandled exception at 0x00435415 in Oktoberfest.exe: 0xC00000FD: Stack overflow."*

Um das zu vermeiden, wollen wir das Programm verbessern, etwa durch die Verwendung zweier Vektoren (einen für den Wert der Vorgängerzeile und einen für die aktuelle Zeile), die immer aktualisiert werden, und des Vektors *c*, der die Werte $P(i, i/2)$ für gerade *i* beinhaltet. Noch besser: Wir benutzen ausschließlich zwei Vektoren, einen mit den Wahrscheinlichkeiten $P(i, i/2)$ und einen Hilfsvektor, der immer die Wahrscheinlichkeiten $P(i, 0)$, $P(i, 1)$ bis $P(i, i)$ für das entsprechende *i* beinhaltet. Damit erhält man diese Variante:

Programm 3

```cpp
#include <fstream>
#include <vector>

const int NMAX = 500;
using namespace std;

int main(){
  int n, i, j;
  float aux1, aux2;
  vector<float> a, c;
  ifstream fin("oktoberfest.in");
  ofstream fout("oktoberfest.out");
  a.push_back(0.5);
  a.push_back(0.5);
  c.push_back(1);
  for(i=2; i<=1000; i++){
    aux1 = a[0];
    a[0] = (float)0.5*a[0];
    for(j=1; j<i; j++){
      aux2 = a[j];
      a[j] = (float)(0.5*aux1 + 0.5*a[j]);
      aux1=aux2;
    }
    a.push_back(a[0]);
    if(0==i%2) c.push_back(a[i/2]);
  }

  while(fin && !fin.eof()){
```

16 Dynamische Programmierung

```
        fin >> n;
        fout.width(3);
        fout    << n << " Paare: ";
        fout.precision(4);
        fout.flags(ios::fixed);
        fout << 1-c[n-1] << endl;
    }
    return 0;
}
```

Andere Lösungmöglichkeit

Wir sehen, dass die rekursive Formel für $P(m, q)$ der rekursiven Formel für Binomialkoeffizienten sehr ähnlich sieht. Zur Lösung des Problems brauchen wir nur die Werte $P(2n, n)$, mit $n \in \{0, 1, 2, \ldots, 500\}$. Wir verwenden die Abkürzung T_n für $P(2n, n)$ und betrachten die folgenden Mengen:

M_1 = die Menge aller Vektoren mit $2n$ Elementen, die 0 oder 1 sein können (0 und 1 bedeuten, Kopf bzw. Zahl zu bekommen)

M_2 = die Menge aller Vektoren mit $2n$ Elementen von denen n den Wert 0 und die anderen n den Wert 1 haben, so dass die Werte der letzten beiden Stellen ungleich sind.

Mit dieser Notation wird T_n zu $\dfrac{|M_2|}{|M_1|}$.

$|M_1|$ ist 2^{2n}. $|M_2|$ ist die Hälfte von $\binom{2n}{n}$. Hieraus folgt dann:

$$T_n = \frac{\binom{2n}{n}}{2^{2n+1}} \tag{1}$$

Aus (1) resultiert die rekursive Darstellung der Folge T:

$$T_n = \frac{2n-1}{2n} T_{n-1} \text{ und } T_0 = 1 \tag{2}$$

Auf Grund von (2) erzeugen wir ein neues Programm.

Programm 4

```
#include <fstream>
#include <vector>

const int NMAX = 500;
using namespace std;

int main(){
  int n, i, j;
  float aux1, aux2;
  vector<float> T;
  ifstream fin("oktoberfest.in");
  ofstream fout("oktoberfest.out");
  T.push_back(1);
  for(i=1; i<=NMAX; i++){
    T.push_back((float)((2*i-1.0)/(2*i)*T[i-1]));
  }

  while(fin && !fin.eof()){
    fin >> n;
    fout.width(3);
    fout << n << ": ";
    fout.precision(4);
    fout.flags(ios::fixed);
    fout << 1-T[n-1] << endl;
  }
  return 0;
}
```

$$T_n = \frac{\binom{2n}{n}}{2^{2n+1}}$$

$T[0] \leftarrow 1$

$T[i] \leftarrow \frac{2i-1}{2i} T[i-1]$

Aufgaben

1. Wie hoch ist die Wahrscheinlichkeit, dass die Freunde gemeinsam eines der beiden Zelte gehen? Wie hoch ist die Wahrscheinlichkeit, dass Ian in Zelt 1 und Alistair in Zelt 2 geht?
2. In Programm 1 benutzen wir die Funktion *f()*, um die Werte $1/2^n$ zu bestimmen. Warum ist die folgende Variante nicht gut?

```
double f(int n){
  long int p = 1;
  for(int i=0; i<n; i++)p*=2;
  return 1/p;
}
```

16 Dynamische Programmierung

3. In Programm 2 deklarieren wir ein Array, von dem wir nur den Bereich unter der Hauptdiagonalen nutzen. Optimieren Sie die Platzverwaltung durch eine Abbildung dieses Bereichs in einen Vektor.
4. Finden Sie eine andere Möglichkeit, um die Formel (2) herzuleiten.
5. Erklären Sie, warum $|M_2|$ die Hälfte von $\binom{2n}{n}$ ist.
6. Finden Sie eine Beziehung zwischen T_n und den Catalan-Zahlen.

Problem 8. Springer auf dem Schachbrett

Es ist ein bekanntes Problem, für einen Springer einen Weg auf dem Schachbrett zu finden, so dass er alle Felder genau einmal betritt. Wir werden ein verwandtes Problem betrachten: Gegeben sind eine Start- und Endposition und die Spaltenzahl n eines quadratischen Schachbretts. Der kürzeste Weg für einen Springer zwischen den Positionen ist gesucht.

Eingabe: In *springer.in* findet man 5 natürliche Zahlen n, l_1, c_1, l_2, c_2 mit den Bedeutungen: n ist die Zeilen- und Spaltenzahl des Schachbretts ($4 \leq n \leq 20$) und l_1, c_1, l_2, c_2 sind die „Koordinaten" des Start- und Endfeldes.

Ausgabe: In *springer.out* wird zuerst die Länge des kürzesten Weges notiert und dann der Weg selbst, siehe das Beispiel. Wenn es mehrere Wege gibt, dann wird einer davon in die Ausgabe geschrieben. Beispiel:

springer.in	springer.out
8 1 1 8 7	Laenge kuerzester Weg: 5 (1, 1)(3, 2)(5, 3)(7, 4)(6, 6)(8, 7)
5 5 2 1 4	Laenge kuerzester Weg: 2 (5, 2)(3, 3)(1, 4)
15 2 13 14 15	Laenge kuerzester Weg: 6 (2, 13)(4, 14)(6, 15)(8, 14)(10, 15)(12, 14)(14, 15)

Problemanalyse und Entwurf der Lösung

Wir definieren *die Distanz* als die minimale Anzahl der Züge für einen Springer, um von einem Feld zu einem anderen zu gelangen. Wir werden eine Tabelle erzeugen, die das Schachbrett abbildet, wobei der Inhalt jeder Zelle die Distanz von der Startposition zu der jeweiligen Zelle kennzeichnet. Für die zweite Zeile der Eingabedatei ergibt sich folgende Tabelle:

3	2	3	2	3
2	3	2	3	2
1	2	1	4	3
2	3	2	1	2
3	0	3	2	3

Die mit dem blauen Kreis umrandete Zelle ist das Startfeld, und das Endfeld ist mit dem blauen Rechteck markiert. Um den Algorithmus verständlicher zu machen, benutzen wir globale Variablen:

```
int Table[NMAX][NMAX];   // Distanz-Tabelle
int n;                   // Zeilen- und Spaltenanzahl des Schachbretts
int Pred[NMAX*NMAX];     // Vorgänger-Vektor, der den Weg speichert
```

Wir werden eine rekursive Methode schreiben, die beginnend mit der Anfangsposition das Schachbrett mit den Zügen des Springers bis zum Endpunkt durchläuft. Um dies zu implementieren, stellen wir die nächsten Funktionen vor:

- *void initTable()*: initialisiert jede Zelle der Tabelle mit INT_MAX (eine Art positives Unendlich); wenn wir ein Feld „anspringen", speichern wir die Distanz, die sicherlich kleiner sein wird, darin ab.
- *bool onTheTable()*: gibt *true* zurück, wenn sich der Punkt (*i, j*) auf dem Schachbrett befindet, und *false*, wenn das nicht so ist.
- *void recoverWay()*: rekursive Methode, die einen minimalen Weg aufbaut. Die Zellen des Schachbrettes werden durch einen Vektor mit $n \cdot n$ Elementen repräsentiert, z. B. für $n = 5$:

0	1	2	3	4
5	6	7	8	9
10	11	12	13	14
15	16	17	18	19
20	21	22	23	24

  - die Zelle (*i, j*) wird im Vektor an der Position $i \cdot n + j$ gespeichert
  - für ein Element *k* aus dem Vektor ist die Zelle in der Matrix: (*k div n , k mod n*)
  - intern werden die Zeilen und Spalten ab 0 behandelt. Deswegen schreiben wir in die Ausgabedatei die Werte *k div n* + 1 und *k mod n* + 1 (in der Problembeschreibung beginnen sie mit 1!)
- *void doMove()*: eine rekursive Methode, die als Parameter eine Zelle aus der Matrix hat, für die die Distanz schon bestimmt ist. Für diese Position berechnet man alle noch nicht betretenen Zellen, die direkt mit dem Springer erreicht werden können und ruft die Methode erneut für die resultierenden Zel-

16 Dynamische Programmierung

len auf (der Prozess ist endlich, weil die Distanzen aufsteigend gefüllt werden und ein Feld nur einmal vom Springer erreicht werden kann).

Eine andere Lösungsmöglichkeit wäre die Anwendung eines ungerichteten Graphen. Die Knoten des Graphen entsprechen den Feldern des Schachbrettes. Zwischen zwei Knoten (i, j) und (p, q) fügen wir eine Kante ein, wenn man von (i, j) mit einem Zug des Springers nach (p, q) gelangen kann. Die Ebenen des Graphen könnte man danach mit einer Breitensuche (*BFS – Breadth First Search*, siehe Kapitel 11, Graphen) analysieren. Der Startpunkt wird natürlich die Anfangsstelle des Springers sein.

Programm

```
#include <fstream>
#include <vector>
#include <cmath>

using namespace std;
const int NMAX = 20;
typedef pair<int, int> TIntPair;
typedef vector<TIntPair> TIntVector;

int Table[NMAX][NMAX];
int n;
int xNew, yNew;
int Pred[NMAX*NMAX];

void initTable(){
  for(int i=0; i<n; i++)
    for(int j=0; j<n; j++)
      Table[i][j]=INT_MAX;
}

bool onTheTable(int x, int y){
  return (
      x>=0 && x<n &&
      y>=0 && y<n);

}

void doMove(int x, int y, int c){
  int i, j;
  TIntVector v;
  TIntPair p;
  for(i=-2; i<3; i++)
    for(j=-2; j<3; j++)
      if(2== abs(i*j)){
```

```cpp
          xNew = x + i;
          yNew = y + j;
          if(onTheTable(xNew, yNew) && Table[xNew][yNew]>c){
             Pred[xNew*n + yNew] = x*n + y;
             Table[xNew][yNew] = c;
             v.push_back(TIntPair(xNew, yNew));
          }
       }
    }
    while(v.size()){
       p = v.back();
       doMove(p.first, p.second, c+1);
       v.pop_back();
    }
 }

 void recoverWay(ofstream &out, int k, int c){
    int i;
    if(c){
       i = Pred[k];
       recoverWay(out, i, c-1);
       out << "(" << k/n + 1 << ", "
           << k%n + 1 << ")";
    }
 }

 int main(){
    int l1, l2, c1, c2;
    ifstream in("springer.in");
    ofstream out("springer.out");
    in >> n >> l1 >> c1 >> l2 >> c2;
    initTable();
    l1--; l2--; c1--; c2--;
    doMove(l1, c1, 1);
    if( Table[l2][c2] == 500 ){
       out << "keine Loesung";
       return 0;
    }
    out << "Laenge kuerzester Weg: "
        << Table[l2][c2] << endl;
    recoverWay(out, l2*n+c2, Table[l2][c2]+1);
    return 0;
 }
```

16 Dynamische Programmierung

Aufgaben

1. Finden Sie den kürzesten Weg des Springers, wenn dieser nur auf den beiden äußeren Reihen des Brettes ziehen darf (blaue Felder sind gesperrt). Wenn es keine Lösung gibt, dann schreiben sie: *keine Loesung*.

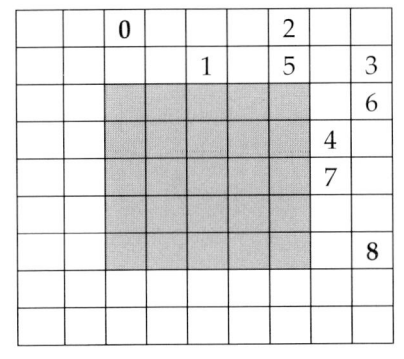

Erstes und zweites Beispiel ($n=5$ und $n=9$)

springer1.in	springer1.out
5 5 2 1 4	Laenge kuerzester Weg: 4 (5, 2)(4, 4)(2, 3)(3, 5)(1, 4)
9 1 3 7 9	Laenge kuerzester Weg: 8 (1, 3)(2, 5)(1, 7)(2, 9)(4, 8)(2, 7)(3, 9) (5, 8)(7, 9)
8 1 1 8 7	keine Loesung
15 14 13 1 2	Laenge kuerzester Weg: 12 (14, 13)(13, 15)(11, 14)(9, 15)(7, 14)(5, 15) (3, 14)(2, 12)(1, 10)(2, 8)(1, 6)(2, 4)(1, 2)

Können Sie die Bedingungen herausarbeiten, für die keine Lösung zustande kommt? Was passiert, wenn wir eine Folge von Zügen suchen, auf der alle für den Springer zugelassenen Felder (die nicht blauen) genau einmal betreten werden sollen (es gibt $8n-16$ erlaubte Felder für den Springer)?

2. Schreiben Sie ein Programm, das den alternativen Lösungsansatz mit dem ungerichteten Graphen realisiert.

3. Um die erreichbaren Stellen zu bestimmen, verwendeten wir die Methode *doMove()*. $N=5$ und die Stellen (1, 4), (2, 5) und (3,3) sind gegeben. Ermitteln Sie selbständig mit Hilfe der folgenden Schleifen auf einem Papier die möglichen neuen Positionen für jede der gegebenen Stellen.

```
for(i=-2; i<3; i++)
  for(j=-2; j<3; j++)
    if(2==abs(i*j)) {
      xNew = x + i;
      yNew = y + j;
```

4. *Anzahl der Springer.* Finden Sie heraus, wie viele Springer man auf einem speziellen Schachbrett mit den Dimensionen $m \cdot n$ ($1 \leq m \leq 20$, $1 \leq n \leq 20$) platzieren kann, so dass sie sich nicht gegenseitig schlagen können.

Problem 9. Summen von Produkten

Seien die natürlichen Zahlen $n < 30$ und $a_1, a_2, ..., a_n$, jede kleiner als 101, gegeben. Berechnen Sie die Zahlen $b_1, b_2, ..., b_n$, so dass:

$$b_i = \sum_{1 \leq k_1 < k_2 < ... < k_i \leq n} a_{k_1} \cdot a_{k_2} \cdot ... \cdot a_{k_i}$$

Zum Beispiel für $n = 3$:
$b_1 = a_1 + a_2 + a_3$
$b_2 = a_1 \cdot a_2 + a_1 \cdot a_3 + a_2 \cdot a_3$
$b_3 = a_1 \cdot a_2 \cdot a_3$

Die Werte $b_1, b_2, ..., b_n$ passen in den Typ *unsigned long long*.

Eingabe: In *prodsum.in* findet man die Zahlen $a_1, a_2, ..., a_n$. *Ausgabe:* In die Datei *prodsum.out* werden die Zahlen $b_1, b_2, ..., b_n$ geschrieben (eine pro Zeile) und vor den b_i wollen wir noch die Quersumme von b_i speichern:

prodsum.in	prodsum.out
1	1 10
2	8 35
3	5 50
4	6 24
2	8 17
1	6 105
7	16 295
3	14 374
4	15 168

(ACM, South-Eastern European Regionals 1999, modifiziert)

Problemanalyse und Entwurf der Lösung

Wir werden die Vieta-Relationen benutzen, und zwar:
Wenn $x_1, x_2, ..., x_n$ die Wurzeln der Gleichung:

$$x^n + c_{n-1}x^{n-1} + c_{n-2}x^{n-2} + ... + c_0 = 0 \qquad (1)$$

sind, dann gilt:

16 Dynamische Programmierung

$$x_1 + x_2 + \ldots + x_n = \sum_{i=1}^{n} x_i = -c_{n-1}$$

$$x_1 x_2 + x_1 x_3 + \ldots + x_{n-1} x_n = \sum_{\substack{i,j=1 \\ i<j}}^{n} x_i x_j = c_{n-2}$$

$$x_1 x_2 x_3 + x_1 x_2 x_4 + \ldots + x_{n-2} x_{n-1} x_n = \sum_{\substack{i,j,k=1 \\ (i<j<k)}}^{n} x_i x_j x_k = -c_{n-3} \qquad (2)$$

$$\ldots\ldots\ldots\ldots\ldots\ldots\ldots\ldots\ldots\ldots\ldots\ldots$$

$$x_1 x_2 \cdot \ldots \cdot x_n = (-1)^n c_0$$

Die Gleichung (1) kann man auch so schreiben:

$$(x - x_1)(x - x_2) \cdot \ldots \cdot (x - x_n) = 0 \qquad (3)$$

Wenn wir annehmen, dass die Wurzeln der Gleichung (3) die gegebenen $a_1, a_2, \ldots, a_n$ sind, dann folgt aus den Vieta-Relationen (siehe Kapitel 5, Arithmetik und Algebra, Grundlagen), dass die mit 1 oder -1 multiplizierten Koeffizienten der Gleichung (1) die Lösung des Problems bilden.

Die Koeffizienten des Polynoms aus (1) werden schrittweise berechnet, und $P[i] = a_i$ für alle $i = 0, 1, \ldots, n$. Im i-ten Schritt multipliziert man das aktuelle Polynom mit dem Polynom $(X - a_i)$. Das Startpolynom ist $X - a_1$, deswegen initialisieren wir:

$P[0] = -a[0];$
$P[1] = 1;$

Für alle k von 1 bis $n-1$ betrachten wir die aktuelle Transformation:

$$(X - a[k])(P[0] + P[1]X + \ldots + P[k-1]X^{k-1} + P[k]X^k) \qquad (4)$$

Die neuen Werte von $P[]$ sind die simultan berechneten Koeffizienten des Polynoms aus (4):

$P[0] \leftarrow -P[0]*a[k]$
$P[j] \leftarrow P[j-1] - P[j]*a[k]$, für alle j von 1 bis k
$P[k+1] \leftarrow P[k]$

Wenn die Vorzeichen gemäß der Formeln vom Satz von Vieta korrigiert sind, dann werden die $b_1, b_2, \ldots, b_n$ gleich $(-1)^n P[n]$, $(-1)^{n-1} P[n-1], \ldots, P[0]$ sein.

Sie werden in das Array *a*[] kopiert:

```
j = 1;
if(n%2) j = -1;
for(k=0; k<=n; k++) {a[k] = j*P[k]; j *= -1;}
```

Schließlich berechnen wir die laut Aufgabestellung geforderten Quersummen der b_j mit der Funktion *sumDigits()*.

Programm

```
#include <fstream>
#include <vector>

using namespace std;

void read(unsigned long long a[31], short& n){
  ifstream in("prodsum.in");
  n=0;
  while(in && !in.eof()){
    in >> a[n++];
  }
}

void process(unsigned long long a[31], short n){
  short j, k;
  unsigned long long p[31], q[31];
  if(!(n > 0)) return;
  p[0] = -a[0];
  p[1] = 1;
  for(k=1; k<n; k++){
    q[0] = (-1) * p[0] * a[k];
    for(j=1;j<=k; j++){
      q[j] = p[j-1] - p[j]*a[k];
    }
    q[k+1] = p[k];
    for(j=0; j<=k+1; j++) p[j]=q[j];
  }
  j = 1;
  if(n%2) j = -1;
  for(k=0; k<=n; k++) {a[k] = j*p[k]; j *= -1;}
}

int sumDigits(unsigned long long n){
  int s = 0;
  while(n){
```

```
      s += n%10;
      n /= 10;
   }
   return s;
}

void write(unsigned long long a[31], short n){
   ofstream out("prodsum.out");
   short i;
   for(i=n-1; i>=0; i--){
      out << sumDigits(a[i]) << " ";
      out << a[i] << endl;
   }
}

int main(){
   unsigned long long a[31];
   short n;
   read(a, n);
   process(a, n);
   write(a, n);
   return 0;
}
```

Aufgaben

1. Wir haben Arrays verwendet, um den Algorithmus transparenter zu machen. Modifizieren Sie das Programm so, dass nur der *std::vector* benutzt wird, und verzichten Sie auf Arrays.
2. Die Bedingung, dass die Zahlen $b_1, b_2, ..., b_n$ in *unsigned long long* passen, entfällt. Erweitern Sie das Programm so, dass es auch mit größeren Zahlen umgehen kann.

Problem 10. Minimale Triangulierung eines konvexen Vielecks

Ein konvexes Vieleck ist ein Polygon, in dem alle Innenwinkel kleiner als 180° (im Bogenmaß: π) sind. Eine Triangulierung eines konvexen Vielecks ist dessen Zerlegung in Dreiecke durch sich nicht schneidende Diagonalen. In Kapitel 8 (Catalan-Zahlen) wurde bewiesen, dass die Anzahl der Triangulierungen für ein konvexes $(n+2)$-Eck gleich C_n ist, der n-ten Catalan-Zahl. In diesem Problem muss man eine Triangulierung finden, bei der die Summe der Umfänge der vorliegenden Dreiecke minimal ist (minimale Triangulierung).

Eingabe: In der Datei *triang.in* befinden sich mehrere Punkte, die in einer Ebene liegen und je durch Abszissen- und Ordinatenangabe definiert sind.

Ausgabe: In *triang.out* wird in die erste Zeile die Summe der Umfänge der Teildreiecke geschrieben und danach alle Dreiecke (als Tripel von Indizes der Ecken), aus denen diese Triangulierung besteht. Beispiel:

triang.in	triang.out
-4 -9	Kleinste Umfangssumme = 152.8
2 -9	bei Triangulierung:
8 8	0 1 5
-1 11	1 4 5
-8 8	1 2 4
-8 -5	2 3 4

Problemanalyse und Entwurf der Lösung

Wir nummerieren mit $P_0, P_1, P_2, ..., P_{n-1}$ die Ecken des Polygons. Die Umfänge aller möglichen Dreiecke werden in $w(i, j, k)$ gespeichert, wobei P_i, P_j und P_k die jeweiligen Ecken eines Dreiecks darstellen. Die Summe der Umfänge aller Dreiecke, aus denen eine Triangulierung besteht, stellt deren Kosten dar. Wir bezeichnen weiter mit $C[i][k]$, $0 \leq i < k \leq n-1$, die Kosten der minimalen Triangulierung für das Teilpolygon mit den Ecken $P_i, P_{i+1}, P_{i+2}, ..., P_k$. Die Antwort für unser Problem ist dann $C[0][n-1]$.

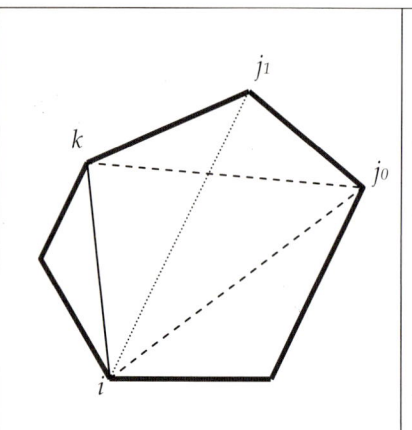

Wenn man die Kosten für die minimale Triangulierung für das Teilpolygon mit den Ecken P_i, P_{i+1}, P_{i+2}, ..., P_k finden will und diese Triangulierung die Ecke j beinhaltet mit $i<j<k$, dann berechnen sie sich durch:

$$\min(C[i][j]+(C[j][k]+w(i, j, k))$$

(diese Triangulierung beinhaltet das Dreieck $\Delta P_i P_j P_k$).

Die Kosten der minimalen Triangulierungen aller Teilpolygone werden schrittweise berechnet. Man beginnt mit den Teilpolygonen mit kleinster Eckenanzahl und endet mit dem Teilpolygon mit der Eckenanzahl n (entspricht dem ganzen Polygon). Für das Teilpolygon, das durch ein Ecken-Paar P_i und P_k definiert ist, sind die Kosten der entsprechenden minimalen Triangulierung also:

16 Dynamische Programmierung

$$C[i][k] = \begin{cases} 0, & \text{für } k = i+1 \\ \min_{i<j<k}\{C[i][j] + C[j][k] + w(i,j,k)\}, & \text{für } k > i+1 \end{cases} \quad (1)$$

Auf Basis dieser Formel berechnet die Methode *process()* iterativ alle Werte $C[i][k]$ für alle i, k mit $0 \leq i < k \leq n$-1. Zur Speicherung der minimalen Kosten benötigen wir nur den Bereich über der Hauptdiagonalen des Arrays ($C[i][k]$ mit $i<k$), deswegen werden wir den unteren Bereich verwenden, um uns den Weg zur entsprechenden Triangulierung zu merken. Die Methode, die alle Dreiecke der Triangulierung anzeigt, wird diesen Bereich rekursiv abfragen.

> **ALGORITHM_COST_TRIANGULATIONS**
> **For** (p=1; $p<n$; step 1) **Execute**   // *Länge Teilpolygon*
>   **For** (all pairs (i, k)←(0, p),(1, p+1),…, (n-p-1,n-1)) **Execute**
>   *Calculate_with_Formel_1($C[i][k]$)*
> $C[k][i] \leftarrow j$, s.d. $C[i][k] = \min_{i<j<k} \{C[i][j] + C[j][k] + w(i,j,k)\}$
>   **End_For**
> **End_For**
> **END_ ALGORITHM_COST_TRIANGULATIONS**

Die rekursive Methode, die eine minimale Triangulierung ausgibt:

> **Write_Triangulation(i, j)**
>   **If** (j-i>1) **Then**
> $k \leftarrow C[j, i]$
>   *Write_Triangle(i, k, j)*
>   *Write_Triangulation(i, k)*
>   *Write_Triangulation(k, j)*
>   **End_If**
> **End_Write_Triangulation(i, j)**

Wenn $P_1(x_1, y_1)$ und $P_2(x_2, y_2)$ zwei Punkte in der Ebene sind, dann ist deren Abstand: $|P_1P_2| = \sqrt{(x_1-x_2)^2 + (y_1-y_2)^2}$. Diese Formel ist in der Methode *dist()* implementiert. Die Methode *perimeter()* bestimmt den Umfang eines Dreiecks und erwartet als Eingabeparameter dessen Ecken. Mit Hilfe der n gelesenen Punkte, die im Vektor *vP* gespeichert wurden, berechnet die Methode *calculatePerimeters()* in lexikographischer Reihenfolge alle möglichen Umfänge und fügt die Resultate sukzessive dem Vektor w hinzu: (0, 1, 2), (0, 1, 3), …, (n-3, n-2, n-1). Die Methode *getW()* liefert den Umfang eines bestimmten Dreiecks. Wenn wir den Umfang des Dreiecks *(i₀, j₀, k₀)* finden wollen, müssen wir wissen, wie viele Tripel *(i, j, k)* mit $0 \leq i < j < k$ existieren, die lexikographisch kleiner als *(i₀, j₀, k₀)* sind, also vor *(i₀, j₀, k₀)* im Vektor *w* liegen. Die Anzahl dieser Tripel errechnet sich aus den Tripeln mit *i < i₀* zuzüglich der Tripel mit *i=i₀* und *j<j₀* und der Tripel mit *i=i₀, j=j₀* und *k<k₀*:

$$|\{(i, j, k) \mid i < i_0\}| + |\{(i, j, k) \mid i_0 = i, j < j_0\}| + |\{(i, j, k) \mid i_0 = i, j_0 = j, k < k_0\}|$$

Für ein festes *i<i₀* gibt es $\binom{n-i-1}{2}$ solcher Tripel (das ist die Anzahl aller Paare *(j, k)* mit $0 \leq i < j < k$, das heißt aller Paare *(j, k)* mit *j < k* aus der Menge {*i₀*+1, *i₀*+2, ..., *n*-1}). Für *i=i₀* und ein bestimmtes *j₀* gibt es *n-j₀*-1 Tripel (nämlich für *k=j₀*+1, *j₀*+2, ..., *n*-1). Für *i=i₀, j=j₀* und *k<k₀* gibt es *k₀-j₀*-1 Tripel.

Programm

```cpp
#include <vector>
#include <fstream>
#include <cmath>

using namespace std;

typedef pair <double, double> Point;

void read(ifstream &in, vector<Point*>& vP){
  double x, y;
  vP.clear();
  while(in && !in.eof()){
    if(in >> x >> y)
      vP.push_back(new Point(x, y));
  }
}

inline double sqr(double x){
  return x*x;
}

double dist(const Point& P1, const Point& P2){
  return sqrt(
        sqr(P1.first - P2.first) +
        sqr(P1.second - P2.second)
       );
}
```

$$|P_1 P_2| = \sqrt{(x_1 - x_2)^2 + (y_1 - y_2)^2}$$

16 Dynamische Programmierung

```
double perimeter(const Point& P1, const Point& P2,
                 const Point& P3){
  return
    dist(P1, P2) +
    dist(P2, P3) +
    dist(P3, P1);
}

void calculatePerimeters(vector<Point*>& vP,
  vector<double> &w){
    int i, j, k, n = (int)vP.size();
    w.clear();
    for(i=0; i<n-2; i++)
      for(j=i+1; j<n-1; j++)
        for(k=j+1; k<n; k++){
          w.push_back(perimeter(*vP[i], *vP[j], *vP[k]));
        }
}

double getW(const vector<double> &w, int i0,
  int j0, int k0, int n){
    int p=0;
    int i, j;
    for(i=0; i<i0;i++){
      p +=(n-i-1)*(n-i-2)/2;
    }
    for(j=i0+1;j<j0;j++){
      p += n-j-1;
    }
    p+=k0-j0-1;
    return w[p];
}
```

Man könnte auch über alle lexikographisch kleinere Tripel springen:
```
  int p=0;
  int i2, j2, k2;
  for(i2=0; i2<i0; i2++)
    for(j2=i2+1; j2<n-1; j2++)
      for(k2=j2+1; k2<n;k2++) p++;
  for(j2=i0+1; j2<j0; j2++)
    for(k2=j2+1; k2<n; k2++) p++;
  p+=k0-j0-1;
  return w[p];
```

```
void process(const vector<double> &w,
  int n, double C[][100]){
    int i, j, k;
    double val;
    for(int p=1; p<n; p++){
      for(i=0; i<n-p; i++){
        k = i+p;
        if(1==p) C[i][k]=0;
        else{
          j=i+1;
          C[i][k] = C[i][j]+C[j][k]+getW(w, i, j, k, n);
          C[k][i]=j;
          for(j=i+2; j<k; j++){
            val = C[i][j]+C[j][k]+getW(w, i, j, k, n);
            if(val<C[i][k]) {C[i][k]=val; C[k][i]=j;}
```

              }
            }
          }
        }
}

void writeTriang(ofstream &out, double C[][100], int i, int j){
  if((j-i)>1){
    int k= (int)C[j][i];
    out << " " << i << " " << k << " " << j << endl;
    writeTriang(out, C, i, k);
    writeTriang(out, C, k, j);
  }
}

```
int main(){
  vector<Point*> vP;
  vector<double> w;
  int n;
  double C[100][100];
  ifstream in("triang.in");
  ofstream out("triang.out");
  read(in, vP);
  n = (int) vP.size();
  calculatePerimeters(vP, w);
  process( w, n, C );
  out << " Kleinste Umfangssumme = ";
  out.precision(4);
  out << C[0][n-1] << endl;
  out << " bei Triangulierung: " << endl;
  writeTriang(out, C, 0, n-1);
  return 0;
}
```

1. Lese Ecken (*vP*)
2. Berechne Umfänge (*vP, w*)
3. Konstruiere C[][] auf Basis von *w, n*
4. Schreibe C[0][*n*-1]
5. Schreibe Triangulierung rekursiv

Aufgaben

1. Ändern Sie das Program so ab, dass nicht mehr eine Triangulierung gesucht wird, deren Summe der Umfänge der Dreiecke minimal ist, sondern eine Triangulierung, deren Summe der Diagonalen, die in ihr auftreten, minimal ist.

2. Beweisen Sie, dass die explizite Formel für *getW(i₀, j₀, k₀)* so lautet:

$$getW(i_0, j_0, k_0) = \binom{n-1}{3} + \binom{n-i_0-1}{3} + \binom{n-j_0-1}{2} + \binom{n-k_0-1}{1}.$$

16 Dynamische Programmierung

Problem 11. Multiplikation einer Matrizenfolge

Um zwei Matrizen A und B miteinander multiplizieren zu können, muss A ebenso viele Spalten haben, wie B Zeilen hat. Wenn A m Zeilen und n Spalten und B n Zeilen und p Spalten hat, dann hat $A \cdot B$ m Zeilen und p Spalten. Die Berechnung des Produkts erfordert $m \cdot n \cdot p$ elementare Multiplikationen.
A und B können so geschrieben werden ($m, n, p \in \mathbb{N}\setminus\{0\}$):

$$A = \begin{pmatrix} a_{11} & a_{12} & \ldots & a_{1n} \\ a_{21} & a_{22} & \ldots & a_{2n} \\ \ldots & \ldots & \ldots & \ldots \\ a_{m1} & a_{m2} & \ldots & a_{mn} \end{pmatrix}, B = \begin{pmatrix} b_{11} & b_{12} & \ldots & b_{1p} \\ b_{21} & b_{22} & \ldots & b_{2p} \\ \ldots & \ldots & \ldots & \ldots \\ b_{n1} & b_{n2} & \ldots & b_{np} \end{pmatrix}$$

Dann hat die Produktmatrix $C = A \cdot B$ die Form:

$$C = \begin{pmatrix} c_{11} & c_{12} & \ldots & c_{1p} \\ c_{21} & c_{22} & \ldots & c_{2p} \\ \ldots & \ldots & \ldots & \ldots \\ c_{m1} & c_{m2} & \ldots & c_{mp} \end{pmatrix}$$

wobei $c_{ij} = a_{i1}*b_{1j}+a_{i2}*b_{2j}+\ldots+a_{in}*b_{nj} = \sum_{k=1}^{n} a_{ik} \cdot b_{kj}$ für alle $i \in \{1,\ldots, m\}$, $j \in \{1,\ldots, p\}$.

Um C zu bestimmen, wird man $m \cdot n \cdot p$ elementare Multiplikationen ausführen (n elementare Operationen für jedes Element c_{ij} mit $1 \leq i \leq m$, $1 \leq j \leq p$). Um eine Matrizenkette $A_0A_1\ldots A_n$ multiplizieren zu können, muss die Bedingung, dass die Matrix A_i für jedes i mit $0 \leq i < n$ so viele Spalten hat, wie A_{i+1} Zeilen hat, erfüllt sein:

Anzahl_Spalten (A_i)=Anzahl_Zeilen(A_{i+1}) für alle $i \in \{0, \ldots, n-1\}$

Im Kapitel mit den Catalan-Zahlen haben wir gezeigt, dass es $C_n = \dfrac{1}{n+1}\binom{2n}{n}$ mögliche Klammerungen für das Produkt $A_0A_1\ldots A_n$ gibt. Wir bezeichnen mit $A(m, n)$ eine Matrix mit m Zeilen und n Spalten. Wenn wir zum Beispiel die Matrizen $A_0(40, 30)$, $A_1(30, 10)$ und $A_2(10, 2)$ betrachten, gibt es zwei Möglichkeiten, das Produkt $A_0A_1A_2$ zu bilden:

$(A_0A_1)A_2$ – benötigt insgesamt $40 \cdot 30 \cdot 10 + 40 \cdot 10 \cdot 2 = 12800$ elementare Multiplikationen;

$A_0(A_1A_2)$ – erfordert insgesamt 40·30·2 + 30·10·2 = 3000 elementare Multiplikationen, das sind 23,44 Prozent von 12800. Wenn die Anzahl der Matrizen wächst, dann könnte die Differenz zwischen den verschiedenen Möglichkeiten deutlich wachsen.

Für die Berechnung des Produktes von 8 Matrizen gibt es C_7 = 429 Möglichkeiten. Wenn wir die Matrizen A_0(34, 23), A_1(23, 12), A_2(12, 2), A_3(2, 5), A_4(5, 80), A_5(80, 3), A_6(3, 3), A_7(3, 12) betrachten, dann könnte das Produkt $A_0A_1...A_7$ so geklammert werden:

$(A_0(A_1((A_2A_3)A_4)))((A_5A_6)A_7)$ – benötigt 125800 elementare Multiplikationen;

$(A_0(A_1A_2))(((A_3(A_4A_5))A_6)A_7)$ – benötigt 4252 elementare Multiplikationen, das sind 3,38 Prozent der Anzahl für die erste Klammerung!

Das Problem ist nun das Finden der minimalen Klammerung einer Matrizenkette, d.h. die Klammerung ist gesucht, für die die Anzahl der elementaren Multiplikationen minimal ist.

Eingabe: In der Datei *matrix.in* befinden sich die Dimensionen einer Matrizenkette, nämlich ein Paar (*Anzahl_Zeilen*, *Anzahl_Spalten*) auf jeder Zeile. Es gebe maximal 100 Matrizen, und die Anzahl der minimalen elementaren Multiplikationen passt in den Typ *unsigned long long*.

Ausgabe: In der Datei *matrix.out* soll die minimale Anzahl der Multiplikationen ausgegeben werden, gefolgt von einer entsprechenden Klammerung, wie im Beispiel!

`matrix.in`	`matrix.out`
34 23	minimal = 4252
23 12	(A0(A1A2))(((A3(A4A5))A6)A7)
12 2	
2 5	
5 80	
80 3	
3 3	
3 12	

Problemanalyse und Entwurf der Lösung

Es seien die Matrizen A_0, A_1, ..., A_n gegeben, und die Dimensionen einer Matrix A_i sind d_i und d_{i+1}. Wir stellen die Funktion $C(i, j)$ vor, die die minimale Anzahl der elementaren Multiplikationen für das Produkt $A_i A_{i+1}...A_j$ repräsentiert. Damit erhalten wir:

$C(i, i) = 0$, für alle $i=0, ..., n$ \hfill (1)

$C(i, i+1) = d_i \cdot d_{i+1} \cdot d_{i+2}$, für alle $i=0, ..., n-1$ \hfill (2)

$C(i, j) = \min_{i \leq k < j}(C(i,k) + C(k+1, j) + d_i \cdot d_{k+1} \cdot d_{j+1}), 0 \leq i < j \leq n$ \hfill (3)

16 Dynamische Programmierung

$C(i, k)$ ist die minimale Anzahl der elementaren Multiplikationen für die Teilkette $A_iA_{i+1}..A_k$. Das Resultat ist eine Matrix mit d_i Zeilen und d_{k+1} Spalten. $C(k+1, j)$ ist die minimale Anzahl der elementaren Multiplikationen der Teilkette $A_{k+1}A_{k+2}...A_j$. Das Resultat ist eine Matrix mit d_{k+1} Zeilen und d_{j+1} Spalten. Um die beiden Ergebnis-Matrizen zu multiplizieren, braucht man also noch $d_i \cdot d_{k+1} \cdot d_{j+1}$ elementare Multiplikationen.

Wir werden die Werte $C(i, j)$ iterativ für Matrizenketten der Längen 2, 3, ..., n berechnen. Weil die Werte $C(i, j)$ im oberen Bereich der Hauptdiagonalen des zweidimensionalen Arrays $C[][]$ gespeichert sind, steht uns der untere Abschnitt zur Speicherung der entsprechenden Werte k zur Verfügung. Auf Grundlage der Gleichungen (1), (2) und (3) schreiben wir die Methode *doProcess()*, die das zweidimensionale Array $C[][]$ füllt. Wenn sich in der Eingabedatei n Matrizen befinden, dann benötigt die minimale Klammerung $C[0][n-1]$ elementare Multiplikationen. Um die optimale Klammerung zu rekonstruieren, definieren wir die Methode *constructOrder()*, die die Arrays *op[]* und *cl[]* mit den Bedeutungen aufbaut:

op[i] – Anzahl öffnender Klammern vor der Matrix A_i

cl[i] – Anzahl schließender Klammern nach der Matrix A_i

Für ein bestimmtes Paar (i, j) wird der entsprechende Wert k aus Formel (3) in $C[j][i]$ gesichert. Das heißt, dass die Matrizenketten $A_i...A_k$ und $A_{k+1}...A_j$ so geklammert werden:

```
int k=C[j][i];
if(i!=k){
  op[i]++; cl[k]++;
}
if(k+1!=j){
  op[k+1]++; cl[j]++;
}
```

und diese Ketten werden rekursiv optimal geklammert:

```
constructOrder(C,   i, k, op, cl);
constructOrder(C, k+1, j, op, cl);
```

Im Hauptprogramm wird mit Hilfe der Arrays *op[]* und *cl[]* die komplette Klammerung hergestellt.

Programm

```
#include <fstream>
#include <vector>

using namespace std;
```

```cpp
void read(ifstream &in, ofstream& out, vector<unsigned>& d){
  int i, j;
  while(in && !in.eof()){
    if(in >> i >> j){
      if(d.size()>0 && d[d.size()-1]!=i){
        out << "Wrong input data: ";
        exit(1);
      }
      if(d.size()==0){d.push_back(i); d.push_back(j);}
      else{
        d.push_back(j);
      }
    }
  }
}

void process(vector<unsigned> &d,
             unsigned long long C[][101]){

  int n = (int) (d.size()-1);
  int i, j, k, p, aux;
  for(i=0; i<n; i++) C[i][i]=0;
  for(i=0; i<n-1; i++) C[i][i+1]=d[i]*d[i+1]*d[i+2];
  for(p=2; p<n; p++){
    for(i=0; i<n-p; i++){
      j=i+p;
      C[i][j]=C[i][i]+C[i+1][j]+d[i]*d[i+1]*d[j+1];
      C[j][i]=i;
      for(k=i+1; k<j; k++){
        aux = (int) (C[i][k]+C[k+1][j]+d[i]*d[k+1]*d[j+1]);
        if(C[i][j]>aux){C[i][j]=aux; C[j][i]=k;}
      }
    }
  }
}

void constructOrder(unsigned long long C[][101],
  int i, int j, short op[100],
  short cl[100]){
  if((j-i)>1){
    int k=(int)C[j][i];
    if(i!=k){
      op[i]++; cl[k]++;
    }
    if(k+1!=j) {
      op[k+1]++; cl[j]++;
    }
    constructOrder(C, i, k, op, cl);
```

```
      constructOrder(C, k+1, j, op, cl);
    }
}

int main(){
  ifstream in("matrix.in");
  ofstream out("matrix.out");
  int  n, i, j;
  vector<unsigned> d;
  unsigned long long C[101][101];
  short op[100], cl[100];
  read(in, out, d);
  n=(int)(d.size()-1);
  for(i=0; i<n; i++){
    op[i]=0;
    cl[i]=0;
  }
  process(d, C);
  out << "minimal = " << C[0][n-1] << endl;
  constructOrder(C, 0, n-1, op, cl);
  for(i=0; i<n; i++){
    for(j=0; j<op[i]; j++) out<<"(";
    out << "A" << i;
    for(j=0; j<cl[i]; j++) out<<")";
  }
  return 0;
}
```

Aufgabe

Erweitern Sie das Programm so, dass auch die maximale Klammerung ausgegeben wird. Stellen Sie auch den prozentualen Anteil auf 4 Nachkommastellen genau dar, den die minimale Klammerung im Vergleich zur maximalen hat.

matrix.in	matrix.out
34 23	minimal = 4252
23 12	(A0(A1A2))(((A3(A4A5))A6)A7)
12 2	
2 5	maximal = 125800
5 80	(A0(A1((A2A3)A4)))((A5A6)A7)
80 3	
3 3	3.38 %
3 12	

Problem 12. Edit-Distanz

In der Mathematik ist Metrik (Abstandsfunktion) ein abstrakter Begriff. Er meint nicht notwendig den räumlichen (geometrischen) Abstand, auch wenn dieser ebenfalls eine Metrik darstellt (euklidische Metrik). Eine Abbildung $d: M \times M \to \mathbb{R}$ stellt eine Metrik dar, wenn die folgenden Bedingungen erfüllt sind:

(M1) $d(x, y) \geq 0$ für alle $x, y \in M$, $d(x, y) = 0 \Leftrightarrow x = y$
(M2) Symmetrie: $d(x, y) = d(y, x)$ für alle $x, y \in M$
(M3) Dreiecksungleichung: $d(x, y) \leq d(x, z) + d(z, y)$ für alle $x, y, z \in M$

Eine bekannte Metrik ist die Hamming-Distanz. Sie ist definiert als die Anzahl der Stellen, in denen zwei Wörter gleicher Länge nicht miteinander übereinstimmen, wenn man sie Buchstabe für Buchstabe miteinander vergleicht. Beispiel: Die Hamming-Distanz zwischen den Wörtern *abcd* und *amcn* ist zwei, weil die Buchstaben an zwei Stellen (2 und 4) nicht übereinstimmen. Es ist nicht schwierig zu zeigen, dass die Hamming-Distanz die drei Metrikeigenschaften erfüllt.

Eine andere Metrik ist die Edit-Distanz, auch Levenshtein-Distanz genannt (nach dem russischen Wissenschaftler Vladimir Levenshtein (geb. 1935), der den Algorithmus 1965 erfunden hat). Diese Distanz ist auf Wörter mit Buchstaben aus einem Alphabet definiert. Auf ein Wort können die folgenden drei Transformationen angewendet werden: Löschen oder Einfügen eines Buchstaben, Ersetzen eines Buchstaben mit einem anderen. Die Edit-Distanz zweier Wörter W_1 und W_2 ist definiert als die minimale Anzahl der Transformationen, um W_1 in W_2 zu überführen. Zum Beispiel: $d(anne, marie) = 3$, weil man das Wort „*anne*" in drei Schritten zu „*marie*" transformieren kann: *anne* → *manne* → *marne* → *marie* (*Einfügen* Stelle 1, *Ersetzen* Stellen 3 und 4). Die Edit-Distanz erfüllt auch alle drei Metrikeigenschaften. Sie wird in der Praxis u.a. in folgenden Bereichen angewendet: Rechtschreibprüfung, *DNA-Analyse*, Sprachverarbeitung, Plagiaterkennung, *File Revision, Remote Screen Update Problem*.

Im folgenden Problem wollen wir die Edit-Distanz zwischen zwei gegebenen Wörtern berechnen. Die Wörter bestehen aus den Buchstaben von *a* bis *z* und sind maximal 100 Zeichen lang.

Eingabe: In *edit.in* finden sich mehrere Wortpaare, eines pro Zeile.
Ausgabe: In die Datei *edit.out* muss man die Edit-Distanz für alle Wortpaare aus *edit.in* ausgeben. Beispiel:

16 Dynamische Programmierung

edit.in	edit.out
anne marie klipp klar mathematik informatik probleme loesungen baerchen zwerglein boese gute	d(anne, marie) = 3 anne I(1) --> manne T(3) --> marne T(4) --> marie ======================== d(klipp, klar) = 3 klipp D(3) --> klpp T(3) --> klap T(4) --> klar ======================== d(mathematik, informatik) = 5 mathematik T(1) --> iathematik T(2) --> inthematik T(3) --> infhematik T(4) --> infoematik T(5) --> informatik ======================== d(probleme, loesungen) = 8 probleme T(1) --> lrobleme T(2) --> loobleme T(3) --> loebleme T(4) --> loesleme T(5) --> loesueme T(6) --> loesunme T(7) --> loesunge I(9) --> loesungen ======================== d(baerchen, zwerglein) = 5 baerchen T(1) --> zaerchen T(2) --> zwerchen T(5) --> zwerghen T(6) --> zwerglen I(8) --> zwerglein ======================== d(boese, gute) = 4 boese D(1) --> oese T(1) --> gese T(2) --> guse T(3) --> gute ========================

Problemanalyse und Entwurf der Lösung

Wir stellen uns vor, dass die Wörter $x = x_1x_2...x_m$ und $y = y_1y_2...y_n$ mit den Längen m und n gegeben sind. Wenn es keine gemeinsamen Buchstaben an je zwei miteinander zu vergleichenden Positionen gibt, beträgt die Edit-Distanz zwischen ihnen max (m, n). Diese Distanz ist kleiner, wenn es gemeinsame Buchstaben gibt. Eine Lösungsmöglichkeit besteht darin, ein Array $T[][]$ mit $n+1$ Zeilen und $m+1$ Spalten aufzubauen, das die Edit-Distanzen zwischen $x_1x_2...x_j$ ($0 \leq j \leq m$) und $y_1y_2...y_i$ ($0 \leq i \leq n$) repräsentiert (siehe dazu die folgende Abbildung). Am Anfang wird die erste Zeile 0 mit den Werten 0, 1, 2, ..., m aufgefüllt (das Transformieren des Wortes $x_1x_2...x_j$ zu einem leeren Wort erfordert j Operationen, weil man dafür j Buchstaben löscht). Die Spalte 0 wird mit den Werten 0, 1, 2, ..., n gefüllt (um das leere Wort in das Wort $y_1y_2...y_i$ zu überführen, werden i Operationen benötigt, denn i Buchstaben fügt man hinzu). Um die Distanz $T[i][j]$ zwischen den Wörtern $x_1x_2...x_j$ ($1 \leq j$) und $y_1y_2...y_i$ ($1 \leq i$) zu berechnen, hat man drei Möglichkeiten:

- aus $T[i-1][j-1]$: im Fall $x_j = y_i$ braucht man keine weiteren Transformationen und es könnte $T[i][j] = T[i-1][j-1]$ gelten; wenn $x_j \neq y_i$ wird x_j durch y_i ersetzt und es könnte $T[i][j] = T[i-1][j-1]+1$ gelten.
- aus $T[i-1][j]$: $y_1y_2...y_{i-1}$ ist durch $T[i-1][j]$ Operationen aus $x_1x_2...x_j$ hervor gegangen. D.h. $y_1y_2...y_i$ entsteht aus $x_1x_2...x_j$ durch $T[i-1][j]+1$ Operationen, wenn der letzte Vorgang das Hinzufügen des Buchstabens y_i ist.
- aus $T[i][j-1]$: die minimale Anzahl der Schritte, um $y_1y_2...y_i$ aus $x_1x_2...x_{j-1}$ herzuleiten, ist $T[i][j-1]$. D.h. dass $y_1y_2...y_i$ aus $x_1x_2...x_j$ durch $T[i][j-1]+1$ Operationen entsteht, wenn der letzte Vorgang das Löschen des Buchstabens x_j ist.

Wir notieren $b(i, j) = 0$, wenn $x_j = y_i$ und weiter $b(i, j) = 1$, wenn $x_j \neq y_i$. Schließlich ist

$$T[i][j] = \begin{cases} j, & \text{wenn } i = 0, j = 1, ..., m \\ i, & \text{wenn } j = 0, i = 1, ..., n \\ \min(T[i-1][j-1]+b(i,j), T[i-1][j]+1, T[i][j-1]+1), & \text{wenn } i = 1, ..., n, j = 1, ..., m \end{cases}$$

Die Edit-Distanz zwischen $x_1x_2...x_m$ und $y_1y_2...y_n$ ist dann $T[n][m]$. Für die ersten beiden Beispiele sieht das Array $T[][]$ so aus:

	_	a	n	n	e
_	0	1	2	3	4
m	1	1	2	3	4
a	2	1	2	3	4
r	3	2	2	3	4
i	4	3	3	3	4
e	5	4	4	4	3

	_	k	l	i	p	p
_	0	1	2	3	4	5
k	1	0	1	2	3	4
l	2	1	0	1	2	3
a	3	2	1	1	2	3
r	4	3	2	2	2	3

Edit-Distanz Beispiele

Die Methode *getEditDistance()* baut das Array $T[][]$ auf. Die Werte $T[i][j]$ werden schrittweise für jede Zeile, von links nach rechts, mit der obigen Formel berechnet. Um die gesuchten Transformationen zu bestimmen, starten wir mit $T[n][m]$ und bewegen uns rückwärts bis $T[0][0]$. Bei jedem Schritt stellen wir fest, welche der drei Wege zu $T[i][j]$ geführt hat, und entscheiden uns für einen. $T[i][j]$ entstand aus einer seiner folgenden Nachbarzellen: diagonal oben links, darüber oder links davon. Wir wenden nun die zum Weg gehörende Operation „invertiert" auf das aktuelle Wort an. Aus einem Löschen wird ein Hinzufügen und umgekehrt, und das Ersetzen eines Buchstabens erfolgt in die andere Richtung.

16 Dynamische Programmierung

Die rekursive Methode *writeSolution()* erledigt all das. Sie wird mit dem Zielwort aufgerufen und bestimmt eine Möglichkeit der Entstehung von $T[i][j]$. Sie modifiziert das aktuelle Wort, ruft sich selbst mit angepassten Parametern auf und schreibt danach die entsprechende Operation und das aktuelle Wort in die Ausgabedatei. Es könnte mehrere optimale Wege geben, wir werden nur einen rekonstruieren.

Wenn zum Beispiel $x_m = y_n$ und $T[n-1][m-1] = T[n][m]$ gilt, dann ist $T[n][m]$ aus $T[n-1][m-1]$ ohne Operation hervor gegangen und wir setzen die Variable *flag* auf *true* (wir haben für $T[n][m]$ ein Vorgänger gefunden!) und rufen *writeSolution()* mit angepassten Parametern auf:

```
flag = true;
writeSolution(m-1, n-1, T, x, y, yaux, out);
```

Wenn $x_m \neq y_n$ und $T[n-1][m-1]+1 = T[n][m]$ gilt, dann ist $T[n][m]$ aus $T[n-1][m-1]$ durch eine Ersetzung entstanden und wir setzen *flag* auf *true* (wir haben für $T[n][m]$ einen Vorgänger gefunden!). Wir führen eine Rücktransformation für das aktuelle Wort *yaux* durch, rufen die Methode *writeSolution()* mit angepassten Parametern auf und schreiben das aktuelle Wort zusammen mit der Operation in die Ausgabedatei:

```
yaux.replace(n-1, 1, x.substr(m-1, 1));
flag = true;
writeSolution(m-1, n-1, T, x, y, yaux, out);
out << yaux << " T(" << n << ") --> ";
```

Die selbe Vorgehensweise wird angewendet, wenn $T[n][m-1]$ der Vorgänger von $T[n][m]$ ist ($T[n][m] = T[n][m-1]+1$) oder $T[n-1][m]$ der Vorgänger von $T[n][m]$ ist ($T[n][m] = T[n-1][m]+1$): Rücktransformation ausführen, *writeSolution()* mit neuen Parametern aufrufen, Operation und aktuelles Wort ausgeben. Wir beachten, dass in C++ die Buchstaben in Zeichenketten mit dem Index 0 anfangen, und deswegen testen wir z. B. (*if(x[m-1]==y[n-1])...*) statt *x[m]==y[n]*. Dementsprechend sind alle *string*-Funktionen angepasst (*erase, insert, replace, ...*).

Programm

```cpp
#include <string>
#include <fstream>

using namespace std;

short getEditDistance(string x, string y, short T[][101]){
    short m, n, i, j, res;
    m= (short)x.length(); n=(short)y.length();
```

```cpp
    if(!m)  res = n;
    if(!n)  res = m;
    if(m && n){
      for(i=0; i<=m; i++)  T[0][i]=i;
      for(i=0; i<=n; i++)  T[i][0]=i;
      for(i=1; i<=n; i++)
        for(j=1; j<=m; j++){
          if(x[j-1]==y[i-1]){
            T[i][j]=T[i-1][j-1];
          }
          else{
            T[i][j]=T[i-1][j-1]+1;
          }
          if(T[i][j]>T[i-1][j]+1)  T[i][j]=T[i-1][j]+1;
          if(T[i][j]>T[i][j-1]+1)  T[i][j]=T[i][j-1]+1;
        }
      res = T[n][m];
    }
    return res;
}


void writeSolution(int m, int n, short T[][101],
                   string& x, string& y, string yaux,
                   ofstream &out){
  bool flag = false;
  if(m || n){
    if(m>0 && n>0){
      if(x[m-1]==y[n-1]){
        if(T[n-1][m-1]==T[n][m]){
          flag = true;
          writeSolution(m-1, n-1, T, x, y, yaux, out);
        }
      } else{
        if(T[n-1][m-1]+1==T[n][m]){
          yaux.replace(n-1, 1, x.substr(m-1, 1));
          flag = true;
          writeSolution(m-1, n-1, T, x, y, yaux, out);
          out << yaux << " T(" << n << ") --> ";
        }
      }
    };

    if(n>0 && !flag){
      if(T[n][m]==T[n-1][m]+1){
        flag=true;
        yaux.erase(n-1, 1);
        writeSolution( m, n-1, T, x, y, yaux, out );
```

16 Dynamische Programmierung

```
          out << yaux << " I(" << n << ") --> " ;
        }
      };

   if(m>0 && !flag){
      if(T[n][m]==T[n][m-1]+1){
         yaux.insert(n, x.substr(m-1, 1));
         writeSolution( m-1, n, T, x, y, yaux, out );
         out <<   yaux << " D(" << n+1 << ") --> ";
      }
   }
  }
 }
}

int main(){
  string x, y;
  short T[101][101], res;
  ifstream in("edit.in");
  ofstream out("edit.out");
  while(in && !in.eof()){
   if(in >> x >> y){
    res = getEditDistance(x, y, T);
    string yaux = y.substr(0, y.length());
    out << endl;
    out << "d(" << x << ", " << y << ") = "
        << res << endl;
    writeSolution((int)x.length(), (int)y.length(), T,
        x, y, yaux, out);
    out << y << endl << "=======================";
   }
  }
  return 0;
}
```

Aufgaben

1. Wir nehmen an, dass verschiedene Kosten anfallen: für das Ersetzen C_t, für das Löschen C_d, für das Einfügen C_i. Die Kosten sind als Tripel (C_t, C_d und C_i) hinter den Wortpaaren in der Eingabedatei gegeben. Erweitern Sie das Programm so, dass die Gesamtkosten minimiert werden. Beispiel:

edit1.in	edit1.out
probleme loesungen 4 2 1 baerchen zwerglein 5 3 1 boese gute 2 3 1	d(probleme, loesungen) = 17 probleme D(1) --> robleme D(1) --> obleme D(1) --> bleme D(1) --> leme I(2) --> loeme D(4) --> loee I(4) --> loese I(5) --> loesue I(6) --> loesune I(7) --> loesunge I(9) --> loesungen

```
========================
d(baerchen, zwerglein) = 19
baerchen D(1) --> aerchen D(1) --> er-
chen I(1) --> zerchen I(2) --> zwer-
chen D(5) --> zwerhen D(5) --> zweren
I(5) --> zwergen I(6) --> zwerglen
I(8) --> zwerglein
========================
d(boese, gute) = 7
boese D(1) --> oese T(1) --> gese T(2)
--> guse T(3) --> gute
========================
```

2. Wir notieren mit λ das leere Wort. Wir können auch einen Teile-und-Herrsche-Algorithmus basierend auf diesen Formeln implementieren:

$d(\lambda,\lambda) = 0$
$d(x_1x_2...x_i, \lambda) = i$ für alle $i \geq 1$
$d(\lambda, y_1y_2...y_j) = j$ für alle $j \geq 1$

$$d(x_1x_2...x_m, y_1y_2...y_n) = \begin{cases} \max\{m,n\}, \text{wenn es keine gemeinsamen Buchstaben gibt} \\ \min_{x_i=y_j}(d(x_1..x_{i-1}, y_1..y_{j-1}) + d(x_{i+1}..x_m, y_{j+1}..y_n)), \\ \qquad \text{wenn es mindestens einen gemeinsamen Buchstaben gibt} \end{cases}$$

Schreiben Sie ein Programm dafür.

Problem 13. Arbitrage

Allgemein versteht man unter Arbitrage den Handel mit Gütern oder Devisen, um mit Preisunterschieden in verschiedenen Märkten Gewinne zu erzielen. Wir betrachten den Handel mit Währungen. Wenn wir zum Beispiel mit einem US-Dollar 0,51 britische Pfund kaufen können, mit einem britischen Pfund 1,48 Euro und mit einem Euro 1,36 US-Dollar, dann haben wir am Ende 1,026528 Dollar und gut 2,6 Prozent verdient.

1$ * 0,51£/$ * 1,48€/£ * 1,36€/$ = 1,026528$

Dass man in der Praxis Transaktionsgebühren zahlen muss, lassen wir hier außen vor. Schreiben Sie ein Programm, das herausfindet, ob man bei gegebenen Wechselkursen durch An- und Verkauf von Sorten, wie im Beispiel beschrieben, profitieren kann. Dabei gilt die Bedingung, dass die Folge der Transaktionen mit derselben Währung beginnt und endet (mit welcher, spielt keine Rolle). *Eingabe*: In der Eingabedatei *arbit-*

rage.in können sich mehrere Eingabefälle befinden. Jeder Eingabefall beginnt mit einem Integer-Wert n, der die Anzahl der Währungen angibt, mit denen gehandelt werden kann, und es gilt $2 \leq n \leq 20$. Nach n folgt eine Tabelle mit den Kursen der Währungen zueinander, die Tabelle hat n Zeilen und n Spalten. Die erste Zeile der Tabelle beschreibt die Wechselkurse einer Einheit von Währung 1 zu den anderen $n-1$ Währungen (zu Währung 2, 3, ..., n), die zweite Zeile beschreibt die Kurse einer Einheit von Währung 2 zu allen anderen Währungen (zu Währung 1, 3, 4, ..., n) usw. *Ausgabe*: Sie sollen für jeden Eingabefall prüfen, ob eine Transaktionsfolge gefunden werden kann, die mindestens ein Prozent Gewinn abwirft. Es ist nicht notwendig, dass jede Währung Teil der Folge ist, aber mehr als n Transaktionen lassen wir nicht zu. Die

```
        arbitrage.in                    arbitrage.out
3                               Fall 1:
1.2 .89                           Waehrung 2
.88 5.1                           2 -> 1 -> 2
1.1 0.15                          1.056
4                               Fall 2:
3.1 0.0023 0.35                   Waehrung 3
0.21 0.00353 8.13                 3 -> 1 -> 2 -> 3
200 180.559 10.339                2.189
2.11 0.089 0.06111              Fall 3:
2                                 Es gibt keine Loesung!
2.0
0.45
```

Folge 2 -> 1 -> 2 zum Beispiel repräsentiert zwei Transaktionen (mit Währung 2 kaufe ich Währung 1 ein, und damit wieder Währung 2). In der Ausgabedatei *arbitrage.out* nummerieren Sie jeden Fall zuerst (*Fall 1:*), danach geben Sie die Start- und Endwährung an (*Waehrung 2*), dann die Transaktionsfolge und schließlich den Profit in Prozent. Wenn es mehr als eine Folge mit dem geforderten Gewinn gibt, geben Sie eine mit minimaler Länge aus. Wenn es keine Folge gibt, dann geben Sie nach der Nummerierung „Es gibt keine Loesung!" aus.

(ACM, Internet Programming Contest, 2000, modifiziert)

Problemanalyse und Entwurf der Lösung

Das zweidimensionale Array *table*[][] nimmt die Tabelle mit den Wechselkursen eines Eingabefalls auf, die um die „Diagonale" erweitert wurde. Die Diagonale gibt lediglich an, dass man für eine Einheit der Währung i genau eine Einheit der Währung i erhält. Für die Eingabe war das überflüssig, aber für die Verarbeitung ist es nützlich. Für alle Währungen i initialisieren wir deshalb *table*[i][i] mit 1. Auf *table*[][] wenden wir einen modifizierten *Warshall*-Algorithmus an.

> **ALGORITHM_WARSHALL_ARBITRAGE()**
> Initialisiere Matrix *table*[][] mit der *currency table*
> **For** (k←1, n; step 1) **Execute**
>   **For** (i←1, n; step 1, i≠k) **Execute**
>   **For** (j←1, n; step 1, j≠k) **Execute**
>   **If**(*table*[i][k]**table*[k][j] > *table*[i][j]) **Then**
>   *table*[i][j] ← *table*[i][k]**table*[k][j]
>   *pred*[i][j] ← *pred*[k][j]
>   **return** *table*[][]
> **END_ALGORITHM_ WARSHALL_ARBITRAGE()**

Wir schreiben die Methoden
- *bool find()*: beinhaltet den *Warshall*-Algorithmus, wobei sich die erste Iteration (k) auf die Anzahl der Währungen im Inneren der Folge bezieht, also ohne Start- und Endwährung. Wenn wir auf der Diagonale einen Wert ≥ 1.01 finden, ist das bereits eine endgültige Lösung, die wir ausgeben. Wir verlassen dann die Methode, denn eine Lösung genügt;
- *void recoverPath()*: rekursive Methode, die die Folge der Währungen aufbaut. Die Methode verwendet die Matrix *pred*[][], um den Weg zurück zu finden. Anfangs setzen wir alle Paare mit zwei verschiedenen Währungen *pred*[i][j] auf *i* und die Diagonalelemente *pred*[i][i] auf -1. Das Element *pred*[i][j] ist der direkte Vorgänger von *j* auf dem Weg mit maximalen Gewinn zwischen *i* und *j* (der erzielbare Maximalgewinn, wenn man die Währung *i* in die Währung *j* wechselt).

Programm

```
#include <fstream>

#define DIM_MAX 21

int n, nCaz = 0;
float tabla[DIM_MAX][DIM_MAX];
int pred[DIM_MAX][DIM_MAX];

bool read(std::ifstream& in){
  if(in && !in.eof() && in>>n){
    for(int i=0; i<n; i++){
      tabla[i][i]=1.0;
      for(int j=0; j<n; j++)
        if(i != j){
          in >> tabla[i][j];
          pred[i][j]=i;
```

16 Dynamische Programmierung

```cpp
      }
      pred[i][i] = -1;
    }
  } else return false;
  return true;
}

void recoverPath(int i, int j, std::ofstream& out){
  int t = pred[i][j];
  if(i!=t){
    recoverPath(i, t, out);
    out << " -> " << t + 1;
  }
}

bool find(std::ofstream& out){
  int x, y, j;
  for( y=0; y<n; y++)
    for( x=0; x<n; x++)
      for(j=0; j<n; j++)
        if(tabla[x][y]*tabla[y][j]>tabla[x][j]){
          pred [x][j] = pred[y][j];
          tabla[x][j] = tabla[x][y] * tabla[y][j];
          if ( x==j && tabla[x][j]>=1.01){
            out << "\n Waehrung " << x+1
                << std::endl << " " << x+1;
            recoverPath(x, x, out);
            out << " -> " << x+1 << std::endl;
            out.precision(3);
            out << tabla[x][x];
            return true;
          }
        }
  return false;
}

int main(){
  std::ifstream in("arbitrage.in");
  std::ofstream out("arbitrage.out");
  while(read(in)){
    out << "\nFall " << ++nCaz << ": ";
    bool ok = find(out);
    if(!ok)
      out << "\n Es gibt keine Loesung!\n";
  }
  return 0;
}
```

Aufgaben

1. Modifizieren Sie das Programm so, dass es alle Wechselfolgen minimaler Länge mit einem Gewinn von mindestens einem Prozent ausgibt.
2. Ändern Sie das Programm so ab, dass die oder eine Folge mit dem größten Gewinn ausgegeben wird.
3. Geben Sie den Algorithmus von Warshall (man kann ihn z. B. im Internet finden) und ein Programm an, das die transitive Hülle eines Graphen mit diesem Algorithmus bestimmt. Basteln Sie ein paar Beispiele von Graphen auf Papier und notieren Sie für jedes Beispiel die Schritte des Warshall-Algorithmus.

Problem 14. Längste gemeinsame Teilfolge (LCS)

Das Problem der längsten gemeinsamen Teilfolge (engl. *longest common subsequence-LCS*) ist ein klassisches Problem der Dynamischen Programmierung.

Definition 1. Es seien $X = (x_1, x_2, ..., x_m)$ und $Z = (z_1, z_2, ..., z_k)$ zwei Folgen mit m bzw. k Gliedern, wobei $m, k \in \mathbb{N}$, $m, k \geq 1$ und $m \geq k$ gelten. Z ist dann eine Teilfolge von X, wenn es eine sortierte Indexfolge $i_1, i_2, ..., i_k$ gibt, so dass für alle $j=1, ..., k$ gilt.
Beispiel: Für X={10, **4**, 20, **10**, 40, **2**, **0**, 60} ist Z={4, 10, 2, 0} eine Teilfolge der Länge 4. Z={4, 10, 2, 40} ist keine Teilfolge von X.
Aus einer gegebenen Folge kann man also eine Teilfolge konstruieren, indem man einige ihrer Glieder einfach streicht. Beliebig heißt, dass man auch alle Elemente oder gar kein Element weglassen darf. Dabei bleibt die Reihenfolge der übrig gebliebenen Elemente unverändert.

Problem der längsten gemeinsamen Teilfolge. Gegeben seien zwei Folgen $X = (x_1, x_2, ..., x_m)$ und $Y = (y_1, y_2, ..., y_n)$ mit $1 \leq m, n \leq 500$. Gesucht ist eine längste Folge Z, die sowohl Teilfolge von X als auch von Y ist.
Beispiel: Für X={10, **4**, 20, **10**, 40, **2**, **0**, 60} und Y={**4**, 90, 7, **10**, 70, **2**, 71, 81, **0**} ist Z={4, 10, 2, 0} mit der Länge 4 die längste gemeinsame Teilfolge.
Eingabe: In der Datei *lcs.in* stehen die Werte m und n in der ersten Zeile. Nach einer Leerzeile ist die Folge X mit ihren m Elementen angegeben und wiederum nach einer Leerzeile die Folge Y mit n Elementen. Alle Elemente sind vom Typ *int*. *Ausgabe:* Geben Sie in die Datei *lcs.out* eine längste gemeinsame Teilfolge aus. Beispiel:

lcs.in	lcs.out
8 9 10 4 20 10 40 2 0 60 4 90 7 10 70 2 71 81 0	Maximale Laenge: 4 4 10 2 0

16 Dynamische Programmierung

14 22	Maximale Laenge: 8
	34 67 8 0 12 3 45 91
34 5 **67 8** 8 9 **0 12 3 45** 6 78 **91**	
231	
12 **34** 45 **67** 79 57 **8** 321 55 **0** 33	
12 1 2 **3** 44 **45** 56 **91** 21 22 23	

Problemanalyse und Entwurf der Lösung

Wir speichern die Anzahl der Glieder der längsten Teilfolge(n) der Folgen $X_i = \{x_1, x_2, ..., x_i\}$ und $Y_j = \{y_1, y_2, ..., y_j\}$ mit $0 \le i \le m$, $0 \le j \le n$ in $c[i][j]$ ab. Wenn $x_i = y_j$ ist, ist $1+c[i-1][j-1]$ die Länge der längsten gemeinsamen Teilfolge(n). Wenn $x_i \ne y_j$ ist, ist das Maximum von $c[i-1][j]$ und $c[i][j-1]$ die Länge der längsten gemeinsamen Teilfolge(n). Darauf basierend, berechnen wir die Werte $c[i][j]$ schrittweise, Zeile für Zeile, von links nach rechts:

ALGORITHM_LCS ($X_m = \{x_1, x_2, ..., x_m\}$, $Y_n = \{y_1, y_2, ..., y_n\}$)
  For (i=0; i<m; **step** 1) **Execute** $c[i][0] = 0$ **End_For**
  For (j=0; j<n; **step** 1) **Execute** $c[0][j] = 0$ **End_For**
  For (i=1; i<m; **step** 1) **Execute**
    For (j=1; i<n; **step** 1) **Execute**
      If (x_i=y_j) **Then**
        $c[i][j] = 1 + c[i-1][j-1]$
      Else $c[i][j] = max(c[i-1][j], c[i][j-1])$
      End_If
    End_For
  End_For
  return $c[m][n]$
END_ ALGORITHM_LCS ($X_m = \{x_1, x_2, ..., x_m\}$, $Y_n = \{y_1, y_2, ..., y_n\}$)

Für das erste Beispiel sehen Sie in der nächsten Abbildung die Matrix $c[][]$. Wir verwenden die Symbole ↑, ← und ↖, um anzuzeigen, aus welchem benachbarten Feld der Wert $c[i][j]$ errechnet wurde (oben, links, bzw. diagonal). Der Konstruktionsweg der längsten gemeinsamen Teilfolge (oder einer der längsten, wenn es mehrere gibt) ist mit grauen Zellen markiert.

i		j	0	1	2	3	4	5	6	7	8	9
		y_j		4	90	7	10	70	2	71	81	0
0	x_i	0	0	0	0	0	0	0	0	0	0	0
1	10		0	↑0	↑0	↑0	↖1	←1	←1	←1	←1	←1
2	4		0	↖1	←1	←1	↑1	↑1	↑1	↑1	↑1	↑1
3	20		0	↑1	↑1	↑1	↑1	↑1	↑1	↑1	↑1	↑1
4	10		0	↑1	↑1	↑1	↖2	←2	←2	←2	←2	←2
5	40		0	↑1	↑1	↑1	↑2	↑2	↑2	↑2	↑2	↑2
6	2		0	↑1	↑1	↑1	↑2	↑2	↖3	←3	←3	←3
7	0		0	↑1	↑1	↑1	↑2	↑2	↑3	↑3	↑3	↖4
8	60		0	↑1	↑1	↑1	↑2	↑2	↑3	↑3	↑3	↑4

Der LCS-Algorithmus: erstes Beispiel

Nachdem die Folgen X und Y in die Arrays x[] und y[] eingelesen wurden, deklarieren wir die Matrix c[][] mit $m+1$ Zeilen und $n+1$ Spalten, wobei deren Elemente automatisch auf 0 gesetzt werden:

```
int[][] c = new int[m + 1][n + 1];
```

Danach wenden wir obigen LCS-Algorithmus an, um iterativ die Elemente der Matrix c zu berechnen. Um die längste gemeinsame Teilfolge aufzubauen, verwenden wir c[][] und schreiben die zur Teilfolge gehörenden Werte von rechts unten nach links oben in die Liste v. Mit ll und cc bezeichnen wir die aktuelle Zeilen- und Spaltenposition. Wir beginnen mit Zeile m und Spalte n und durchlaufen den umgekehrten Weg: Wenn $x[ll] = y[cc]$ ist (also der Wert aus X für die aktuelle Zeile gleich dem Wert aus Y für die aktuelle Spalte ist), war der vorherige Schritt beim Aufbau der Tabelle c[][] eine Bewegung auf der Diagonale, und dieser gemeinsame Wert wird v hinzugefügt. Außerdem gehen wir auf der Diagonale weiter nach links oben, dazu vermindern wir ll und cc um 1.

Wenn $x[ll] \neq y[cc]$ ist, war der vorherige Schritt beim Aufbau von c[][] entweder eine Bewegung nach rechts oder nach unten gewesen. Wir vergleichen den aktuellen Wert zuerst mit dem oberen Nachbarwert. Bei einer Übereinstimmung gehen wir nach oben weiter, indem wir ll um 1 vermindern. Stimmen die Werte nicht überein, gehen wir nach links weiter, dazu vermindern wir cc um 1.

Programm

```cpp
#include <fstream>
#include <vector>

using std::vector;
using std::ifstream;
using std::ofstream;

int main(){

  ifstream in("lcs.in");
  ofstream out("lcs.out");

  int m, n;
  vector<int> x, y;

  if(in && !in.eof() && in>>m>>n){
    int i=0, t;
    for(; in && i<m && in>>t; ++i)
      x.push_back(t);
    for(i=0; in && i<n && in>>t; ++i)
      y.push_back(t);
  }

  vector< vector<int> > c(m+1, vector<int>(n+1, 0));

  for(int i=1; i<=m; ++i)
    for(int j=1; j<=n; ++j){
      if(x[i-1]==y[j-1]){
        c[i][j] = c[i-1][j-1]+1;
        continue;
      };
      if (c[i-1][j]>=c[i][j-1]){
        c[i][j] = c[i-1][j];
      } else {
        c[i][j] = c[i][j-1];
      }
    }

  int ll=m, cc=n;
  vector<int> v;
  while(ll || cc){
    if (ll && cc && x[ll-1]==y[cc-1]){
      v.push_back(x[ll-1]);
      --ll; --cc;
      continue;
    }
```

```
    if(ll && c[ll][cc]==c[ll-1][cc]){
      ll--; continue;
    }
    if(cc && c[ll][cc]==c[ll][cc-1]){
      cc--;
    }
  }

  out << "Maximale Laenge: " << c[m][n] << std::endl;
  vector<int>::reverse_iterator rIt;
  for(rIt=v.rbegin(); rIt != v.rend(); ++rIt){
    out << *rIt << " ";
  }

  return 0;
}
```

Aufgaben

1. Implementieren Sie eine rekursive Methode, die die längste gemeinsame Teilfolge aus c[][] konstruiert.
2. Schreiben Sie eine rekursive Alternative für den *LCS*-Algorithmus.
3. *Verallgemeinerug.* Entwerfen Sie einen Algorithmus, der aus *k* gegebenen Folgen ($k \geq 2$) eine längste gemeinsame Teilfolge findet.

*Der Wanderer, der einen steilen Berg erklommen hat,
setzt sich auf dem Gipfel nieder und findet köstliches Behagen, sich auszuruhen.
Wäre er glücklich, wenn man ihn zwänge, ewig zu ruhen?*
Stendhal

Literaturverzeichnis

[Aig02]   Martin Aigner, Günter M. Ziegler, *Das BUCH der Beweise*, Springer Verlag, 2002

[Aig04]   Martin Aigner, *Diskrete Mathematik*, 5. Auflage, Vieweg Verlag, Wiesbaden, 2004

[And04]   Titu Andreescu, Răzvan Gelca, *Mathematical Olympiad Challenges*, 5.th printing, Birkhäuser, Boston, 2004

[And06]   Titu Andreescu, Dorin Andrica, *Complex Numbers from A to... Z*, Birkhäuser, Boston, 2006

[Ban83]   Horia Banea, *Probleme de matematică traduse din revista sovietică KVANT*, Editura Didactică și Pedagogică, București, 1983

[Bar93]   Barnsley, M. F., *Fractals everywhere. Second edition*, Academic Press Inc., Boston, 1993

[Beu02]   Albrecht Beutelspacher, Marc-Alexander Zschiegner, *Diskrete Mathematik für Einsteiger. Mit Anwendungen in Technik und Informatik.*, Vieweg Verlag, 2002

[Bri05]   Manfred Brill, *Mathematik für Informatiker. Einführung an praktischen Beispielen aus der Welt der Computer*, 2. Auflage, Hanser Verlag, 2005

[Bun98]   Peter Bundschuh, *Einführung in die Zahlentheorie*, 5. Auflage, Springer Verlag, 1998

[Cor04]   Th. H. Cormen, C. E. Leiserson, R. Rivest, C. Stein, *Algorithmen-Eine Einführung*, Oldenbourg Wissenschaftsverlag, München, 2004

[Coț97]   Augustin Coța, Marta Rado, Mariana Răduțiu, Florica Vornicescu, *Matematică. Geometrie și trigonometrie. Manual pentru clasa a IX-a*, Editura Didactică și Pedagogică, București, 1997

[Dav01]   Tom Davis, *Catalan Numbers*, WWW, http://www.geometer.org/mathcircles/catalan.pdf

[Dei02]   Oliver Deiser, *Einführung in die Mengenlehre*, Springer Verlag, Berlin, 2002

[Die00]   Reinhard Diestel, *Graphentheorie*, Springer-Verlag, Heidelberg, 2000

[Eng97]   Arthur Engel, *Problem-Solving Strategies*, Springer-Verlag, New-York, 1997

[For96]   Otto Forster, *Algorithmische Zahlentheorie*, Vieweg Verlag, Wiesbaden, 1996

[Gan91]   Mircea Ganga, *Teme și probleme de matematică*, Editura Tehnică, București, 1991

[Gär96]   Bernd Gärtner, *Skript zur Algorithmischen Geometrie*, WWW, 1996, http://www.inf.ethz.ch/personal/gaertner/agskript.html

[GM]   *Gazeta Matematică*, mathematisches Magazin, Sammlung

[Gra94]   Graham R. L., Knuth D. E., Patashnik O., *Concrete Mathematics*, Addison-Wesley, 1994

[Hau05]   Hauck Peter, *Kombinatorische Methoden in der Informatik*, Skript einer 4-stündigen Vorlesung im Sommersemester 2004, WWW, 2005, http://www-dm.informatik.uni-tuebingen.de/skripte/Kombinatorik/Komb2004.4.pdf

[Her92]   Dietmar Herrman, *Algorithmen Arbeitsbuch*, Addison-Wesley, Bonn, 1992

[Heu03]   Volker Heun, *Grundlegende Algorithmen. Einführung in den Entwurf und die Analyse effizienter Algorithmen*, 2. Auflage, Vieweg Verlag, Wiesbaden, 2003

[IMO96]   *International Mathematical Olympiad 1996*, WWW: http://imo.math.ca/IMO96/

[Iva02]   Cornelia Ivașc, Mona Prună, Luminița Condurache, Doina Logofătu, *Informatica C++. Manual pentru clasa a XI-a*, Editura Petrion, București, 2002

[Ker90]   Brian W. Kernighan, Dennis M. Ritchie, *Programmieren in C. Zweite Ausgabe, ANSI C*, Carl Hanser Verlag, München, Wien, 1990

[Kre99]   Donald L. Kreher, Douglas R. Stinson, *Combinatorial algorithms. Generation, Enumeration, and Search.*, CRC Press, 1999

[Kuh99]   Stefan Kuhlins, Martin Schader, *Die C++ Standardbibliothek. Einführung und Nachschlagewerk*, Springer-Verlag, Berlin, Heidelberg, 1999

[Log01]   Doina Logofătu, *C++. Probleme rezolvate și algoritmi*, Editura Polirom, Iași, 2001

[Log05i]   Doina Logofătu, *Suma puterilor asemenea*, GInfo, 15/2 2005, S. 40-43, WWW: http://www.ginfo.ro/revista/15_2/focus2.pdf

[Log05ii] Doina Logofătu, *Programare orientată obiect: de la o problemă de codificare la elemente POO cu C++*, GInfo, S. 40-44, 15/4 2005, S. 36-41, WWW: http://www.ginfo.ro/revista/15_4/focus3.pdf

[Log05iii] Doina Logofătu, *Șirul lui Catalan*, GInfo, 15/5, 2005, S. 36-41, WWW: http://www.ginfo.ro/revista/15_5/mate1.pdf

[Log05iv] Doina Logofătu, *De la problema cutiilor speciale la elemente POO cu C++*, GInfo, 15/5, S. 27-30, WWW: http://www.ginfo.ro/revista/15_5/focus1.pdf

[Log06]	Doina Logofătu, *Bazele programării în C. Aplicații*, Editura Polirom, Iași, 2006
[Log06i]	Doina Logofătu, Rolf Drechsler, *Efficient Evolutionary Approaches for the Data Ordering Problem with Inversion*, 3rd European Workshop on Hardware Optimisation Techniques (EvoHOT), LNCS 3907, S. 320-331, Budapest, 2006
[Log07]	Doina Logofătu, *Grundlegende Algorithmen mit Java*, Vieweg Verlag, Wiesbaden, 2007
[Log08]	Doina Logofătu, *Eine praktische Einführung in C*, entwickler-press Verlag, München, 2008
[Mär01]	*Das große Märchenbuch*, Droemersche Verlagsanstalt Th. Knaur Nachf., München, 2001
[Mat02]	J. Matoušek, J. Nešetřil, *Diskrete Mathematik. Eine Entdeckungsreise*, Springer Verlag, 2002
[Mey04]	Scott Meyers, *Effektiv C++ programieren. 50 Wege zur Verbesserung Ihrer Programme und Entwürfe*, 3. Auflage, Addison-Wesley, München, 2004
[Mic04]	Zbigniew Michalewicz, David B. Fogel, *How to Solve It: Modern Heuristics*, Springer-Verlag, Berlin, Heidelberg, 2004
[MSDN03]	*MSDN Library – Visual Studio .NET 2003*
[Năs83]	C. Năstăsescu, C. Niță, M. Brandiburu, D. Joița, *Exerciții și probleme de algebră*, Editura Didactică și Pedagogică, București, 1983
[Năs96]	C. Năstăsescu, C. Niță, S. Popa, *Algebra. Manual pentru clasa a X-a*, Editura Didactică și Pedagogică, București, 1996
[Năs97]	C. Năstăsescu, C. Niță, Gh. Rizescu, *Algebră. Manual pentru clasa a IX-a*, Editura Didactică și Pedagogică, București, 1997
[Nit04]	Manfred Nitzsche, *Graphen für Einsteiger. Rund um das Haus von Nikolaus*, Vieweg Verlag, Wiesbaden, 2004
[Olt00]	Mihai Oltean, *Proiectarea și implementarea algoritmilor*, Computer Libris Agora, Cluj-Napoca, 2000
[Pre93]	Franco Preparata, Michael Shamos, *Computational Geometry: An Introduction*, Springer-Verlag, New-York, 1993
[Ran97]	Doina Rancea, *Limbajul Pascal. Manual clasa a IX-a*, Computer Libris Agora, Cluj, 1997
[Ran99]	Doina Rancea, *Limbajul Pascal. Algoritmi fundamentali*, Computer Libris Agora, Cluj, 1999
[Rec99]	Brent Rector, Chris Sells, *ATL Internals*, Addison Wesley Longman, Inc., Massachusetts, 1999
[Seb99]	Mark J. Sebern, *ANSI String Class*, WWW, http://www.msoe.edu/eecs/cese/resources/stl/string.htm

[Ski03]   Steven S. Skiena, Miguel A. Revilla, *Programming Challenges. The Programming Contest Training Manual*, Springer-Verlag, New York, 2003
[Sta06]   *Standard Template Library Programmer's Guide*, WWW: http://www.sgi.com/tech/stl/
[Sta86]   D. Stanton, D. White, *Constructive Combinatorics*, Springer-Verlag, New-York, 1986
[Ste02]   Angelika Steger, *Diskrete Strukturen 1. Kombinatorik, Graphentheorie, Algebra*, Springer-Verlag, Berlin, 2002
[Str04]   Bjarne Stroustrup, *Die C++ Programmiersprache*, 4. aktualisierte Auflage, Addison-Wesley, München, 2004
[Str66]   Karl Strubecker, *Einführung in die höhere Mathematik, Band I: Grundlagen*, R. Oldenbourg, München-Wien, 1966
[Str67]   Karl Strubecker, *Einführung in die höhere Mathematik, Band II: Differentialrechnung einer reellen Veränderlichen*, R. Oldenbourg, München-Wien, 1967
[Tom81]   Ioan Tomescu, *Probleme de combinatorică și teoria grafurilor*, Editura Didactică și Pedagogică, București, 1981
[Udr95]   Constantin Udriște, Gheorghe Vernic, Valeria Tomuleanu, *Geometrie. Manual pentru clasa a XI-a*, Editura Didactică și Pedagogică, București, 1995

WWW: http://de.wikipedia.org/wiki/Hauptseite
WWW: http://acm.uva.es/problemset/
WWW: http://ceoi.inf.elte.hu/
WWW: http://mathworld.wolfram.com/
WWW: http://microscopy.fsu.edu/optics/timeline/people/
WWW: http://olympiads.win.tue.nl/ioi/
WWW: http://www.acm.org/
WWW: http://www.answers.com/
WWW: http://www.cut-the-knot.org
WWW: http://www.erichfried.de/
WWW: http://www.home.unix-ag.org/martin/c++.ring.buch.html
WWW: http://www.math.utah.edu/mathcircle/notes/mladen2.pdf
WWW: http://www.matheboard.de
WWW: http://www.mathematische-basteleien.de
WWW: http://www.mathe-online.at/galerie.html
WWW: http://www-i1.informatik.rwth-aachen.de/~algorithmus
WWW: http://www-math.mit.edu/~rstan/ec/catadd.pdf

Stichwortverzeichnis

-

3-Schritte-Modell 426

A

Abstand eines Punktes zu einer Geraden 221
Abstand zwischen 2 Punkten 218
absteigende Teilfolge 433
abundante Zahl 118
Ackermannfunktion 320
Active Template Library (ATL) 331
adjazent 249
Adjazenzliste 252
Adjazenzmatrix 252
ähnliche Summe 447
ALG *doTransformBase10ToP()* 322
ALG *recoverBoxesSubstring()* 19
ALG *write_Triangulation()* 469
ALG_Backtracking_Iterativ 378
ALG_Backtracking_Recursiv 378
ALG_BFS 255
ALG_CATALAN_1 198
ALG_CATALAN_2 199
ALG_CATALAN_3(n) 201
ALG_CHIN_RESTSATZ 83
ALG_COST_TRIANGULATIONS 469
ALG_DFS 255
ALG_DivideEtImpera 352
ALG_EUKLID 82
ALG_FFT 367
ALG_FLOYD_WARSHALL 253
ALG_Greedy 287
ALG_GREEDY_COMPACT 409
ALG_HILL_CONVEX_HULL 230
ALG_HUFFMAN 301
ALG_KOMPLEXE_KODIERUNG 6
ALG_KRUSKAL 260
ALG_LCS 491
ALG_N_DAMEN 375
ALG_NACHFOLGER_CVEKTOR 166
ALG_NAIVE_CLOSEST_PAIR 226
ALG_OPTIM_COMPACT_REC 405
ALG_POTENZSUMMEN 210
ALG_TEST_PRIM 80
ALG_UNRANK_PERMUTATION 176
ALG_VER_CLOSEST_PAIR 227
ALG_VERSCH_SCHACHTELN 18
ALG_WARSCH_ARBITRAGE 486
Anzahl Diagonalen 159
Anzahl der Gebiete für schneidende Geraden 318
Anzahl der Multimengen 66
Anzahl der surjektiven Abbildungen 162
Anzahl der Teiler 117
Anzahl der Ziffern von 2^n 100
Anzahl der Ziffern von $n!$ 103
Anzahl vollständiger Binärbäume 189
Arbitrage 487
ASCII-Wert 25, 40
Aufrundungsfunktion 69
aufsteigende Teilfolge 433
Außenprodukt 223

B

Backtracking 371
Bauer, Wolf, Ziege und Kohlkopf 419
Baum 258
bedingter Ausdruck ?: 122, 185, 443
befreundete Zahlen 119
Bellman, Richard (1920-1984) 425
Berechnung eines Dreiecks 138, 140
bergige Landschaften 198
Bernoullische Ungleichung 311
Berühmtheitsproblem 261
Bezzel, Max (1824-1871) 371
bijektive Funktion 65, 191
binäre Wörter 158, 165
binäres Prädikat 22, 46, 240, 288
Binomialkoeffizienten 160, 178, 214, 433
Binomischer Lehrsatz (Newton'sche Binomialformel) 161, 196, 206, 308
bipartiter Graph 251
Bit-Array 94
Bit-Operatoren 115, 120
Breitensuche (*BFS*) 254, 262
Brennpunkte, Ellipse 222
Bridge-Blatt 44
Brute-Force-Suche 111, 113

C

$\mathbb{C}(\mathbb{Z})$ 3
C++-Strings 27, 116
Cantor, Georg (1845-1918) 59, 67
Cantor-Diagonalisierung 59, 67
Cäsar, Julius (100 v. Chr.-44 v. Chr.) 359
Catalan, Eugène Charles (1814-1894) 188
Catalan-Zahlen 187, 461, 475
Cauchy-Diagonalisierung 71
Cauchy-Schwarz-Ungleichung (Schwarzsche Ungleichung) 308
charakteristischer Vektor einer Teilmenge 164
Chinesischer Restsatz 83, 134
Collatz-Funktion 325
compaction_factor 408
const-Member-Funktionen 12
cmath 6, 9, 100, 104, 141, 390, 461

C-Programm 95, 264, 274, 289
Cramersche Regel 145
CRC-Wert 114
C-Strings 26
ctime 431
ctype.h, cctype.h, Methoden 26
CWindow (ATL) 331
Cyclic Redundancy Check (CRC-Verfahren) 114

D

Das Problem der Zufälligkeit 162
Das Problem der Türme auf den ersten m Reihen 381
Das Problem der aufsteigenden Türme auf den ersten m Reihen 382
Datenabstraktion 9, 22, 212, 240, 290
Datumsverpackung 119
defiziente Zahl 118
Destruktoren 10, 302, 368
Die Zahl 4 314
Differenz, symmetrische D. 62
diophantische Gleichung 86
direkte Rekursion 312, 330
direkter Beweis 308
Dirichlet, Peter Gustav Lejeune (1805-1859) 153
Diskrete Fourier-Transformation (DFT) 366
Division mit Rest 81
Domino 440
Dreiecksgeometrie 137
Druck einer Broschüre 97
Dynamische Programmierung 17, 214, 425

E

Edit-Distanz 478
Einheitswurzeln 366
Element der Menge 59
Ellipse 222
Ellipsengleichung 223
Eratosthenes von Kyrene (ca. 275-194 v. Chr.) 93
erzeugende Funktion 195
Euklid (ca. 300 v. Chr.) 81

Stichwortverzeichnis

Euklidischer Algorithmus 81, 109, 213
Euklids Beweis 80
Euklidischer Abstand 218, 240, 469
Euler, Leonhard (1707-1783) 411
Euler-Fermat Satz 85
Eulersche Gerade 147
Eulersche Phi-Funktion 153
Eulertour (Eulerkreis) 257

F

Fakultät 103, 156
Fast Fourier Transformation (*FFT*) 366
Fermat, Pierre de (1601-1665) 84
Fermatscher Zwei-Quadrate-Satz 84
Feuerbach-Kreis 138
Fibonacci (Leonardo Pisano, ca. 1180) 430
Fibonacci-Folge 155, 311, 426
Fläche eines Dreiecks 222
Fläche eines Polygons 223
Flächeninhalt 139, 154
Fotoproblem 392
Fraktal 343
Fraktal *Space-Filling* 349
friend-Funktionen 10
Fundamentalsatz der Arithmetik 80
Funktionen, partielle F. 64

G

Genauigkeit 211, 405
Geometrische Reihe 108, 150, 328
Gerade in der Ebene 219
Gewichtsfunktion eines Graphen 259
Goldbach, Christian (1690-1764) 92
Goldbachsche Vermutung 92
Grad, Graph 250
Graham Scan 228
Graph 249
Gray-Code 168
Greedy 287
Großer Fermatscher Satz 85
größter gemeinsamer Teiler 81, 109, 213, 352
Grüße über den runden Tisch 189

H

Hamilton, Sir William Rowan (1805-1865) 257
Hamiltonkreis 257
Hamming-Distanz 478
Haus des Nikolaus 281
Heronsche Formel (Satz des Heron) 139
Hilbert-Waring-Theorem 85
Hill-Algorithmus 228
Hoare, C.A.R. (geb. 1934) 358
Höhenformeln 139
Hilbert, David (1862-1943) 85
Huffman, Albert (1925-1999) 298
Huffman-Kodierung 298

I

imaginäre Einheit 1
Imaginärteil 2
indirekte Rekursion 312, 339
Induktion 61, 125
injektive Funktion 65,
Inkreisradius, Dreieck 139
inline-Funktionen 12, 212, 232
Inverse von a modulo m 83, 135
inzident 249

K

Kapselung 10, 212, 240, 290
Kardinalität einer Menge 63, 67
Kartenfärbung 293, 418
kartesisches Produkt 418
k-Bonacci-Folge 432
Klammerung von n Klammern-Paare 189, 474
Kleiner Fermatscher Satz (1640) 84
kleinstes gemeinsames Vielfaches 81, 213
Koch, Helge von (1870-1924) 343
Koch'sche Schneeflockenkurve 343
Kodierungsproblem komplexer Zahlen 2
Kombinationen 151, 159, 383
Kompaktierungsmenge 402
kompatible Tests 403
kompatible Zeichen 402

Komplement 261
Komplementärer Graph 261
komplexe Zahlen 1, 2, 366
Komplexität 19, 211, 405
Komponente eines Graphen 261
Kongruenzen 64, 82,
König-Artus-Problem 261
Konstruktoren 10, 19, 212, 302, 368
konvexe Hülle 228, 240
Kosinussatz 138
Kreis, in Graph 250
Kreis 144, 234
Kreisumfang 144
Kubische Gleichung 123

L

Labyrinth 421
längste absteigende Teilfolge 436
längste aufsteigende Teilfolge 17, 433
längste gemeinsame Teilfolge 436, 488
leere Menge 60
Levenshtein, Vladimir (geb. 1935) 478
Levenshtein-Distanz 478
lexikographisch 17, 22, 36, 40, 164, 171
Liber Abaci 430
lineare Rekursion 312, 318
Logarithmus 100, 104, 111
Lucas-Zahlen 431
Ludwig XI., König (1461-1483) 351

M

magische Quadrate 371, 379
Manna-Pnuelli-Funktion 321
Memoization 426
Mengenoperationen 60
Mengen 59
MergeSort 360
Metrik 480
minimale Triangulierung 467
Minimaler Spannbaum 259, 283
Multimengen 63, 72
Multinomialkoeffizienten 157, 183
Multiplikation einer Matrizenfolge 475
Multiplikationsreihe 190

N

Nächstes Paar 231
Neunpunktekreis 138
n-Damen-Problem 371
n-Türme-Problem 380

O

offene (nicht monotone) Rekursion 312
Operator-Überladung 10, 20 , 240, 290, 302, 368
Optimalitätsprinzip 425
Ordnungen 64

P

Palindrom 40
Partitionen einer natürlichen Zahl 384
Pascalsches Dreieck 433
passende Wörter 436
passt-Bedingung 15, 19
Peano, Giuseppe (1858-1932) 305
Peanosche Axiome 305
Pell'sche Gleichung 86, 113
Permutationen 15, 151, 156, 171, 380
Pfad 250
Pfadmatrix 253
Pi (π) 368
Pick, Georg Alexander (1859-1942) 246
Pivot-Element 358
Polarkoordinaten 147
Polymorphie 12
Polynom 88, 206, 466
Potenzieren, naives iteratives 181
Potenzieren, rekursives 313
Potenzieren, schnelles 109
Potenzmenge (engl. *power set*) 62, 164
Potenzsummen 205
pre-order Darstellung 363
Primfaktorzerlegung 117, 153, 179
Primzahl 37, 79
Primzahltest 39, 91
Primzahlzwillinge 93
Prinzip von Inklusion und Exklusion 151
Produktmatrix 473

Projektionssatz 141
Punkt im Inneren eines Polygons 223

Q

qsort 289
Quad-Bäume 361
Quadranacci-Folge 432
Quadranten 218
Quadrat einer speziellen Zahl 125
Quersumme einer Zahl 312
QuickSort 357

R

Ranking einer Permutation 173
Realteil 2
Rekursion 194, 207, 311
Relationen 63, 74
Rest großer Potenzen 316
römische Zahl 126
Rucksackproblem 288

S

Satz (Erdős, Szekeres) 433
Satz von Legendre 179
Satz von Pick 246
Scheitel, Ellipse 222
Schlinge, Graph 249
Schnelle Fourier-Transformation (FFT) 366
schnelles Potenzieren 109
Schnittmenge 61
Schreibweisen, Menge 60
Schubfachprinzip (Taubenschlagprinzip) 153, 184
Sieb des Eratosthenes 93, 162
Sierpinski-Dreieck 349
Sinussatz 138
Spannbaum 259
Spiegelung einer Zahl 312
Spiegelungsprinzip 197
Springer auf dem Schachbrett 295, 459
std, *const_iterator* 73, 77
std, *iterator* 13, 23
std, *reverse_iterator* 13

std::algorithm 19, 42, 46, 172, 232, 290, 415
std::auto_ptr - "*smart pointer*" 337
std::bitset 96, 166
std::fstream 9, 34, 38, 42, 56, 69, 73, 77, 109, ...
std::ifstream 9, 21, ...
std::iomanip 146
std::iter_swap 173
std::lexicographical_compare 20
std::map 76, 180, 201, 284
std::multimap 76, 284, 303
std::multiset 73
std::next_permutation 172
std::ofstream 9, 21, 34, ...
std::pair 69, 180, 201, 232, 284, 303, 463
std::prev_permutation 172
std::priority_queue 292
std::queue 267
std::reverse 173
std::set 73,
std::sort 20, 43, 232
std::stack 265
std::string 27, 34, 38, 42, 46, 56, 116, ...
std::swap 173
std::vector 12, 42, 46, 96, 101, 109, ...
std::vector<bool> 96, 169, 267
Steigungswinkel 219
Steuerzeichen, oft benötigte 25
STL-Anwendung 9, 22
Suan-Ching Handbuch 83
Sudoku 411
Summen von Produkten 466
Summenformel 68, 306
Sun-Tzu (ca. 300 n. Chr.) 83
surjektive Funktion 65, 388
symmetrischen Zeichen 40

T

Teilbarkeit 79, 99, 155, 307
Teilbarkeitsfunktion 79
Teile und Herrsche 351
Teilersummenfunktion 118
Teilfolge 433
Teilgraph 256
Teilmenge 60, 447

Teilprobleme 351, 425
Testmusterkompaktierung 402
Tiefensuche (*DFS*) 255, 262
topologische Sortierung 271
Trapezregel 356
Traversieren von Graphen 254
Triangulierung eines konvexen Polygons 188
Tribonacci-Folge 432
trigonometrische Formeln 139
Türme von Hanoi 354

U

Umfang, Dreieck 139
Umkreisradius, Dreieck 139
Umwandlung einer Dezimalzahl in eine römische Zahl 129
Umwandlung einer römischen Zahl in eine Dezimalzahl 126
Unranking einer Permutation 176
Untergraph 259

V

Variationen 151, 158, 381
Vereinfachen 213
Vereinigungsmenge 61
verschachtelte Rekursion 312, 320
verschachtelte Schachteln 15
verzweigte Rekursion 312, 324
Vielfache 81, 155
Vielfache, das kleinste V. 184
Vielfaches einer komplexen Zahl 5
Vier-Quadrate-Satz von Lagrange 85
Vieta Relationen (Satz von Vieta) 87, 467
Vieta, François (1540-1603) 87
vollkommene (perfekte) Zahl 118
vollständige Induktion 125, 205, 305
vollständiger Graph 251

W

Wahrscheinlichkeit 452
Wald 258
Waring, Edward (1736-1798) 85
Warnsdorff-Regel 295
Weg 250
Wege des Springers 389
Widerspruch 80
wiederholende Zeichenketten 33
Wurzelsatz von Vieta 88

Z

Zahlen-Dreieck 437
Zahlensystem 322
Zahlenumwandlung, rekursiv 322
Zeichen 25
Zeiger auf Funktionen 56
Zerlegung 81,
Zusammenhang 256
Zyklus 250

Der schiefe Turm von Pisa